可再生能源系列丛书

太阳能技术原理与利用

Principle and Utilization of Solar Energy Technology

王 军 邹宁宇 张耀明◎编著

河海大学出版社
HOHAI UNIVERSITY PRESS
·南京·

图书在版编目(CIP)数据

太阳能技术原理与利用/王军,邹宁宇,张耀明编著.—南京:河海大学出版社,2022.10(2024.1 重印)
(可再生能源系列丛书)
ISBN 978-7-5630-7627-7

Ⅰ.①太… Ⅱ.①王… ②邹… ③张… Ⅲ.①太阳能技术 Ⅳ.①TK51

中国版本图书馆 CIP 数据核字(2022)第 185460 号

书　　名/太阳能技术原理与利用
TAIYANGNENG JISHU YUANLI YU LIYONG
书　　号/ISBN 978-7-5630-7627-7
责任编辑/杜文渊
特约校对/李　浪　杜彩平
装帧设计/徐娟娟
出版发行/河海大学出版社
地　　址/南京市西康路 1 号(邮编:210098)
电　　话/(025)83737852(行政部)　(025)83722833(营销部)
经　　销/江苏省新华发行集团有限公司
排　　版/南京月叶图文制作有限公司
印　　刷/广东虎彩云印刷有限公司
开　　本/787 毫米×1092 毫米　1/16
印　　张/17.75
字　　数/470 千字
版　　次/2022 年 10 月第 1 版
印　　次/2024 年 1 月第 2 次印刷
定　　价/69.00 元

目　　录

第 1 章　日地关系学　太阳几何 …… 1
1.1　太阳的结构 …… 1
1.2　地球的自转运动 …… 4
1.3　地球的公转 …… 9
1.4　天球与坐标系 …… 14
1.5　太阳位置 …… 20
1.6　太阳周年视运动 …… 27
1.7　日地关系 …… 35

第 2 章　太阳辐射学 …… 45
2.1　与辐射测量有关的基本定律 …… 45
2.2　太阳辐射的参数 …… 49
2.3　辐射光谱 …… 50
2.4　太阳常数 …… 55
2.5　大气层与太阳辐射 …… 56
2.6　大气质量 …… 60
2.7　地球表面的辐射和大气的长波辐射 …… 63
2.8　太阳辐射量的计算 …… 64
2.9　太阳能资源 …… 71

第 3 章　太阳能光学 …… 76
3.1　光学材料原理与性能 …… 76
3.2　太阳能玻璃 …… 86
3.3　太阳能利用技术中的聚光 …… 90
3.4　光触媒材料 …… 102
3.5　调光玻璃材料 …… 102
3.6　集热器光学 …… 104

第 4 章　太阳能的储存 …… 108
4.1　太阳能的储存方式 …… 108
4.2　太阳能热储存 …… 110
4.3　材料的热学特性 …… 112
4.4　蓄热机理 …… 118

4.5 几类相变材料 …… 124
4.6 熔盐与导热油 …… 126
4.7 新型中高温蓄热技术 …… 131
4.8 电池 …… 134
4.9 常用二次电池 …… 139
4.10 锂电池 …… 148
4.11 燃料电池 …… 152
4.12 太阳能热化学储存 …… 153
4.13 超级电容 …… 156

第5章 太阳光谱选择性涂层——集热管 …… 159
5.1 太阳光谱选择性涂层 …… 159
5.2 光谱选择性表面的分类 …… 165
5.3 膜层的制作工艺 …… 166
5.4 真空集热管 …… 173
5.5 热管 …… 180
5.6 热管的相关工艺 …… 188

第6章 太阳能电池 …… 190
6.1 半导体与太阳能电池分类 …… 190
6.2 太阳能电池的基本特性 …… 194
6.3 晶体硅太阳能电池的生产制造 …… 205
6.4 太阳能电池组件的封装 …… 210
6.5 薄膜太阳能电池 …… 215
6.6 叠层电池 …… 220
6.7 Ⅲ-Ⅴ族化合物太阳能电池 …… 225
6.8 有机太阳能电池 …… 230
6.9 量子点太阳能电池 …… 235
6.10 太阳能电池的研发热点 …… 238

第7章 非聚光集热器 …… 244
7.1 太阳能集热器的分类 …… 244
7.2 平板集热器 …… 245
7.3 真空管太阳能集热器 …… 255
7.4 空气集热器 …… 264
7.5 导热液 …… 270
7.6 太阳能集热器的面积定义及性能计算 …… 273

参考文献 …… 279

第1章 日地关系学 太阳几何

1.1 太阳的结构

太阳系是由太阳(恒星)、大小行星、卫星、彗星等组成的系统,其中太阳占据总质量的99.8%,其质量超过其他天体总和的600倍,是无可争议的中心,是光和能量的源泉。太阳系中所有天体不离不散,并井然有序地绕日旋转,这个过程已经持续了50亿年。

太阳直径为 1.368×10^6 km,是地球直径的109倍,是地月距离的1.8倍,太阳体积为地球的 1.3×10^6 倍。换句话说,整个月球绕地轨道都可放入太阳之中。

太阳质量为 2.2×10^{27} t,是地球质量的 3.32×10^5 倍,虽然日地距离为 1.5×10^8 km,但是地球在太空中一切运行活动每时每刻都在太阳的掌控之中。太阳主要由气体组成,平均密度为地球的25%,实际上,太阳的密度不均匀,越靠近中心,密度越大,其中心密度为160 g/cm^3。

目前太阳是一颗中年恒星,其内部具有极高的温度和极大的压力。通过分析太阳的光谱,可以知道它的化学成分。据研究,目前太阳大气中氢和氦占绝大部分,按质量计算,氢约占71%,氦约占27%,其他元素(主要为碳、氮、氧和各种金属元素)约占2%。

通过光度测量可以求出太阳的总辐射能(E)为 6.284×10^{12} erg(1 erg $= 10^{-7}$ J)。由斯特藩-玻尔兹曼定律可知,恒星表面单位面积总量与温度的四次方成正比,即:

$$E = \sigma T^4 \tag{1-1}$$

其中,斯特藩常数 $\sigma = 5.67 \times 10^{-8}$ W/(m^2 · K^4),根据式(1-1),可求出太阳表面温度 $T =$ 5 770 K(Kelvin)。

太阳系天体围绕太阳转,而太阳本身也在不停地转动并向外辐射能量。太阳的辐射可分为电磁辐射和粒子辐射两种。前者包括红外线、可见光、紫外线、X 射线等;后者主要是质子、电子和粒子等,也称动态日冕或"太阳风"。在特殊情况下(太阳活动期),会喷发出较多高能粒子流,对地球影响很大。太阳活动的明显标志是黑子和耀斑。

太阳内部持续发生着氢聚合成氦的核聚变反应,因此不断地释放出巨大的能量,并以辐射和对流的方式由核心向表面传递热量,温度也从中心向表面逐渐降低。氢聚合成氦在释放巨大能量的同时,每1 g质量将亏损0.007 2 g(质量每秒减少 5×10^8 kg)。按目前太阳产生核能的速率估算,其氢的储量还可维持600亿年,因此太阳能可以说是用之不竭的。

太阳的结构如图 1-1 所示(太阳的半径取作 R)。

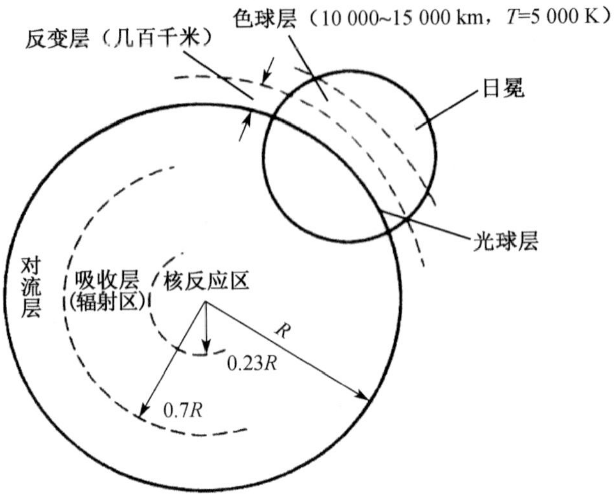

图 1-1　太阳结构示意图

1. 核反应区

太阳平均半径 23%(0.23R)内的区域是太阳的内核,其温度约为 $8\times10^6\sim4\times10^7$ K,压力高达10^9个大气压,密度约为水的 80～100 倍,质量占太阳的 40%,体积占太阳总体积的 15%,能量占太阳辐射总能量的 90%,以辐射和对流的方式向外放出能量。氢聚合时放出 γ 射线,当它经过较冷区域时,消耗能量,波长将增长,变成 X 射线或紫外线及可见光。在这里,进行着 4 个氢核聚变成 1 个氦的热核反应,在反应中损失的质量变成了能量,连续不断地变成太阳辐射。

2. 吸收层(辐射区)

核反应区的外面是辐射区,它的范围是(0.25～0.86)R[有的资料为(0.23～0.7)R],辐射从内部向外部转移的过程是多次被物质吸收而又再次发射的过程。因此,从太阳核心到表面的行程,将逐步降低它的频率,变为硬 X 射线、软 X 射线、远紫外线,最后以可见光的形式和能量更低的其他形式向外辐射。太阳内部向外部的温度变化只有保证各层次辐射压强和重力的平衡,才能维持太阳整体的平衡和稳定。在吸收层,温度降到 1.3×10^5 K,密度下降为 0.079 g/cm^3,只有水的 0.08 倍左右。热核反应所产生的大量氢离子在这里被吸收。

3. 对流层

太阳(0.7～1.0)R 之间的区域为对流层,温度降至约 5×10^3 K,密度下降到 10^{-5} kg/m^3,大量的热对流在该区域进行,能量主要以对流形式向外传播。在这里,外层氢的电离造成此层内气体比热增加,破坏了辐射平衡所要求的温度梯度,从而破坏了流体静力学平衡,产生流动,进而发展为湍流。湍流区会产生噪声,即低频率的声波。

对流区及其下面部分是看不见的,合称为太阳内部或太阳本体。

太阳大气大致可分为光球、色球、日冕三个层次,皆属太阳外部大气,三层的物理性质有显著区别。

4. 光球层

光球层位于对流层外 500 km 范围内，是人们肉眼所看到的太阳表面，其温度为 5 762 K。它由含强烈电离的气体组成，太阳能绝大部分辐射都源于此。光球表面常有黑子和耀斑活动，活动周期约为 11 年，这对太阳辐射量及电磁场强弱有很大影响。

5. 色球层

色球层厚度大约为 10 000～15 000 km，色球层大部分是由低压氢及氦组成，温度约为 5 000 K，密度仅为10^{-5} kg/m³。因为温度高，色球层辐射出来的光波长短，并且由于它的气体十分稀薄，其辐射也很微弱，仅占太阳辐射总能量的 0.1%。

6. 日冕

色球层以外银光色的辉光层即为日冕，它由各种微粒构成，包括太阳尘埃质点、电离粒子和电子。日冕辐射与其他部分的辐射相比是微不足道的，仅占全部辐射能的10^{-8}，无法穿透大气层到达地面。

太阳的有关数据见表 1-1。

表 1-1　太阳常用数据

太阳质量 $M_{\odot} = 1.989\,1 \times 10^{33}$ kg
日地距离：
日地平均距离(天文距离单位) $A = 1.495\,978\,70 \times 10^{11}$ m
日地最远距离 $= 1.521\,0 \times 10^{11}$ m
日地最近距离 $= 1.471\,0 \times 10^{11}$ m
太阳常数 $f = 1.97$ cal/(cm² · min)
太阳视差 $\pi_{\odot} = 8.794\,148''$
太阳半径 $R_{\odot} = 696\,265$ km
太阳表面积 6.087×10^{12} km²
太阳体积 1.412×10^{18} km³
太阳平均密度 1.409 g/cm³
太阳表面有效温度 5 770 K
总辐射功率 3.83×10^{26} J/s
自转会合周期：
赤道＝26.9 d
极区＝31.1 d
光谱型 G_2V
目视星等＝－26.74 等
绝对目视星等＝4.83 等
热星等＝－26.82 等
绝对热星等＝4.75 等
发光强度＝2.84×10^{27} cd

续表

照度＝1.27×10^5 lx
太阳表面重力加速度 2.74×10^4 cm/s^2（为地球表面重力加速度的 27.9 倍）
太阳表面脱离速度 618 km/s
太阳中心温度　1.5×10^7 K
太阳中心密度　160 g/cm^3
太阳中心压力　3.4×10^{16} Pa/cm^2
地球附近的太阳风速度 450 km/s
太阳主要化学成分　氢 71％、氦 27％，其余为氧、碳、氮、氖、硅、铁等
太阳年龄　5×10^9 a
太阳活动周期的平均长度 11.04 a

地球绕太阳公转，日地距离在变化，有近日点和远日点之分，目前国际上采用的日地距离为 1.4960×10^8 km，准确地说是 149 597 892 km。天文学上把日地平均距离作为一个天文单位(AU)，光行一个天文单位的时间为 499.004 79 s。太阳同时携带庞大的太阳系家族以 250 km/s 的速度绕银河系的核心公转，周期约为 2.5 亿年。

地球内部本身也在不断地变化着，历经着沧海桑田。太阳系八大行星中唯有地球发生板块构造运动。

1.2　地球的自转运动

地球在天空中的运行受到诸多因素影响，有天文学家统计，地球至少同时进行着 20 余种不同形式的运动。在这些运动中，速度最快的运动是太阳携带行星环绕银河系核心的运动(见图 1-2)。地球的公转轨道对于太阳而言是一封闭椭圆，对于太阳系外的观察者来说却是螺旋曲线。这意味着地球绕日以后所在的位置与一年以前已经相距近 80 亿 km。其他运动还有地球-月球、地球与众行星-太阳按共同质心的运动，地球自转轴与进动轴之间的

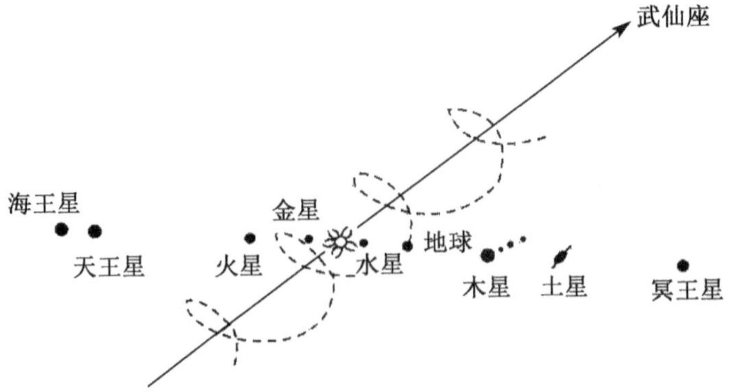

图 1-2　太阳系相对于邻近恒星的运动

变化-率动，地球绕日轨道偏心率的变化，地球自转产生的赤道面，公转产生的黄道面夹角(黄赤夹角，现在为 23°26″)的变化，地球绕日轨道近日点的变化，地球受到其他天体引力而造成的摄动等。但对人类生产活动和社会活动、太阳能开发利用等影响最大的运动无疑是地球的自转和公转。

1.2.1　地球自转规律

1. 地球自转的方向

地球的东西方向是根据地球的自转方向来确定的，因此正确识记地球的自转方向是十分必要的。地球的自转方向可以通过右手法则判断：设想右手握住地轴，大拇指竖直指向北极星，四个手指指的方向代表地球的自转方向。事实上，无论是地球上的东西方向还是天球上的东西方向都是从地球的自转方向引申出来的：人们把顺地球自转的方向定义为自西向东方向，把逆地球自转的方向定义为自东向西方向。由于天球的运动方向与地球的自转方向相反，因而日月星辰周日视运动的方向为自东向西方向。通过右手法则不难判定：在北极上空看地球自转是逆时针方向的；而在南极上空看地球自转则是顺时针方向的。这与傅科摆的偏转方向恰恰相反，这是因参照系不同以及运动的相对性原理所致。

2. 地球自转的周期

地球自转一周称为一日。其实，考察地球的自转周期时，若选择恒星或太阳或月球等不同的参考点，会有不同的自转时长，我们称之为恒星日、太阳日和太阴日等。

(1) 恒星日。以天球上的某恒星(或春分点)作参考点测定的地球自转周期叫恒星日，或是指某地经线连续两次通过同一恒星(或春分点)与地心连线的时间间隔。时长为 23 h 56 m 4 s，这是地球自转的真正周期，也就是地球自转 360° 所用的时间。如果把地球自转速度的微小变化忽略，恒星日一般而言是不变量。

(2) 太阳日。以太阳的视圆面中心作参考点测定的地球自转周期叫太阳日，或指日地中心连线连续两次与某地经线相交的时间间隔。太阳日的平均时长为 24 h，是地球昼夜更替的时长。太阳日之所以比恒星日长 3 min56 s，是因为地球的公转使日地连线向东偏转。

1.2.2　地理坐标

根据地球自转的规律，人们定义了地理坐标系统。也就是说地球表面地理坐标的确定，是以地球自转特性为依据的。地球表面自转速度最大的各点连成的大圆就是赤道自转速度，为零的点则是地球的南北极点；地球内部速度为零的各点连成的直线就是地轴。两极和赤道构成了地理坐标的基本点和基本圈，在此基础上就可以确定地表的经纬线，从而建立地理坐标系统(图 1-3)，例如，福州位于北纬

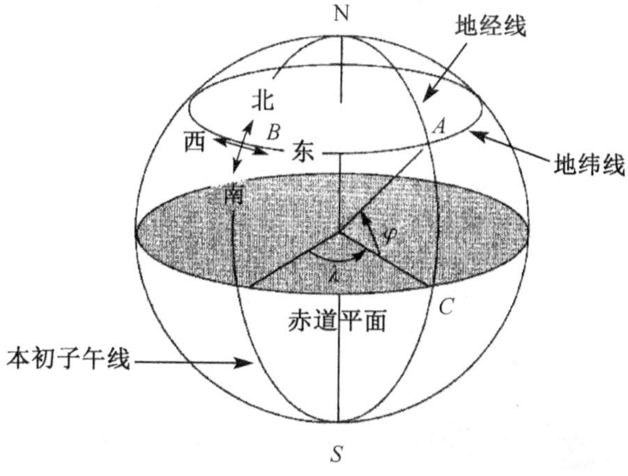

图 1-3　地理坐标的确定

26°,东经 119°。

1. 经纬线与地球上的方向

通过地球南北(N, S)两极的大圆叫经圈,被极点分割的经圈半圆叫经线,又称子午线。其中通过格林尼治天文台旧址的经线是 0°经线,也叫本初子午线,它是经度的起算平面;所谓纬线就是赤道的平行面与地球相交的圆,所有纬线均与赤道平行。

经线是地球上的南北方向线——沿经线指向北极的方向为正北方向,指向南极的为正南方向。南北方向是有限方向:北极点是北向的终段点,因此站在北极点上面向的任何方向均为南方;南极点是南向的终极点,在此处面向的任何方向均为北方。

纬线是地球上的东西方向线——沿纬线顺地球自转的方向为正东方向,而逆地球自转的方向则为正西方向,东西方向是无限方向。但为了避免混乱,在同一纬线上的相对的东西方向是以点来区分的,即 A 点位于 B 点的东方,B 点则位于 A 点的西方。

2. 地理坐标的经纬度

地球上的所有经纬线都是垂直正交的,因此地表上的任意点都可以由两条正交的经纬线确定(如图 1-4 的 A 点),而这两条经纬线的经纬度就是交点的经纬度。

经度是指某地的经线平面与本初子午面的夹角。经度是以本初子午面作起算平面的,向东量度 0°～180°为东经,向西量度 0°～180°为西经,经度的记号为 λ (图 1-4)。国际通用的经度表示方法用"E"代表东经,用"W"代表西经,如东经 120°35′,记作 120°35′E。东西经 180°是同一条经线,它与本初子午线共用一个经圈,但一般不以该经圈划分东西半球。为了保证欧洲和非洲大陆的完整性,我们以 20°W 与 160°E 这两条经线来划分东西半球。

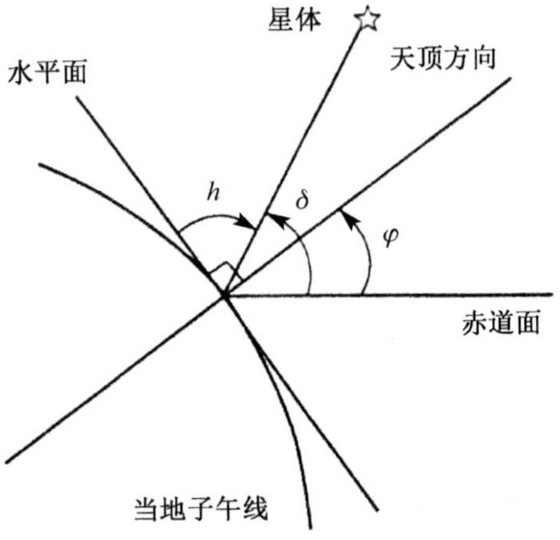

图 1-4　维度确定示意图

纬度是指过某地的铅垂线与赤道平面的夹角。把地球当成正球体,某地的纬度就是该地的球半径与赤道面的夹角(图1-5)。赤道面是纬度的起算平面,自该面向北量度 0°～90°为北纬,向南量度 0°～90°为南纬,纬度的记号为 φ, 国际通用的纬度表示方法是用"N"表示北纬,用"S"表示南纬,如北纬 23°30′,记作23°30′N。

3. 地球上的距离

常用的距离单位有海里、千米。地球表面上的距离可根据大圆曲线或球面上两点距离的一般公式求得。

地球上任意两点的距离公式为

$$\cos AB = \sin \varphi_A \sin \varphi_B + \cos \varphi_A \cos \varphi_B \cos(\lambda_B - \lambda_A) \tag{1-2}$$

式中, φ 为北纬时取正,为南纬时取负;λ 为东经时取正,为西经时取负。一般情况下,若已知两点地理坐标 $A(\varphi_A, \lambda_A)$ 和 $B(\varphi_B, \lambda_B)$, 利用公式就可算出两地距离。

海里(n mile)——人们将地球上 1 角分大圆弧的长度定义为 1 海里,即地球上每度大圆弧为 60 海里。船在海上航行的速度以“节”表示，1 节＝1 海里/小时。

千米(km)——法国人把地球上大圆弧周长的四万分之一定义为 1 千米，中国人使用的华里则为千米长度的二分之一。每度大圆弧之长＝40 000 m/360°＝111.11 km/1°。

因 1°大圆弧＝60 海里＝111.11 km，故 1 海里＝1.85 km 或 1 km＝0.54 海里。

1.2.3　地球自转的速度

1. 地球自转的角速度

地球自转可视为刚体自转，在无外力作用的情况下，刚体的自转必为定轴等角速度自转。由此可知：地球自转的角速度是均匀的，既不随纬度而变化，又不随高度而变化，是全球一致的。地球自转的角速度 ($\omega_{\oplus}$) 可以用地球自转一周实际转过的角度与其对应的周期之比计算出，即

$$\omega_{\oplus} = 360°/\text{恒星日} = 15°/\text{恒星时} \tag{1-3a}$$

或

$$\omega_{\oplus} = 360°59'/\text{太阳日} = 15°41'/\text{太阳时} \tag{1-3b}$$

在精度要求不高时，为了方便记忆，地球各地角速度约为 15°/h，如图 1-5 所示。

2. 地球自转的线速度

地球自转的线速度随纬度和高度的变化而不同。这是因为地点纬度高度不同，其绕地轴旋转的半径不同。假设地球为正球体，A 地的纬度为 φ，海拔为 h，该地绕地轴旋转的半径为 r，则有

$$r = (R + h)\cos\varphi \tag{1-4}$$

则地球在 A 地自转的线速度为

$$V_{\varphi} = \frac{2\pi r}{T}(T\ \text{为恒星日}) \tag{1-5}$$

即

$$V_{\varphi} = \frac{2\pi}{T}(R + h)\cos\varphi \tag{1-6}$$

因为 $\omega_{\oplus} = 2\pi/T$

所以

$$V_{\varphi} = \omega_{\oplus}(R + h)\cos\varphi \tag{1-7}$$

由上述可知，地球自转的角速度为 15°/h；同一纬度，高度越高，线速度越大。同一平面，纬度越低，自转线速度越大(图 1-6)，在赤道海平面自转线速度已超过音速(空气中的音速在 1 个标准大气压和 15℃的条件下约为 340 m/s)，为 465 m/s。因此，人类探索宇宙发射人造天体时，利用地球自转的惯性，可以大大降低发射成本。

受地形的影响，地球自转线速度最快的点在邻近赤道的一些山峰上，如南美洲厄瓜多尔境内的科托帕希火山(高度 5 896 m、纬度 0.4°S)。

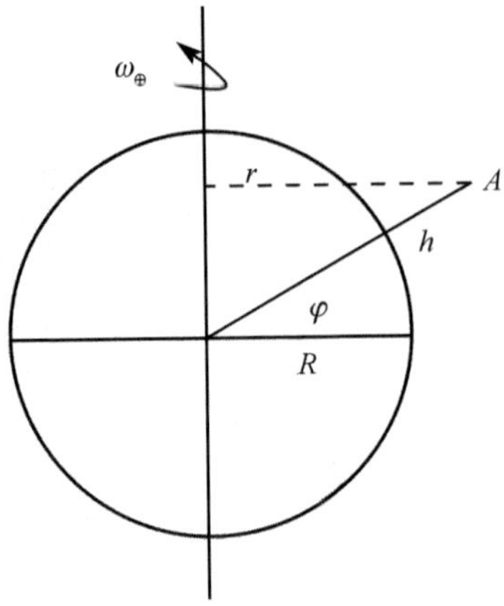

图 1-5　地球自转线速度说明

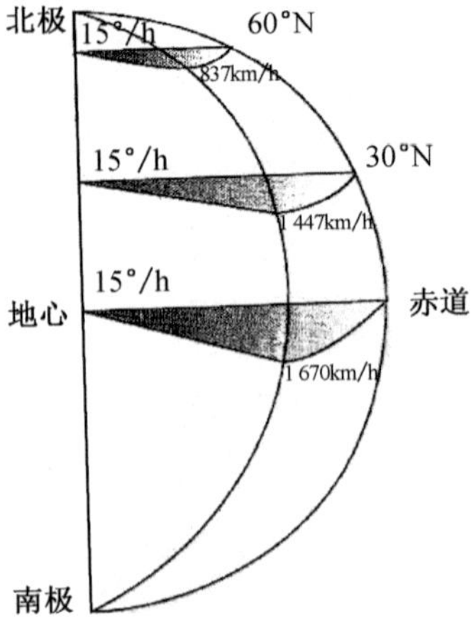

图 1-6　同一平面不同纬度的自转角速度和线速度

3. 地球自转速度的变化

如果不受外力作用，且处于惯性自转的地球是刚体，则其自转的角速度必然是恒定的。然而，地球事实上不是刚体，地表和地内物质的运动（如洋流、潮汐、大气环流、地幔对流、火山爆发等）都会导致地球转动惯量（J）的变化，进而引起地球自转角速度的变化。根据动量矩守恒的原理，在无外力（矩）作用的情况下：

$$地球的动量矩 = J\omega_\oplus = 恒量$$

因此，当 J 变大时（即地球物质迁移并远离地轴时），地球的角速度$\omega_\oplus$ 将减小；相反，当 J 变小时（即地球物质迁移并靠近地轴时），地球的角速度$\omega_\oplus$ 将增大。

但纵使 J 不变，地球受到的外力（月球对其产生潮汐摩擦）也会导致地球动量矩不守恒从而引起$\omega_\oplus$ 的变化。理论上这些变化在牛顿时代就已经是可以预见的，但由于潮汐摩擦十分微弱，地球物质的迁移量与地球总质量之比非常小，故地球自转周期（恒星日）的变化（为毫秒量级），在早期根本无法测定。直到 20 世纪 30 年代，石英钟、原子钟等精确计时系统的相继发明，天文观测手段日渐精密，人们才确认了地球自转的不均匀性。地球自转速度的变化可分为三类：长期变化、季节变化和不规则变化。

地球自转速度的不规则表现为自转角速度时而变快，时而变慢。地球自转速度的、平缓的不规则变化可能与地内物质的角动量交换有关，而突然变化的原因目前人类还没完全认识与掌握。

1.2.4　地球自转产生昼夜交替

太阳在任何情况下都只照射半个地球，向着太阳的半球处于白昼状态被称为昼半球，背着太阳的半球处于黑夜状态被称为夜半球，昼半球和夜半球的分界线称为晨昏线（图 1-7）。由于地球不停地自西向东旋转，昼夜半球和晨昏线也不断自东向西移动，这样就形成了昼夜的交替。地球昼夜更换时间适度，可以避免产生巨大昼夜温差、强烈风暴、高热和酷寒,使生命难以产生或者灭绝。晨昏线是太阳光照图中非常重要的组成部分,是判读太阳光照图的重要突破口。

晨昏线的特点

(1) 平分地球,是过球心的大圆。

(2) 晨昏线平面与太阳光线垂直。晨昏线上太阳高度角为 0°。昼半球晨昏线上各点的太阳高度角大于零,夜半球上则小于零。

(3) 晨昏线永远平分赤道。

(4) 晨昏线与经线圈的夹角变化范围为 0°～23°26′,且与太阳直射点的度数相同。

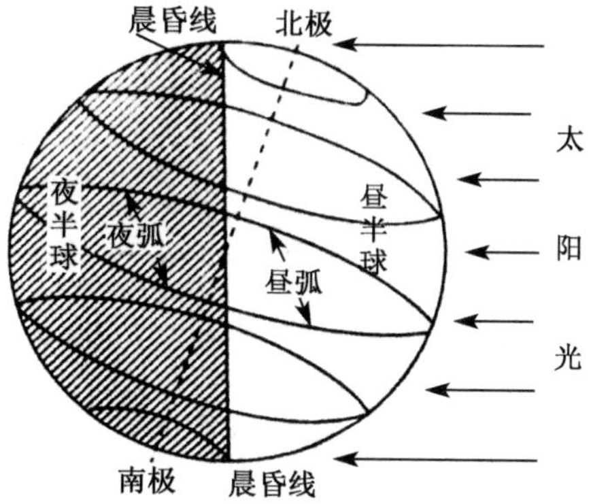

图 1-7　昼夜半球和晨昏线

(5) 晨昏线只有在夏至、冬至日才与极圈相切。

(6) 晨昏线的移动速度与地球自转速度相同,但方向相反。

晨昏线根据地图的不同投影类型,可以由极点俯视、侧视、圆柱投影,每种投影又可分为全图、半图、1/4 图、局部图等类型。

晨昏线代表太阳东升西落,是判断方向的权威方式,晨昏线还有如下功能:

(1) 判定季节(节气):先确定南、北极,再找与特殊纬线的关系。

(2) 判定地方时:晨昏线与赤道交点的地方时分别是 6 时和 18 时;与极昼圈的切点地方时为 0 时或 24 时,与极夜圈的切点地方时为 12 时。

(3) 判定日出日落时刻与昼夜长短:同纬线上两点,日出日落的地方时相同,昼夜长短也相同。

晨昏线也反映了地球自转所造成的地方时的差异。

地球的自转导致越靠东的地方越早见到太阳,造成同一时刻、不同经线上具有不同的地方时。例如,当福州(26°N, 119°E)地方时为下午 15:00 时,成都(31°N, 104°E)地方时为下午 14:00。

1.3　地球的公转

1.3.1　日地距离与太阳张角

1. 日地距离

众所周知,地球绕椭圆形轨道运行。由于太阳居于地球运行轨道稍偏心的位置,所以日地距离就有近日点和远日点之分。一年中,1 月 1 日时地球所在位置是到太阳最近的位置,称为近日点,这时的日地距离为 147.1×10^6 km;7 月 1 日时地球所在位置是到太阳最远的位置,称为远日点,这时的日地距离为 152.1×10^6 km。日地平均距离约为 150×10^6 km。1971 年,Spencer 研究了修正日地距离的计算式,被称为地球轨道的偏心修正系数,即

$$\xi_0 = \left(\frac{r_0}{r}\right)^2 = 1.000\,110 + 0.034\,221\cos\Gamma + 0.001\,280\sin\Gamma + 0.000\,719\cos 2\Gamma + 0.000\,077\sin 2\Gamma \tag{1-8}$$

式中，r_0 为日地平均距离；r 为观察点的日地距离；Γ 为一年中某一天的角度，称为日角，按下式计算，单位为 rad(弧度)

$$\Gamma = \frac{2\pi(d_n - 1)}{365} \tag{1-9}$$

这里，d_n 为一年中某一天的顺序数，1 月 1 日为 1，12 月 31 日为 365，以此类推，2 月通常按 28 天计算。对于闰年，式(1-8)的计算结果将有微小的变化。在太阳能工程设计中，可以采用下述简便的计算式，即

$$\xi_0 = \left(\frac{r_0}{r}\right)^2 = 1 + 0.033\cos\left(\frac{2\pi\, d_n}{365}\right) \tag{1-10}$$

一年中任一天的日地距离可以表示为

$$R = 1.5 \times 10^8\left[1 + 0.017\sin\left(2\pi\,\frac{n-99}{365}\right)\right] \tag{1-11}$$

式中：R 为日地距离，单位为 km；n 为从 1 月 1 日算起，一年中的第几天。

2. 太阳张角

太阳张角是太阳轮廓相对地面的某点张角，也称太阳辐射散角。如图 1-8 所示。

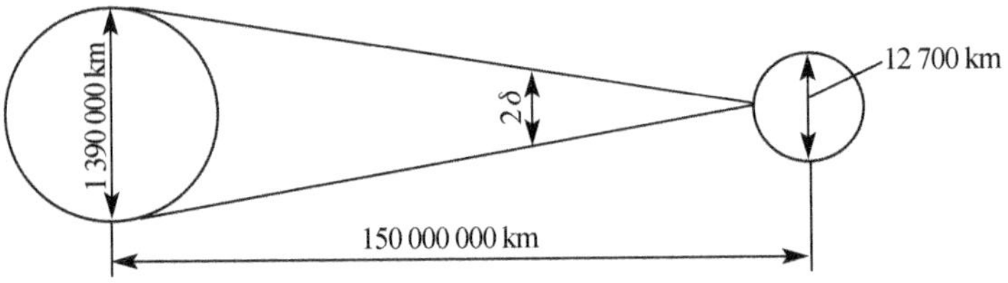

图 1-8 太阳与地球之间的几何关系

当日地平均距离为 1.50×10^{11} m 时，太阳张角约为 32′。太阳张角表明入射到地面某点的光并不是平行光束。因此，在设计太阳能聚光器的镜面面形以及分析聚光器的聚光性能时，需要考虑太阳张角对聚光器聚光性能的影响。

太阳位置的计算方法有很多种，不同算法得到的太阳位置的精度不同。精度高的太阳位置算法考虑的因素多，算法复杂。太阳天顶角、太阳高度角、太阳方位角是计算太阳位置时需要用到的基本变量/数据，最基本的计算方法不会考虑到影响太阳位置计算的诸多实际因素，比如，行星对地球的摄动、赤道平均极绕黄极进动的步数、赤道真极绕着平均极周期运动的章动、大气折射等。由 Meeus 提出的在天文学上采用的太阳位置公式，其精度可高达 0.000 3°，但需要进行大量的计算。一些对太阳位置精度要求不高的太阳能利用装置

通常采用计算速度快而精度在0.008°～0.01°之间的太阳位置计算公式。北京延庆的1 MW太阳能塔式热发电话(大汉电站)的定日镜保障控制程序采用了由 Roberto Grena 提出的兼顾计算精度与耗时的太阳位置算法,由该算法获得的太阳位置精度在 0.002 7°之内,可计算获得当前时刻太阳的高度角与方位角,输入参数主要包括当地经度、纬度、大气压强、环境空气温度、日期及当地时间。

1.3.2　四季和五带

地球的自转和绕日运行会成昼夜更替、朝晖夕阴、寒来暑往,这是人们熟知的。古人就已感受到太阳位置与倾洒大地的热量之间具备联系。旭日东升,世界变得光明、温暖,中午太阳直射,人们感受到热度,感受到烈日当头,气温变高;秋冬阳光乏力,天气变冷。太阳照射地球各处的强度不同,会导致地球形成不同温度带,从而产生大气和海水永不停息、周而复始地运动的现象。这是太阳对地球最直接的影响,也是所有太阳能工程设计首要考虑的现象/影响。

1. 四季的划分

地球自转一周耗时 24 h,即一昼夜,故地球每小时自转 15°。地球绕太阳公转一周耗时一年。地球运行到不同位置,阳光投射到地球上的方向也不同,就形成了地球上一年四季的变化,如图 1-9 所示。春分、秋分日阳光垂直照射地球赤道,地面上昼夜长度相等;夏至日阳光垂直照射北回归线,北半球昼长夜短;冬至日阳光垂直照射南回归线,北半球昼短夜长。

太阳直射点的回归运动,必然导致地表变化和季节变化,而太阳高度的大小直接影响到地表获得太阳能的多少。正午太阳高度表达式为

$$h = 90° - (\phi - \delta_{\odot})(\text{此式在半球范围内使用}) \tag{1-12}$$

式中,ϕ 为纬度,$\delta_{\odot}$ 为太阳赤纬。该式可以以定量方式说明正午太阳高度的纬度变化与季节变化。

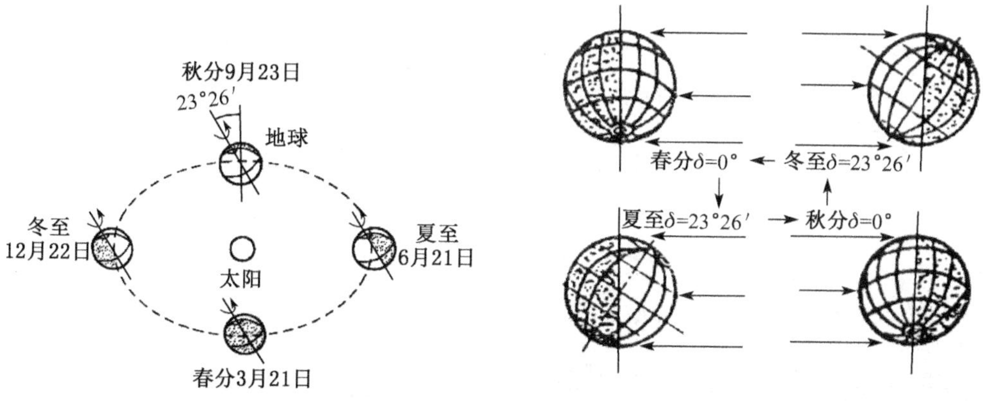

(a) 地球绕太阳运动示意图　　(b) 地球表面受日照的变化

图 1-9　地球公转、自转及日照变化

为使式(1-12)在全球全年都可适用,则有

$$h = 90^{\circ} - | \varphi - \delta_{\odot} | \tag{1-13}$$

使用式(1-13)时应注意:φ、$\delta_{\odot}$ 的取值均为北正南负;当太阳高度 $h > 0$ 时,表示太阳在地平之上;当太阳高度 $h < 0$ 时,表示太阳在地平之下(实为极夜现象)。

由以上两式可以推知,正午太阳高度的纬度变化及季节变化有如下规律(图 1-10)。

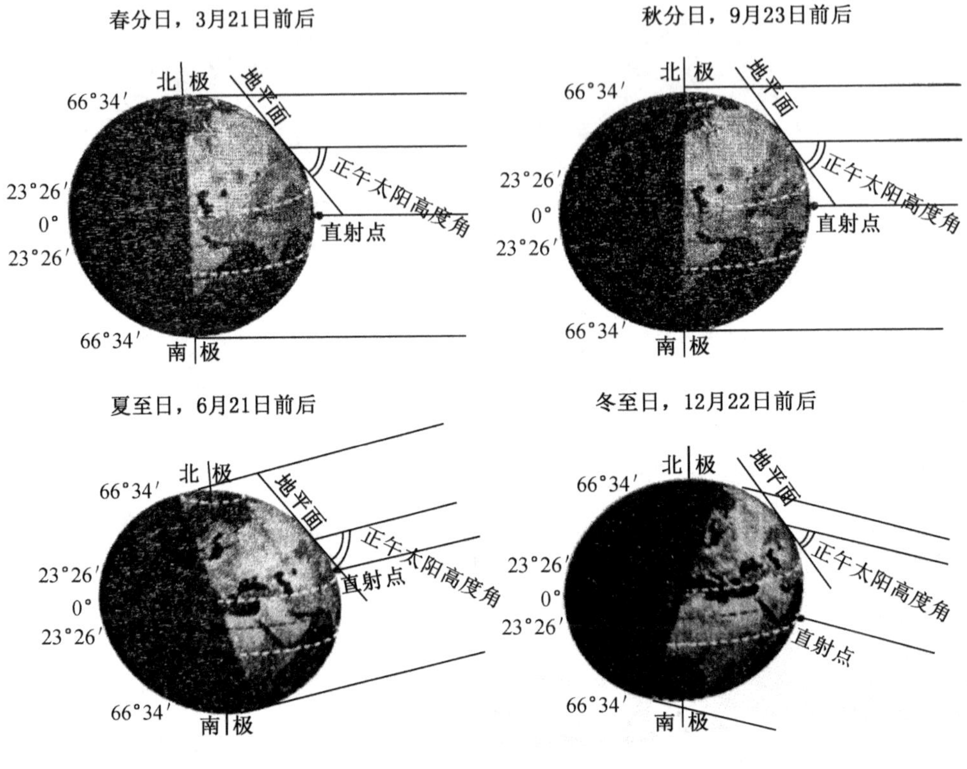

图 1-10 太阳高度的纬度和季节变化

(1) 无论任何季节,在纬度 φ 等于太阳赤纬 $\delta_{\odot}$ 处的正午太阳高度 h 为最大值(90°),自该纬度向南北两方降低。

(2) 在半球范围内同一时刻,任意两地正午太阳高度之差都等于这两地的纬度之差,这一点,利用半球适用的正午太阳高度角公式是很容易证明的。

天文学上用二分点、二至点把一年分为四季。从春分到夏至为天文春季,从夏至到秋分为天文夏季,从秋分到冬至为天文秋季,从冬至再到春分为天文冬季。太阳的周年视运动是四季更替和昼夜长短变化的原因,也是星空图像季节变化的原因。

北半球太阳周年视运动的影响如表 1-2 所示。

表 1-2 北半球太阳周年视运动的影响

年视运动	春分点—夏至点—秋分点—冬至点—春分点
季节	天文春季　天文夏季　天文秋季　天文冬季

续表

年视运动		春分点—夏至点—秋分点—冬至点—春分点
昼夜长短变化		白昼变长 白昼变短 白昼变短 白昼变长 黑夜缩短 黑夜变长 黑夜变长 黑夜缩短
出没方向		逐日北移 逐日南移 逐日南移 逐日北移
出没时刻	出	逐日提早 逐日延迟 逐日延迟 逐日提早
	没	逐日延迟 逐日提早 逐日提早 逐日延迟
上中天地平高度 (北回归线以北)		逐日升高 逐日下降 逐日下降 逐日升高

如图 1-11 所示,从冬至到夏至,白昼变长,黑夜缩短;太阳出没方向逐日北移;出时刻逐日提早,没时刻逐日延迟;上中天地平高度逐日升高。在夏至日,太阳到达最北点,白天最长,黑夜最短,太阳上中天地平高度最高。而从夏至到冬至,白昼缩短,黑夜变长;出没方向逐日南移;出时刻逐日延迟,没时刻逐日提早;上中天地高度逐日下降。在冬至日,白天最短,黑夜最长,上中天地平高度最低。

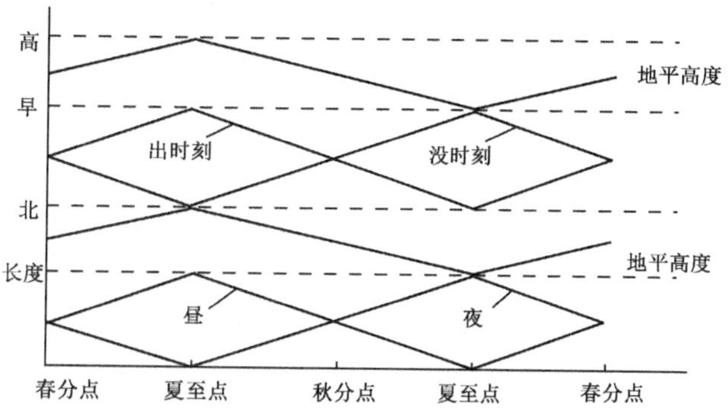

图 1-11　北半球太阳周年视运动的影响

2. 五带的划分及特征

(1) 五带的含义、性质与意义

地球上的热带,南、北温带和南、北寒带总称为五带。地球上到处都有季节,但是,季节的时间因地而异。季节的变化主要有两个方面:天文和气候。前者就是昼夜长短和正午太阳高度的变化;后者主要是气温高低的变化,如图 1-12 所示。

太阳回归运动是形成地球五带的最根本原因。这里所讨论的五带含义是:在地球大气上界,太阳辐射的纬度分布。同样这种五带的划分不考虑地球大气与下垫面对太阳辐射的反射、透射和吸收作用,以及大气与洋流的运动对太阳辐射能在时间空间上的重新分配。

在地球表面上,热带、温带、寒带的空间分布,表明了热量分布不均匀。热带是地球表面最大的热源,两极是最大的冷源,所以赤道与两极地区之间的热量传输与交换对全球性的大气环流、洋流的形成与分布具有决定意义,广大的温带地区正是冷暖气流接触和热量交换的地带,在那里四季分明、天气多变。天文热量带是形成地带性的根本原因。

(2) 五带的划分与特征

五带的划分参照图 1-14。在南北回归线之间有直射阳光,此处为热带;在南、北极圈之内有极昼极夜现象,此处为南、北寒带;在南、北半球的极圈与回归线之间既无直射阳光又

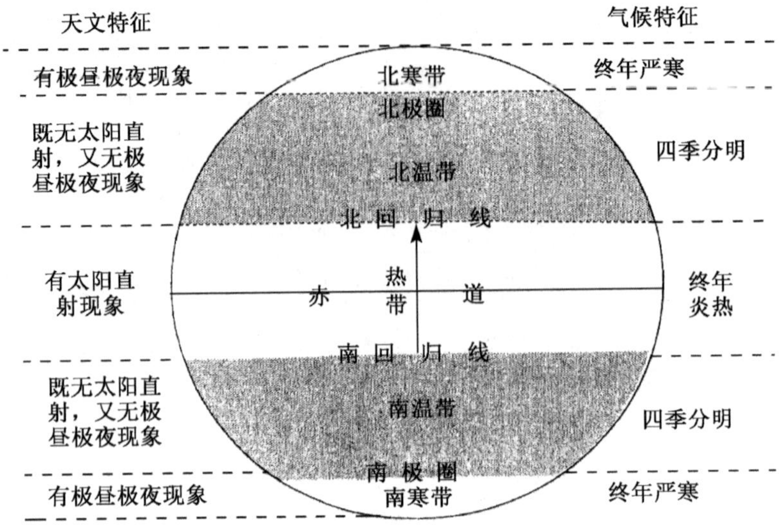

图 1-12　五带分布示意图

无极昼极夜现象，此处为南、北温带。

五带具有以下特征：①热带。它占全球面积的 39.8%，此处正午太阳高度是五带中最高的，每年有两次极大值和两次极小值（极大值均为 90°，极小值介于 43°08′与 66°34′之间），平均年变幅小（赤道最小为 23°26′）；昼长相差不大于 2 h 50 m。由于终年获得热量最多且时间分配均匀，气候季节皆不分明，长夏无冬。②南、北温带。它占全球面积的 51.9%，此处既无直射阳光又无极昼极夜现象，正午太阳高度年变化呈单峰型，平均年变幅最大为 46°52′，昼长年较差最大值可达 24 h。由于终年获得热量不多且时间分配不均匀，气候四季甚为分明。③南北极带。它占全球面积的 8.3%，此处有极昼极夜现象，终年正午太阳高度角很低，甚至出现负值，是全球获得热量最少的地方，气候季节不分明，长冬无夏。

1.4　天球与坐标系

1.4.1　天球的概念

天球是以观测者为中心、任意长为半径的假想球。事实上，就是说在天文观测中忽略了距高信息，而只考虑方位信息。定义了天球，就可以给出天体视位置的定义：天体视位置是天体在天球上的位置，是天体在天球上的投影。

图 1-13 是视位置与真位置差别的示意图。A、B、C、D 为恒星的真位置，a、b、c、d 为相应恒星的视位置。从真位置上来讲，A 与 B 较为接近，C 与 D 较为接近；而从视位置上来

讲,则是 a 与 c 较为接近,b 与 d 较为接近。

根据观测者实际或假定所处的位置可以把天球分为三类,即观测者天球、地心天球和日心天球。

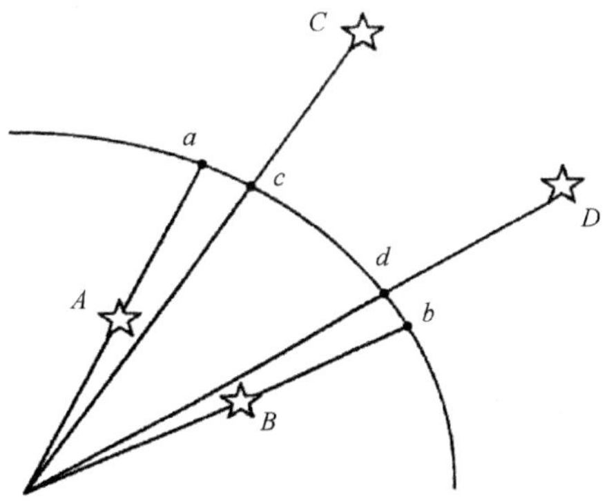

图 1-13　视位置与真位置差别示意图

观测者天球以地图观测点为中心,这事实上是实际测量使用的天球。地心天球是以地心为中心建立的天球。地心与地面的差距是地球半径。在大尺度的宇宙空间中,像地球半径这样的距离可以忽略不计,因此地心天球与观测者天球一般可认为是一致的,仅在必要的时候才做某些修正。地心天球主要用于表示恒星和其他远距离天体的视位置和视运动。日心天球是以日心为天球中心,主要用于表示太阳系内天体的视位置、视运动。

对于恒星,从托勒密到哥白尼,包括中国的浑天说,古代各种宇宙观都把其看作运行在一个球面上。

众所周知,不同恒星和我们的距离不同,近的几光年,远的上百亿光年。但仍然应当继续使用天球的概念,这是因为:

(1) 应用方便。与研究地球上的物体不同,在天文学中天体的方位和距离一般是分开研究的。天体的方位可以很准确地测量,而大部分恒星的距离即使到现在都难以准确确定。因此,在只考虑天体方位时使用天球的概念并不影响准确度。

(2) 有方便的理论工具——球面几何学,特别是球面三角,是研究天体的位置和运动的有力数学方法。

1.4.2　球面三角

由于地球绕地轴进行自转的同时又围绕太阳公转,所以对地球来说太阳在天空中的位置每时每刻都在变化。这种变化直接影响了到达地面的太阳辐射能,从而影响地面上可供利用的太阳辐射能。为了了解和计算地球上任何地区受到的太阳直接辐射的时间和方向,以及为了知道这些计算的精确度等,需要了解球面三角理论和几个相应的概念。

球面上两点之间的最短距离是沿着大圆(即其平面通过球心)的圆周来测量的。球面三角的顶点是三条从球心引出的射线与球面相交的点。射线之间小于 180°的那些夹角称为球面三角的边 a,b,c。球面三角每一边对应着球面上的一个大圆弧,如图 1-14。分别与边 a,b,c 相对应的球面三角的角 A,B,C 是相应的大圆弧之间的夹角,或者是已知的射线所确定的平面之间的角。

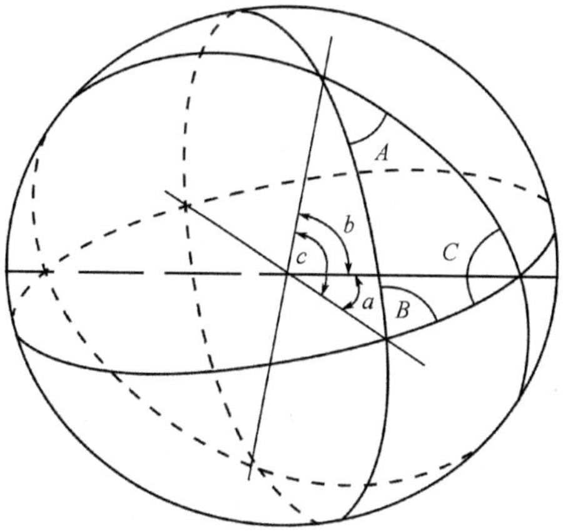

图 1-14　球面三角

球面三角的几个计算公式如下

正弦定理：

$$\frac{\sin A}{\sin a}=\frac{\sin B}{\sin b}=\frac{\sin C}{\sin c} \tag{1-14}$$

边的余弦定理：

$$\cos a=\cos b\cos c+\sin b\sin c\cos A \tag{1-15}$$

角的余弦定理：

$$\cos A=-\cos B\cos C+\sin B\sin C\cos a \tag{1-16}$$

广义余弦公式：

$$\sin b\cos A=\cos a\sin c-\sin a\cos c\cos B \tag{1-17}$$

1.4.3 天球坐标系

(1) 天球坐标系的分类

天球的中心可以作不同的设定，由此可以确立不同的天球坐标系：

① 地平坐标系，天球中心与观察者位置重合而设定的坐标系。

② 赤道坐标系，天球中心与地球中心重合而设定的坐标系。

③ 黄道坐标系，天球中心与太阳中心重合而设定的坐标系。

④ 银河坐标系，天球中心与银河系中心重合而设定的坐标系。

在天文学上，研究天体在天球上的位置及其运动规律时，最常采用的坐标系是地平坐标系和赤道坐标系。根据原点的不同，赤道坐标系又可细分为第一赤道坐标系和第二赤道坐标系。第一赤道坐标系以南点为原点，也称时角坐标系；第二赤道坐标系则以春分点为原点。在太阳能工程中，最方便而又最常用的是地平坐标系，有时在太阳跟踪设计中也用时角坐标系。

(2) 地平坐标系

地平坐标系以地平圈为基本圈，天顶为基本点，南点为原点。从南点 S 沿地平圈顺时针方向计量，弧 SM 为地平经度，即方位角 γ。从北向东方向测量为正，相反方向测量为负。弧 XM 为地平纬度，即高度角 α，向天顶方向为正，向地平圈方向为负。注意，由于天顶和地平圈因观察地点不同而不同，所以同一天体的地平坐标也会不同。

为了确定天体在天球上的位置，天文学者们设定了多种坐标系统。各种坐标由下列条件所规定：

①基本圈和辅助圈；②极；③原点和量度方向。

与日射测量有关的坐标系统有地平坐标和赤道坐标见图 1-15、图 1-16、图 1-17。

地平坐标的基本圈是地平圈。距地平圈 90°的两点是地平坐标的极，即天顶和天底。

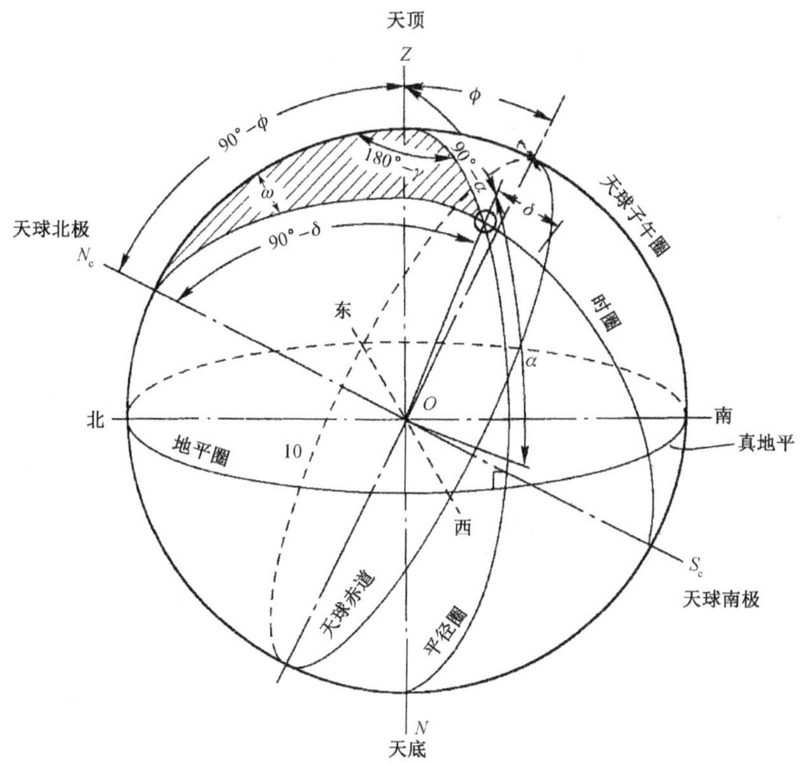

(a) 天球

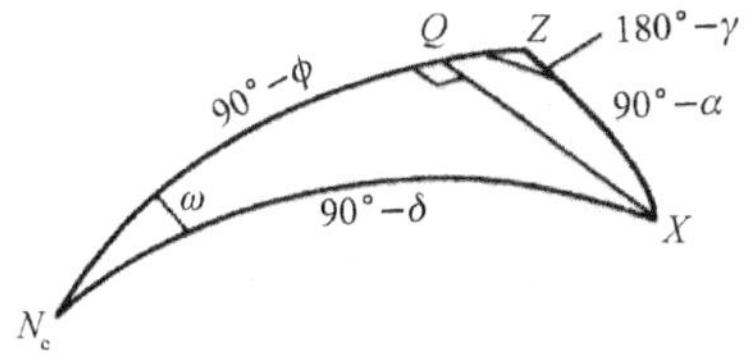

(b) 天文球面三角形

图 1-15　天球和天文球面三角形

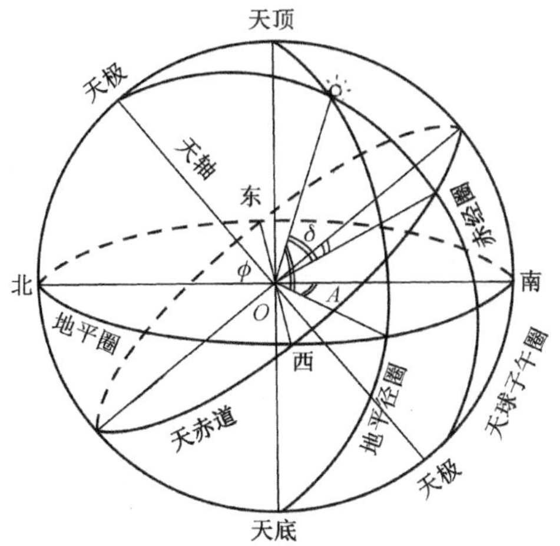

图 1-16　天球及天球坐标系

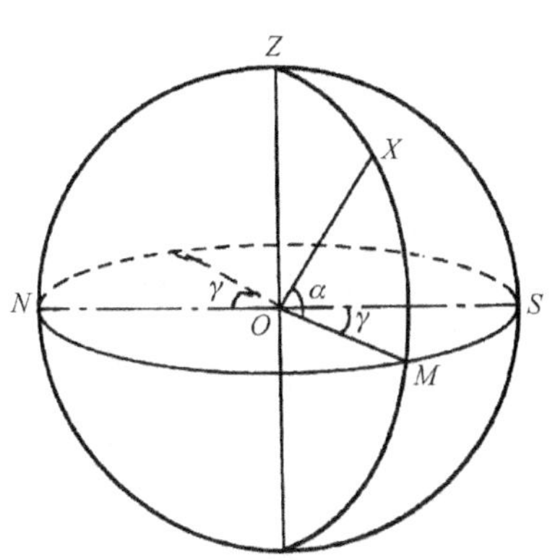

图 1-17　地平坐标系

通过天顶、天底与地平圈正交的辅助圈，叫地平经圈。通过天极的地平经圈称为子午圈，它与地平圈相交于正南点和正北点。地平圈上的原点是正南点，也就是说，正南点是地平经度的量度起点，向西为正，向东为负。应当指出，这与方位角的测量相似，只是方位的测量以正北点为起点，所以两者有180°的差额。

与地平圈相平行的小圈为地平纬度，它的原点就是地平圈，地平纬度就是高度角 h。

(3) 时角坐标系

时角坐标系以天球赤道为基本圈，天球北极为基本点，天球赤道和子午圈在南极附近的交点为原点(图 1-18)。从原点 Q 沿天球赤道顺时针方向计量，弧 QT 为时角 ω。弧 XT 为太阳赤纬角 δ。从天球赤道起算，向上为正，向下为负。注意，观察地点地理纬度不同，会导致原点 Q 在天球上的位置不同，同一天体的时角 ω 也会随之变化。太阳赤纬角 δ 取决于天体和天球赤道，不随周日运动和观察地点不同而变化。时角坐标系一般不用角度表示，而直接用时间单位时、分、秒表示，可记为 h,m,s，如 $6^h\ 8^m\ 12^s$。时角与角度的换算关系为：1 小时 15°，1 分钟 15′，1 秒钟 15″。上点、西点、下点和东点的时角分别为 0^h，6^h，12^h，18^h。

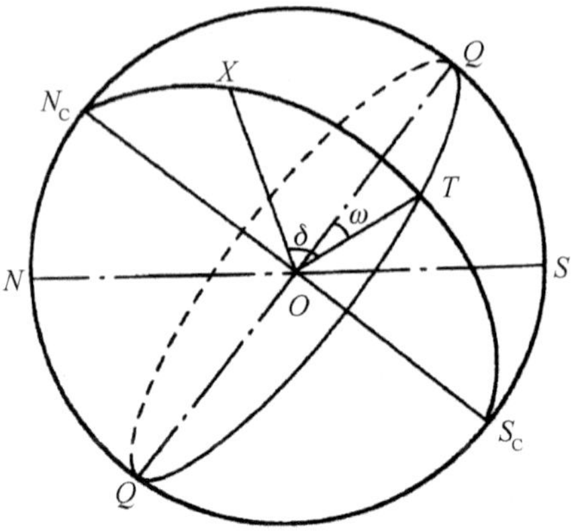

图 1-18　时角坐标系

由于时角坐标系的基圈没有地方性，因此恒星赤纬不随观测地点、观测时间的变化而变化。由于主圈(子午圈)有地方性，因此观测地点、观测时间均影响时角。

(4) 地平坐标系和时角坐标系之间的坐标换算

设太阳 X 的地平坐标为 $(\gamma,\ \alpha)$，时角坐标为 $(\omega,\ \delta)$。研究由天顶 Z、天极 N_c 和太阳 X 所构成的球面三角形，即图中由粗线界定的球面。根据各坐标参数的定义，有

$$\angle ZX = 90° - \alpha,\ \angle N_cX = 90° - \delta,\ \angle ZN_c = 90° - \varphi$$
$$\angle N_cZX = 180° - \gamma,\ \angle ZN_cX = \omega$$

这里，φ 为地理纬度。应用球面三角形边的余弦定理，可以写得

$$\cos(90° - \delta) = \cos(90° - \phi)\cos(90° - \alpha) + \sin(90° - \phi)\sin(90° - \delta)\cos(180° - \gamma) \tag{1-18}$$

化简得

$$\sin\delta = \sin\phi\sin\alpha - \cos\phi\cos\alpha\cos\gamma \tag{1-19}$$

应用球面三角形的正弦定理，可以写得

$$\frac{\sin(90° - \alpha)}{\sin\omega} = \frac{\sin(90° - \delta)}{\sin(180° - \gamma)} \tag{1-20}$$

化简得

$$\cos\alpha\sin\gamma = \cos\delta\sin\omega \tag{1-21}$$

应用球面三角形边的正弦与其相邻角余弦的乘积定理，可以写得

$$\sin(90°-\delta)\cos\omega=\cos(90°-\alpha)\sin(90°-\phi)-\sin(90°-\alpha)\cos(90°-\phi)\cos(180°-\gamma) \tag{1-22}$$

化简得

$$\cos\delta\cos\omega=\sin\alpha\cos\phi+\cos\alpha\sin\phi\cos\gamma \tag{1-23}$$

这样，应用式(1-19)、式(1-21)、式(1-23)三个坐标转换关系，即可作两个坐标系之间的所需要的任意坐标转换。

(5) 赤道坐标系

地平坐标系和时角坐标系都有明显的地方性和周日变化，即在同一时刻的不同地点观测同一颗天体，得到的天体在天球上的坐标不同；在同一地点的不同时刻观测同一个天体，得到的天体在天球上的坐标也不同。所以，这两个坐标系不宜用于表示天体在天球上的固定位置。在编制星表时，需要注明天体在天球上的固定位置，这就必须建立另一种天球坐标系——赤道坐标系，如图 1-19 所示。

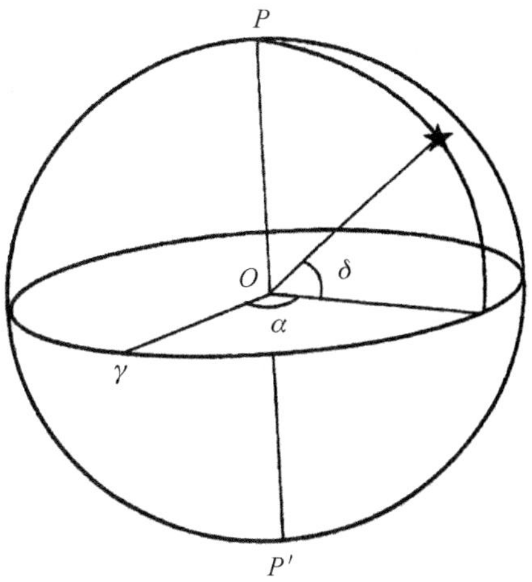

图 1-19　赤道坐标系

在这一坐标系中，基圈是天赤道，主点是春分点，主圈是春分圈(即通过春分点的赤经圈)。

第一坐标是赤纬 (δ)，与时角坐标系相同，这是因为这两种坐标系的基圈相同。

第二坐标称为赤经 (α)，是天体相对春分圈的角距，以春分点为原点，沿天赤道向东度量，可用角度或时间单位表示。

赤道坐标系表示天体在纬向上与天赤道的距离，在经向上与春分圈的距离。在较短时期内，天赤道与春分圈的空间位置变化很小，所以在短时间内，周日运动和观测点不影响恒星的坐标。用这种赤经和赤纬注明的天体位置和所编制的星表在较短时期内总是适用的。但由于地轴的运动，在较长时间内天体的赤经和赤纬也会有明显的空化。所以，星表都要注明编制的年份。

(6) 黄道坐标系

黄道坐标系是用于表示日、月和行星空间位置和运动的天球坐标系，如图 1-22 所示。在这一坐标系中，基圈是黄道，主点是春分点，副圈是黄纬圈。第一坐标称为黄纬 (β)，是天体对于黄道的角距离。以黄道为起始，在天体所在的黄经圈上向南北度量，从 0°至 ±90°，依北半球的习惯，黄道以北为正，黄道以南为负。

第二坐标称为黄经 (λ)，是天体对于春分点所在黄经圈的角距离，以春分点为原点，沿黄道向东度量，自 0°至 360°。(见图 1-20)

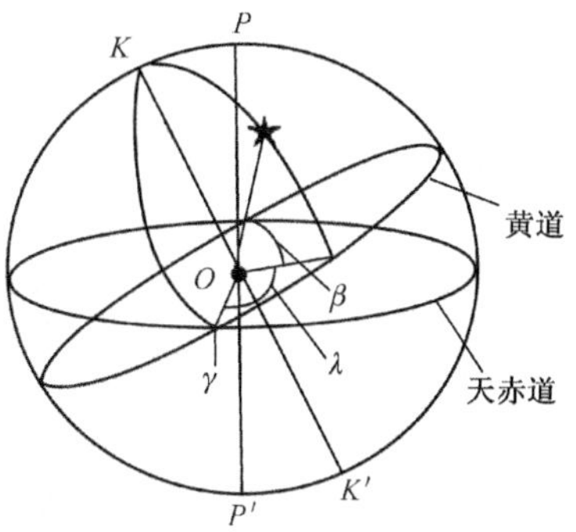

图 1-20　黄道坐标系

太阳总是在黄道上，所以太阳的黄纬总是 0°。太阳的黄经每日递增 59′，春分、夏至、秋分、冬至时的太阳黄经分别为 0°,90°,180°,270°。月球和其他行星的黄纬变化也不大。由于行星有时顺行,有时逆行,因此行星的黄经变化并非总是单调的。

由于黄道坐标系的基圈、主点都没有地方性,因此当用其表示恒星的位置时,恒星坐标不随观测时间、观测地点的变化而变化。

(7) 坐标系的比较(见表 1-3)

表 1-3　天球坐标系的比较

	地平坐标系	时角坐标系	赤道坐标系	黄道坐标系
基圈	地平圈	天赤道	天赤道	黄道
主圈	子午圈	子午圈	过春分点的赤经圈	过春分点的黄经圈
主点	南点	上点	春分点	春分点
第一坐标系	地平高度,天顶距	赤纬	赤纬	黄纬
第二坐标系	方位角(左手系)	时角(左手系)	赤经(右手系)	黄经(右手系)
辅圈	地平经圈	时圈	赤经圈	黄经圈
应用	天文航海、天文航空、人文观测、大地测量	能应用于天体测量,主要用于观测恒星、星云、星图等类型的遥远天体		观测太阳及太阳系内运行在黄道面附近的天体(如大行星)

1.5　太阳位置

1.5.1　赤纬角

地球中心和太阳中心连线与地球赤道平面的夹角,称为赤纬角 δ,也称太阳赤纬,或者说是太阳距离天球赤道的角度。由于地球不停地绕太阳公转,所以一年中赤纬角随时都在变化。已知地轴相对于黄道平面恒定地倾斜 66°33′,故春分、秋分日 $\delta=0°$,夏至日 $\delta=+23°27'$,冬至日 $\delta=-23°27'$。一天之内,δ 的最大变化值不超过 0.5°。若假定每一天的赤纬角为恒定值,其所引入的误差小于 0.5°。赤纬角与地球上观察点所在地区无关,世界上所有地区,只要日期相同就具有相同的赤纬角。一年之中,赤纬角在 ±23°27′之间变化。

地球平面与黄道平面的夹角称为赤纬角,它就是地轴与黄道平面法线间的夹角,在一年中任一时刻皆保持为 23.45°,即地球自转轴与公转轨道面的法线始终成 23.45°。在地球上任一位置观察太阳在天空中每天的视运动,可以发现太阳视运动是以年为周期变化的,其变化时间取决于太阳赤纬角的大小。

赤纬角 δ 即正午时太阳光与地球赤道平面间的夹角。取从赤道向北为正方向,而向南为负方向,用 δ 表示。赤纬角 δ 导致了地球表面上太阳辐射强度变化。(见图 1-21)

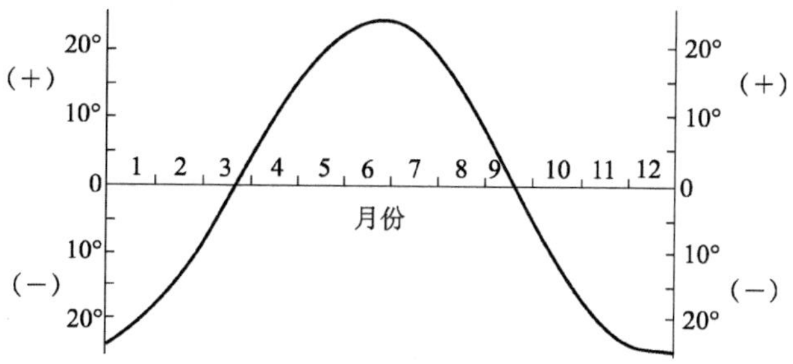

图 1-21 太阳赤纬角的年变程

日期序号 n 可根据表 1-4 算得。

表 1-4 日期与日期序号的对应关系

月	1	2	3	4	5	6	7	8	9	10	11	12
n(某月第 i 日)	i	$i+31$	$i+59$	$i+90$	$i+120$	$i+151$	$i+181$	$i+212$	$i+243$	$i+273$	$i+304$	$i+334$

$$\delta = (0.006\,918 - 0.399\,912\cos\Gamma + 0.070\,257\sin\Gamma - 0.006\,758\cos 2\Gamma + 0.000\,907\sin 2\Gamma - 0.002\,697\cos 3\Gamma + 0.001\,48\sin 3\Gamma)\frac{180}{\pi} \tag{1-24}$$

式(1-24)的最大计算误差为 0.000 6 rad。若略去式中最后两项,则其最大计算误差为 00035 rad。在太阳能工程设计中,对 δ 的计算通常采用以下更为简便的计算式:

① Brichambaut 提出以下计算式

$$\delta = \arcsin\left[0.4\sin\frac{360°(d_n - 82)}{365}\right] \tag{1-25}$$

② Cooper 则提出以下计算式

$$\delta = 23.45\sin\frac{360°(d_n + 284)}{365} \tag{1-26}$$

式中 d_n 为每年自 1 月 1 日起计算的天数。式(1-24)~式(1-26)计算得出的 δ 值,其单位均为度。式(1-24)计算结果最精确,但式(1-25)、式(1-26)的计算精度已完全满足工程应用,而式(1-26)则更为常用。一年中 δ 的典型数据可以从有关手册中查用。

经推导可得半昼弧(t)公式如下

$$\cos t = -\tan\phi\tan\delta_{\odot} \tag{1-27}$$

式(1-27)中,t 为半昼长,$2t$ 才是昼长。当$(-\tan\phi\tan\delta_{\odot})^{-1}$ 时为极夜现象,当 $-\tan\phi\tan\delta_{\odot} \geqslant -1$ 时为极昼现象。

从昼长表达式可推知昼夜长短的纬度变化和季节变化有如下规律:

(1) 当太阳的赤纬角 $\delta_{\odot}$ 为正值时(春分 → 秋分),越靠北昼越长,越靠南昼越短;当太阳的赤纬角$\delta_{\odot}$ 为负值时(秋分→春分),越靠南昼越长,越靠北昼越短。

(2) 春秋分日时全球昼夜平分,无纬度变化(因为此时 $\delta_{\odot}=0°\to\cos t=0$,有 $t=90°$,即 $2t=180°=12^{h}$ 故全球昼夜平分);冬夏至日时昼夜长短达到极值,夏至日北半球昼最长,南半球昼最短;冬至日南半球昼最长,北半球昼最短。

(3) 在赤道上终年昼夜平分,无季节变化,这是因为赤道与晨昏线均为大圆,无论它们交角如何变化始终都是相互平分的(从公式推亦可,因 $\phi=0°\to\cos t=0$,有 $2t=180°=12^{h}$,故终年昼夜平分)。

(4) 无论何时,极昼极夜总是出现在 $\phi=\pm(90°-|\delta_{\odot}|)$ 的纬线圈之内。这两个划极昼极夜范围的纬线圈,恰好就是与晨昏线相外切的两个纬线圈:一南一北,一个处在极昼,另一个必为极夜。

(5) 昼长的年校差(一年中某地最长的白天与最短的白天的差值)随着 $|\phi|$ 的增大而增大,见表 1-5。

表 1-5　不同纬度昼长年较差

纬度	0°	30°	50°	66.5°	90°
较差	0^{h}	4^{h}	8^{h}	24^{h}	半年

(6) 任意纬度的昼长年平均值均为 12 h。

除上述讨论的影响昼夜长短的主要因素外,大气的折光、太阳的视半径和人观测时所处的高度对昼夜长短都有影响,这些次要因素使在主要因素作用下的理论昼弧扩大了。

在赤道地区,从太阳升起到日落的持续时间为 12 h。但在较高纬度地区,不同季节其昼长就有相当大的变化。例如北京在冬至左右时,昼长为 9 个多小时;而在夏至左右时,则有 14 多个小时。这意味着北京地区水平面上的总辐射,在夏至期间会大于赤道地区。赤纬角使地球上不同的地理位置所接受到的太阳入射光线方向不同,从而使地球上一年有四季的变化。一年中有四个特殊日期,即夏至、冬至、春分和秋分。北半球夏至(6 月 21 日或 22 日)即南半球冬至,太阳光线正射北回归线,赤纬角 $\delta=23.45°$;北半球冬至(12 月 21 日或 22 日)即南半球夏至,太阳光线正射南回归线,$\delta=23.45°$;春分(3 月 20 日或 21 日)和秋分(9 月 22 日或 23 日)太阳正射赤道,赤纬角都为零,地球南北半球昼夜相等。一年中,赤纬角 δ 的变化范围在 $\pm23.45°$(即 $23°27'$)之间。(见图 1-22)

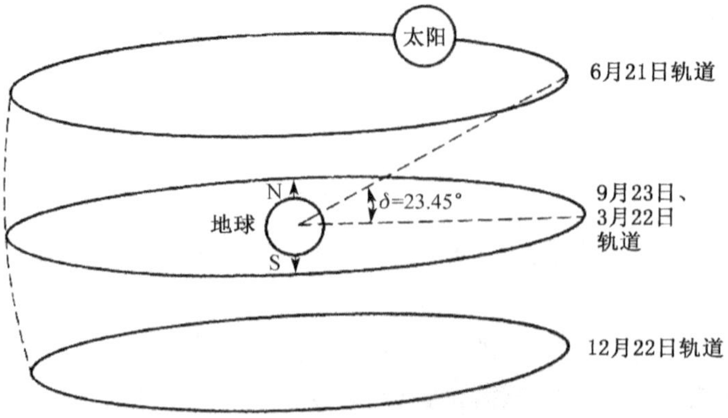

图 1-22　以地球为中心的俯视图

太阳在某一地区的总辐射量，是太阳能利用的重要参数。赤纬角在太阳能利用技术中具有重要意义，为获得太阳辐射的最大值，各类集热、聚光装置在设计、安装中都要尽可能地考虑赤纬角。

正午时刻太阳光线垂直于该倾斜面，即该倾斜面此时的太阳入射角 $\theta = 0°$。这时可求得倾斜角 β 可为

$$\beta = \theta_Z$$

图 1-23 所示为纬度 φ、赤纬角 δ 与太阳天顶角 θ_Z 的关系，并可知在地球表面上 A 点的 $\theta_Z = \varphi - \delta$

$$\beta = \varphi - \delta$$

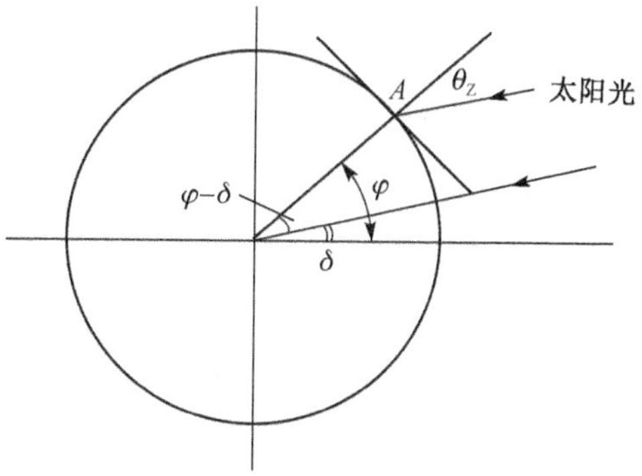

图 1-23　纬度 φ、赤纬角 δ 与太阳天顶角 θ_Z 间的关系

根据上式可以确定接收平面倾斜角，当全年使用时，为了获得最大的太阳能，宜采用的倾斜角为 φ。因一年中已知春分、夏至、秋分及冬至的赤纬角分别为 0°、+23°27′及 0°、−23°27′，全年使用时可认为赤纬角全年平均值约为 0°，则 $\beta = \varphi$，即全年使用时，接收平面倾斜角可选为当地的地理纬度值，如在春分到秋分（即夏季）使用时，可认为这一期间的赤纬角平均值为 10°，则可知：

$$\beta = \varphi - 10°$$

即倾斜角选用地理纬度减 10°。

若在秋分到春分（即冬季）使用时，可取赤纬角平均值为 −10°，则可知：

$$\beta = \varphi + 10° \tag{1-28}$$

即倾斜角选用地理纬度加 10°。

另外，接收平面的方位角要面向正南（或正南偏西 5°）。当然，在安装接收平面（集热器）时，还要根据现场情况具体确定，应尽量采用或接近以上的数值。

1.5.2　太阳高度角

1. 太阳高度角与天顶角、方位角（见图 1-24）

① 太阳天顶角 θ_Z 是从地面处某点向太阳中心作一条射线，该射线与水平地面法线之间的夹角。θ_Z 可由下式计算：

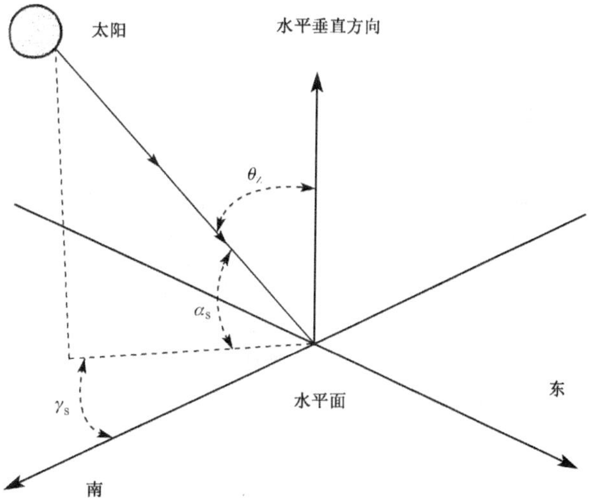

图 1-24　天顶角、高度角和方位角的直观几何关系

$$\cos\ \theta_Z = \cos\delta\cos\phi\cos\omega + \sin\delta\sin\phi \tag{1-29}$$

② 太阳高度角 α_S 是地面处某点到太阳中心的射线与其在水平地面上的投影线之间的夹角，是天顶角的余角，即

$$\alpha_S = 90^\circ - \theta_Z \tag{1-30}$$

③ 太阳方位角 γ_S 是地面处某点到太阳中心的射线在水平地面上的投影线与正南方向的夹角，其基本计算公式如下：

$$\gamma_S = \arccos\left(\frac{\sin\delta\cos\phi - \cos\delta\cos\omega\sin\phi}{\cos\ \alpha_S}\right) - 180^\circ \tag{1-31}$$

$$\gamma_S = -\gamma_S，若\ \sin\omega > 0$$

只要求得了任意瞬间的高度角 α 和方位角 γ，太阳和地球之间的相对位置就能被完全确定。对于时角生标系，其原理完全一样，太阳的空间位置决定于另外两个基本参量：时角 ω 和赤纬角 δ。这里，只讨论地平坐标系中的太阳位置方程，至于时角坐标系中的太阳位置参数，可通过上述的坐标进行换算。

$$\sin\ \alpha_S = \sin\phi\sin\delta + \cos\phi\sin\delta\angle QN_C \tag{1-32}$$

则

$$\sin\ \alpha_S = \sin\phi\sin\delta + \cos\phi\cos\delta\cos\omega \tag{1-33}$$

式(1-33)即为太阳能工程中计算太阳高度角的常用计算式。由此可见，太阳高度角随地区、季节和每天的时刻而变化。正午时，时角 $\omega = 0$，$\cos\omega = 1$，则式(1-33)化简为

$$\sin\ \alpha_S = \sin\phi\sin\delta + \cos\phi\cos\delta = \cos(\phi - \delta) \tag{1-34}$$

由平面三角可知，$\cos(\phi - \delta) = \sin[90^\circ \pm (\phi - \delta)]$，于是有

$$\sin\ \alpha_S = \sin[90^\circ \pm (\phi - \delta)] \tag{1-35}$$

解得

$$\alpha_S = 90^\circ \pm (\phi - \delta) \tag{1-36}$$

式(1-36)中的"±"号，表示两种不同情况下的取值。正午时，若太阳位于天顶以南，即 $\phi > \delta$，取－；若太阳位于天顶以北，即 $\phi < \delta$，取＋。正午时，若太阳正对天顶，则中 $\phi = \delta$，从而有 $\alpha_S = 90^\circ$。

太阳高度角还可以采用图解法来求。图解法的种类较多，其中使用简便、适用广泛的是计算盘法。

例 1.1 求 116°E，40°N 地方，1984 年 4 月 2 日 10 时 04 分的太阳高度角。

已知：$\varphi = 40^\circ$，4 月 2 日的时差是 $-4'$，所以 $t = 10^{04} - 0^{04} = 10^{00}$，时角 $\tau = 30^\circ$。

订正：年代订正：1984 年为 0.3 日，

经度订正：116°E 为－0.3 日，

时间订正：10^{00} 为＋0.4 日

总计：－0.3＋0.3＋0.4＝0.4 日

查相关资料，可得 4 月 2 日的 $\delta_2 = 4.81^\circ$，4 月 3 日的 $\delta_3 = 5.19^\circ$，

$$0.4 \times (\delta_2 - \delta_3) = 0.4 \times (5.19^\circ - 4.81^\circ) = 0.15^\circ$$

即 4 月 2 日 9 时 57 分的 $\delta = 4.81^\circ + 0.15^\circ = 4.96^\circ$。

将上列 φ、δ 和 τ 值可求出

$$h = 45.8^\circ$$

同样，在盘Ⅱ上 $\delta = +5^\circ$ 和 10 时线的交点为 B，在盘 Ⅰ 上从 B 点引平行纬度的直线至边缘标尺处，可读出 45.8°。

计算某点在某日某时刻相应的太阳方位角为：

$$\sin\gamma = \frac{\sin\omega\cos\delta}{\cos h}$$

$$\cos\gamma = \frac{\sin h\sin\varphi - \sin\delta}{\cos h\cos\varphi}$$

2. 日出、日没时刻及日照时间计算

太阳出没地平线的瞬间，其高度角均应为 $\alpha = 0^\circ$，于是根据式(1-32)可计算出某一纬度角 φ、某一日赤纬角 δ 的太阳出没时角 ω_0 为：

$$\cos\ \omega_0 = -\tan\varphi\tan\delta \tag{1-37}$$

或

$$\omega_0 = \arccos(-\tan\varphi\tan\delta) \tag{1-38}$$

ω_0 可取正、负两个解，其中负值对应日出时角，正值对应日没时角，由此即可推断出当天日出、日没的具体时刻。

$$N = \frac{2|\omega_0|}{15} = \frac{2}{15}\arccos(-\tan\varphi\tan\delta)$$

3. 日出、日没方位角计算

由于日出、日没时 $h = 0^\circ$，可得到某一维度、某一日太阳的日出、日没的方位角为：

$$\cos\gamma = \frac{-\sin\delta}{\cos\varphi} \tag{1-39}$$

或

$$\gamma = \arccos\frac{-\sin\delta}{\cos\varphi} \tag{1-40}$$

上式，γ 取负、正两个解，太阳的日出、日没方位角对于正南方是对称的。

例 1.2 试求南京市在冬至日的日出、日没时刻与方位角以及全天日照时间。

解 查得南京市纬度 $\varphi = 32^\circ04'$，冬至日的太阳赤纬角为 $\delta = -23^\circ27'$，代入式(1-38)得：

$$\omega_0 = \arccos[-\tan(32^\circ04')\cdot\tan(-23^\circ27')] = \arccos[0.271\,8]$$

日出

$$\omega_0 = -74.23^\circ$$

日没 $\omega_0 = 74.23°$

冬至日的日出、日没时刻为：

$$\frac{|\omega_0|}{15} = \frac{74.23}{15} = 4.95\ \text{h} \quad (\text{距正午前、后})$$

日出 12 − 4.95 = 7.05 时，即上午 7 时 3 分

日没下午 4.95 时，即下午 4 时 57 分

全天日照时间 $N = \frac{2|\omega_0|}{15} = 2 \times 4.95 = 9.9\ \text{h}$(9 小时 54 分)

冬至日出、日没的方位角由式(1-40)得：

$$\gamma = \arccos\left[\frac{-\sin(-23°27')}{\cos(32°04')}\right] = \arccos[0.4698]$$

日出 $\gamma = -61.97°$(即由正南向东转 61.97° 方位)

日没 $\gamma = +61.97°$(即由正南向西转 61.97° 方位)

表 1-6 时差 *E*

月份	日期	′	″	月份	日期	′	″	月份	日期	′	″
1月	1	−3	14	2月	1	−13	19	3月	1	−12	38
	5	−5	6		5	−14	2		5	−11	48
	9	−6	50		9	−14	17		9	−10	51
	13	−8	27		13	−14	20		13	−9	49
	17	−9	54		17	−14	10		17	−8	42
	21	−11	10		21	−13	50		21	−7	32
	25	−12	14		25	−13	19		25	−6	20
	29	−13	5						29	−5	7
4月	1	−4	12	5月	1	+2	50	6月	1	+2	27
	5	−3	1		5	+3	17		5	+1	49
	9	−1	52		9	+3	35		9	+1	6
	13	−0	47		13	+3	44		13	+0	18
	17	+0	13		17	+3	44		17	−0	33
	21	+1	6		21	+3	34		21	−1	25
	25	+1	53		25	+3	16		25	−2	17
	29	+2	33		29	+2	51		29	−3	7
7月	1	−3	31	8月	1	−6	17	9月	1	−0	15
	5	−4	16		5	−5	59		5	+1	2
	9	−4	56		9	−5	33		9	+2	22
	13	−5	30		13	−4	57		13	+3	45
	17	−5	57		17	−4	12		17	+5	10
	21	−6	15		21	−3	19		21	+6	35
	25	−6	24		25	−2	18		25	+8	0
	29	−6	23		29	−1	10		29	+9	22

续表

月份	日期	′	″	月份	日期	′	″	月份	日期	′	″
10月	1	+10	1	11月	1	+16	21	12月	1	+11	16
	5	+11	17		5	+16	23		5	+9	43
	9	+12	27		9	+16	12		9	+8	1
	13	+13	30		13	+15	47		13	+6	12
	17	+14	25		17	+15	10		17	+4	17
	21	+15	10		21	+14	18		21	+2	19
	25	+15	46		25	+13	15		25	+0	20
	29	+16	10		29	+11	59		29	−1	39

例 1.3 计算西岳华山 5 月 10 日,日出的地方标准时。(该日的日出真太阳时为 5 点 10 分)

解 查表 1-6 可知 $E = 3'37''$

而 $L_{loc} = 110°\text{E}$, $L_{st} = 120°\text{E}$, 则得出

太阳时=标准时$+3'37''+4\times(110-120)$

则标准时=5 点 10 分−3 分 37 秒+40 分=5 点 46 分 27 秒

答: 5 月 10 日华山的日出(北京)时间约为: 5 点 46 分 27 秒

由于周年视运动,太阳在黄道上自西向东每天移动约 $1°\left(\dfrac{360}{365.2422}=0.9856°\approx1°\right)$,太阳的赤经、赤纬也以年为周期发生变化。

1.6 太阳周年视运动

恒星日虽然真实反映了地球的自转周期,但在日常生活中应用并不方便。自古以来人们就习惯于以昼夜交替,即太阳的周日视运动来计量时间,但由于太阳和我们的距离不能看作无穷远,且周年视运动会影响太阳的周日运动,因而太阳周年视运动呈现出不同于其他恒星的特点。

1.6.1 太阳周年视运动有两个特点

(1) 太阳周年视运动的速度不均匀。地球在公转轨道上绕太阳作周年运动,从地球上看是太阳在天球上沿黄道作周年视运动,运动方向(从北黄极 K 看)为逆时针方向。由开普勒第二定律可知,地球在近日点运动速度最快,而在远日点运动速度最慢。所以在整个运动周期中,速度先由快到慢,再由慢到快,时时在变化。因此它所反映的太阳周年视运动速度也是如此,在远地点最慢而近地点最快。

(2) 太阳在周年视运动中其坐标有变化。由于黄道和赤道不在一个平面上,存在黄赤交角,在天球上太阳与春分点的相对位置随着周年视运动而不断交化,从而使太阳在天球上的坐标也不断变化。大阳周年视运动的方向与周日视运动的方向相反。故太阳的黄经

从 0°增加到 360°,变化的速率不等。在近地点时每日约增加 61′,在远地点时每日约增加 57′,太阳的黄纬不变,始终为 0°。

太阳赤经变化也是不均匀地从 0^h 增加到 24^h,与黄经变化相似,但并不对应相等。太阳的赤纬从春分点处的 0°增大到夏至点处的 23°27′,然后又逐渐减小到秋分点处的 0°。赤纬变化也不均匀,在春分点和秋分点附近变化最快,而在夏至点和冬至点附近则变化最慢。

实际上,春、夏两季共长 187 天,而秋冬两季共长 178 天,这是由太阳黄经变化不均匀和黄赤交角共同造成的。

1.6.2 真太阳时

如果以实际的太阳为参考天体,得到的时间系统称为真太阳时。

真太阳日为以太阳中心连续两次上中天的时间间隔,一个真太阳日等分为 24 个真太阳小时,一个真太阳小时等分为 60 个真太阳分,一个真太阳分等分为 60 个真太阳秒。真太阳时简称真时(或称为视时)。

在一个真太阳日内真太阳时变化了 24^h,真太阳时的时角也变化了 24^h,所以真太阳时在数值上等于真太阳的时角。真太阳时是人类长期以来采用的时间系统。但 19 世纪末,美国天文学家纽康(S. Newcomb)指出真太阳时长短不一,并非理想的时间系统。这是因为:

(1) 太阳在黄道上运行的速度不均匀。也就是说,在相等的时间间隔内,如果太阳在黄道不相同的位置,其角位移也不相等。若用恒星日来比较地球在公转轨道上两个不同位置(例如近日点和远日点)的真太阳日,就可以发现这两个位置的真太阳日不一样长。如图 1-25 所示,O_1O_2 和 $O'_1O'_2$ 表示地球在近日点和远日点附近一个恒星日内公转所产生的位移,θ_1 和 θ_2 是相应的角位移。O_1O_2 和 $O'_1O'_2$ 对应的地球自转均为 360°。但要达到一个真太阳日(即太阳再次在 A 点上中天),则地球至少分别还要再自转 θ_1、θ_2 的角度。根据开普勒第二定律可知,$\theta_1 > \theta_2$。因此,只考虑太阳在黄道上运行速度不均匀这一因素时,在近日点附近的真太阳日要大于在远日点附近的真太阳日。

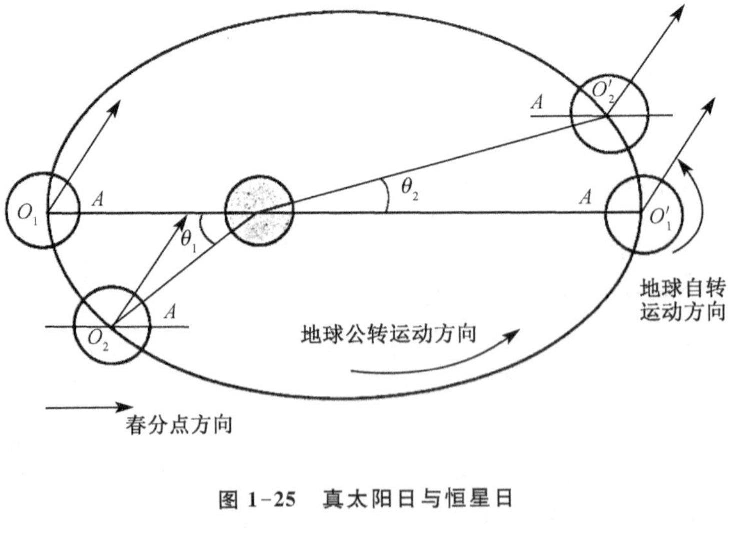

图 1-25　真太阳日与恒星日

(2) 太阳沿黄道运行,但真太阳时以真太阳时角表示,而时角以天赤道的弧长来量度。

因此即使太阳周年视运动的速度均匀，由于黄赤交角的存在，反映在天赤道上视角变化也是不均匀的。

不仅真太阳日与真太阳日之间长短不同，而且各个真太阳时、分、秒也各不相等。也就是说，真太阳时角的变化是不均匀的，因此真太阳日不适宜在工程计算中作为时间单位。

1.6.3　平太阳、平太阳时

真太阳运动的不均匀性，给精密计量时间造成困难，为此人们引入一个假想的参考点——平太阳。平太阳和真太阳一样有周年视运动且周期相同，但与真太阳有两点不同：

(1) 周年视运动的轨迹是天赤道而不是黄道；

(2) 在天赤道上运行的速度均匀，且该速度等于真太阳周年视运动的平均值。

以平太阳为参考天体，可定义平太阳时系统。

平太阳连续两次上中天的时间间隔长度称为平太阳日。一个平太阳日划分为 24 个平太阳时(m)。平太阳时在数值上等于平太阳的时角。平太阳上中天的时刻称为平正午，平太阳下中天的时刻称为平子夜。

平太阳时作为时间单位是比较理想的，但通过观测得到的却只能是真太阳时。真太阳时与平太阳时之差称为时差，即

$$\eta = t_{\odot} - m \tag{1-41}$$

时差 η 由两个因素引起：由太阳周年视运动速度不均匀引起的η_v 和由于存在黄赤交角引起的η_ε，$\eta = \eta_v + \eta_\varepsilon$。时差 η 可通过查天文年历获得或通过天文学理论给出的公式计算。

一年内，有四次时差等于零，即 4 月 16 日、6 月 15 日、9 月 1 日和 12 月 24 日前后，有四次为极值(极大和极小)，分别在 2 月 12 日(－14.4 分)、5 月 15 日(＋3.8 分)、7 月 26 日(－6.3分)和 11 月 3 日(＋16.4 分)左右。一年内时差变化如图 1-26 所示。

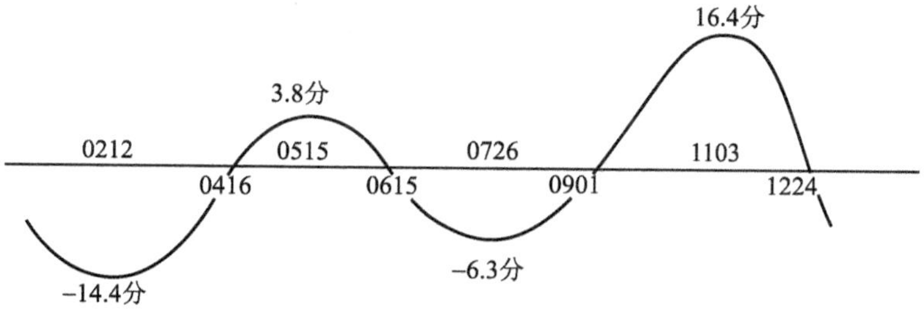

图 1-26　一年内时差的变化

平太阳时把平太阳上中天作为一天的开始，不符合日常生活习惯。为此引入民用时，把子夜算作一天的开始，即

$$m_c = m + 12^h = t_{\odot平} + 12^h \tag{1-42}$$

需要注意的是，很多资料上并不严格区分民用时和太阳时，而统称为平时。在阅读资料时应注意它们的上下文。后文在讲到平时时不做特别说明，指的是民用时。

根据开普勒定律，行星绕日轨道是一椭圆，太阳位于椭圆一个焦点，故地球公转速度不是常量，在通过近日点时，公转速度(每天东移 1°1′11″)最快，而通过远日点时，公转速度(每天东移 57′11″)最慢。由此可知，真太阳日，也就是太阳连续两次通过子午圈的中间间隔时间，不是恒定的。为了提供一种均匀的时间尺度，需要以假想的“平均太阳”作为参考。在这种假想中，地球不是沿着椭圆轨道运行，而是在一个圆形轨道(天球赤道)上并以均匀角速度 $2\pi\ \mathrm{rad/a} = 1.99\times10^{-8}\ \mathrm{rad/s}$ 运行着。平均太阳时间如真太阳时间，是从穿过观察者所处子午圈的瞬间开始测量的。真太阳时与平均太阳时之差称为时差，用 E 表示。这个偏差一年中最高可达 4.5°。时差的年变程参见图 1-27，其值可查表 1-6。

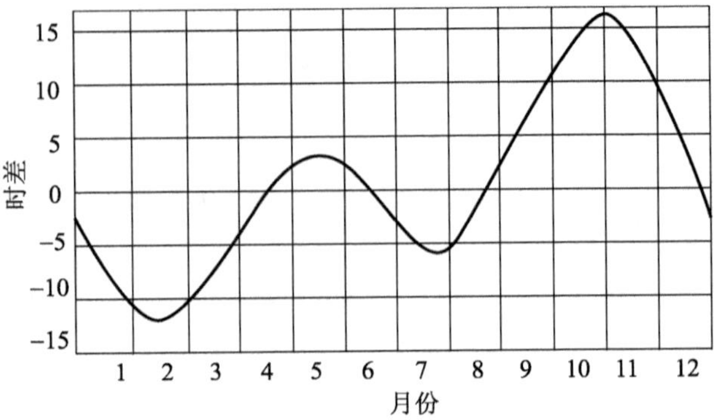

图 1-27 时差的年变程

人们日常所用的当地时钟称之为标准时，标准时与真太阳时(AST)的换算可采用下式

$$t_S = t \pm \frac{(L - L_S)}{15} + \frac{e}{60} \tag{1-43}$$

式中，t 为当地地区的标准时间(LST)(h)；L 为当地的地理经度；L_S 为当地地区标准时间位置的地理经度；e 为时差(min)。式中的“±”号，对东半球取+，对西半球取−。

上式表明，将标准时间化为真太阳时必须进行两项修正，一项是当地经度与地方时区经度所对应的子午线间的经度修正，因为经度每相差 1 度，时间上就相差 4 分钟，故在公式中有乘 4 一项。另一项是时差修正。时差修正可从图 1-28 中截得；一年各月每隔四天的时差值列于表 1-6，可用线性内插值法计算，也可用下式作近似计算。

$$E = 9.87\sin 2B - 7.53\cos B - 1.5\sin B$$

式中

$$B = \frac{360(n-81)}{365}$$

式中 n 为一年中某天序号。

1.6.4 平时与恒星时的换算

平时与恒星时的转换，涉及时段换算和时刻换算。

平太阳在随天球做周日视运动的同时，还做与周日视运动相反方向的周年视运动。因此当春分点两次上中天时，平太阳由于周年视运动落后一个角度，一回归年积累起来刚好是 360°，即春分点比平太阳多转了一周，也就是说：如果一回归年用平太阳日表示为365.242 2平太阳日(更准确地说是 365.242 198 78 平太阳日)，用恒星日表示便为366.242 2恒星日。

平太阳日与恒星日的换算关系为

$$1\text{回归年} = 365.242\,2\text{平太阳日} = 366.242\,2\text{恒星日}$$

令 $\mu = \dfrac{1}{365.242\,2} = 0.002\,737\,9$, $\nu = \dfrac{1}{366.242\,2} = 0.002\,730\,4$

则

$$1\text{平太阳日} = (1+\mu)\text{恒星日}$$
$$1\text{恒星日} = (1-\nu)\text{平太阳日}$$

时、分、秒之间有同样的换算关系：

$$1\text{平太阳时(分,秒)} = (1+\mu)\text{恒星时(分,秒)}$$
$$1\text{恒星时(分,秒)} = (1-\nu)\text{平太阳时(分,秒)}$$

由于平太阳的周年视运动，其赤经每天发生变化，变化幅度为每平太阳日变化

$$\frac{24^{\mathrm{h}}}{365.242\,2} = 24^{\mathrm{h}}\mu = 3^{\mathrm{m}}\,56^{\mathrm{s}}.553\,6$$

即接近 4 分钟。因此，地球自转周期用平太阳时表示为 $23^{\mathrm{h}}56^{\mathrm{m}}04^{\mathrm{s}}$，而一年内恒星上升时间每天会提早 4 分钟。

恒星时和平太阳时的关系也可以采用相对运动的原理得到。

设回归年平均长度为 Y，恒星日长度为 S，平太阳日长度为 M，由于平太阳同时做周日视运动和周年视运动，故有

$$\frac{1}{S} = \frac{1}{M} + \frac{1}{Y} \tag{1-44}$$

如果单位均采用平太阳日，则把 $Y = 365.242\,2$、$M = 1$ 代入，得 $S = 23^{\mathrm{h}}56^{\mathrm{m}}04^{\mathrm{s}}$。

平太阳下中天这个特殊时刻的恒星时，可以用天体的赤经加上它的时角计算。

对于平太阳，有

$$s_0 = \alpha_{\odot\text{平}} + t_{\odot\text{平}}$$

下中天时 $t_{\odot\text{平}} = 12^{\mathrm{h}}$，有

$$s_0 = \alpha_{\odot\text{平}} + 12^{\mathrm{h}} \tag{1-45}$$

$\alpha_{\odot\text{平}}$ 随时间变化，不同地点下中天时 $\alpha_{\odot\text{平}}$ 不同。但天文年历中一般会给出格林尼治平子夜恒星时的数值($T_0 = 0\ \mathrm{h}$)，记作 S_0。

对于不同地理经度的地方，可以证明：

$$s_0 = S_0 - \mu\lambda \tag{1-46}$$

λ 为地理经度，东经为正，西经为负。

基于以上分析，可以给出平时与恒星时时刻的相互换算关系。

(1) 已知某一瞬时平时 m_c，求相应于该时刻的恒星时 s。

由前述时段换算关系，有

$$s - s_0 = (m_c - m_{c0})(1 + \mu)$$

$m_{c0} = 0$，即

$$s = s_0 + m_c(1 + \mu) \tag{1-47}$$

(2) 已知某一瞬时的恒星时 s，求相应于该时刻的平时 m_c。

由前述时段换算关系，有

$$m_c - m_{c0} = (s - s_0)(1 - \nu)$$

$m_{c0} = 0$，即

$$m_c = (s - s_0)(1 - \nu) \tag{1-48}$$

1.6.5 恒星日与太阳日的差距

恒星时与人们习惯的太阳日之间存在差距，这是由地球的公转日使日地连线向东偏转所致。如图 1-28 所示，当 A 地完成 360°自转(一个恒星日)后，日地连线已经东偏一个角度，待 A 地经线再度赶上日地连线与之相交时，地球平均多转 59′。也就是说一个太阳日，地球平均自转 360°59′。因地球公转的角速度是不均匀的，故太阳日不是常量。1 月初地球在近日点，公转角速度大(每日公转 61′)，太阳日较长，为 24 时+8 秒(地球自转 361°01′)；7 月初地球在远日点，公转角速度小(每日公转 57′)，太阳日较短，为 24 时−8 秒(地球自转 360°57′)。

视太阳日长短不等的原因分析。地球的公转不是匀速的，在一年中，近日时公转较快，远日时公转较慢；因此，与地球公转相对应的太阳周年视运动同样不是匀速的。再者，时间是在天赤道上计量，而太阳是在黄道上做周年视运动，赤道平面与黄道平面并不重合，存在大约 23°26′的交角，所以，即使地球公转是匀速的，太阳每日在黄道上的视运动的赤经增量也不会匀速。概括起来影响视太阳日长短的主要原因有两个：一是椭圆轨道，二是黄赤交角。实际上，两个因素是同时作用并相互干扰的。

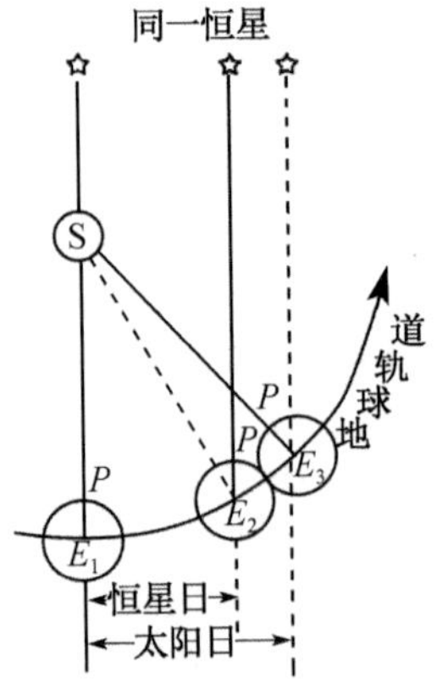

图 1-28 恒星日与太阳日的比较

在一个恒星日内，地球自转 360°，但在一个太阳日内，地球平均公转 59′，自转 360°59′，这 59′的差值是地球公转造成的，使太阳日比恒星日约长 4 分

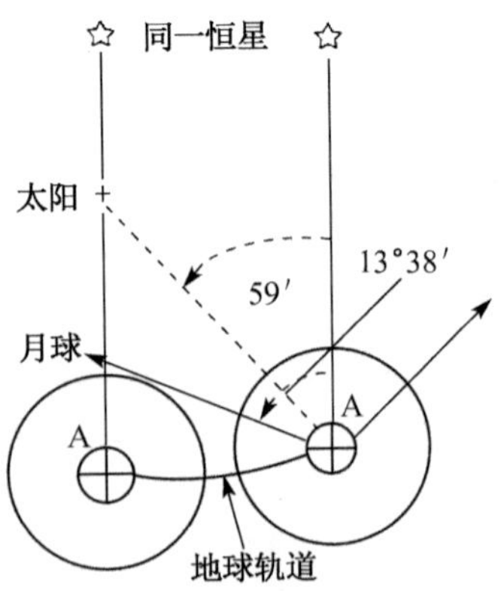

图 1-29 恒星日、太阳日和太阴日

为清楚说明，图中 59′及 13°38′都是扩大显示

前者使视太阳日长度发生±8秒的变化，后者使视太阳日长度发生±21秒的变化。二者之中，后者为主。前者使视太阳日长度最长为24时0分8秒，发生在近日点时(1月左右)，最短长23时59分52秒，发生在远日点时(7月初)；后者使视太阳日长度最长达24时0分21秒，发生在冬夏二至；最短约为23时59分39秒，发生在春秋二分。因此，视太阳日长度的变化，总体上是二至日最长，二分日最短，且夏至日略短于冬至日，秋分日比春分日更短些。

还有一种以月球中心作参考点测定的地球自转周期叫太阴日。太阴日是指月心连续两次通过某地午圈(即该地经线的地心天球投影)的时间间隔。太阴日平均值为24时50分，这是潮汐日变化的理论周期。太阴日长于恒星日，是由于月球绕地球公转使月地连线东偏。一个太阴日，地球每平均自转373°38′，比恒星日多转13°38′(见图1-29)。同样，因月球轨道为椭圆，其公转角速度也是不均匀的，故太阴日为变量。

太阳在天空中绕地球运行的视运动情况如图1-30所示。太阳的运行是在赤纬±23°27′之间做往复旋进运动。

每天同一时刻太阳在天空中的位置都不相同。图1-31是十分形象的太阳一年的视运动图片。这是用一台固定对准天空的摄影机，在一年之内每天同一时间对太阳拍照，然后将相片叠加，所得到的每年太阳日行迹的“8字形”轨迹(在南半球，轨迹相反)。

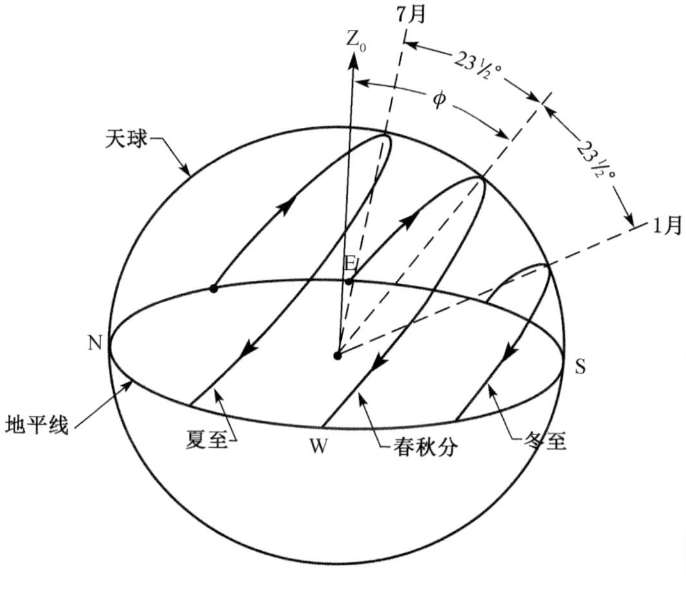

图1-30 一年中太阳的视运动情况

图1-31 太阳视运动(北半球)

1.6.6 地方时与时区

地球各处的观察者，都是以不同量时天体的时角来确定时间的，而量时天体时角是有地方性的。以本地子午面作起算平面，根据任意量时天体所确定的时间，均称本地的地方时。

依定义就有恒星地方时、视太阳地方时、平太阳地方时等类型，所以把不同经度时间不一样各地视太阳时系统，称为地方视时。

当经度相差1°时，地方时就差4分，经度相差15°时，地方时就差1小时。由于地球是自西向东自转的，所以东边的时间早，即绝对数值大；西边的时间晚，即绝对数值小。若已知甲、乙两地的经度和甲地的地方时，乙地的地方时可按下式求得。

$$\text{乙地地方时}=\text{甲地地方时}\pm\text{甲乙两地相隔经度}\times 4\text{分}$$

若乙地在甲地之东，为"＋"；若乙地在甲地之西，为"－"。

例1.4 已知东经119°的地方时为6月6日8时，西经106°的地方时则为

$$6\text{月}6\text{日}8\text{时}-(119^\circ+106^\circ)\times 4\text{分}=6\text{月}5\text{日}17\text{时}$$

按时差的定义，视时与平时有如下关系

$$\text{视时}=\text{平时}+\text{时差}$$
$$\text{平时}=\text{视时}-\text{时差}$$

还可推出以下换算关系

$$\begin{aligned}\text{平时}&=\text{视时}-\text{时差}\\&=(\text{恒星时}-\text{太阳赤经}+12\text{时})-\text{时差}\\&=a_M+t_M-a_\odot+12\text{时}-\text{时差}\end{aligned}$$

$$\begin{aligned}\text{恒星时}&=\text{视时}+\text{太阳赤经}-12\text{时}\\&=\text{平时}+\text{时差}+\text{太阳赤经}-12\text{时}\end{aligned}$$

如果推算结果是负值，应加上24时；若推算结果超出24时，则应减去24时。这样，若知道地方恒星时可以推算地方视时或地方平时（要提供时差值），也可以由地方平时推算地方恒星时。例如，我们观测特殊的星星可以选择好地方视时或地方平时，也可以由地方视时推算当时所能看到的星空。

例1.5 某恒星的时角为10时22分，它的赤经是13时02分，试求观测时间的恒星时和某地平时（若此时是春分日，时差＋2分）。

解 恒星时＝10时22分＋13时02分＝23时24分

$$\begin{aligned}\text{平时}&=(\text{恒星时}-\text{太阳赤经}+12\text{时})-\text{时差}\\&=23\text{时}24\text{分}-0+12\text{时}-2\text{分}\\&=35\text{时}22\text{分}(\text{或}11\text{时}22\text{分})\end{aligned}$$

为了方便使用，国际上规定，以经线为界，把全球分为24个区，每区跨经度15°，各区把中央经线的地方时作为本区统一使用的标准时。这样的区，称为时区；这样的时间，称为区时。在划分时区时，为了把0°、13°和15°倍数的经线作为中央经线，时区界线的经度就不是整数。其中0°经线所在的时区称0时区；东经半球的时区称东时区，也可用符号"＋"表示；西经半球的时区称西时区，也可用符号"－"表示；东12时区和西12时区都是半个时区，两者合成一个完整的时区，称东西12时区，或就称12区。

如果已知甲、乙两地相隔的时区数和甲地的区时，则乙地的区时＝甲地区时±两地相

隔时区数 X_1 时,乙地在甲地之东为"+",乙地在甲地之西为"-"。若已知某地的经度和地方时,求它的区时,只要求其中央经线的地方时即可。在已知甲地经度和它的地方时,求乙地的区时,则解法有多种:或先求甲地的区时,再算出乙地所在时区,并算出两地相隔时区数,最后求出乙地的区时;或先找到乙地所在时区的中央经线,再算出其地方时。

例 1.6 已知西经 132°的地方时为 4 月 30 日 10 时 50 分,求东经 167°的区时是多少。

① 西 9 区的中央经线为 15°×9=135°,即西经 135°;

② 西经 135°的地方时,即 9 区的区时为 4 月 30 日 10 时 50 分-(135°-132°)×4 分,即 4 月 30 日 10 时 38 分

③ 东经 167°所在地时区为 167°÷15°≈11.1,即东 11 区;

④ 于是,东经 167°的区时,即东 11 区的区时为 4 月 30 日 10 时 38 分+(9+11) X_1 时,4 月 30 日 30 时 38 分,即 5 月 1 日 6 时 38 分。

1.6.7 世界时和地方时

1675 年,英国建立格林尼治天文台。从 18 世纪后半叶开始,格林尼治时间(视时)已被一些国家在编制为航海服务的天文历书时作为通用的标准时。1884 年,在美国华盛顿召开的国际子午线(经线)会议把当时格林尼治天文台子午仪(中星仪)镜头上十字丝交点在地面上的垂点所在的经度定为 0°经线(本初子午线),并且将其作为经度和时间计量的标准参考线。这样格林尼治时间就名正言顺地成为世界时。世界时简写为 UT,就是世界通用的时间,也是换算地方时和区时的标准,它是 0°经线的地方时。1934 年,世界时由视时改为平时(平太阳时)。1956 年,对世界时进行改革,之后把经过极移订正后的世界时称为 UT1,把再经地球自转季节变化订正后的世界时称为 UT2。自然,之后通用的世界时是 UT2。1960 年采用历书时,1967 年又采用原子时。由于在目前这段天文年代里地球自转的总趋势是逐渐变慢(因进入间冰期,地球上的冰雪消融,海水增多,潮汐作用加强;同时地球随太阳系走进旋臂,日地距离缩短,太阳引力牵制了地球的自转),所以需要进一步考虑精度问题。

以上讨论的时间系统,不论恒星时、真时、平时还是民用时,其时间起算点都与某一天体(春分点、真太阳、平太阳)的时角有关。而天体的时角随观测者位置的不同而不同,因此不同地点有不同的时间起算点,也就形成了各自不同的时间计量系统,即地方时系统。

不同地方的地方时之间有确定的关系。地方时可以用基准星的时角表示,因而地方时之差就可以用基准星的时角差表示。

1.7 日地关系

研究日地关系实际上是研究太阳对地球的影响。对于地球上的生命和人类而言,太阳是浩瀚宇宙中最重要的天体。太阳系形成初期,地球和其他天体绕太阳运行的行星原型,都是大量轻元素为主体的气态物体,经太阳风数亿万年的吹拂,轻元素向太空散入地球(及其他近地行星),形成以硅和金属氧化物的固态地壳,地球所处位置还使地球形成了海洋,为生命的出现奠定基础。几十亿年以来,太阳源源不断的光和热,使地球上生命的萌生、繁

衍、演化，使季节更换、江河奔流、风云变幻、花开草长。在太阳携带地球绕银河核心运行过程中，穿过太空尘埃密集区域时阳光减少，更会引起地球气候的巨大波动，从而产生冰川洪水、沧海桑田。

随着科学技术的发展，人们越来越多发现太阳与地球存在千丝万缕的关系。随着太阳能技术大规模的推广应用，我们不可避免地更加关注日地关系。

现在日地关系研究科学(Solar-terrestrial Relationships)是太阳物理学和地球物理学之间的一门边缘学科，其目的是研究日地系统的稳定状态(以便给出衡量变动的基准)，以及研究太阳发射能量的变动部分与地球物理现象之间的关系，研究太阳活动对地球磁场、电离层的影响，研究太阳辐射、太阳活动和气候变化之间的相关性。日地关系是正在兴起的大系统学、大协调学、大环境学研究的内容。

太阳活动过程复杂，形式多样，是现代太阳物理研究的最主要内容之一。其要求对地基和空基不间断地探测，涉及等离子体物理、磁流体力学、高能物理和应用数学。目前学界在相关现象方面已有较多研究成果，但是在定量的产生机制、变化机制，甚至某些现象某些参量的测定上都还有大量未解决的问题。

太阳活动对地球环境的影响是广泛的、多层次的。对它的研究涉及太阳物理学、空间物理学和地球物理学等几个领域的知识。这是一门较新的边缘学科，与人类的生存和活动关系密切，发展迅速。已有的进展主要表现在我们对各种现象的统计以及因果链的研究。我们面临的挑战是如何对已知现象进行定量且确切的测量、分析如何对日空地各个层次的相互耦合作用开展大规模、多学科的研究。

这个领域的任何实质进展，都将有益于我们的环境工作、某些技术改进、减灾防害、空间探测和开发以及行星、月球的探测和利用。

1.7.1 缓变型太阳活动的影响

1. 冕洞的影响

冕洞对地球的影响主要在于磁场扰动和粒子场方面。来自冕洞的高速流与地球磁层相遇时，流中的一部分荷电粒子就可能被磁场俘获暂时存储于地磁场中，使地球辐射带中的电子密度增加。其中能量大于 2 MeV 的电子就对空间飞行器运行的安全形成了隐患。20 世纪 90 年代中期，在无任何爆发性太阳活动的背景下，加拿大两颗卫星发生了一星失踪一星失控的事故，分析认为是冕洞出现导致卫星在辐射带吸附过多≥2 MeV 的电子，进而产生静电放电导致卫星失控失踪。

通过对太阳风物理参量等的时间变化的统计，发现太阳风有两种性质不同的太阳周变化。一种是冕洞周变化，主要决定着太阳风的质量、动能和热能的输出；另一种是黑子周的变化，主要决定着磁场对太阳风的控制作用。冕洞对地球影响的研究应着重关注前者。

2. 太阳总辐射的影响

太阳总辐射对地球的影响实际上就是太阳总的电磁辐射对地球的影响。研究表明，气候系统从太阳总辐能中吸收的能量大约为 240 W/m^2。J. R. Heman 等指出，太阳辐射量变化 1%，就会对地球大气产生巨大影响，使气温有>1 K 的变化。太阳辐射的变化可以影响地球大气的压力，可以改变地球表面冰层的大小，从而影响气候。若太阳辐射改变 0.1%～

0.3%，地球上气压的变化就能达到可测量的程度。若每个世纪太阳辐射有 0.5%的系统变化，就可以解释以前发生的种种变化。

与此同时，在 1980 年还测量到 11 次短时间的太阳辐射降低，其降低幅度比年均变化幅度约大一个数量级。这些下降可能与大黑子群经过日面有关，这些下降对地球大气层的影响可能会是不可忽略的。因此，继续加强观测和相关分析，同时进行相关的理论工作，应该是开展这方面研究的合适措施。

3. 太阳黑子活动的影响

相关分析显示，黑子活动对地球气候、水文的变化会有一定的调制作用，这种作用或影响有时间特性和区域特性。时间特性表现为，在不同时段调制作用不同。气温与黑子数的关系也有这种表现。

通过这类分析还发现，太阳黑子数的 11a 周期活动对我国夏季温度有明显影响，温度在 11a 周期中有双波动；渤海的冰情变化与太阳黑子 11a 周期活动规律一致；1889—1985 年长江中下游地区大面积旱涝年发生在 22a 和 11a 重现周期；森林火灾年际活动水平受太阳黑子活动影响；地球的宇宙线环境受太阳活动调制，体现为地面上接收到的银河系宇宙线强度与黑子数呈反比。

尽管至今太阳黑子数仍在日地关系研究中被当作最重要的表示太阳活动水平的指标，但是由于它缺乏物理意义，太阳在频率 2 800 MHz 的流量密度、太阳黑子总面积和总辐射等参量正在逐渐成为广泛使用的指标。

4. 爆发型太阳活动的影响

强的太阳耀斑（含光学、射电和 X 射线爆发）常会有日冕物质抛射相伴，强的抛射也常有太阳耀斑相伴，虽然它们之间的关系尚无定论，但从对地球影响的角度，可以对这两种爆发型活动共同研究。

太阳耀斑对地球大气气压、大气的臭氧含量和大气电状态都有明显扰动作用。可以把太阳耀斑的影响分为同时效应和延迟效应两种。前者包括地球电离层的突然骚扰及地磁场的钩扰现象，它主要是由耀斑的紫外与软 X 射线引起的，开始发生的时间与地面上观测到耀斑的时间很相近；后者则是与太阳耀斑爆发有关的粒子辐射相应的电离层暴、地磁暴和太阳质子事件等。

近 30 年来太阳耀斑、日冕物质抛射、行星际激波和地球环境扰动的比对研究表明，几乎所有地球附近观测到的大于 10 MeV 的太阳高能粒子事件（简称 SEP 事件）都与日冕物质抛射驱动的行星际激波有关。特别是高能量的太阳高能质子事件都缘于快速的（>400 km/s）大抛射。甚至对于很高能量（相对论性的）的太阳质子事件（称为地面事件，GLE），也没发现与相应的太阳耀斑的爆发幅度有什么关系。学者们还发现了一个孤立的没有耀斑相伴的爆发暗条，能导致一次含有能量>50 MeV 的质子事件。值得注意的是，这个暗条的消失伴有物质抛射及行星际激波。

日冕物质抛射对地球磁场的影响，首先是从它与各种地磁指数如 K_P，A_P，D_{ST} 的关系研究得知的，这些地磁指数与太阳风的速度、强度及行星际磁场南向分量关系密切。我们已经知道，正是这种物质抛射引起了太阳风参量的不同程度的偶发性的扰动或增长。在 IAU 以内，绝大部分的行星际激波都是由它产生的。激波与地磁场的碰撞和地磁场压缩，形成了地球上的磁暴急始(SSC),因此,它们与物质抛射有很好的相关性。统计工作表明,大多数大地磁暴是激波和日冕物质抛射导致的,少部分是仅由激波引起,很少一部分尚不知起因;强地磁暴则绝大多数是由激波和日冕物质抛射产生,其余部分是由激波产生。

在地球附近太阳风磁场的垂直分量 $B_z < 0$ (即南向分量)与地磁暴的发生有直接关系,与长时间的南向分量关系更密切。携带有强南向磁场的被抛射日冕物质,像一块磁云一样扫过地球时,会产生偶发性急始型地磁扰动。同时磁云还会使地球的银河宇宙线环境发生变化。

1.7.2 太阳风

由于太阳大气不处于静态平衡,太阳日冕向行星际空间扩展,形成所谓的"太阳风",即从太阳向外流动的等离子体流。太阳风不仅将太阳的物质和能量"吹"向行星际空间,还携带着太阳磁场。当该磁场为南向时,太阳风能量将较容易注入地球磁层空间,因此行星际太阳风的检测对地球空间天气的预报具有重要意义。

Ludwig Biermann 在 1951 年研究了所有彗星在绕日运行时尾部总是背向太阳的现象,著名太阳物理学家 E. N. Parker 在 1958 年提出了"太阳风"的概念,提出存在太阳风流的猜测,并且在理论上证明了太阳风存在的可能性。他认为,太阳大气的最外层——日冕不是处于静止平衡的状态。日冕大气同时受到向着太阳内部的太阳引力的作用和向外的热压力的作用,由于日冕的高温,太阳的引力不足以把日冕气体牢牢地吸引在太阳周围,日冕因而处于动力平衡,日冕气体在热压的作用下连续不断地向外膨胀,形成了太阳风。在日冕底部,由于太阳引力的限制,膨胀速度较慢;随着高度增加,引力的控制作用减弱,膨胀速度增加。在某个临界距离,膨胀速度接近声速;在这个临界点以外,太阳风就是超声速了。在 1960 年,苏联飞船首次观测到太阳风的存在,并于 1962 年进一步证实了 Parker 的超声速太阳风理论预言。

太阳和太阳风影响的区域叫作日球层。日球层以外的区域叫作局地星际介质(LISM)。

太阳风的成分主要由太阳日冕的成分决定。由于日冕温度很高(达 10^6 K),日冕气体是完全电离的,重粒子成分高度电离化,所以太阳风等离子体也具有这种特点。太阳风的主要成分除了自由电子以外,主要包括质子(氢原子核)和 α 粒子(氦的原子核)。

由于大气的不稳定性,太阳风速度和温度的变化范围很大。太阳风的速度在 200~700 km/s,平均速度 409 km/s,密度在 2~20 个粒子/cm^3 范围。

宇宙学家已经在研究利用太阳风进行太空旅行的飞行器——太阳帆。这也是未来的一项太阳能利用技术。

太阳风中还有多种小尺度的结构,如扇形边界、流-流边界、行星际激波和磁流体波以及湍动等。其中,包含等离子体波和太阳风湍动这类小时间尺度以及更小时间尺度或空间尺度的结构。行星际激波是太阳风导致的主要瞬变现象,是行星际天气的重要现象,与行星际介质中的许多大尺度现象有关,行星际激波的两个著名起因:流-流相互作用和日冕物质抛射。

在高空太阳风的影响下,地磁场的磁力线都向后弯曲,在朝太阳方向的最前沿形成一个包层,在背太阳方向延伸到很远的空间,这个被太阳风包围的、彗星状的地磁场区域叫作地球磁层。如图 1-32(b)所示。

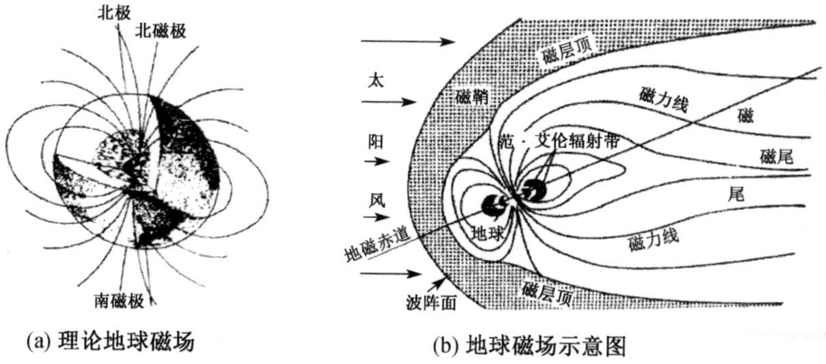

图 1-32 地球磁层

理论计算及卫星观测结果表明,在朝向太阳的一面,磁层边界磁层顶离地心 8～11 个地球半径,当太阳激烈活动时,太阳风增强,磁层被压缩到距地心 5～7 个地球半径;背着太阳的一面,磁层在空间中可以延伸到几百个甚至 1 000 个地球半径以外,形成一个磁尾,磁尾截面宽约 40 个地球半径,在磁尾中,磁力线拉得很长,反方向的磁力线取平行走向。波阵面与磁层顶之间的过渡区域称磁鞘,厚度为 3～4 个地球半径。

地球磁场俘获的带电粒子带称为地球辐射带,也叫"范・艾伦辐射带"。这小高能粒子在地磁场作用下,被地球磁场拘留在大气的一定区域中,沿磁力线做螺旋运动并不断辐射电磁波。辐射带分为内辐射带和外辐射带,内辐射带中心在离地心 1.5 地球半径处,主要是高能质子和高能电子,外辐射带中心在离地心 3.5 个地球半径处,主要是能量较低的质子和电子,外辐射带比内辐射带宽得多。

辐射带的形状和范围受地磁场的制约,也与太阳活动有关,辐射带内的带电粒子数多少与太阳活动也有关系。

1.7.3 太阳宇宙线和极光

1. 太阳宇宙线

宇宙线(CR)是到达地球的高能量粒子辐射,太阳宇宙线(SCR)也叫太阳高能粒子(SEP),大多源于太阳耀斑。日冕物质抛射和行星际介质中的激波也可以产生高能粒子。太阳宇宙线粒子的能量可达几百 MeV /核子,有时甚至达几个 GeV /核子。其成分与银河宇宙线相似:多为质子(90%以上),大约 10%氦和不到 1%的重元素(所以通常把它也称为太阳质子事件)。在强耀斑期间,地球轨道处宇宙线的能流可以在几小时或几天之间增加几百倍,导致 SEP 事件。观测到的太阳宇宙线常常与大的耀斑相联系,用于检测宇宙线的探测器有时会看到与太阳爆发相关的辐射强度的突然增加。随着加速过程结束以及被加速离子在行星际空间的色散,宇宙线强度返回到正常水平。太阳宇宙线可能会导致极盖吸收(PCA)事件。

SEP 的强度单位用 pfu 表示。1 pfu=1 个质子 /(cm^2 · s · sr)。目前国际上公认的太阳质子事件确认标准：能量大于 10 MeV 的质子在连续 15 min 以上的时间内数目超过10 pfu。

太阳质子事件与太阳活动周有着很好的相关性。在太阳活动低年，太阳质子事件数要少一些，有时候一年都没有一个事件；在太阳活动高年，太阳质子事件个数要多一些。第 23 太阳活动周太阳质子事件的统计结果表明，1996 年和 2007 年没有太阳质子事件发生，而在太阳活动高年 2000—2003 年太阳质子事件个数就要多一些。

2. 极光

极光是一种在高纬度区域夜空中色彩绚丽、千变万化的发光现象。这种发光现象出现在北极的，叫北极光，出现在南极则称为南极光。极光是磁层-电离层相互作用的结果。磁层-电离层耦合是日地关系链中的重要一环，特别是太阳风与磁层相互作用产生的场向电流将能量传输到极光电离层，再经焦耳加热和电子沉降耗散掉。磁层和电离层这种动力相互作用对于许多空间天气现象来说是重要的，例如：极光的产生和极光电离层中的等离子体对流。

极光的形态、高度、颜色和位置都是变化多端的。按照其形态可以分为以下 4 类：

(1) 均匀的较稳定的光弧光带，厚度几千米至几十千米，长达 1 000 km，移动速度慢。

(2) 带有射线式结构的光帘幕、光弧、光柱和光带等，平均厚度约 200 m，长数十至数百千米，移动速度快(50 km/s)。

(3) 弥散状极光，主要指云形斑块群，每块光斑面积在 100 km^2 左右，亮度最低，只有很强的弥漫状极光才能被肉眼看到。

(4) 大的均匀光面，常见的红色极光光面就属于这一类。

从极光的激发源来分，极光可以分为电子极光和质子极光，可见光极光都是电子极光。质子极光是指由高能质子引起的极光，数量很少，只有在太阳活动峰年爆发大耀斑后才能看到。

极光按照发生的区域可划分为极光带极光、极盖极光和中纬度极光红狐。极光带极光通常指磁纬度 60°～70°之间的极光；极盖极光分布在磁纬度 75°～90°的地区；中纬度极光光弧分布在磁纬度 40°～60°的地区，仅在太阳活动很强时才出现，并且与大的磁暴同时出现。

挪威科学家在 20 世纪初就对北极光进行了统计研究，发现北极光的平均高度在 100～300 km，但最低可至 60 km，最高可达 900 km。另一方面，与极光的成因相关联，极光通常出现在南北纬 60°～70°的区域，即极光带。此外，由于地铁磁轴与地球自转轴有约 11°的偏离，在相同的地理纬度条件下，位于北欧和北美的地区因为磁纬度较高，可以更经常地在夜间观测到极光。而我国所处的位置因地磁纬度比地理纬度低，看到极光的机会很少，只在黑龙江的漠河与新疆的山口地区较容易观测到极光。

1.7.4 中高层大气、热层、中层大气

中高层大气是对中层大气和高层大气的总称，一般是指 10 km 以上的地球大气。中高层大气包括对流层上部、平流层、中间层和热层。在空间天气研究的区城中，中高层大气是最接近人类生存与活动的区域，也是与传统气象业务联系最为密切的区域。

中高层大气虽然比较稀薄，但它却占有非常巨大的空间，在其区城内存在着复杂的光

化和动力学过程，这些过程与人类的生存和发展以及航天和军事活动密切相关。从生态环境角度来看，主要存在于低平流层内的臭氧强烈地吸收了来自太阳的紫外辐射，保护着地球生物圈的安全；中高层是整个地球大气中温度最低的区域，在这种低温条件下，水蒸气通过非均匀的核化过程产生冰晶粒子，显著地改变行星的反射率，从而影响局部或全球的气候。从航天和军事方面来看，中高层大气是各种航天器的通过区和低轨航天器的驻留区，该高度上的大气暂态结构对飞行器的安全与准确入轨具有重要影响。远程战略导弹通常飞行在中高层大气中，要使它准确地击中目标，精确适时地给出中高层大气参数是至关重要的。中高层大气中各种扰动带来的大气参数偏差，可严重影响导弹的命中准确度、卫星和飞船的安全发射及返回。由于地球大气密度随高度指数下降，低层大气激发的扰动在向上传播到中层顶和低热层(70～120 km)区域时，由于对流不稳定性等多种因素产生大量强烈的大气湍流，导致航天飞机和远程战略导弹在经过该区域时产生强烈的抖动，甚至偏离预定飞行轨道。大气中的氧原子成分会对航天器表面产生化学腐蚀和剥离。除了这些大气动力学过程和化学过程的影响以外，从遥感和通信方面来看，电离层会与电磁信号发生强烈的相互作用，而平流层和中间层大气则会对光学信号的传输有重要影响；另外，中性大气的空间不均匀性会导致遥感信号传播路径的变化。因此，中高层大气空间天气预报是航天和国防空间天气保障的重要手段之一。

从大约 80 km 高处的大气温度极小值开始温度升高的大气层叫热层，温度不再升高的高度叫热层顶。在太阳活动的低年和高年，热层顶的高度分别为 230 km 和 500 km，其大气温度分别为 500 K 和 1 750 K。分子氧吸收的波长小于 1 751 A 的太阳远紫外辐射是热层的主要热源，其分布与分子氧的分布有直接关系，集中在 200 km 以下。进入磁层的太阳风带电粒子在高纬度地区的沉降形成热层的另一热源。从中、低层大气传播上来的波动所耗散的能量、电离层电流的焦耳加热以及放热化学反应等对热层大气的加热也有贡献。分子氧的分离，大气各种成分因扩散而分离和温度急剧升高是热层的主要特征，热层的动力学状态也很活跃，在热层里可以观察到极光、气辉、流星和夜光云。

中层大气是对平流层和中间层大气的总称，其高度范围是从对流层顶到离 80 km 附近的中间层顶。

平流层是指对流层以上温度随高度升高而升高的大气层。它在 50 km 附近温度达到极大值。这个极大值的高度称为平流顶层，其平均温度为 273 K。地球大气中臭氧主要集中在平流层里。

中间层是指平流层顶以上温度随高度升高而降低的大气层。中间层降温的主要机制是二氧化碳发射红外辐射。在 80 km 附近温度达到一个极小值，这个极小值所在的高度叫作中间层顶，其平均温度为 190 K。高纬度地区中间层顶温度的季节变化强烈，夏季可降至 160 K。大多数流星在中间层里消失。

中高层大气结构参数是指描述大气的物理状态和化学状态的基本参数(如温度、压力、密度和成分等)，以及大气运动的空间分布及其随时间的变化。压力、密度剖面的基本特征是它们随高度按指数律降低，它们在 120 km 以下每升高 16 km 大约降低一个数量级。高层大气直接吸收太阳紫外辐射，密度低，温度变化大。温度对压力、密度的分布起决定性作用。

200～1 000 km 大气层是低轨道卫星和空间站运行的主要场所，它的结构和变化特性对保障空间飞行器安全、延长轨道寿命、提高遥感探测器精度和效益都有重要意义。高层大气密度是影响飞行器运行的最重要和最直接的因素。高层大气对飞行器所产生的阻尼效应，将导致飞行器的寿命、轨道衰变速率和姿态的改变。此外，热层大气的风场(一般有几百 m/s 的量级)，特别是水平风场也会对低轨道卫星的飞行产生影响。多年的研究和观测表明，高层大气的结构和变化受太阳辐射和地磁活动的影响非常大，例如，在太阳活动剧烈和磁暴期间，高层大气的密度会发生剧烈变化，甚至会增强 10 倍以上，这会显著影响低轨道卫星的飞行高度，甚至会导致航天器的陨落。

电离层和热层几乎共处于同一高度区域，在热层大气中，在太阳的紫外辐射和粒子辐射作用下，地球大气被部分电离，产生自由电子和离子，形成电离层。热层与电离层是相互重叠的大气层，也是紧密耦合的系统。在二者之间存在着物质、动量和能量的交换。

电离层是部分电离的，中性成分数密度至少比电子密度高 2 个数量级。在这样的情况下，电离层无疑会受到热层大气的严重影响，这一点得到了大量观测结果的支持。

另一方面，不少观测结果表明，尽管在电离层高度上中性成分数密度占绝对优势，但电离层反过来对高层大气也有重要的调制作用。

太阳辐射对热层大气的影响主要发生在紫外和 X 射线波段，紫外和 X 射线仅占全部太阳电磁辐射总能量的 9%左右，但它们随太阳活动的变化很大，通常可以达到一个数量级以上，这些短波长的辐射可以被高层大气直接吸收，它是引起高层大气光化学和动力学变化的最主要的原因之一。同时，太阳的粒子辐射，也是造成中高层大气变化的一个重要原因，尽管粒子辐射的能量远小于电磁辐射，但粒子辐射的变化更强烈，高能粒子可以穿透高层大气，造成中低层大气的变化。太阳活动区在日球上的不均匀分布，太阳 27 d 周期的自转造成太阳紫外辐射也具有 27 d 的周期变化。卫星观测数据表明，热层大气也存在相应的 27 d变化。

在磁暴期间，热层大气的扰动表现得尤为剧烈，其主要原因是受磁暴期间的高纬度地区粒子加热和焦耳加热等过程的影响。磁暴期间，极区电离层对流电场显著增强，高能粒子沉降使电离层电导率提高，造成焦耳加热急剧增加，焦耳加热量可以是平静期的数十倍，甚至上百倍。焦耳加热使得极区热层大气被加热膨胀。同时，磁暴期间经常伴随着强烈的高能粒子沉降，沉降粒子将粒子的能量沉降到中高层大气，从而加热大气。以上过程将改变全球高层大气的温度、密度和风场。

在磁暴期间，热层密度能够在几小时以内变化数倍，然后又迅速下降，密度增高时间比磁暴滞后大约 5 h。大量的观测结果表明，磁暴造成的高层大气温度变化，其基本特征是，温度变化与 Kp 指数及温度相关，温度变化滞后于地磁扰动 5～8 h。

磁暴期间会造成热层的电离和中性成分的剧烈变化。磁暴期间，由于热层大气的加热抬升，使得各种成分的比例发生明显变化。重气体成分(N_2和 O_2)增加，而轻气体成分(O，He)减小，即 O/N_2的比值明显减小。由于热层大气压与电离层是紧密耦合的系统，所以中性成分的改变通过光化学过程影响电离层的电子密度。

1.7.5 空间天气灾害

空间天气状态的变化可以分为周期性变化和非周期性变化，平静变化和激烈变化。灾害性空间天气指的是激烈变化的空间天气状态。空间天气在瞬间或者短时间内远远偏离正常状态的带电粒子和电磁场的剧烈扰动定义为空间暴，按照空间暴产生的区域主要分为原初暴和次生暴即地球空间暴(包括磁暴、亚暴和电离层暴等)。

(1) 太阳风暴：太阳活动高峰阶段(如太阳黑子较多的年份)，太阳表面产生的剧烈爆发活动称为太阳风暴。太阳风暴在爆发时释放大量带电粒子所形成的高速等离子体粒子流将严重影响地球的空间环境，破坏臭氧层，干扰无线通信，影响地球生物，对人体健康也有一定的危害。

(2) 地球空间暴：太阳爆发或者地球空间自身存储能量的剧烈释放，使得地球空间的场和粒子处于剧烈的扰动状态，称为地球空间暴。地球空间暴包括磁层亚暴(伴随着地球极区极光突然增强的磁层能量释放过程)、磁暴(全球尺度地球磁场的剧烈扰动)、磁层粒子暴(磁层粒子的突然增强)、电离层暴(电离层等离子体浓度突然的增强或减少)和热层暴(高层大气密度和温度突然的扰动)等，这些是最主要的灾害性空间天气，也是造成航天器故障、威胁航天员安全、导致通信中断和影响导航与定位精度的主要原因。

随着人类对空间开发与利用规模的加大和程度加深，维护空间日益成为维护国家安全的“战略高地”。空间产业逐渐成为促进国民经济持续发展的重要“支柱”。人类的日常生活越来越依赖于无线通信、卫星通信、卫星电视、卫星导航定位等卫星高技术系统，而这些技术系统在空间天气灾害面前又显得非常脆弱。一次卫星失效就可能造成大范围的通信中断，电视转播中断、金融交易停止、信用卡结算中断，甚至计算机网络中断……空间天气灾害已经影响到人类活动的方方面面，如航天器、航天员及航空活动、通信、导航定位、军事活动、地质勘测、长距离官网系统、气象以及生物等。灾害性空间天气会给人类活动带来巨大损失，例如，1989 年 3 月发生的历史上罕见的灾害性空间天气，造成卫星提前陨落、无线电通信中断、轮船和飞机的导航系统失灵、美国核电站变压器烧毁、加拿大北部电网烧毁等问题，引起国际社会的震惊。此后，几乎每年都有重大的空间天气灾害事件发生，如 1995 年 5 月美国的银河 4 号通信卫星失效，造成美国 80%的寻呼业务失败；2003 年 10 月 28 日的太阳风暴使得正常的通信受到干扰，飞机改变航线，卫星失灵，电力公司为他们的电厂安全提心吊胆等。此外，地球平均气温的变化，臭氧含量变化，以及人类健康和心血管疾病等，与空间天气变化的关系也日益受到科学家们的关注。

在欧美和中国都已经开始设计的太空太阳能发电站，必须高度重视对空间天气灾害的预防。对于中国正在设计的大型太阳能热发电站和太阳能光伏发电站，也必须采用同样设施，与中国气象局国家空间天气监测预测中心联网，接到磁暴预报后立即采取应急措施以减少损失。

磁暴期间产生的感生电流对地下的油气管道也有直接影响。油气管道都埋在地下、放在海底或暴露在潮湿的空气中。为防止管道的腐蚀，都会采取阴极保护措施，即让管道与周围土壤保持一定负电压。磁暴期间在地下产生的过高的感应电压和电流会超过地下油、气、水等管道的电压保护范围，使管道失去保护，但这种影响不像对电力系统效应那样快，只有多次磁扰动的积累才会产生明显的效果。因此，长期以来这个问题没有引起人们的重视，但这种效应造成的经济损失是相当大的。地磁暴产生的感生电流不但会对地下的油气管道产生影响，而且会影响地表油气管道的安全。已经测量到，强磁暴时，每千米的输油管线上有 6 V 的感生电压，在 1 000 km 长的输油管道上，会有 6 000 V 的感生电压，阿拉斯加输油管道上有 1 000 A 的电流流过。如此强大的感生电流，当然会影响流量计的正常计数，并加速管道的腐蚀。1957 年磁暴期间，人们在加拿大纽芬兰与爱尔兰之间的海底电缆上测到了 3 000 V 的感生电压；1989 年 3 月的空间天气灾害事件期间，澳大利亚输油管道受损，大西洋和太平洋海底电缆出现高压脉冲。

为寻找影响地震活动的天文因素所做的大量统计结果显示，较大地震多发生在太阳活动的峰年及谷年或下降段后期。有人认为，地震的发生与地磁暴的发生有关，以及久旱是强地震的中期前兆，涝雨是临震前兆，磁暴和久旱的天气过程是由太阳活动导致的。还有人试图这样来解释太阳活动与地震关系。太阳活动峰年时地磁暴和地电流加强，导致地壳中有磁致伸缩和加热，使不稳定态的震源发震，而寒年则因温度降低导致自发磁致伸缩引发地震，应该肯定地震、海啸等与太阳活动的关系，但是确切的联系特别是其机理仍是有待解决的重要问题。

太阳活动影响固体地球环境的另一个方面，表现在地球的极移和自转速率的变化。极移的频谱分布中的白噪声项与太阳黑子数的变化有很强的相关性，皆受到太阳活动影响。地球自转速率的变化体现日长(每天的时间长度)的变化，日长的变化有 11a，22a，90a 等的周期，与太阳黑子活动周期相符，可理解为太阳的电磁辐射和粒子辐射随太阳周的变化通过地球大气、海洋耦合到固体地球的自转运动中。太阳耀斑、日冕物质抛射等爆发型活动，会使太阳辐射和粒子发射突然叠加上增强量。观测发现，这种突变将使地球自转变慢。

应该指出的是除固体地球自转速率和极点位置本身受太阳活动影响外，它们还作为太阳活动与地核、地幔、海洋、大气之间的中介者，参与调制地震、海平面变化。

第 2 章　太阳辐射学

2.1　与辐射测量有关的基本定律

2.1.1　基尔霍夫定律

基尔霍夫定律的形式表述如下：各物体的辐射本领与吸收本领的比值，是波长和温度的普适函数，而与物体本身的性质无关。

基尔霍夫定律的更完整的表述是：在每一温度和每一波长下，热辐射体表明某一点的光谱定向发射率 $\varepsilon(\lambda, \theta, \varphi)$，等于入射在同一方向上的光谱吸收比 $\alpha(\lambda)$，即

$$\varepsilon(\lambda,\theta,\varphi)=\frac{L_\lambda}{L_{\lambda,\ \varepsilon=1}}=\alpha(\lambda) \tag{2-1}$$

由于发射率也可以辐射出射度之比的形式给出，式(2-1)也可写成

$$\frac{M_\lambda}{M_{\lambda,\ \varepsilon=1}}=\alpha(\lambda) \tag{2-2}$$

或

$$\frac{M_\lambda}{\alpha(\lambda)}=M_{\lambda,\ \varepsilon=1}=f(\lambda T) \tag{2-3}$$

这表明，不管什么物体，吸收比愈大，它的辐射出射度也就愈大，但两者的比值却是不变的，都等于同一温度的全辐射体的辐射出射度。

2.1.2　普朗克定律

由式(2-3)已知，全辐射体的光谱辐射出射度等于普适函数 $f(\lambda, T)$，因此，确定未知函数 $f(\lambda, T)$ 的形式就显得十分重要了。然而，所有想从经典理论中推导出其正确形式的尝试都失败了，均与实验曲线不相符合。1900 年，普朗克找到了一个纯经验的公式。这个公式与实验很符合。为了从理论上推导出这个公式，他做了与经典理论相矛盾的假设，即引入了量子的概念，略去复杂的推导过程，给出最终的关系式为

$$M_{\lambda,\ T}=c_1 f(\lambda,\ T)=\frac{c_1}{\lambda^5\left(e^{\frac{c_2}{\lambda T}}-1\right)} \tag{2-4}$$

式中 c_1 称为第一辐射常数，

$$c_1 = 2\pi hc^2 = (3.741\ 832 \pm 0.000\ 020) \times 10^{-16}\ \mathrm{W/m^2}$$

c_2 称为第二辐射常数

$$c_2 = \frac{hc}{k} = (1.438\ 786 \pm 0.000\ 045) \times 10^{-2}\ \mathrm{m/K}$$

h 为普朗克常数

$$h = (6.626\ 176 \pm 0.000\ 036) \times 10^{-34}\ \mathrm{J/s}$$

k 为玻尔兹曼常数

$$k = (1.380\ 662 \pm 0.000\ 044) \times 10^{-23}\ \mathrm{J/K}$$

这就是描述全辐射体的光谱辐射出射度与波长和温度之间函数关系的普朗克定律，通常又称为普朗克辐射公式。若用辐射亮度的光谱密集度来表示，式(2-4)可写成

$$L_\lambda = \frac{c_1}{\pi} f(\lambda,\ T) = \frac{c_1}{\lambda^5 \left(e^{\frac{c_1}{\lambda T}} - 1\right)} \tag{2-5}$$

2.1.3 维恩位移定律

全辐射体的最大光谱辐射出射度对应的波长，也是人们常常关注的问题。为了找出与全辐射体的光谱出射度分布曲线极大值相应的波长 λ_m，可将式(2-5)对波长微分，并令其等于零，于是得到

$$\frac{c_2}{\lambda_m T} = 5\left(1 - e\,\frac{c_2}{\lambda m T}\right) \tag{2-6}$$

这是一个超越方程，其解为

$$\frac{c_2}{\lambda_m T} = 4.965\ 1$$

代入常数值，求得

$$\lambda_m = \frac{2\ 896}{T}\ \mu\mathrm{m} \tag{2-7}$$

λ_m 与 T 成反比，即当温度上升时，极大值的波长向短波方向移动(图 2-1)。这就是维恩位移定律，是维恩在普朗克公式导出之前，从另外途径得到的。

2.1.4 斯忒藩-玻尔兹曼定律

普朗克定律给出了全辐射体辐射出射度的光谱分布，但在实际应用中人们往往更关心的是全辐射总通量与温度之间的关系。将式(2-4)对波长积分即可求得辐射出射度 $M_{e(\varepsilon=1)}$。

$$M_{e(\varepsilon=1)} = \int_0^\infty M_{\lambda,T}\,d\lambda = \int_0^\infty \frac{c_1}{\lambda^5 \left(e^{\frac{c_2}{\lambda T}} - 1\right)} d\lambda = \frac{2\pi^2 k^4}{15 c^2 h^3} \cdot T^4 = \sigma T^4 \tag{2-8}$$

式中：σ 称为斯忒藩-玻尔兹曼常数。

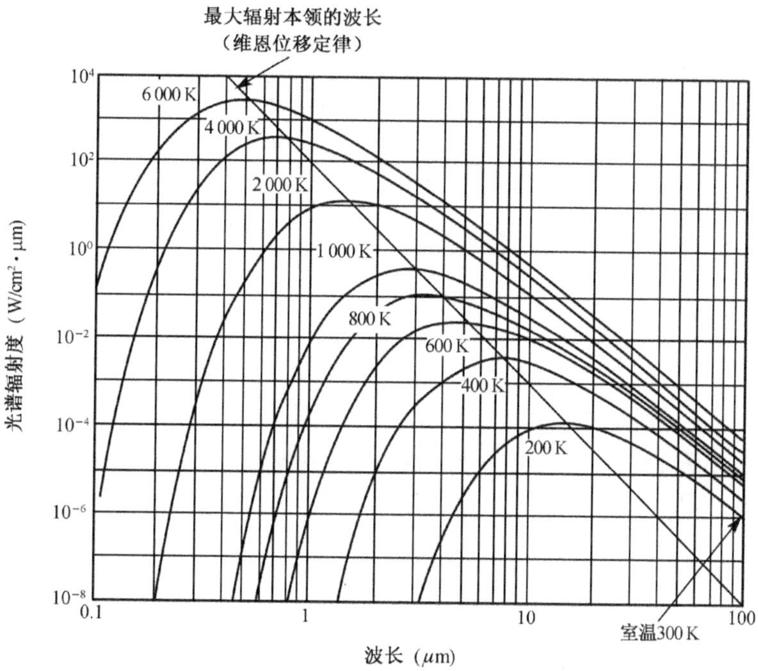

图 2-1　全辐射体(从 200 K 到 6 000 K)的光谱辐射出射度

$$\sigma = (5.670\,32 \pm 0.000\,71) \times 10^{-8}\ \mathrm{W/(m^2 \cdot k^4)}$$

式(2-8)是斯忒藩于 1879 年从实验所得到的，玻尔兹曼于 1884 年用经典理论予以证实。对于非全辐射体来说，存在着

$$M_{e,\,Th} = \varepsilon M_{e(\varepsilon=1)}$$

所以

$$M_{e,\,Th} = \varepsilon\sigma T^4 \tag{2-9}$$

2.1.5　平方反比定律

设点辐射源向各方向发射出的辐射总通量为 ϕ，在距点源 r 处，以点源为球心的球面上的辐射度 E_r 为

$$E_r = \phi/4\pi r^2 \tag{2-10}$$

而在距点源更远的 R 处，以点源为球心的球面上的辐照度 E_R 为

$$E_R = \phi/4\pi R^2 \tag{2-11}$$

显然，从式(2-10)和式(2-11)可以得出

$$E_r/E_R = R^2/r^2 \tag{2-12}$$

这表明，受点辐射源照射表明的辐照度，同辐射源距离的平方成反比。这就是平方反比定律。

通常,真实的辐射源并非理想的点源,都具有一定的发射面积。但是只要被照体与源的距离足够远,就可将其看作是点源。对于一般光源,例如灯,只要它与被照体的间距是光源最大尺寸的 20 倍以上,便可按点源来处理。这时应用平方反比定律所引进的误差小于 1%。

在太阳辐射测量中,一向将太阳视为点源,并运用平方反比定律进行日地距离订正。

大家知道,日地之间的距离并不是一固定值,而是无时无刻不在变化着。这是由于地球绕太阳公转的轨道不是圆形而是椭圆形。日地距离变化的实际情况是

1 月初 1 477 096 $\times 10^6$ m(最短)

7 月初 152 105 $\times 10^6$ m(最长)

由此可见,在一年当中,日地距离的变化约为 500 万 km。正因为如此,不同日期测到的日射值是不能相互比较的。为了克服这一点,日射测定学中规定以日地平均距离(149 600 $\times 10^6$)为标准值 R_0。不管什么时间测定的日射值统一订正到日地平均距离的情况下去进行比较。根据平方反比定律,可以写出下式

$$S_{R0} = \frac{R^2}{R_0^2} S_R \tag{2-13}$$

在实际应用中,为了方便,一般均不直接用式(2-13)去计算,而是事先按日期造好 R^2/R_0^2 值表备查。

2.1.6 余弦定律

设有点辐射源 O,在对点源构成的一个立体角元 $\mathrm{d}\omega$ 内,均匀发出辐射,与该立体角元相截的任意横截面元 $\mathrm{d}A$ (其法线方向为 N) 上的辐照度,可写成

$$E' = \mathrm{d}\phi / \mathrm{d}A \tag{2-14}$$

式中:$\mathrm{d}\phi$ 为立体角元 $\mathrm{d}\omega$ 内的辐射通量。而与立体角之轴线方向相垂直的横截面元 $\mathrm{d}A_1$ 上的辐照度为

$$E = \mathrm{d}\phi / \mathrm{d}A_1 \tag{2-15}$$

由于 $\mathrm{d}A$ 与 $\mathrm{d}A_1$ 之间存在着下列关系:

$$\mathrm{d}A_1 = \mathrm{d}A\cos\alpha \tag{2-16}$$

所以

$$E' = \mathrm{d}\phi/\mathrm{d}A = \mathrm{d}\phi\cos\alpha/\mathrm{d}A_1 = E\cos\alpha \tag{2-17}$$

上式表明,任意倾斜面的辐照度同该表面法线与入射线方向之间夹角的余弦成正比。这就是余弦定律。

余弦定律在日射测量中应用最多的地方,是根据直接日射的实测值 S 求算水平面上的直接日射辐照度 S'(图 2-2,图 2-3)。

鉴于日射测定中更常使用太阳高度角 $h_\odot$,而不是入射角与垂线的夹角天顶角 $z_\odot$,所以,不使用这样的表达式

$$S' = S \cdot \cos z$$

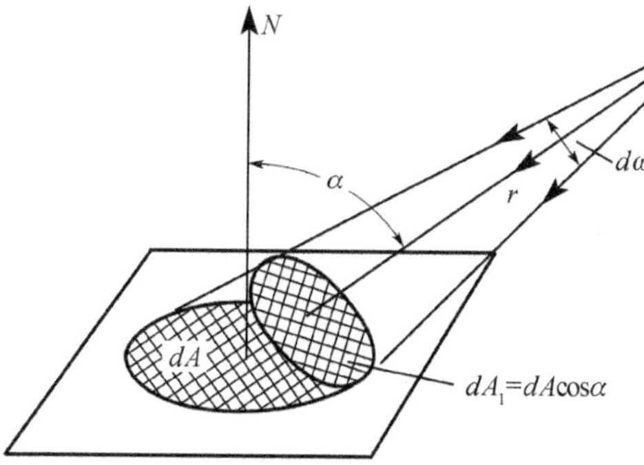

图 2-2　余弦定律的几何图示

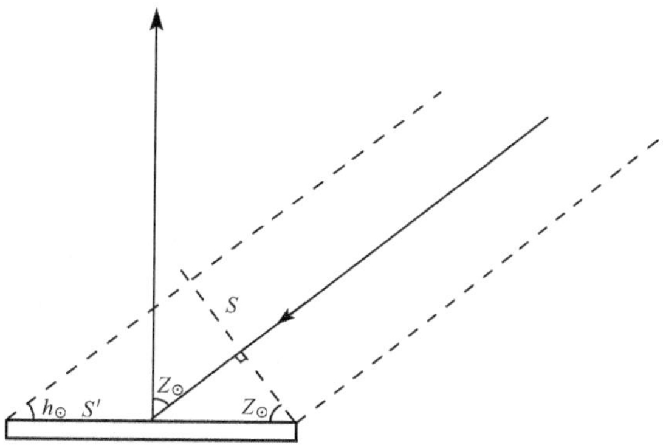

图 2-3　余弦定律在日射中的应用

而使用

$$S' = S \cdot \sin h_\odot \tag{2-18}$$

$$\frac{\sin A}{\sin a} = \frac{\sin B}{\sin b} = \frac{\sin C}{\sin c}$$

边的余弦定理

$$\cos a = \cos b \cos c + \sin b \sin c \cos A$$

角的余弦定理

$$\cos A = -\cos B \cos C + \sin B \sin C \cos a$$

广义余弦公式

$$\sin b \cos A = \cos a \sin c - \sin a \cos c \cos B$$

2.2　太阳辐射的参数

(1) 太阳辐照度(Irradiance)：它是表示太阳辐射强弱的物理量，即在单位时间内垂直投射到单位面积上的太阳辐射能量(W/m^2)。这是太阳能光伏和热利用中最常见的量，单位为 W/m^2。

(2) 太阳辐射强度(Radiant Intensity)：它是表示在给定方向上的立体角元内，离开点辐射源(或辐射源面元)的辐射功率除以该立体角元，单位为 W/sr(sr 为球面度)。

(3) 太阳辐射亮度(Radiance)：它是指表面一点处的面元在给定方向上的辐射强度，除以该面元在垂直于给定方向的平面上的正投影面积，单位为 $W/(sr \cdot m^2)$。

(4) 光谱辐照度(Spectral Irradiance)：在无穷小波长范围内的辐照度除以该波长范围，单位为 W/m^3。

(5) 太阳曝辐量(Radiant Exposure)：它表示一段时间(如一天或一个月)辐照度的总

量或称累计值,单位为 MJ/m^2, $1\ MJ = 10^3\ kW\cdot s = 0.28\ kW\cdot h$。

(6) 总辐射(Global Radiation):它表示水平表面在 2π 立体角内所接收到向下的直接太阳辐射和散射太阳辐射之和。

(7) 太阳高度角(Solar Altitude):它是指日面中心的高度角,即从观测点水平线沿太阳所在地平经圈量至日面中心的角距离。

(8) 真太阳时(True Solar Time):它表示根据太阳在天空的实际位置来计算的时间。注:又称"视时",太阳通过当地子午线的时刻称为该地真太阳时的正午(时角为零度)。太阳两次通过当地子午线所间隔的时间称为一个真太阳日。真太阳日不是等长的。

(9) 平均太阳日(Mean Solar Day):由于真太阳时各日长短不一,为实用起见,采用全年真太阳日总和的平均值,称为"平均太阳日"。

(10) 平均太阳时(Mean Solar Time):平均太阳日平均为 24 小时,称为"平均太阳时"。

2.3 辐射光谱

2.3.1 辐射光谱

所有温度高于绝对零度的物体,其内微观粒子都处于受激状态,物体不断地向外发射特定的电磁波谱,即具有向外辐射热能的能力,同时也在吸收来自其他物体的辐射能。图中给出了根据波长分布的电磁波波谱。电磁波的波长范围很广,包括波长达数百米的无线电波到波长小于 10^{-14} m 的宇宙射线。物体辐射能力的强弱,取决于物体本身温度的高低。在辐射换热计算中,黑体辐射力的计算是至关重要的。(图 2-4)

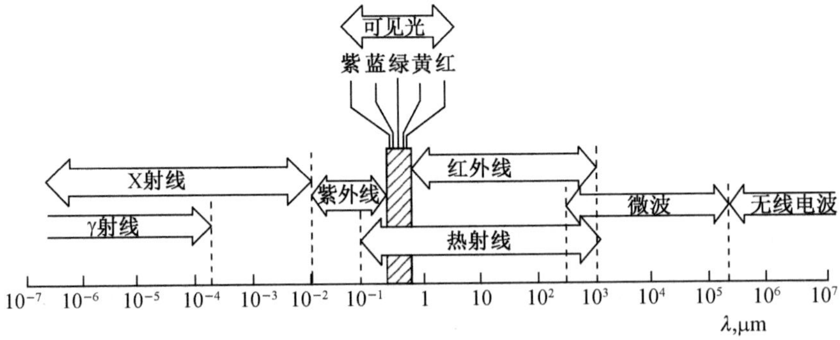

图 2-4 电磁波波谱

根据普朗克定律绘制的不同温度下黑体的单色辐射力曲线如图 2-5 所示。每一条曲线表示相同温度下黑色单体辐射力随波长的变化关系。可见,在一定温度下,黑体的单色辐射力随着波长的增加而增加,在某个波长上,单色辐射力会达到一个峰值 $(E_{b\lambda})_{max}$,而后又随着波长的增加而慢慢减小。不同温度所对应的最大单色辐射力的波长 λ_{max} 显然是不相同的。对某一温度而言,$E_{b\lambda}$ 曲线与横坐标围成的面积就是该温度下的总辐射力。随着温度增加,总辐射力迅速增加,且峰值对应的波长 λ_{max} 向短波方向移动,也就是说高温辐射中短波热射线含量大而长波热射线含量相对少。这是可以被察觉到的,温度的增加引起辐射光谱从红外向红、再向紫外逐渐移动,在高温时,整个辐射显现出白光。

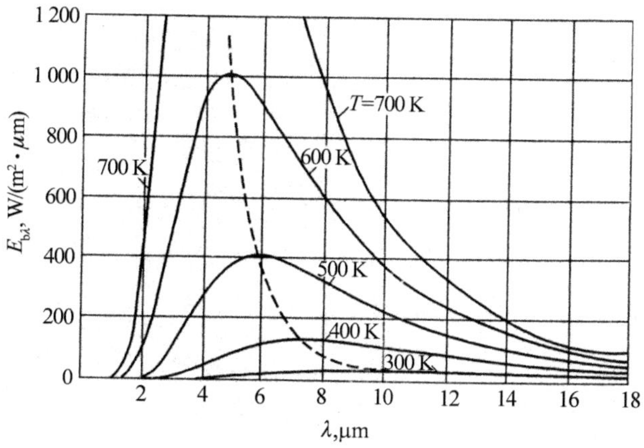

图 2-5　黑体的单色辐射力与波长、温度的关系

2.3.2　大气窗口

图 2-6 和图 2-7 为地球大气分布和大气空间环境示意图,由图可见太阳辐射受到地球大气的干扰。由于地球大气中各种粒子对辐射的吸收和反射,只有某些波段范围内的天体

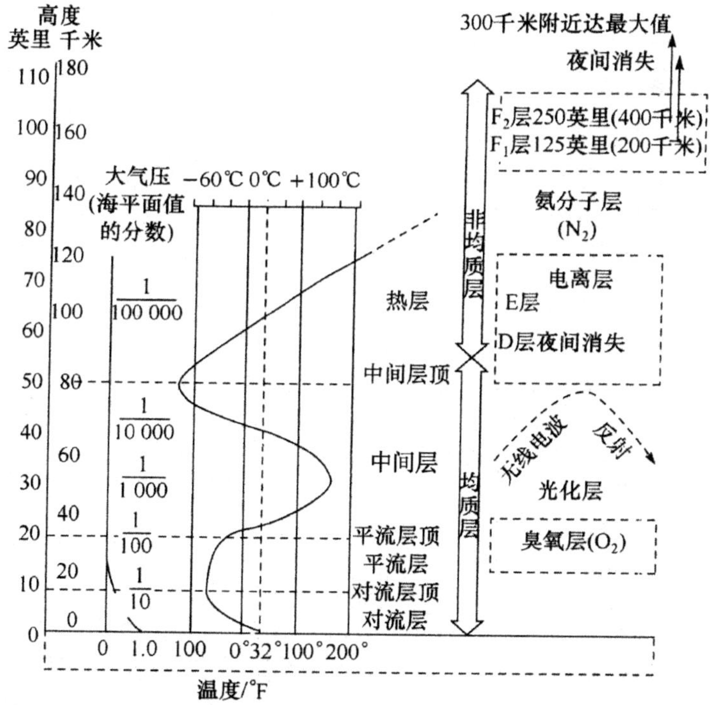

图 2-6　大气层的分层(1 英里＝1.609 344 千米)

辐射才能到达地面。因此把天体辐射中能穿透大气的一些波段称为大气窗口。大气窗口按所属范围不同可分为可见光窗口、红外窗口和射电窗口(表2-1)。

(1) 可见光窗口：可见光窗口波长范围约 300～800 nm。波长短于 300 nm的天体紫外辐射，在地面上几乎观测不到；200～300 nm 的紫外辐射被大气中的臭氧层吸收，只能穿透到约 50 km 高度处；100～200 nm 的远紫外辐射被氧分子吸收，只能到达约 100 km的高度；而大气中的氧原子、氧分子、氮原子、氮分子则吸收了波长短于 100 nm 的辐射；300～800 nm的辐射受到的选择吸收很小，但会因大气散射而减弱。

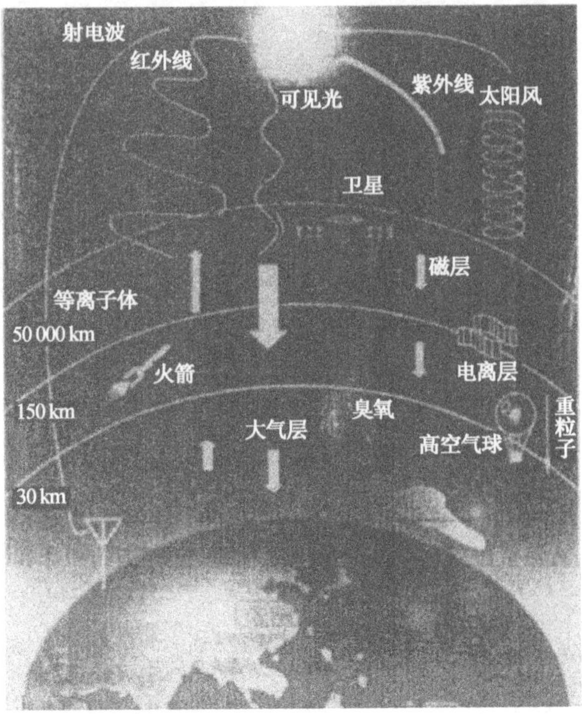

图 2-7　大气空间环境

(2) 红外窗口：水汽分子是红外辐射的主要吸收体。较强的水汽吸收带位于 0.71～0.735 μm，0.81～0.84 μm，0.89～0.99 μm，1.07～1.20 μm，1.3～1.5 μm，1.7～2.0 μm，2.4～3.3 μm，4.8～8.0 μm。在 13.5～17 μm 处出现二氧化碳的吸收带。这些吸收带间的空隙形成一些红外窗口。

最宽的红外窗口在 8～13 μm 处(9.5 μm 附近有臭氧的吸收带)。17～22 μm 是半透明窗口。22 μm 以后直到 1 mm 波长处，由于水汽的严重吸收，对地面的观测者来说完全不透明。但在海拔高、空气干燥的地方，24.5～42 μm 的辐射透过率达 30%～60%。在海拔 3.5 km高度处，能观测到 330～380 μm、420～490 μm、580～670 μm(透过率约 30%)的辐射，也能观测到 670～780 μm(透过率约 70%)和 800～910 μm(透过率约 85%)的辐射。

(3) 射电窗口：从微波段开始，上界波段变化于 15～200 m 之间，视电离层的密度、观测点的地理位置和太阳活动的情况而定。

表 2-1　各波段电磁辐射波长和频率范围

名称		波长范围	频率范围
γ 射线		0.03～0.01Å	10^{14}～3×10^{12} MHz
X 射线		0.01～100Å	
紫外(UV)	远紫外	10 nm～0.3 μm	3×10^{10}～10^{9} MHz
	近紫外	0.3～0.4 μm	10^{9}～7.5×10^{8} MHz
可见光		0.4～0.76 μm	7.5×10^{8}～3.95×10^{8} MHz

续表

名称		波长范围	频率范围
红外(IR)	近红外(NIR)	0.76～1 μm	$3.95\times10^{8}\sim3\times10^{8}$ MHz
	短波红外(SWIR)	1～3 μm	$3\times10^{8}\sim10^{8}$ MHz
	中波红外(MWIR)	3～8 μm	$10^{8}\sim3.75\times10^{7}$ MHz
	热红外(TIR) 长波红外(LWIR)	8～14 μm	$3.75\times10^{7}\sim2.14\times10^{7}$ MHz
	远红外	14～1 000 μm	$2.14\times10^{7}\sim3\times10^{5}$ MHz
微波	毫米波(mmW)	0.1～1.0 cm	30～300 GHz
	K_a 波段	0.75～1.13 cm	26.5～40 GHz
	K 波段	1.13～1.67 cm	18～26.5 GHz
	K_u 波段	1.67～2.40 cm	12.5～18 GHz
	X 波段	2.40～3.75 cm	8 000～12 500 MHz
	C 波段	3.75～7.50 cm	4 000～8 000 MHz
	S 波段	7.5～15.0 cm	2 000～4 000 MHz
	L 波段	15.0～30.0 cm	1 000～200 MHz
	特高频(VHF)	30.0～100.0 cm	300～1 000 MHz
	超高频(UHF)	1.0～10.0 m	30～300 MHz
无线电	短波(HF)	10.0～100.0 m	3～30 MHz
	中波(MF)	100.0～1 000.0 m	0.3～3 MHz
	长波(HF)	1.0～10.0 km	30～300 kHz
	超长波(VLF)	10.0～100.0 km	3～30 kHz

注：$1Å=10^{-10}$m

不同的观测方法能接收到不同波段的电磁波。目视和光学观测方法只能接收可见光。射电观测可以接收微波和无线电波，波段在 1 mm～30 m 左右。而空间观测可以接收包括红外、紫外、X 射线和 γ 射线在内的全波段信息。

2.3.3 太阳辐射能量

太阳的光辐射，是由不同波长的光波组成，根据波长，太阳的光谱大致可以分为三个光区。

1. 紫外光谱：不可见光，波长小于 0.4 μm，有杀菌作用，但大量波长短于 0.3 μm 的紫外线，对植物生长有害，紫外光谱约占太阳光辐射能量的 8.3%。

2. 可见光谱：可见光谱又分为红、橙、黄、绿、青、蓝、紫 7 种单色光谱，波长约为 0.4～0.76 μm(见表 2-2)，植物生长(光合作用)取决于可见光谱部分，可见光谱区的能量约占太阳光辐射能量的 40.3%。

表 2-2　各种不同颜色光的波长

颜色	波长(μm)	标准波长(μm)
紫	0.390～0.455	0.430
蓝	0.455～0.485	0.470
青	0.485～0.505	0.495
绿	0.505～0.550	0.530
黄绿	0.550～0.575	0.560
黄	0.575～0.585	0.580
橙	0.585～0.620	0.600
红	0.620～0.760	0.640

3. 红外光谱：红外光谱波长大于 0.76 μm，波长超过 0.8 μm 的红外线不能引起光化学反应(光合作用)，仅能提高植物的温度并加速水分的蒸发，红外光谱区的能量约占太阳光辐射能量的 51.4%。(图 2-8)

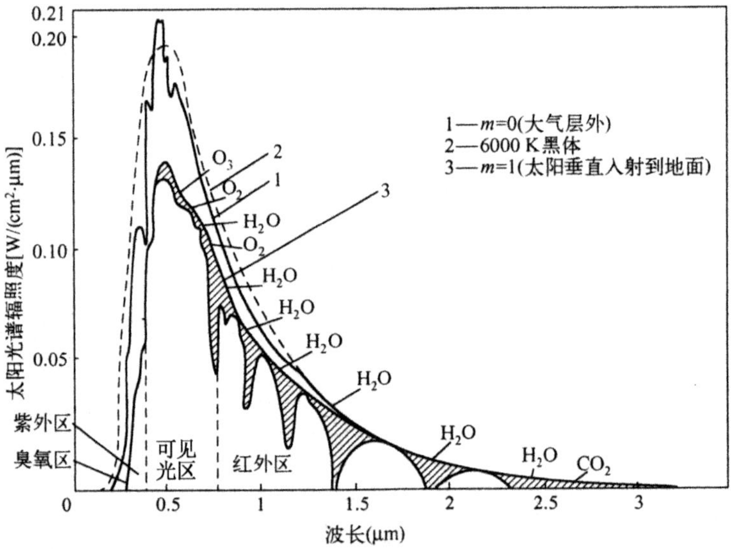

图 2-8　太阳辐射光谱能量分布

太阳辐射能主要分布在波长为 0.4～3.0 μm 的区域，即集中在可见光和红外光谱区，表 2-3 给出了不同光区的太阳辐射能量参数。

表 2-3　不同光区的太阳辐射能量参数

光区	紫外光区	可见光区	红外区
波长范围(μm)	0～0.40	0.40～0.76	0.76～∞
相应的辐射能流密度(W/m²)	95	640	618
所占总能量的百分数(%)	8.3	40.3	51.4

太阳辐射在不同的波长范围内具有不同的辐射强度和辐射能量，见表 2-4。由此可见，地球大气层外太空中的太阳辐射，其辐射能量主要分布在可见光区和红外区，分别为46.43%和 44.91%，紫外区只占 8.02%。

表 2-4　地球大气层外太空中的太阳辐射数据，其辐射强度和辐射能量百分数随辐射波长的分布状况

光谱段	波长范围(μm)	辐射强度(W/m²)	占总辐射能的百分数(%)	
			分区	总计
紫外线				
紫外-C	0.20～0.28	7.864×10^{6}	0.57	8.02
紫外-B	0.28～0.32	2.122×10^{1}	1.55	
紫外-A	0.32～0.40	8.073×10^{1}	5.90	
可见光				
可见-A	0.40～0.52	2.240×10^{2}	16.39	46.43
可见-B	0.52～0.62	1.827×10^{2}	13.36	
可见-C	0.62～0.78	2.280×10^{2}	16.68	
红外线				
红外-A	0.78～1.40	4.125×10^{2}	30.18	44.91
红外-B	1.40～3.00	1.836×10^{2}	13.43	
红外-C	3.00～100.00	2.637×10^{1}	1.93	

2.4　太阳常数

由于地球以椭圆形轨道绕太阳运行，因此太阳与地球之间的距离不是一个常数，而且一年里每天的日地距离也不一样。众所周知，某一点的辐射强度与距辐射源的距离的平方成反比，这意味着地球大气上方的太阳辐射强度会随日地间距离不同而有异。然而，由于日地间距离太大（平均距离为 1.5×10^{8} km），因此地球大气层外的太阳辐射强度几乎是一个常数。因此人们就采用所谓"太阳常数"来描述地球大气层上方的太阳辐射强度。它是指在平均日地距离下，在地球大气层上界垂直于太阳辐射的单位表面积上所接受的太阳辐射能。图 2-9 是大气层外太阳能辐射能与月份变化规律。一年中由于日地距离的变化所引起太阳辐射强度的变化不超过±3.4%。

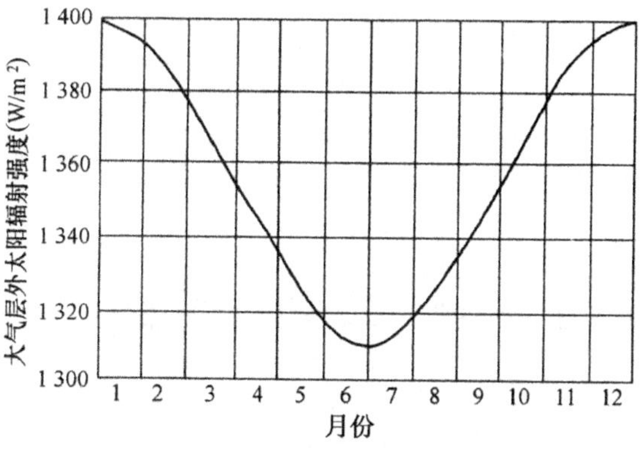

图 2-9　大气层外太阳辐射能与月份变化规律

例 2.1 太阳常数的基本概念

解 太阳连续不断地向外辐射不同波长的能量，这个量并非一恒定值。一般可将太阳辐射能量分为常定辐射和异常辐射。常定辐射包括可见光部分、近紫外部分和近红外线部分，它们约占太阳辐射总能量的 90%。太阳本身是活动着的，其能量也在波动式的变化，不过常定辐射的能量随着太阳活动的变化甚微，据测量，在太阳活动峰值年仅比太阳活动宁静年大 2.5%。人们根据这一规律确定了太阳常数，作为世界各国公用参数。"太阳常数"用来描述地球大气层上方的太阳层外日地平均距离处的法向直射太阳辐射照度。1971 年测得这个值是1 353 W/m^2，随后研究大多采用此值。而根据 1981 年 10 月在墨西哥召开的世界气象组织仪器和观测方法委员会第八届会议通过的最新数值是 1 367 W/m^2，这是用现代手段测得的数据。目前采用的太阳常数数值是1 367 W/m^2。太阳异常辐射包括太阳电磁辐射中的无线电波段部分、紫外线部分和微粒子流部分。这些部分的能量随太阳活动的变化而剧烈地变化着，如紫外线的强度随太阳活动的变化在几十至几百倍之间，微粒子流的变化则更大。

太阳常数既不是由理论推导出来的又不是具有严格物理内涵的常数。太阳常数除太阳自身的变化外，还受测量准确度、标尺本身等影响。即使太阳辐射量为常量，实际上因为日地距离的变化，使得到达地球大气层上的太阳辐射能 E_O 也在变化。现在有的学者提出用"太阳辐射度"的概念取代太阳常数，太阳辐射度可由式(2-19)或图 2-10 确定。

$$E_O = E_{SC}\left(1 + 0.033\cos\frac{360n}{365}\right)\left(\cos\phi\cos\delta\sin w_s + \frac{\pi}{180}w_s\sin\varphi\sin\delta\right) \qquad (2-19)$$

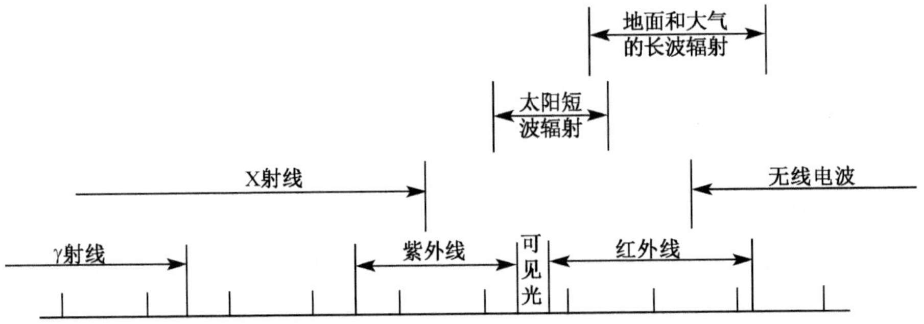

图 2-10 太阳辐射光谱

2.5 大气层与太阳辐射

2.5.1 大气层对太阳辐射的影响

由于大气层的存在，最终到达地球表面的太阳辐射能要受多种因素的影响，一般来说，太阳高度角、大气质量数、大气透明度、地理纬度、日照时数及海拔高度是主要影响因素。

(1) 太阳高度角。由于大气厚度具有光谱选择性，太阳高度角不同时太阳总辐射中各个波段内的能量的占比也不同。当太阳高度角为 90°时，在太阳光谱中红外线占 50%，可见光占 46%，紫外线占 4%；当太阳高度为 30°时，红外线占 53%，可见光占 44%，紫外线占 3%；当太阳高度为 5°时，红外线占 72%，可见光占 28%，紫外线近于 0。

(2) 大气质量数。太阳辐射在穿过大气层的过程中被反射、散射和吸收，光谱强度分布及相应的总辐照强度均发生变化，变化的大小取决于辐射所经过大气的物质量。太阳光线通过大气路程与太阳在天顶时太阳光线通过大气路程之比称为大气质量数(AM)。

(3) 大气透明度。大气透明度是表征大气对于太阳光线透过程度的一个参数。在晴朗无云的天气，大气透明度高，到达地面的太阳辐射能就多些。在天空中云层很厚或风沙灰尘很多时，大气透明度很低，到达地面的太阳辐射能就较少。目前，我国将大气透明度分为 1～6 个等级，1 级表示当地的大气透明度最大即太阳辐照度最大，2～6 级依次递减。

(4) 地理纬度。在大气透明度相同时，大气层的路程由低纬度到高纬度逐渐增大，太阳辐射能量由低纬度向高纬度也随着逐渐减弱。

(5) 日照时数。日照时数是表征太阳能资源的最常用物理量之一，目前的业务气象台站均进行日照时数的观测。它是太阳光在一地实际照射的时数(地面观测地点受到太阳直接辐射辐照度等于和大于 120 W/m² 的累计时间)。单位为小时，准确到 0.1 h。日照时数越长，地面所获得的太阳总辐射量就越多。

(6) 海拔高度。一般地说，海拔越高，大气透明度也越高，从而太阳直接辐射量也就越高。

此外，日地距离、地形、地势对太阳辐射也有一定的影响。例如地球在近日点要比远日点的平均气温高 40℃。又如在同一纬度上，盆地要比平川气温高，阳坡要比阴坡热。

总之，影响地面太阳辐射的因素很多，但是某一具体地区的太阳辐射量的大小，则是由上述这些因素所综合决定的。

2.5.2　地球大气成分

太阳辐射穿过大气层而到达地面时，大气对太阳辐射吸收、反射和散射，不仅使辐射强度减弱，还改变了辐射的方向和辐射的光谱分布。

大气的组成可分为三大部分：一是永久气体，包括氮、氧、氩、氖、氢、氦等分子；二是变动气体，包括水汽、二氧化碳、臭氧等；三是固体尘埃，如烟、尘、微生物、花粉和孢子等一类的有机微粒、放射性微粒等。这些空气分子、水蒸气、尘埃等的存在均会影响入射到地面的太阳辐射量(表 2-5)。

表 2-5　近地大气的主要成分

成分	体积百分比(%)	成分	体积百分比(%)
氮(N_2)	78.08	氦(He)	0.000 524
氧(O_2)	20.95	甲烷(CH_4)	0.000 18
氩(Ar)	0.934	氪(Kn)	0.000 114
二氧化碳(CO_2)	0.033	其他	0.000 1
氖(Ne)	0.001 82		

水汽是大气中含量变动最大的组成部分，在夏季温热的地方，水汽含量可达 4%，在冬季严寒的地方，水汽含量降到 0.01%。水汽主要集中在离地表 2 千米以下的大气层中，云、雾、霜都是水汽凝结物，因此，水汽与天气变化有密切关系。

微尘是悬浮在空气中的固体微粒。它的成分有被风吹起的尘埃、花粉、细菌等，有地面燃烧物的灰渣，有火山爆发的灰尘，有海流卷入空中蒸发留下的盐粒，以及从空间落入大气的宇宙尘等。微粒含量随高度的增加而减少，在离地面 3 千米以上就很少了。微尘称为水汽凝结核，能加速大气中云的形成，因而它们对天气变化有很大影响。

2.5.3 大气的吸收作用

当辐射通过某种介质时，必然会由于受到介质的吸收和散射而减弱，在均匀介质条件下，其遵循布给-朗伯(P. Bouguer J. H. Lambert)定律

$$E_\lambda = E_{0\lambda} e^{-C_\lambda m} \tag{2-20}$$

式中：E_λ 为地面上波长为λ 的太阳辐照度；$E_{0\lambda}$ 为大气上界波长为λ 的太阳辐照度；C_λ 为单色衰减系数；m 为大气光学质量。

均匀介质条件要求大气中各处的温度、湿度和气压等各项参数都相同。实际大气中无法满足这些严格的条件。例如，大气的温度和压力均随高度而改变。甚至其部分组成成分，诸如水蒸气、臭氧含量等，也随高度的不同而有所变化。因此，实际大气是一种不均匀介质。为了便于解决问题，引入均质大气概念。均质大气是有条件的大气，其空气密度 ρ 各处都相同、组成成分与实际大气无异，且地面气压 p 亦与实际大气相同。均质大气与实际大气的主要区别在于前者的高度 H 是一个完全确定的数值，并满足下式

$$H = \frac{p}{\rho g} \tag{2-21a}$$

其中 g 为当地的重力加速度。

假设标准状况(气温 $t_0 = 0℃$，气压 $p_0 = 1.013 \times 10^5$ Pa) 下纬度 45°处海平面上的均质大气为标准均质大气。此时，空气密度 $\rho = 1.29 \times 10^3$ kg/m^3，重力加速度 $g_0 = 9.806$ m/s^2，由此可求得

$$H_0 = \frac{p_0}{\rho_0 g_0} \tag{2-21b}$$

计算得 $H_0 = 7\,996$ m。在进行太阳辐射计算时，取 $H_0 = 8$ km，可以保证精度要求。

据式(2-21a)和(2-21b)不难导出

$$\frac{H}{p} = \frac{H_0}{p_0} \tag{2-21c}$$

太阳直接辐射随海拔高度降低而减小。原因是太阳辐射从大气顶进入大气层，越往低层水汽、气溶胶、混合气体的含量越低，对太阳光的衰减也越大，而且越往低层衰减越快。在对流层的中上部(对流层顶高度为 7～17 km)及以上，大气对太阳直接辐射的衰减很小(图 2-11)。

不同地区和不同时间，大气中的水汽、气溶胶的分布和成分、浓度都不同，对太阳辐射的吸收和散射也不同。

大气的主要吸收物质是氧(O_2)、臭氧(O_3)和水汽(H_2O)。大气中含有 21%的氧，氧吸收波长小于 0.2 μm 的紫外线，在 0.155 μm 处吸收最强。由于这种吸收，在地面光辐射中几乎观察不到 0.2 μm 以下的辐射。臭氧主要存在于高层大气中，在 20～25 km 处最多，低层大气中几乎没有。臭氧在整个光谱范围内都被吸收，主要有两个吸收带，一个是在 0.20～0.32 μm 间的强吸收带，另一个在可见光的 0.6 μm 处，虽然吸收因数不大，但恰好在辐射最强区，所以臭氧的吸收要占总辐射的 2.1%左右。水汽是太阳辐射的主要吸收媒质，吸收带在红外线及可见区。太阳高度角很低时，水汽的吸收约占总辐射的 20%。尘埃的吸收作用通常很小。

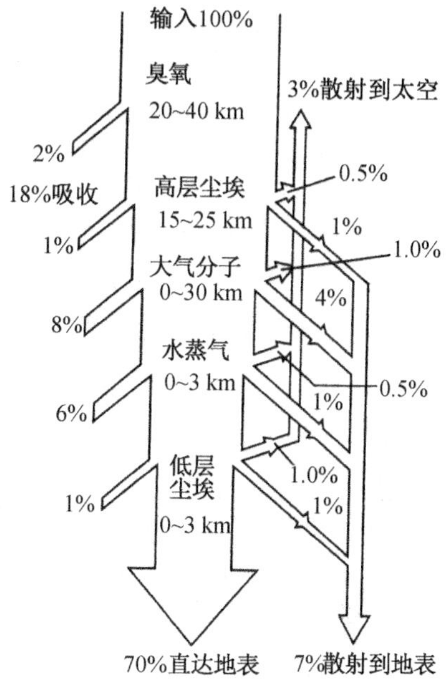

图 2-11 地球大气与太阳辐射的相互作用

散射和吸收不同，它不会把辐射能转变为粒子热运动的动能，而仅仅改变辐射的方向，使直射光变为漫射光，甚至使太阳辐射逸出大气层而不能到达地面。散射对辐射的影响随散射粒子的尺寸而变，一般可分为两种。一种为分子散射，散射粒子小于辐射波长，散射强度与波长的四次方成反比。大气对长波光的散射较弱，即透明度较大，而对短波光的散射较强，即透明度较小。天空有时呈蓝色就是由于短波光散射所致。另一种为微粒散射，散射粒子大于辐射波长，随着波长的增大，散射强度增强，长波与短波间散射的差别也愈小，甚至出现长波散射强于短波散射的情况。空气比较混浊时，天空呈乳白色，甚至红色，就是散射的结果。

按入射波和散射波的频率有无变化，散射可分为弹性和非弹性两类。前者在散射过程中电磁波只有相移而并没有频移，这主要是由热力学涨落(例如温度涨落和密度涨落、悬浮颗粒等)所引起的。在固体中，这种效应往往被缺陷和杂质的散射所掩盖。在流体中，假设散射粒子的线度远小于入射光的波长，则即可导出下列瑞利散射(T. B. Rayleigh, 1871)定律

$$\frac{E(\theta)}{E(0)} = \pi d\lambda^{-4} R^{-2} V^2 (1 + \cos^2\theta)(n - 1)^2 \tag{2-22}$$

式中：$E(0)$为入射波的辐照度；$E(\theta)$为在(R, θ)处散射波的辐照度；d 为散射粒子数；V 为粒子的体积；n 为流体的折射率；θ 为散射角，是入射线与散射线之间的夹角。从上式可见，散射波的辐照度与入射波波长的四次方成反比，即在可见光频谱中，$\lambda = 0.44$ μm 的紫光散射辐照度要比 $\lambda = 0.7$ μm 的红外散射辐照度大 8 倍左右。表 2-6 中列出了可见光频谱中 6 种谱色的相对辐照度 E/E_r，其中 E_r 表示红光散射辐照度。

表 2-6　根据瑞利定律计算 6 种谱色的相对辐照度

相对辐照度	红	橙	黄	绿	蓝	紫
E/E_r	1	1.6	2.1	3.5	4.9	7.7

当太阳辐射进入大气层中时，频谱中各种成分受到大气分子散射使天空呈现浅蓝色，这里蓝色是表 2-7 中列出的 6 种谱色的相对辐照度的混合产物。日出、日落时，太阳辐射穿过较厚的大气层，除红色外，日光中的其他谱色都被强烈地散射掉，因而太阳呈现红色。

表 2-7　全天云与晴天的日射量的百分比(%)

大气光学质量 /m	绢云	绢层云	高积云	高层云	层积云	层云	乱层云	雾
1.0	85	84	52	41	35	25	15	17
1.5	84	81	51	41	34	25	17	17
2.0	84	78	50	41	34	25	19	17
2.5	83	74	49	41	33	25	21	18
3.0	82	71	47	41	32	24	25	18
3.5	81	68	46	41	31	24		18
4.0	80	65	45	41	31			18
4.5					30			19
5.0					29			19

如果散射粒子的线度和波长相当或大于波长，则此时的散射波辐照度与入射波频率几乎无关，这种散射称为延德耳(J. Tyndall, 1869)效应。在云层中，水滴的线度大于可见光波长，因而呈现白色。

2.5.4　大气的反射作用

大气的反射主要是云层反射，它随着云量、云状和云厚的变化而变化。不同的云量、云形、云高对太阳辐射的影响相差很大，很难用一种方法来计算。表 2-8 给出的数据可供估算云形影响时进行参考。由表 2-8 可知，当太阳在天顶，整个天空布满雾时，日射量仅为晴天的 17%；如布满绢云则为 85%。另外，为了衡量云量多少，有时也用日照率来表示天空的云量。假定某地区一天的日照时间为 N，而实际照射时间为 n'，那么日照率就是$\frac{n'}{N}$，它表示一天之中实际日照占理论日照百分比，于是就可以用$\left(1-\frac{n'}{N}\right)$来表示云量多少了。

2.6　大气质量

根据均质大气的定义，这种大气在单位面积上的垂直气柱内所包含的空气质量与实际大气的一样，因此，气体分子的数目也相同。因此，光子同空气分子碰撞的机会以及大气的消光作用完全可以用与气压相应的均质大气来表征。以有条件的均质大气来替换实际大气，对于各种太阳辐射计算的结果，并不会产生影响，同时使得各种计算大大简化。均质大气的意义和使用这一概念的合理性即在于此。

引入均质大气概念后，虽然可将太阳辐射光线穿透大气层的路径用长度单位表示出来，但计量光程长短经常使用的单位不是长度单位，而是所谓的大气光学质量：以太阳位于天顶时光线从大气上界至某一水准面的距离为一个单位，去度量太阳位于其他位置时从大气上界至该水准面的单位数，所得到的数字就是该水准面上的大气光学质量。

设日射倾斜入射，其光程中的光学质量 $w(Z_s)$ 为

$$w(Z_s)=\int_0^{\infty}\rho\mathrm{d}s \tag{2-23}$$

式中：ρ 为空气密度；$\mathrm{d}s$ 为光程元。积分上限本不应为无限大，但对实际大气来说，一则大气上界的确切高度不易界定，二则空气密度随高度作指数衰减，故积分上限即使取作无限大，亦并不影响计算结果的精度。当太阳位于天顶时，光程元 $\mathrm{d}s$ 与高度元 $\mathrm{d}h$ 相等，此时应有

$$w(0)=\int_h^{\infty}\rho\mathrm{d}h=\rho_h H_h \tag{2-24}$$

式中：ρ_h 为海拔高度为 h 处的地表空气密度；H_h 为当地条件下的均质大气高度。如果当地处于标准状态下，则可得

$$w_0(0)=\int_0^{\infty}\rho_0\mathrm{d}h=\rho_0 H_0 \tag{2-25}$$

按大气光学质量定义，即可得相对大气光学质量 m 为

$$m=\frac{w(Z_s)}{w(0)}=\frac{\int_h^{\infty}\rho\mathrm{d}s}{\int_h^{\infty}\rho\mathrm{d}h}=\frac{\int_h^{\infty}\rho\mathrm{d}s}{\rho_h H_h} \tag{2-26}$$

而绝对大气光学质量 M 则为

$$M=\frac{w_0(Z_s)}{w_0(0)}=\frac{\int_0^{\infty}\rho\mathrm{d}s}{\int_0^{\infty}\rho\mathrm{d}h}=\frac{\int_0^{\infty}\rho\mathrm{d}s}{\rho_0 H_0} \tag{2-27}$$

由式(2-21c)、(2-26)、(2-27)可得

$$\frac{m}{p}=\frac{M}{p_0} \tag{2-28}$$

如果忽略地球表面曲率和大气折射的影响，则可得(图 2-12)：

$$\frac{\mathrm{d}s}{\mathrm{d}h}=\frac{1}{\cos Z_s}=\frac{1}{\sin\alpha} \tag{2-29}$$

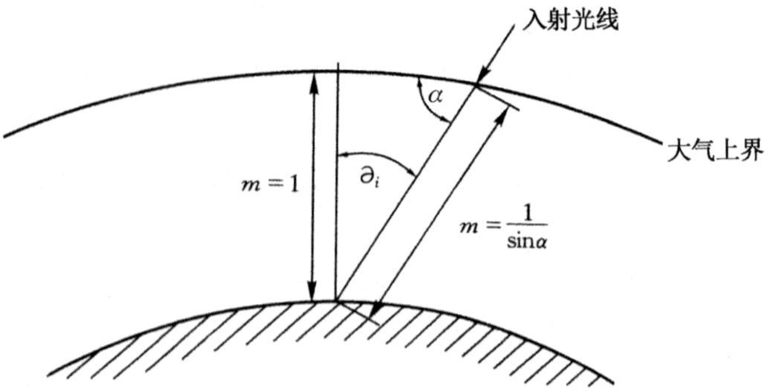

图 2-12　大气光学质量示意图

式中：α 为太阳高度角；Z_s 为太阳天顶角。α 与 Z_s 互为余角。由式(2-26)、式(2-29)有

$$m=\frac{1}{\sin\alpha} \qquad (2\text{-}30)$$

大气光学质量 m 是一个无量纲参数。上式是假定地表面为水平面，忽略了地球大气的曲率及折射因素。当 $\alpha \geqslant 30°$ 时，其计算精度达 1%；当 $\alpha < 30°$ 时，精度降低。

用大气光学质量 m（或 AM）表示太阳光线通过大气层的距离。天顶角表示太阳入射光线与地球表面当地的铅锤方向间的夹角，用符号 Z_s 表示。当 $Z_s=0$ 时，$m=1$ 时称大气光学质量为 1，用 $m1$ 表示。当 $Z_s=48.2°$，$m=1.5$；$Z_s=60°$，$m=2$，分别用 $m1.5$ 和 $m2$ 表示大气光学质量为 1.5 和 2。与之相对应的光谱（垂直于太阳入射方向的单位面积上所得到的太阳光谱）分别称为 $m1$、$m1.5$ 和 $m2$ 太阳光谱。显然，一年之内 $m1$ 光谱只有位于北纬 23.45° 与南纬 23.45° 之间的地区当太阳在南、北回归线之间的某时刻才能获得，而 $m1.5$ 的太阳光谱则在地球上的大部分地区均可以得到。

估算大气光学质量的简易方法是测量高度为 h 的竖直物体投射的阴影长度 s。于是大气光学质量 m 为

$$m=\sqrt{1+\left(\frac{s}{h}\right)^2} \qquad (2\text{-}31)$$

计算结果与实际观测结果表明，当 $\alpha=30°$ 时，按式(2-31)计算得的大气质量值与观测值非常接近，其误差在 0.01；而当 $\alpha<30°$ 时，由于地面曲率和折射的影响增大，则式(2-31)的计算结果误差较大。

在其他大气情况不变的条件下，随着大气质量的增加，到达地面表面所存波长的太阳辐射能都将衰减。

AM0 表示到达地球大气表面但尚未进入大气层的太阳辐射，即代表太阳辐射所经过的大气质量为 0；通常把太阳处于天顶即垂直照射赤道海平面上（春/秋分）时，光线所穿过的大气的路程，称为 1 个大气质量。太阳在其他位置时，大气质量都大于 1。例如在早晨 8～9 点钟时，大约有 2～3 个大气质量。大气质量数越多，说明太阳光线经过大气的路程就越长，受到的衰减就越多，到达地面的能量也就越少。

进一步假设地球为完美的球体，根据大气层平均厚度为 100 km，地球平均半径为 6 400 km可计算得出，在纬度约为 48°的地点，其太阳辐射光谱应为 AM1.5，而极点（$\alpha=90°$ 时）的太阳辐射光谱则为 AM11.4。太阳辐射所经过大气的距离随纬度增高而变长，受大气影响也越大，因此一般来说，纬度越高的地点辐照度越低。

思考题：设地球为完美球体，大气层平均厚度为 100 km，试计算春/秋分时南京 8 时的

大气质量和太阳辐射光谱。

2.7　地球表面的辐射和大气的长波辐射

2.7.1　地球表面的辐射

在白天,地球由于吸收太阳和大气的辐射,不断累积热能,逐渐增温,但同时也在以辐射的形式向外散失热能。若按地表温度为 300 K 计算,地球表面的辐射强度约为 383.79 W/m^2,这时辐射强度是很可观的。但是,由于在绝大部分的白昼时间里,地球表面接受来自太阳和大气的辐射强度都远远大于地球表面的辐射强度,因此,地球表面虽然也放出辐射热能,但仍是处在不断累积热能、逐渐增温的过程中。正午太阳辐射强度最大,地表面吸收热量最多,温度也最高。在夜间,地表面处于背离太阳的位置,吸收不到来自太阳的直接辐射,大气的散射强度也近于零,来自大气的长波(波长大于 3 μm 的电磁辐射)辐射常常又小于地表面放射的辐射能,地球表面失去了增温的热源,并且不断地向外辐射热能,不断消耗累积的热量,温度逐渐下降。由此可见,温度的高低决定了辐射强度的大小,而辐射却又是温度变化的最主要因素。

组成地球表面的不同物质各自也有不同的辐射和吸收特性。而太阳具有极大的辐射率和吸收率,接近于 100%,所以常把太阳作为全辐射体。所谓全辐射体就是在一定温度条件下,对各种波长的辐射都能 100%的吸收。实际上这种绝对全辐射体是不存在的。根据测量,地球表面各种物质的辐射率,与同温度下的全辐射体相比皆小于 1,但又接近于 1,所以又都近似于全辐射体。把这种物质的辐射特性称之为灰体辐射。

地表的积雪对太阳和大气的辐射来说是一个极好的反射体,反射率可达 90%左右,很少吸收;而对来自大气层的长波辐射几乎全部吸收,同时它本身向外辐射长波,和全辐射体十分接近,具有很高的辐射能力。

2.7.2　大气的长波辐射

大气层对于太阳短波辐射的吸收具有选择性,绝大部分的太阳短波辐射可以透过大气层,直接到达地球表面,所以大气吸收作用很差,除高层大气的臭氧层外,太阳辐射不是大气辐射的直接热源。而大气层对于来自地球表面的长波辐射,却有近似全辐射体的吸收能力,几乎全部吸收并转变为大气层本身的热能,以长波辐射的形式向外辐射,其中一部分又投射回地球表面。人们把投射回地球表面的大气长波辐射称为大气逆辐射(散射辐射)。

大气逆辐射在地面热量收支平衡方面具有极大的意义。一般情况下,大气逆辐射约为地面辐射的 3/4,若按大气逆辐射强度为 288 W/m^2 计算,在一昼夜内每平方米的地面从大气中获得的热量约为 6 978 kW · h。

大气具有使大部分太阳短波辐射通过并到达地球表面,同时又使地表面的长波辐射不致逸出大气层而以逆辐射的形式射向地面的能力。这种能力可使地球表面温度提高 38℃左右,地面平均温度可维持在 15℃。如果没有大气层的存在,地面平均温度仅能稳定在

−23℃左右。

从上述可归纳，影响地球表面可接收到的太阳辐射能的各种因素包括为4种：

① 天文因素。包括日地距离变化；太阳赤纬变化；地球自转，造成早、午、晚接受太阳光强弱不同和昼夜交替接受阳光的断续。

② 地理因素。观测和接受地点所在维度、经度和海拔高度、地势地貌的不同。

③ 几何因素。太阳高度角、赤纬的变化，辐射能接收面倾斜度和方位的不同等。

④ 物理因素。大气的吸收、反射、散射引起的衰减，以及辐射能收受面的物理特性，即粗糙或光滑的不同等。

2.7.3 气候条件变迁对太阳直射辐照度的影响

我国李晓文等在《中国近30年太阳辐射状况研究》一文中根据我国55个日射站1961—1990年近30年期间对地面总辐射、直接辐射和散射辐射的研究，指出我国大部分地区近年来(对20世纪90年代而言)太阳辐射和直接辐射呈减少趋势。同时结合同一时期我国60个站点每日北京时间14时的能见度观测资料，发现我国大部分地区的能见度呈下降趋势，认为大气浑浊度和大气悬浮粒子浓度的增加是引起我国某些地区直接辐射量下降的可能原因。大气悬浮颗粒等气溶胶粒子对太阳辐射的影响是一个复杂的问题，胡丽琴等曾研究云层和气溶胶对大气吸收太阳辐射的影响，同时有科学家指出，云吸收的太阳辐射比现在理论预测的多得多，纽约州立大学石溪分校的Robert D. Cess等人用卫星在5个不同地点观测太阳辐射，得出全球平均云吸收为25 W/m^{2}左右这一结论，比理论预测的0～10 W/m^{2}多得多。总体来说，现今关于云和气溶胶对太阳辐射影响的研究还不全面。

在辐射观测方面，刘广仁等利用北京325 m气象塔进行太阳辐射梯度测量，初步试验观测结果表明，在污染情况下地面与320 m高度之间的辐射衰减明显，在极晴好天气下太阳直接辐射在中午时段相差仅10 W/m^{2}左右，而在近地面污染严重的条件下，其相对差值最大可达140 W/m^{2}左右，说明近地面污染严重情况下，太阳直接辐射损耗较大。在晴好天气下，总紫外辐射高空与地面相对差值很小；在大气能见度差时，总紫外辐射值减少，但高空与地面的差值相对加大。

2.8 太阳辐射量的计算

2.8.1 太阳法向直射辐照度的估测

根据光学原理要求，聚光型太阳能热发电电站的选址需要考虑太阳法向直射辐照度(DNI)。我国的气象台站没有这方面的测试数据。但从我国的气象台站可拿到1994—2003年间的水平面总辐照数据和日照时数，可从这两个值来估算DNI。从水平面总辐射和日照时数来估计DNI的方法描述如下。

当来自地球大气层之外的天文辐射经过地球时，由于受到地球大气的散射、吸收以及反射等影响，最终达到地球表面的太阳辐射具有更严重的地域特性，其值远远小于对应的天文辐射。很多学者通过建立数学模型以及经验关系式来对当地的太阳辐射资源进行预测。事实证明,许多气象参数如大气浑浊度、相对湿度、晴空指数、云的多少以及日照持续时间等均对当地的太阳辐照资源产生影响,最主要的影响因子便是日照时间的长短。

利用中国 8 个典型气候区域典型城市 1994—2003 年期间的气象数据(包括太阳辐射数据、日照持续时间等)建立了月平均的晴空指数与日照百分率的数学关系表达式来对太阳总辐射进行预测,结果证明该模型具有较好的预测精度。为了进一步验证模型的准确性,用所建模型结果和其他数学模型的预测结果在百分比误差(MPE)、平均偏差(MBE)以及均方根误差(RMSE)等方面分别进行了对比。结果证明,通过该地区气象数据样本建立的预测模型比已经发布的能够应用于全球的预测模型更具有可靠性。

许多学者利用线性回归方法提出不少关于水平面太阳总辐射以及日照百分率之间的数学关系式来对太阳辐射资源进行预测,其中具有代表性的便是 Angström-Prescott 模型。中科院热物理所王志峰等人利用中国不同气候区域 8 个典型城市的气象数据建立了适用于我国太阳辐射资源预测的全站点单月预测的数学关系式来对我国的太阳辐射资源进行预测。

Angström-Prescott 模型数学表达式:

$$\frac{\overline{H}}{\overline{H_0}} = a + b\frac{\overline{S}}{\overline{S_0}} \tag{2-32}$$

式中 $\overline{H}$ 为水平面的日总辐射月平均值,$\mathrm{MJ \cdot m^{-2} \cdot d^{-1}}$;$\overline{H_0}$ 为计算区域的日总天文辐射的月平均值,$\mathrm{MJ \cdot m^{-2} \cdot d^{-1}}$;$\overline{S}$ 为日照市场的月平均值;$\overline{S_0}$ 为日照时长的月平均值的最大值;a,b 为系数。

水平位置的天文辐射计算公式:

$$H_0 = \frac{24 \times 3\,600}{\pi} I_0 f\left(\cos\lambda\cos\delta\sin w_s + \frac{\pi}{180} w_s \sin\lambda\sin\delta\right) \tag{2-33}$$

式中 I_0 为太阳常数,可取 1 367 W/m^2;λ 为当地纬度;δ 为赤纬角,f 为日地相互位置有关的变数。

$$f = 1 + 0.033\cos\left(360\frac{n}{365}\right) \tag{2-34}$$

式中 n 是年日期顺序,以 1 月 1 日的日期顺序为 1。

赤纬角的计算公式:

$$\delta = 23.45\sin\left(360\frac{248 + n}{365}\right) \tag{2-35}$$

w_s 是太阳日落时角,计算公式:

$$w_s = \cos^{-1}(-\tan\lambda\tan\delta) \tag{2-36}$$

最大的日照时长计算公式:

$$S_0 = \frac{2}{15} w_s \tag{2-37}$$

方程中，$\overline{H_0}$，$\overline{S_0}$ 的数值能够分别由方程式(2-32)和方程式(2-37)计算得到。系数 a 和 b 能够从$\dfrac{\overline{H}}{\overline{H_0}}$ 和$\dfrac{\overline{S}}{\overline{S_0}}$ 样本中通过线性回归计算得到。其中$\overline{H}$ 和$\overline{S}$ 的数值通过所选典型城市 10 年的气象数据库得到。

系数 a 和 b 的计算公式：

$$b=\frac{n\sum_{i=1}^{n}\frac{\overline{H}}{\overline{H_0}}\frac{\overline{S}}{\overline{S_0}}-\left(\sum_{i=1}^{n}\frac{\overline{H}}{\overline{H_0}}\right)\left(\sum_{i=1}^{n}\frac{\overline{S}}{\overline{S_0}}\right)}{n\sum_{i=1}^{n}\left(\frac{\overline{S}}{\overline{S_0}}\right)^2-\left(\sum_{i=1}^{n}\frac{\overline{S}}{\overline{S_0}}\right)^2} \tag{2-38}$$

$$a=\frac{1}{n}\sum_{i=1}^{n}\frac{\overline{H}}{\overline{H_0}}-\frac{b}{n}\sum_{i=1}^{n}\frac{\overline{S}}{\overline{S_0}} \tag{2-39}$$

式中，n 为测点的个数。

所选站点 10 年的太阳总辐射以及日照数据是中国气象局(CMA)提供的典型气候城市的数据。

2.8.2 标准晴天水平面上太阳辐射量的计算

太阳辐射量是太阳能利用系统设计中最重要的数据。对于没有实测辐射数据的地方，一是根据邻近地区的实测值用插值法推算；二是用相对容易测量的太阳持续时间(日照百分率)或云量等数据推算。有气象台站的地方，通常是测量水平面上的总辐射，然后将它分解为相应的直射辐射和散射辐射，最后转换到处于不同方位的集热器上去。

上一节晴空大气透明度的标准计算模型，用它不难求出晴天时水平面上的辐照度。

$$G_{c,b}=G_{o,n}\tau_b \tag{2-40}$$

式中，τ_b 为晴天时直射辐射的大气透明度，可用式(2-35) ~ 式(2-38) 计算；$G_{o,n}$ 为大气层外，垂直于辐射方向上的太阳辐照度；$G_{c,n,b}$ 为晴天时垂直于辐射方向上的直射辐照度。

水平面上的直射辐照度为

$$G_{c,b}=G_{o,n}\tau_b\cos\theta_z \tag{2-41}$$

一小时内，水平面上直射辐射量为

$$I_{c,b}=I_{o,n}\tau_b\cos\theta_z=3\,600G_{c,b} \tag{2-42}$$

相对应的散射辐射部分计算式为

$$G_{c,d}=G_{o,n}\tau_d\cos\theta_z \tag{2-43}$$

$$I_{c,d}=I_{o,n}\tau_d\cos\theta_z=3\,600G_{c,d} \tag{2-44}$$

一小时内，水平面上的总辐射量为

$$I_c=I_{c,b}+I_{c,d} \tag{2-45}$$

把全天各个小时的量加起来，就是晴天水平面上的总辐照量 H_c，大气透明度无论是 τ_b

还是 τ_d 都是大气质量($m = 1/\cos\theta_z$)的函数,而天顶角 θ_z 随时间不断变化。考虑到计算精度,把时段取为一小时,并以该小时中点所对应的时角 w 来计算有关的量。

例 2.2　假定某地(东经 120°,北纬 35°,海拔高度为 100 m)11 月 15 日(平年)为标准晴天,试计算该日上午 11:00~12:00 水平面上的总太阳辐射量。

解　11 月 15 日的日子数 n 等于 319,则该日赤纬角为

$$\begin{aligned}\delta &= 23.45^\circ \sin\left(360^\circ \times \frac{284+n}{365}\right)\\ &= 23.45^\circ \sin\left(360^\circ \times \frac{284+319}{365}\right)\\ &= -19.15^\circ\end{aligned}$$

上午 11:30 对应的 $w = -7.5^\circ$

对水平面

$$\begin{aligned}\cos\theta_z &= \sin\delta\sin\varphi + \cos\delta\cos\varphi\cos w = 0.579\\ a_0^* &= 0.4327 - 0.00821(6-0.10)^2 = 0.138\\ a_1^* &= 0.505 + 0.00595(6.5-0.10)^2 = 0.749\\ k^* &= 0.2711 + 0.01858(2.5-0.10)^2 = 0.378\end{aligned}$$

修正系数(中等维度,冬天) $r_0 = 1.03$, $r_1 = 1.01$, $r_k = 1.00$

$$\begin{aligned}\tau_b &= 0.138(1.03) + 0.749(1.01)e^{-0.378(1.00)/0.579} = 0.536\\ G_{o,n} &= G_{sc}\left(1 + 0.033\cos\frac{360^\circ \times 319}{365}\right) = 1\,398.7\ \mathrm{W/m^2}\\ G_{c,b,n} &= G_{o,n}\tau_b = 1\,398.7 \times 0.536 = 749.7\ \mathrm{W/m^2}\\ G_{c,b} &= G_{o,n}\tau_b\cos\theta_x = 749.7 \times 0.579 = 434.1\ \mathrm{W/m^2}\\ \tau_d &= 0.2710 - 0.2939(0.536) = 0.113\\ G_{c,d} &= G_{o,n}\tau_d\cos\theta_z = 1\,398.7 \times 0.113 \times 0.579 = 91.51\ \mathrm{W/m^2}\\ I_{c,b} &= 3\,600 \times 434.1 = 1.56\ \mathrm{MJ/m^2}\\ I_{c,d} &= 3\,600 \times 91.51 = 0.33\ \mathrm{MJ/m^2}\end{aligned}$$

据式(2-45),日上午 11:00~12:00 水平面上的总太阳辐射量为

$$I_c = I_{c,b} + I_{c,d} = 1.89\ \mathrm{MJ/m^2}$$

2.8.3　水平面与倾斜面上辐射量的比较

前面计算的辐射量都是指水平面上接收到的太阳辐射,实际使用中,集热器多是倾斜安放的 ($\beta \neq 0^\circ$),因此,下面将讨论如何将水平面上的辐射量转换为倾斜平面上的辐射量。

图 2-13 分别表示直射辐射在水平面和倾斜面上的入射角,水平面上的入射角为 θ_z,倾斜面上的入射角为 θ。倾斜角和水平面上接收到的直射辐照量之比,称为修正因子 R_b。

$$R_b = \frac{G_{b,T}}{G_b} = \frac{G_{b,n}\cos\theta}{G_{b,n}\cos\theta_z} = \frac{\cos\theta}{\cos\theta_z} \tag{2-46}$$

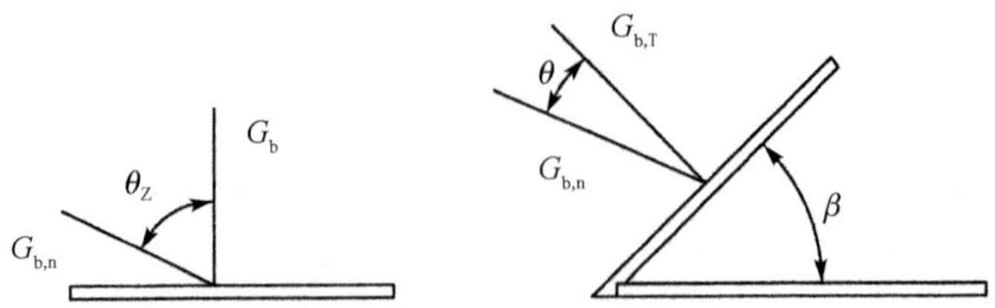

图 2-13　水平面和倾斜面上的直射辐射

若集热器方位角 $\gamma = 0°$(北半球朝南放置)，则上式变成

$$R_b = \frac{\cos(\varphi - \beta)\cos\delta\cos w + \sin(\varphi - \beta)\sin\delta}{\cos\varphi\cos\delta\cos w + \sin\varphi\sin\delta} \tag{2-47}$$

一般而言，集热器既能接受直射辐射，又能接受散射辐射(包括来自太阳的散射和太阳照到地面反射回来的散射两个部分)，直射辐射转换时有个修正因子 R_b，对于散射辐射也分别有修正因子 R_d 和 R_ρ。

假设集热器倾斜角为 β，散射辐射是各向同性的，集热器对天空的可见因子为 $(1 + \cos\beta)/2$，也就是对地面反射的修正因子 R_ρ。

$$I_T = I_b R_b + I_d R_d + (I_b + I_d)\rho R_\rho$$

$$I_T = I_b R_b + I_d\left(\frac{1 + \cos\beta}{2}\right) + (I_b + I_d)\rho\left(\frac{1 - \cos\beta}{2}\right) \tag{2-48}$$

总的修正因子 R 可写成

$$R = \frac{I_T}{I} = \frac{I_b}{I}R_b + \frac{I_d}{I}\left(\frac{1 + \cos\beta}{2}\right) + \left(\frac{1 - \cos\beta}{2}\right)\rho \tag{2-49}$$

式中，ρ 为地面反射率，普通地面为 0.2，积雪时可取 0.7。

例 2.3　已知某地(北纬 34.3°)8 月 16 日(平年)下午 1:00～2:00 水平面上的 $I = 3.22\ \mathrm{MJ/m^2}$，$I_b = 2.52\ \mathrm{MJ/m^2}$，$I_d = 0.698\ \mathrm{MJ/m^2}$。问该小时内方位角为 0°，倾斜角为 34.3° 的集热器上的辐照量和辐照度各是多少？($\rho = 0.2$)

解　8 月 16 日的日子数 n 等于 228，则赤纬角为

$$\begin{aligned}\delta &= 23.45°\sin\left(360° \times \frac{284 + n}{365}\right)\\ &= 23.45°\sin\left(360° \times \frac{284 + 228}{365}\right)\\ &= 13.5°\end{aligned}$$

中间点的时角 $w = 22.5°$，则

$$R_b = \frac{\cos\theta}{\cos\theta_z} = \frac{\cos\delta\cos w}{\cos\varphi\cos\delta\cos w + \sin\varphi\sin\delta} = 1.028$$

$$R_d = \frac{1 + \cos\beta}{2} = 0.913$$

$$R_\rho = \frac{1-\cos\beta}{2} = 0.086\,9$$

因此，集热器上的辐照量和辐照度分别为

$$\begin{aligned} I_T &= I_b R_b + I_d R_d + I_\rho R_\rho \\ &= 2.52 \times 1.028 + 0.698 \times 0.913 + 3.22 \times 0.2 \times 0.0869 \\ &= 3.283\ \mathrm{MJ/m^2} \end{aligned}$$

$$G_T = \frac{3.283 \times 10^6}{3\,600} = 912\ \mathrm{W/m^2}$$

2.8.4　月平均太阳辐射总量的计算

① 太阳能为自然能源，气象要素变化对其的影响很大。上海交通大学刘鉴民使用太阳总辐射自动记录仪，对北京中关村地区做了全年度水平面上太阳总辐射强度的测量，从中选出 6 种典型天候类型的太阳总辐射强度的记录曲线，如图 2-14 所示。由图可见，一天中地面上可能收集到的太阳辐射能可以从正常值陡降为零。所以，任意一天的太阳辐射情况不足以用于客观地评估太阳能利用的价值，而需要一个更长的时间周期，如 10 年。即使如此，同一地区逐年逐月的太阳辐射情况也有不小的差异。这就需要人们去研究平均概念上的太阳辐射总量的计算。如果这种平均概念的时间长度为月或年，那就是月平均或年平均的实际含义。所以任何提供给太阳能工程设计的原始太阳能数据，最好来自对实测资料的统计和整理。

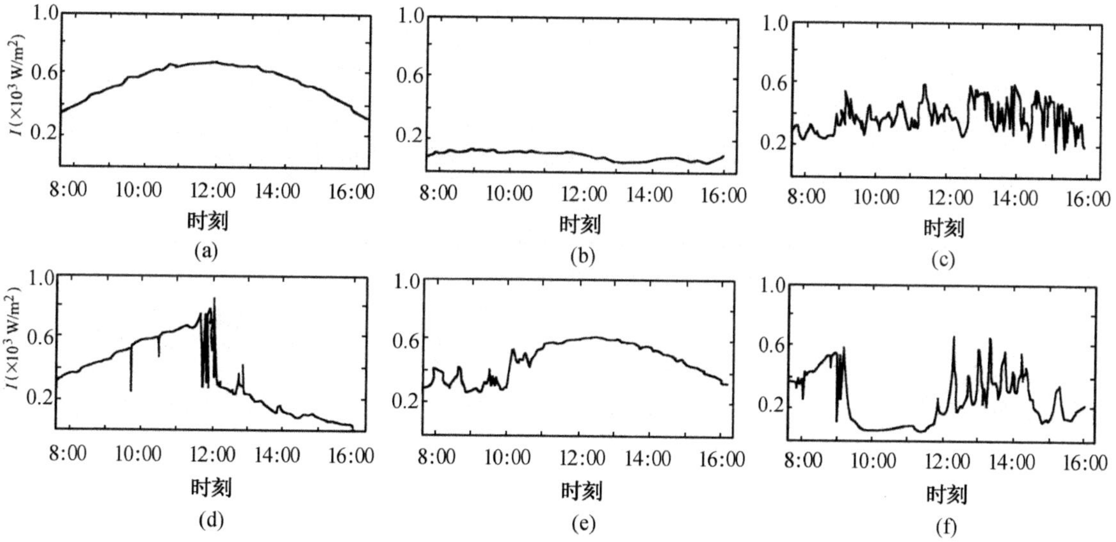

图 2-14　6 种典型天候类型的水平面上太阳总辐射强度的实测数据

② 月平均日太阳总辐射量

计算月平均日太阳总辐射量的方法很多，目前确认的最佳计算式为

$$\overline{H}_H = \overline{H}_0\left(a + b\frac{N}{N_0}\right) \tag{2-50}$$

式中，$\bar{H}$ 为水平面上月平均日太阳总辐射量；$\overline{H_0}$ 为水平面上月平均基础日太阳总辐射量；a、b 为回归系数，有 3 种方法可供选择，根据实测数据采用最小二乘法求得；N 为月平均实际每天日照小时数；N_0 为同一时期内每天可能的日照小时数。

2.8.5 辐射计算流程

太阳辐射能的计算是非常重要的。因为各地太阳能资源不一样，需要利用实测值来作为计算的依据。目前世界上计算太阳辐射能的方法很多，有的十分繁杂，并且大多数要依靠许多物理意义又不甚明确的常数。这就给计算方法的通用性和准确性带来了一定的障碍。本节介绍一种物理意义比较明确、设定常数较少、通用性较强的方法。借助于计算机可以很快求出到达任意倾斜面上的太阳辐照量，其流程图如图 2-15 所示。

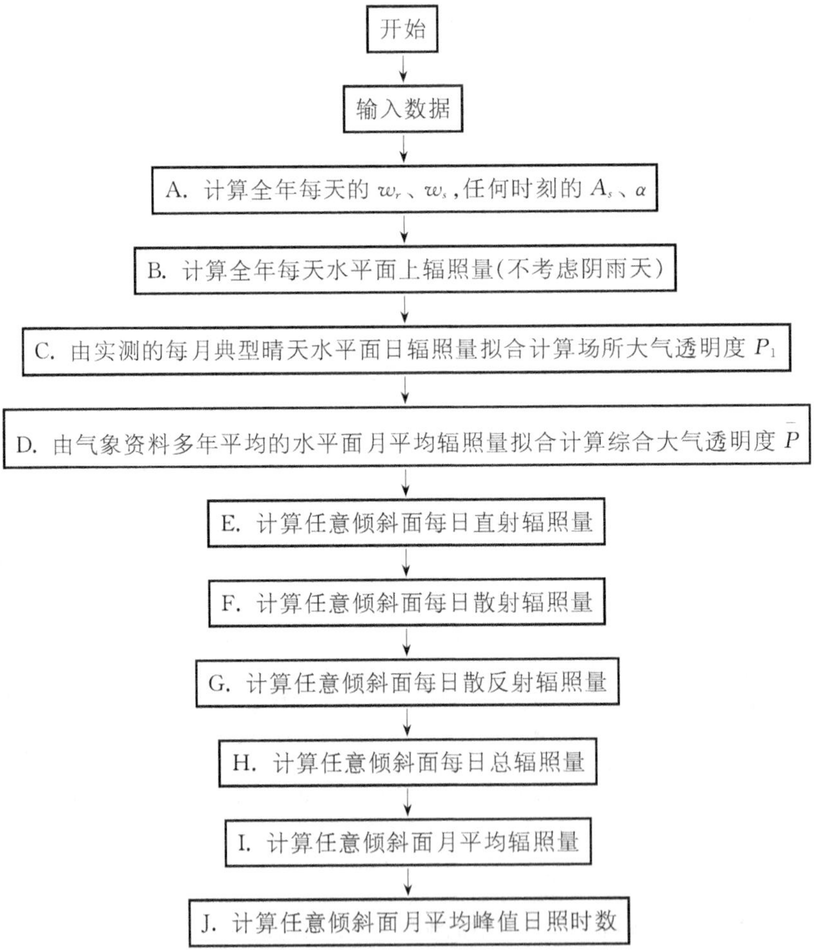

图 2-15 太阳辐照量计算流程图

2.9 太阳能资源

2.9.1 中国的年平均日太阳法向直射辐射资源分布

我国太阳能资源较为丰富，经计算粗略估计全国 30 年来的平均年水平面总辐射量为 5 648 MJ /m^2，全国 2/3 以上地区年太阳总辐射量超过 5 000 MJ /m^2，具有利用太阳能的良好条件。我国辐射年总量分布的总体特征呈现西高东低趋势。

西部地区太阳辐射年总量又呈南高北低的纬向分布趋势，其中西藏南部(除山南地区)、柴达木盆地太阳辐射较高，而新疆塔里木、吐鲁番盆地太阳辐射相对较低，低值区分别为天山附近地区、西藏山南地区。

东部地区以华北辐射年总量最大，东南、东北地区太阳辐射较低；其中北纬 20°～40°地区，太阳辐射随纬度增加而降低。影响我国东部地区太阳辐射分布的主要因子是大气环流造成的云量分布，该地区受海洋潮湿气流影响，中低云量较多，削弱了到达地面的太阳辐射，尤其是降水量充沛的东南部地区，甚至会出现多个低值小中心(这估计与当地复杂地形也有关系，东南地区属于多山-丘陵地形，容易产生地形降水)；东北地区，辐射年总量则呈现明显的纬向分布特征，太阳高度对该地区的太阳辐射分布起主导作用，该地区纬度较高，太阳高度角低，辐射经过大气层的光学路径较长，被削弱较多，辐射年总量相对较低。

青藏高原南部(除山南地区)是一个较大范围的太阳辐射年总量高值中心，这是因为该地区海拔高度高，大气光学路径短，太阳辐射在大气层中的损失少，到达地面的太阳短波辐射较强；青藏高原北部的柴达木盆地、阿尔金山、昆仑山地区亦存在一个相对高值区；在全国范围内太阳辐射年总量存在两个较深的低值中心：青藏高原东麓背风坡——四川盆地地区及西藏山南地区。其中，四川盆地的低值中心的形成主要受云量影响，这里是青藏高原南北两股绕流的交汇处，天气系统活动较多，云雨较多，极大地削弱了到达地面的总辐射量；而山南地区处于喜马拉雅山脉南麓，海拔高度变化大，并有潮湿的印度季风分支经过，气团遇山爬绕形成强烈降水，使地区形成世界大陆雨极，云雨天气带来的大量中低云削弱了太阳辐射到达地面的总量，因而出现低值。

中国国家气象局所属业务共有 98 个，观测系统中的辐射站，其中 17 个站能观测直接辐射。我国气象辐射观测站在 1993 年前分甲、乙两类，甲类站观测要素包括总辐射、散射辐射和直接辐射，乙类站观测要素为总辐射，其间观测站点经过多次调整。1993 年起观测站由原来的甲、乙类观测站调整为一、二、三级观测站。一级站观测要素包括总辐射、净辐射、散射辐射、直接辐射和反射辐射；二级站观测要素包括总辐射、净辐射；三级站观测要素包括总辐射。

1993 年前全国所有辐射观测台站所使用的辐射观测仪器均为热电型(康铜、锰钢焊接)、感应面(普通黑漆)辐射仪，误差在 10%左右；1993 年及以后全国所有辐射观测台站均使用我国研制的热电型(绕线型康铜镀铜)、感应面(专用光学黑漆)全自动遥测辐射仪，相对误差在0.5%左右。

除太阳辐射外，我国常规气象资源分为两部分，一部分为地面观测资料，包括风速、风向、气压、温度、露点温度以及日照时数，涵盖我国主要的气象站（未包括港澳台气象站数据），涉及气象站点740个，空间密度较辐射站点更密集。另一部分为探空资料，观测要素主要有风速、风向、气压、高度、温度及露点温度。

我国对DNI实际观测的数据尚不能满足我们对太阳能资源时空分布的了解需求。所以在计算中，可采用美国可再生能源实验室（NREL）提供的中国年平均日DNI数据。该数据主要根据遥感资料计算推演得到的。该模型已综合考虑云层、水蒸气和微量气体、大气中的气溶胶含量等因素。大气传输至地面的DNI计算模型

$$DNI = E_0(\tau_R \tau_{Ozon} \tau_{Gas} \tau_{wv} \tau_{Ae}) \tau_{C1} \tag{2-51}$$

式中，E_0为太阳常数；τ_R为瑞利散射透过率；τ_{Ozon}为臭氧吸收透过率；τ_{Gas}为混合气体吸收透过率；τ_{wv}为水汽吸收透过率；τ_{Ae}为气溶胶吸收或散射透过率；τ_{C1}为云层吸收或散射透过率。

根据NREL数据可得到中国年平均日DNI分布，但该数据还未经过地面测量校准。

我国地面上日DNI为2 kW·h/m^{2}及4.4 kW·h/m^{2}的出现频率最多。最大值出现在西藏自治区，为9.365 kW·h/m^2。最小值出现在四川盆地，为0.785 kW·h/m^2，中国年平均日DNI为4.033 kW·h/m^2。

利用当前技术对地面太阳辐射状况进行反演还存在一定困难。在国内学者王炳忠于1983年首次提出我国太阳能区划指标后，近年来，诸多研究者他们基于气象站观测资料对部分省市太阳能资源的时空分布及区划做了许多工作。他们得出一个共同结论，即中国部分地区的太阳辐射和直接辐射呈减少趋势，其主要原因可能是大气中悬浮粒子的浓度增加。

2.9.2 我国太阳能资源的基本特征

我国太阳能资源的特征主要由地理纬度、地形和大气环流条件所决定，一般是太阳高度角愈大（纬度愈低）、太阳辐射经过大气的路程愈短（海拔愈高），被大气削弱的太阳辐射就愈少，到达地面的太阳辐射就愈多。

（1）纬度和季节影响特点。纬度对总辐射分布的影响主要反映在我国东部地区（105°E以东地区），其主要表现是年总辐射量等值线走向的纬度趋势。这是总辐射分布的总背景，体现了天文因子（天文辐射）对总辐射形成的主导作用。随着季节的改变，纬度影响程度可随天文因子和大气环流发生改变而有所变化。

一般具有纬度增加年总辐射量变差的趋势。在西部地区，总辐射分布的纬向特点可被地形条件影响而被掩盖，这在新疆北部有所体现。

（2）地形影响特点。地形对总辐射分布的影响主要体现在海拔高度的影响。青藏高原平均海拔在4 000 m以上，其对太阳总辐射分布影响最突出。由太阳总辐射分布图看，青藏高原地区为明显的高值中心，这主要是因为海拔高度高造成大气对太阳辐射的吸收、散射

过程减弱。天山、祁连山等高大山系的辐射状况应与高原相似，在青藏高原东部边缘，由于海拔高度的急剧变化，出现总辐射等值线密集现象。

由太阳总辐射随海拔高度的分布图可以看出，太阳辐射分布随海拔高度而变化，二者接近于线性关系。青藏高原纬度较低，太阳高度角较大，海拔最高，太阳辐射到达地面前通过大气层的光程较短；高原上大气的密度较小（空气稀薄），大气中的水汽、固体杂质含量较少，云量少，大气透明度好。上述原因使得太阳辐射的折射、散射和吸收作用大大减弱，从而使太阳辐射增强，夏季时也比其他地区晴天多，日照时间长。所以，青藏高原是我国太阳年总辐射最高的地区，也是我国夏季太阳辐射强烈的地区。但是由于青藏高原海拔高，高原上空气稀薄，大气层中云量少，大气逆辐射少，大气的保温作用很差，不能很好地保存地面辐射的热量，加以高原上风速较大，更不利于热量的积累和保持，所以即使是夏季，青藏高原大部分地区的平均气温也很低，是我国夏季平均气温最低的地区。

四川盆地封闭的地形条件形成了总辐射的低中心。青藏高原和四川盆地在反映地形对辐射分布影响方面是比较具有代表性。至于其他地区，由于山地高度较低或山体水平延伸尺度相对较小等缘故，影响较不明显。

（3）大气环流影响特点。大气环流对总辐射分布的影响主要通过云状况演变反映出来，实际总辐射分布是纬度、地形和大气环流条件综合影响的结果。前两者的影响相对比较固定，唯有大气环流条件影响的差异性最大。长江中下游及其以南地区的副热带高压以及受夏季总辐射影响最明显。雨季对青藏高原总辐射的影响也很大。

大气环流条件对各地总辐射年变化的影响也较大，可造成某些地区总辐射量最大值、最小值出现月份的位移。

对 NREL 公布的中国体育能辐射数据资源一级 GIS 分析可获得 40 km×40 km 分辨率。我国多年气候平均太阳法向直射辐射分布。

① 我国太阳辐射总体上呈现以内蒙古中西部-宁夏-甘肃西北部-四川西部-云南西北部为分界线的西高东低分布特征，分界线以西大部分地区年太阳直射辐射总量在 1 400 kW·h/m^2 以上，呈现南高北低的纬向分布特征；东地区年太阳直射辐射总量小于 1 400 kW·h/m^2，以华北为最大。

全国平均年太阳法向直射辐射总量为 1 472 kW·h/m^2，极高值区位于西藏西南部地区，极低值区位于西藏山南地区、四川盆地、重庆-贵州-湖南一带。

② 通过对各省（市、区）太阳辐射资源地理位置进行统计，可知西藏、青海、新疆、甘肃、宁夏、内蒙古是我国太阳辐射资源最丰富的省（区），华北各省（市、区）及云南是辐射资源中等的省（市、区），重庆、贵州、湖南是辐射资源最低的省（市）。

③ 晴天时，水平面总辐射照度小于 DNI；阴天时水平面总辐照度大于 DNI。因此在阴天较少的我国西北地区 DNI 值要高于水平面总辐照度。

2.9.3　世界气象辐射测量标准

所谓的太阳辐射测量标准，就是建立在一组测量仪器基础之上的标定尺度。1956 年以前，所有太阳辐射测量仪器都以 ÅS1905 为标准。1913 年，美国 Smithson 研究所的 Abbot 设计了水流式直接日射表，从而制成了 Smithson 标尺，以 SS1913 表示。上述两种太阳辐射测量标尺，在历史上并存了几十年，也曾多次做过测量对比。由于这两种仪器的孔径角不一样，不同太阳高度角下日周天空亮度的变化规律也不同，所以两者的测量结果差值不可能是个常数，大约在3%～6%之间。根据当时的实际测量结果，SS1913 测量得到的结果比 ÅS1905 平均高出 3.5%。

1956 年 9 月，在瑞士达沃斯召开的国际气象学和大气物理学协会辐射委员会上，推出了一个新的国际太阳直接日射测量标尺，以 IPS1956 表示。新的标尺是上述两个标尺的折中，即 IPS1956 比 ÅS1905 增大 1.5%或比 SS1913 减小 2%。

20 世纪 60 年代以来，随着空间科学的迅猛发展，客观上要求不断地提高太阳辐射的测量精度，建立一种能与国际单位制全辐照度相一致的绝对辐射测量基准。为此，1970—1976 年间，先后有 10 种类型共 15 台绝对直接日射表参加了在达沃斯举行的实测对比，共进行过 25 000 多次测定，实测结果相当一致，其数值都集中在以 IPS1956 标尺为中心的±0.8%的变动范围以内，有一半的实测结果甚至落在±0.15%的狭窄范围内。实测结果如此集中，表明国际单位制太阳辐射全辐射度的真值就在此范围内。1977 年，国际气象学和大气物理学协会第 7 届会议通过了建立世界辐射测量基准的建议，该基准于 1981 年 1 月 1 日起取代 IPS1956，中国决定接受这一国际标准。

2.9.4 太阳辐射测量仪器

太阳辐射测量仪器根据测量内容分为直接日射表和总日射表两类(见表 2-8)。

表 2-8 太阳辐射测量仪器分类及用途

仪器分类	测量内容	主要用途
绝对直接日射表	太阳直接辐射	基准仪器
直接日射表	太阳直接辐射	1. 校准用一级标准 2. 台站用
光谱直接日射表	宽光谱波段内太阳直射辐射	台站用
太阳光度计	宽光谱波段内太阳直射辐射	1. 校准 2. 台站用
总日射表	1. 总辐射 2. 天空辐射 3. 反射辐射	1. 标准 2. 台站用
分光总日射表	宽光谱波段内总日射	台占用
净总日射表	净总日射	1. 标准 2. 台站用

2.9.5 太阳辐射测量的一般原理

太阳辐射测量方法的基本原理，是将入射到测量仪器特制受光面上的太阳辐射能全部吸收，使之转换为其他形式的能量并进行检测。其主要技术问题集中在以下两点：

(1) 仪器受光面的太阳辐射吸收率

理论上,要求测量仪器受光面的太阳辐射被完全吸收,实际上这是不可能的。目前,最常用的办法是,在仪器受光面上喷涂一层具有极高阳光吸收率的黑色涂料,如 Parsons 光学黑漆,它的吸收率高达 99%,且不随波长而变化。但涂上光学黑漆的仪器受光面,其太阳辐射吸收率的实际数值,还必须由实测确定,这是进行绝对太阳直射辐射测量的难点之一。现代技术不仅采用光学黑涂料,还利用空腔黑体设计,将入射到仪器受光面上的太阳辐射几乎完全吸收,以制作绝对太阳直射还辐射仪器,这已是一大进步。

(2) 能量转换方式

入射的太阳辐射为仪器受光面吸收后,需要进一步转换为其他形式的能量,并进行检测。目前大多采用以下两种检测方法:

① 根据热平衡检测平衡加热电功率;

② 根据热电转换检测热电势。

各种电参量均可进行直接测量,且可自动记录,比较方便。太阳辐射的各种测量仪器都根据这种模式进行设计与测量的。

第3章 太阳能光学

3.1 光学材料原理与性能

光学材料是太阳能工程中最重要的材料之一。太阳辐射的汇聚、方向的改变、强度的变化、自动清洗、热反射和太阳能电池结构组成、表面界面等高性能材料都要通过光学材料的应用及加工技术得以实现,玻璃等光学材料开始用于太阳能干燥、太阳能热水,现在已广泛应用于太阳能热发电、光伏发电和太阳能建筑等方面。

3.1.1 几何光学的原理

1. 几何光学的三个实验定律分别是:光的直线传播定律、光的独立传播定律、光的反射定律和折射定律。

(1) 光的直线传播定律:在均匀的介质中,光沿直线传播。

(2) 光的独立传播定律:光在传播过程中与其他光束相遇时,不改变传播方向,各光束互不受影响,各自独立传播。

(3) 光的反射定律和折射定律:当光由一介质进入另一介质时,光线在两个介质的分界面上被分为反射光线和折射光线。

反射定律:入射光线、反射光线和法线在同一平面内,这个平面叫作入射面,入射光线和反射光线分居法线两侧,入射角等于反射角。

光的折射定律:入射光线、法线和折射光线同在入射面内,入射光线和折射光线分居法线两侧,介质折射率不仅与介质种类有关,而且与光波长有关。

2. 费马定理

(1) 费马定理的描述

光在指定的两点间传播,实际的光程总是一个极值(最大值、最小值或恒定值)。

(2) 费马定理的表达式

$$\delta\int_{A}^{B} n\,\mathrm{d}l = 0,\ (A,\ B\ \text{是两固定点}) \tag{3-1}$$

费马定理是光线传播的基本定理,几何光学中的三个重要定律——直线传播定律、反射定律和折射定律 ($n\sin i = n'\sin i'$) ——都能从费马定理导出。

3.1.2 玻璃的光学性能

玻璃被广泛应用的原因毫无疑问在于它的光学性能，如在玻璃瓶、平板玻璃、各种化学器皿、玻璃球等物体中，人们首先关注的是在可见光中玻璃的透明度和玻璃的颜色。在颜色玻璃中，玻璃对光谱中特定波长的光有选择性地透过或吸收、反射。因此玻璃的光谱特性是颜色玻璃的重要性能指标。

3.1.3 玻璃表面的光反射

当光从两个不同的介质表面的一方入射时，入射光的一部分在界面被反射，其余的部分通过折射进入另一介质中。

空气-玻璃界面上的反射光强取决于玻璃的折射率、入射光的角度和光的偏振作用。

对于一般的日常使用的平板玻璃，它的折射率随波长的变化是轻微的，而且小到无法使反射产生可以用肉眼辨别的颜色差异。

尽管玻璃表面的反射一般与光谱没有关系，玻璃的总反射是从前、后两个表面产生的，这两个表面的反射系数被认为是相同的，但是，反射光强是入射光强和反射系数的乘积，所以玻璃的前、后两个界面的反射光强是不同的。在空气玻璃界面，入射光强基本上是定值，但是在玻璃-空气界面，反射光强在进入玻璃体时减弱、在玻璃内部减弱，以及光线在通过玻璃返回的过程和经过空气-玻璃界面时有附加作用，因此可以导致间接获得反射颜色效应。

自然光的反射率可表达为

$$R=\frac{1}{2}\left[\frac{\tan^2(\theta_1-\theta_2)}{\tan^2(\theta_1+\theta_2)}+\frac{\sin^2(\theta_1-\theta_2)}{\sin^2(\theta_1+\theta_2)}\right] \tag{3-2}$$

式中，θ_1 为入射角；θ_2 为折射角，θ_2 由斯涅耳定律得出

$$\sin\theta_2=\frac{\sin\theta_1}{n} \tag{3-3}$$

式中，n 为玻璃的折射率。

当光线垂直入射到玻璃上时，反射系数

$$R=\left(\frac{n-1}{n+1}\right)^2 \tag{3-4}$$

3.1.4 玻璃的光透过

玻璃的光谱透过由玻璃表面的反射和玻璃种的光学吸收决定。

实际上我们通常测定的是垂直入射到玻璃表面的光线的透过，这种测定要用专门制备的具有平行表面和抛光表面而且规定厚度不变的试样。在这种状况下，反射与偏振作用无关，光线也没有任何折射。

对于以任意角度入射的光线，实际测定光谱透过的光线较困难，因为玻璃的光谱反射与入射光线的偏振程度有关。另外，光线在透过玻璃时要横向偏移，因此检测器放置的位

置需要足够大才能接受透过的光线,这些在实际操作中难以保证。因此,确定玻璃光谱透过的最精确的方法是根据垂直入射下的确定值而确立的光学理论进行计算。

在垂直入射下的玻璃的光谱透过:

设有一束特定波长的辐射垂直地入射到厚度为 D 的玻璃表面上。入射光强为 I_o,空气—玻璃反射系数为 R,透过为 T_i。

光线经过空气—玻璃界面时,光束的光强为 $I_o(1-R)$,通过玻璃后,光强为 $I_o(1-R)T_i(1-R)$,这仅是一次光束透过的光强,对于二次光束,因为它是由光束在玻璃的两个表面间多次反射所产生的,所以最后的结果是总的透过光的光强,为 I_t,它是一次光束和二次光束产生的透过光的光强之和。

$$I_t = I_o(1-R)^2 + I_o(1-R)^2 T_i{}^3 R^2 + I_o(1-R)^2 T_i{}^5 R^4 + \cdots = \frac{I_o(1-R)^2 T_i}{1-T_i^2 R^2} \tag{3-5}$$

因此玻璃的总透过光的光强为

$$I_t = \frac{I_o(1-R)^2 T_i}{1-T_i^2 R^2} \tag{3-6}$$

在这里,$T_i = e^{-acd}$,a 一般与波长有关。由于光在玻璃的两个表面之间的多次反射和透过,计算玻璃的总透过光的光强是比较麻烦的。对于折射率为 1.5 的玻璃,由于 $T_i^2 R^2$ 小于 0.005,所以我们在考虑玻璃的总透过光的光强时,将玻璃的透过定为一次光束所造成的透过,即 $T = (1-R)^2 T_i$。

在非垂直角度下,光线对玻璃的透过和在垂直角度下非常相似,但在这时候必须要考虑到偏振作用对光的反射产生的影响,以及光的折射会引起光程的增加。这时光的透过可表示为

$$T = \frac{e^{-acx}}{2}\left[\frac{(1-R_s)^2}{1-R_s^2 e^{-2acx}} + \frac{(1-R_p)^2}{1-R_p^2 e^{-2acx}}\right] \tag{3-7}$$

$$\left.\begin{aligned} x &= \frac{d}{\cos\theta_2},\ R_p = \left[\frac{\tan(\theta_1-\theta_2)}{\tan(\theta_1+\theta_2)}\right]^2 \\ R_s &= \left[\frac{\sin(\theta_1-\theta_2)}{\sin(\theta_1+\theta_2)}\right]^2 \end{aligned}\right\} \tag{3-8}$$

式中,θ_1 为入射角;θ_2 为折射角;d 为玻璃厚度;c 为着色剂浓度;a 为着色剂线性吸收系数。

3.1.5 玻璃厚度与透过率的关系

在玻璃工业生产中,因为对玻璃的厚度和透过率有不同的要求,即使我们知道 2 mm 以下的某种颜色玻璃的透过率,但是在 10 mm 下如果采用和 2 mm 等量的着色剂浓度,势必会造成玻璃的透过率严重下降,这时就需要计算玻璃的透过率以确定生产,同时调整着色剂的加入量。已知某一厚度玻璃的透过率求另一厚度玻璃的透过率,计算方式如下:由 $r = \left(\frac{n-1}{n+1}\right)^2$ 计算出 r,根据 $D_r = -2\lg(1-r)$ 计算出 D_r,由 $D = \lg\frac{1}{T}$ 求出 $D_1 = \lg\frac{1}{T_1}$,由 $E =$

$\frac{D_1 - D_r}{l_1}$ 计算出 E，由 $D_2 = El_2 + D_r$ 计算出 D_2，最后根据 $D_2 = \lg \frac{1}{T_2}$ 得出 $T_2 = arc\lg D_2$。

3.1.6　玻璃的光吸收

玻璃的光吸收可分为两类：由于玻璃基质的电子跃迁和网络振动引起的紫外和红外特征吸收以及由于杂质(如过滤元素和稀土元素以及 OH^- 基等)引起的选择吸收。如果这种介质为透明的玻璃，则组成玻璃的各组分以不同的方式吸收能力，转移到高能态。紫外、可见、红外光的吸收，使玻璃组分的电子能量发生变化，红外光吸收伴随着离子振动能级的变化。这就是光吸收的真正原理。

不含着色剂的无色透明玻璃全都存在紫外吸收界限，这种吸收被认为由玻璃中的非桥氧的外层电子转移到激发状态引起。但引入一些着色剂后，玻璃在可见光中产生显著的吸收能力。

吸收光谱是把玻璃光吸收的大小表示成为光波长、波数、频率的函数。波数为每厘米的数，即 1/波长(cm^{-1})。根据朗伯-比尔定律，光吸收的表示方式有如下几种：

透过率表示方法：
$$\frac{I}{I_o} = e^{-kcd} \tag{3-9}$$

光密度表示方法：
$$A = \ln\left(\frac{I_o}{I}\right) = kcd \tag{3-10}$$

消光度表示方法：
$$k = \frac{1}{cd}\ln\left(\frac{I_o}{I}\right) \tag{3-11}$$

$\ln k$ 表示方法：便于分开两个重叠峰，
$$\frac{I}{I_o} = (1-R)^2 e^{-kcd} \tag{3-12}$$

以上四种表达方式都是依据朗伯-比尔定律得出。

式中，I_o 为入射光的强度；I 为透过光的强度；k 为分子消光度；c 为着色剂浓度；d 为玻璃厚度；A 为光密度；R 为反射率。

影响玻璃颜色的主要因素有：离子的电子层结构、极化的离子、形成的络合物、温度和分散度等。

离子的光学性质，它的光吸收和发散与它的电子层构造和周围介质有关。最邻近的离子的性质，离子数目(配位数)和空间的几何排列(晶体对称性)对离子的颜色和感光同等重要。受周围介质极化的影响，一些电子的跃迁变得可能，造成吸收和发散光的波长偏向长波或短波方向。

式中，α 为透光材料的吸收率；ρ_f 为菲涅尔反射率；ρ_b 为背反射率。

研究表明，透光材料的吸收率 α 取决于材料自身的化学组成；菲涅尔反射率 ρ_f 取决于透光材料的复合折射指数；而背反射率 ρ_b 则是由透光材料体内与表面的不一致造成的，如灰尘、夹杂物、分散不溶相和微晶等。

玻璃的光谱透过率与含铁量

玻璃的光谱透过率主要取决于玻璃中的含铁量。图 3-1(a)～(d)分别表示了四种氧化铁含量不同的玻璃的光谱透过率曲线，以厚度为参变量。曲线表明，含铁量越高，则玻璃的光谱吸收率越大，其厚度对透过率的影响也增大，从而导致其光谱透过率降低。在波长

2.7 μm处，透过率开始急剧下降，大约在 4.5 μm 处，透过率降为零。

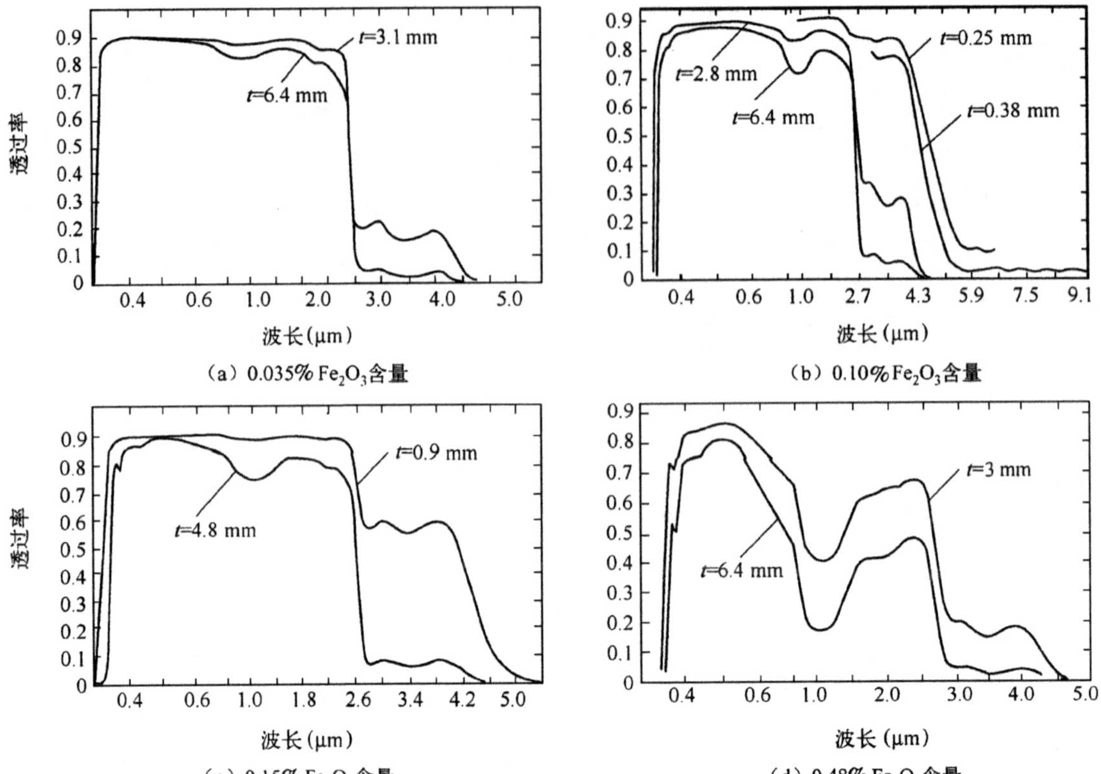

（a）0.035% Fe_2O_3含量　（b）0.10% Fe_2O_3含量

（c）0.15% Fe_2O_3含量　（d）0.48% Fe_2O_3含量

图 3-1　以厚度 t 为参变量不同含铁量玻璃的光谱透过率曲线

表 3-1 列出了国产各类太阳能玻璃的主要光学特性。当不知道玻璃的具体含铁量和透过率时，可以采用目测法粗略评定，其断面呈绿色的为高铁玻璃，呈浅白色的为低铁玻璃。

表 3-1　国产各类太阳能玻璃的主要光学特性

品名	Fe_2O_3 含量(%)	厚度(mm)	平均折射率 n	平均消光系数 K (cm^{-1})	透过率	折算厚 3 mm 的透过率
平板玻璃	0.17～0.29	1.5～5.0	1.511～1.518	0.231～0.906	0.689～0.867	0.701～0.859
硼硅酸盐玻璃	～0.04	0.8～1.5	1.5		0.902	
铝硅酸盐玻璃	～0.03	3～3.5	1.49		0.91	
石英玻璃	<0.03	1.5～3.0	1.43～1.47		0.90～0.91	

影响玻璃光学特性的几个因素

聚光装置的聚光效果以及吸收装置的吸收、反射、透射特性，决定了并不是所投射到受光表面的太阳辐射都能转变为热能，因此定义了光学效率 η_{OP}

$$\eta_{OP} = \rho\tau\alpha\gamma \tag{3-13}$$

式中：ρ 为聚光器的镜面反射率；$\tau\alpha$ 为吸收器透明罩的透过率与吸收器吸收率的乘积；γ 为吸收器的光学采集因子。

① 阳光入射角

图 3-2 所示为厚度 3 mm 普通平板玻璃的光学特性与阳光入射角变化的关系曲线。当阳光入射角大于 60°时，玻璃的反射率 ρ 快速增大，透过率则相应地快速降低，吸收率则几乎没有影响。

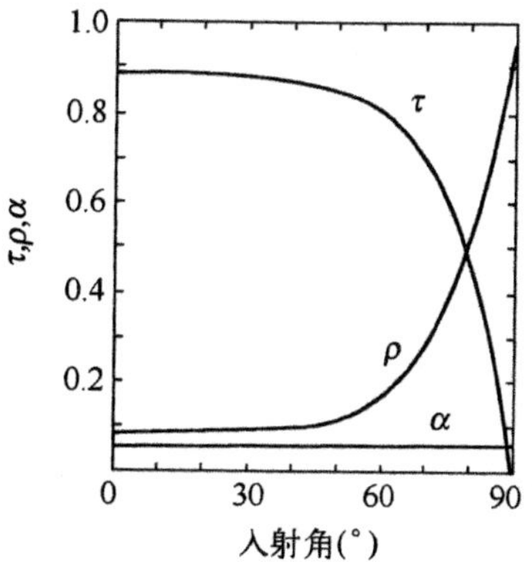

图 3-2　厚度 3 mm 普通平板玻璃的光学特性与阳光入射角变化的关系曲线

② 表面状况

表面状况包括玻璃表面清洁度和风化情况。显然，表面越脏，风化越严重，其透过率越低。

③ 厚度

玻璃厚度越大，其透过率也越低。

掺锡氧化铟(ITO)由于具有良好的导电性和透光性，广泛被应用于触摸屏、太阳能电池、发光二极管等设备所需的玻璃、透明塑料材料上。

数据表明，ITO 在透明导电氧化物市场约占 60%，占全球范围内铟使用总量的 60%。然而，近年来随着铟的供应量减少以及价格大幅上涨，人们对 ITO 的替代材料的需求显著提高。

3.1.7　玻璃钢化

玻璃钢化就是将玻璃加热至接近去软化点温度，再急速均匀冷却。通常，钢化玻璃的抗击强度是普通玻璃的 4～5 倍，而抗弯曲强度为普通玻璃的 3 倍。由于玻璃钢化，相同情况下，透明盖板可以选用厚度较薄的玻璃，这样不但能提高透光率，而且可以减轻重量。目前，太阳能工程中所用的玻璃部件，如透明盖板、反射镜面等都选用钢化玻璃。

太阳能光伏玻璃成为太阳能开发与利用中不可或缺的重要材料，它是随着光伏行业的发展而逐渐壮大的。在国外，太阳能电池玻璃的开发较早。1913 年，英国人最早将平板玻璃应用于太阳能集热器。随后，德国最早开发出透明平板玻璃在太阳能电池上应用的技术，这加快了西方发达国家对太阳能电池用玻璃的开发应用步伐。1980 年，全球太阳能光伏电池产量仅为 3 MW，到 2006 年增长到 2 158 MW，2019 年超 100 GW，作为太阳能电池封装的太阳能电池玻璃的应用需求也随之迅速增加。

3.1.8　其他透光材料

很多有机合成材料，具有良好的透光性能，在太阳能工程中，常用的有机透明材料有聚苯乙烯(PS)、有机玻璃(PMMA)、聚丙烯酸酯类、聚四氟乙烯和有机硅聚合物等，这些材料的阳光透过率都比较好。聚氯乙烯(PVC)、聚乙烯醇缩丁醛(PVB)、聚碳酸酯(PC)、聚对苯二甲酸乙二醇酯(PET)、玻璃增强聚酯、聚氟化乙丙烯、聚乙烯、聚丙烯等都有较好的透过率。图 3-3 所示为几种有机透明材料的光谱透过率曲线。实际应用的有机透明材料成品有两类，即板材和塑料薄膜。

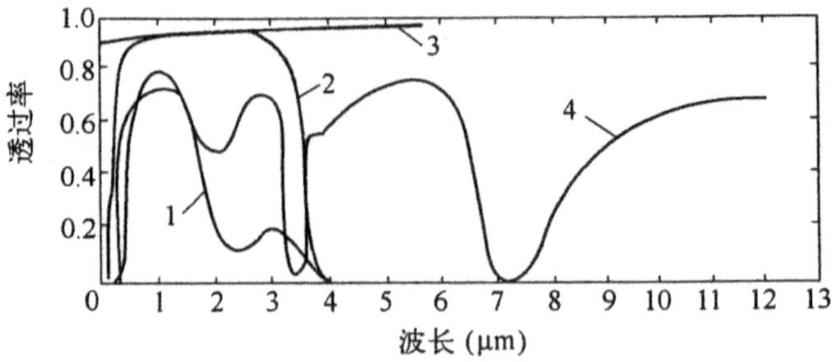

图 3-3 四种有机透明材料的光谱透过率曲线

人们正在推广薄膜表面纳米疏水涂层、材料处理等措施，这些薄膜多用于太阳能温室工程，在未来可能有广阔的发展空间。常用的透明塑料薄膜有聚氟乙烯和聚四氟乙烯，都具有较高的透过率，重量轻，价格便宜，现有缺点是表面易于积尘而影响其透过率，软化点温度低，热膨胀系数较大。

太阳能工程中常用的玻璃、塑料薄膜和塑料板的机械物理特性见表 3-2。

表 3-2 玻璃、塑料薄膜和塑料板的机械物理特性

参数名称	普通玻璃	钢化玻璃	氟树脂薄膜		聚酯树脂薄膜	聚碳酸酯薄膜	聚丙烯板(有机玻璃)
			聚氟乙烯	聚四氟乙烯			
厚度(mm)	3	5	0.01～0.1	0.01～0.1	0.006～0.1	0.01～0.1	1～10
密度(g/cm^3)	2.51	2.51	1.38	1.73～1.75	1.38	1.2	1.18
阳光透过率	0.87	0.87	0.92～0.94	0.92	0.85	0.89	0.92
导热系数[W/(m·K)]	0.79	0.79	0.128	0.256	0.16	0.198	0.22
热膨胀系数(10^{-5}/K)	1	1	12	10	5	6.5	10.8～11.2
抗拉强度($kg \cdot f/cm^2$)	350～850	～1 500	1 330(25℃)	410～510	1750	600～700	250～400
长期使用温度(℃)	720	720	150	180	150	120	60～90
可燃性	不燃	不燃	不燃	不燃	自行灭火	自行灭火	易燃
耐天候性	极佳	极佳	极佳	极佳	良好	良好	良好

3.1.9 反光材料

汇聚分散、低强度的太阳辐射能量是太阳能工程的重要技术。汇聚太阳辐射能量理论上有投射聚光与反射聚光两种方式。但实际上除一二小型太阳灶外，反射聚光是唯一可以选择的技术。这就要对高性能的反光聚光器材料提出要求。

① 在太阳辐射波段范围内，都具有高反射率。

② 在长期紫外辐射下，反射率衰减很小。

③ 具有较高的强度。

④ 制作工艺简便，成本低廉。

单一材料很难同时满足以上要求，太阳能工程用反射材料多为两种或多种材料组成的复合材料。

通常纯金属具有很高的反射率，例如，精磨的金属板表面、箔和金属镀膜，反射率都在 0.88～0.98。图 3-4 所示为纯金属银（Ag）、金（Au）、铝（Al）、铑（Rh）、钛（Ti）等新镀膜的光谱反射率。由图 3-5 可见，银和金的反射率很高，1850 年，法国科学家傅科等在玻璃表面镀银，反射能量可达 100%，但银在波长 0.32 μm 以下的反射率很低，最低只有 0.1。金在波长 0.5 μm 以下的反射率也很低，最低只有 0.3。相对而言，铝的反射特性就更加优越。铝对全波长的光都具有很高的反射率，铝材加工方便，来源充足，价格低廉，光谱反射性能优越，在反光材料中出类拔萃，但是纯铝易氧化，很快就会失去金属光泽。因此在太阳能工程中常用玻璃或聚酯薄膜与铝复合。

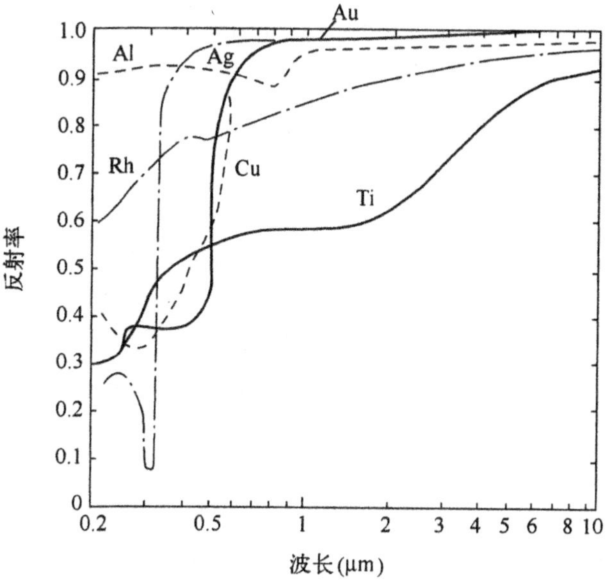

图 3-4 几种纯金属新镀膜的光谱辐射率

以玻璃为基材，在其正面或背面沉积纯金属膜层，然后再在金属膜层上涂一层保护层，即成玻璃镜面。太阳能工程中常用的玻璃镜面，均为镀纯铝膜层。根据其镀铝层的沉积面不同，玻璃镜面可分为背面镜和表面镜，其原理结构如图 3-5 所示。

图 3-5 玻璃镜面结构的原理示意图

1—面保护膜；2—陶瓷保护层；3—超白玻璃；4—反射层；5—黏合剂；6—基底

(1) 表面镜

表面镜是指镜面反射层沉积在玻璃基底的上表面，然后蒸镀一层很薄而透过率极高的陶瓷保护层，最后再涂加一层保护膜。入射阳光经镜面直接反射，故称为表面镜。

(2) 背面镜

背面镜就是镜面反射层沉积在超白玻璃的背面。反射层外再黏接一层钢化玻璃作为保护层，构成双层玻璃镜面。入射到背面镜上的阳光，小部分被玻璃表面反射，其余大部分透过玻璃到达反射层，经反射再透过玻璃投射出去。这样，光线两次出入超白玻璃，加大了吸收损失。

所以，两者比较而言，采用相同材料制作的表面镜和背面镜，表面镜的反射率要高于背面镜。但表面镜反射层的保护膜长期暴露在大气中，易受损和老化，也不利清洗，故其使用寿命显然低于背面镜，所以虽然背面镜加工工艺更加复杂，价格也更高，但仍应用较广。

(3) 镀铝薄膜

真空镀铝聚酯薄膜是在厚度为 0.1 mm 的聚酯薄膜上镀一层纯铝，然后在镀铝层的表面涂上一层有机硅树脂保护层，保护纯铝层不受氧化，聚酯薄膜的背面涂上一层压敏胶。使用时，将它贴在加工成型的表面上，即成反光表面。

这种真空镀铝聚酯薄膜的反射率一般大于 0.8，重量轻，使用方便，易于维修，但抵御恶劣天气环境的能力较差，对用户的日常维修要求较高。上述使用特点，导致它多用于制作各种太阳灶的反光灶面。

除铝以外，也用抛光不锈钢薄板作为反射表面，如真空管中的太阳能热水器反射板，这种不锈钢薄板反射率在 0.6 左右，比较光洁，通常不用再进行抛光处理就可直接使用。任何物质都具有反射或吸收一定波长的太阳光的性能。由太阳光谱能量分布曲线可知，太阳能绝大部分处于可见光和近红外区，即 400～1 800 m 范围。在该波长范围内，反射率越高，涂层的隔热效果就越好。因此，通过选择合适的树脂、金属或金属氧化物颜料及生产工艺，可制得高反射率的涂层，反射太阳热，以达到隔热的目的。

反光材料，也称逆反射材料，回复反射材料，光的逆反射功能的实现，是通过使用具备逆反射性能的各种反光材料来实现的，这些材料，绝大多数是后天发明合成的新物质。逆反射技术汇集了光学、材料学、数学、有机化学等多种学科的技术。

(4) 反光膜

反光膜是一种已制成薄膜可直接应用的逆反射材料，也是一种应用最为广泛的逆反射材料。随着化学工业、特别是合成树脂技术的发展，各个研发机构不断研究创新，利用玻璃珠技术、合成树脂技术、薄膜技术和涂敷技术，相继开发了一系列高质量的逆反射产品。

反光膜是由多层不同性能材料组成的层结构，不同的反光膜，其组成的层结构也是不同的。图 3-6 是最早出现的玻璃珠反光膜的基本结构图，由此图可以看出，反光膜一般都是由表层(保护膜)、反射层(功能层)、基层(承载层)、胶粘层和底层(保护层)等多层不同物质组成的膜结构物体。反光膜的表层一般是透光性和耐候性能良好的树脂薄膜，根据反光膜的不同类型反射层组成材料也各不相同，有微小玻璃珠、微棱镜或金属反光镀层等，基层多为树脂有机化合物制成的薄膜，胶粘层一般是环氧树脂胶，底层是厚纸做的保护层。

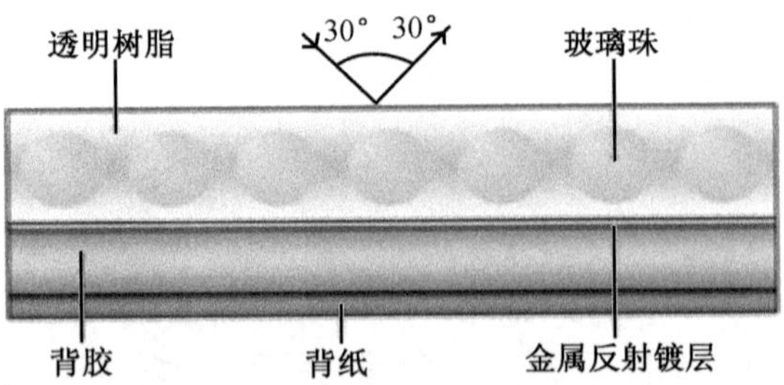

图 3-6　最初的反光膜横断面结构层

反光膜的种类不同，它的组成材料和结构也各不相同。

① 透镜埋入式(工程级)反光膜。俗称“工程级”的透镜埋入式反光膜，是玻璃珠型反光膜的最初一类产品。工程级反光膜的背胶，一般分为压敏型和热敏型两种，都可以完成粘贴。采用同类别的油墨，使用丝网印刷技术，也可以在上面印制各类图案。工程级反光膜适用的底板为铝板，施工操作温度一般要求在 18℃以上。温度过低，会影响粘胶性能，导致标志寿命受损。

② 透镜密封式(高强级)反光膜。高强级反光膜也是带有背胶的材料，一般分为压敏型和热敏型两种。采用同类别的油墨，使用丝网印刷技术可以制作各类图案。高强级反光膜一般是由透光性和耐候性能良好的树脂薄膜作为表层，第二层是真空层，第三层是嵌入式微小玻璃珠，第四层为金属反光镀层，第五层为树脂承载层，第六层是胶粘剂，第七层是背纸保护层。图 3-7 是高强级反光膜的结构示意图。

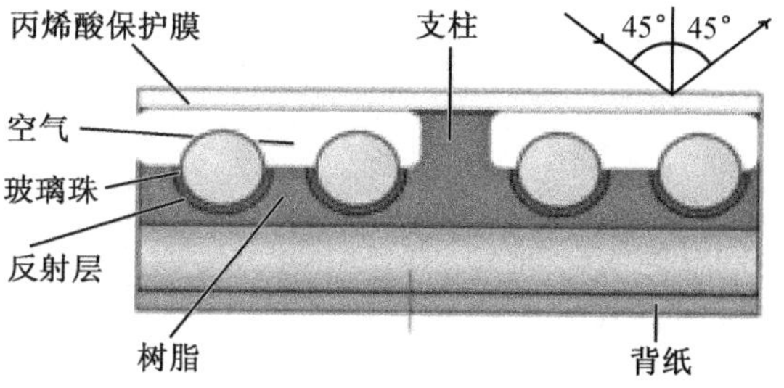

图 3-7　高强级反光膜的结构图

高强级逆反射材料的亮度，相较于工程级逆反射材料的亮度，大幅度提高。从 20 世纪 90 年代起，中国高速公路上就已经大量使用了这种高强级逆反射材料。

材料为铝板，操作温度通常要求在 18℃以上。

③ 微棱镜反光膜。微棱镜反光膜的逆反射原理与工程级(透镜埋入式)和高强级(透镜密封型)反光膜不同，工程级和高强级反光膜均采用玻璃珠反射原理，而微棱镜反光膜的反射原理是运用微棱镜的折射与反射。微棱镜反光膜的主要代表性产品，从逆反射特点和结构上，主要可以分为四类：注重远距离识别性的截角棱镜，注重近距离大角度识读性的截角棱镜，兼顾远距离识别性能和近距离识读性能的全棱镜。

膜上的反光结构面积为 100%，就是所谓的“全反光”。当然，这只是从理论上来看反光效率为 100%。在实际制作中，目前最好的反射效率是 58%，这已经大大高于其他类型反光膜的反光效率，比如高强级反光材料的反射效率，只有 23%。而且当观测角从 0.2°一直调整到 2°时，其逆反射效率可以始终保持在 50%以上。图 3-8 是全棱镜反光膜的电子显微照片。

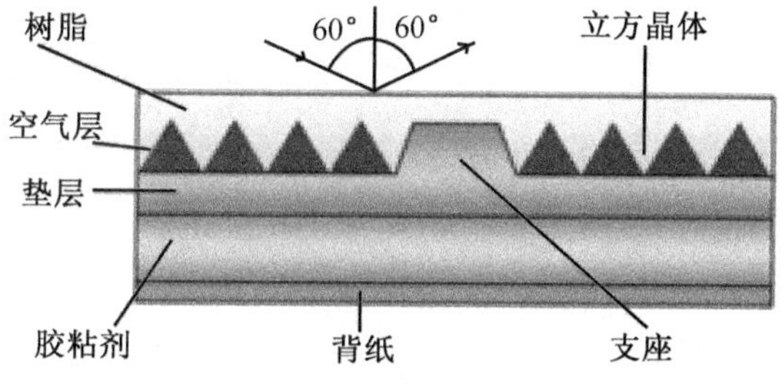

图 3-8　棱镜结构反光膜结构示意图

这些新型棱镜反光膜具有非常高的强度和厚度，消除了反光膜在标志加工中易撕裂、起皱、气泡、表面蜂窝突起等缺陷，大大降低了施工时的难度，使标志加工过程更加容易控制，减少了加工不良带来的损失。

3.2 太阳能玻璃

3.2.1 太阳能光伏玻璃超白玻璃

根据建材行业标准 JC/T 2001—2009《太阳电池用玻璃》中的定义，太阳电池用玻璃是指用于晶体硅太阳电池组件、起覆盖保护作用并具有高透射比的玻璃。至于太阳能电池玻璃定义还可以是什么，目前还没有统一的标准，由此太阳能电池玻璃行业的发展和规范受到严重的约束。

太阳能光伏玻璃是指应用于太阳能电池组件上，对太阳光具有普通玻璃透过率或性能选择性透过的玻璃。它通常是指用于太阳能光伏发电和太阳能光热组件的封装或盖板的专用玻璃，能够起到传递和控制光线或导出电流的作用。目前，在太阳能光伏玻璃中应用最为广泛的是高透光率玻璃，它是一种低铁含量的玻璃，俗称“超白”玻璃。铁在普通玻璃中属于杂质(吸热玻璃除外)，通常是从原材料本身、耐火材料或金属材质的生产设备中引入，它在玻璃中的作用是一方面使玻璃着色，另一方面是增大玻璃的吸热率，同时降低了玻璃的透射率。

太阳能光伏超白玻璃的两个主要类型是超白压延玻璃和超白浮法玻璃，前者是用于晶硅电池盖板的玻璃，需经钢化加工提升其物理性能；后者用于太阳能薄膜电池，需经镀膜处理(TCO 导电膜)以达到应用要求。经过特殊加工，在厚度、强度等指标上达到一定要求的超白浮法玻璃，主要用于 BIPV 领域。两种玻璃的成分要求一般差不多，见表 3-3，但生产工艺不同。

表 3-3 超白玻璃成分要求 (单位：%)

成分	SiO_2	Al_2O_3	Fe_2O_3	CaO	MgO	R_2O
含量	71.0～71.3	0.1～2.0	0.01～0.015	8.0～10.0	1.5～5.0	13.0～15.0

超白压延玻璃即是采用压延成型法生产的超白玻璃，它是利用特制的压辊在玻璃表面压出绒面和布面双面结合的图案，也叫超白布纹(绒面)玻璃，属于低铁超白压延玻璃，透光率达 91.5%以上，具有低铁含量、高太阳能透过比、低吸收比、低反射比和高强度等优异性能，主要用于太阳能电池的封装面板。

超白浮法玻璃是采用浮法工艺生产的超白玻璃，具有超白透明的特性，属于超透明低铁玻璃，透光率可达 91.5%以上，由于具备晶莹剔透、高档典雅的特性，故有玻璃家族“水晶王子”之称。同时，超白玻璃还具有优越的光学、物理和机械性能，可像其他优质浮法玻璃一样进行各种深加工，如镀膜、彩釉、钢化、热弯、夹胶和中空装配等，是一种高品质、多功能的新型高档玻璃品种，主要应用于高档建筑和太阳能利用(太阳能薄膜电池)方面。

超白浮法玻璃生产线主要是由原料的配料系统，玻璃熔化系统，锡槽成型系统，退火系统，原片玻璃的检验、裁切、包装系统，精加工系统，动力供应系统，控制系统等几个部分组成，超白玻璃生产工艺的难点是玻璃原料中的铁含量和熔化过程中的气泡控制。

目前，世界上只有日本旭玻璃公司、美国 PPG 公司、法国圣戈班公司、英国皮尔金顿公司和中国南玻集团公司等少数企业掌握超白玻璃的生产技术，其中美国 PPG 公司技术最为成熟。这些玻璃巨头大都采取技术封锁手段，不对外进行技术转让以及采用限产的营销模式来实行对市场的相对垄断，从而拔高超白玻璃在技术和资金上的进入门槛。另外，高昂的价格和优良的品质，使超白玻璃成了建筑物身份的象征。

3.2.2　TCO 玻璃

TCO(Transparent Conducting Oxide)玻璃，即透明导电氧化物镀膜玻璃，它是通过物理或化学的方法在超白浮法玻璃的表面均匀镀上一层透明的导电氧化物薄膜而制成的，膜体材料主要包括 In、Sn、Zn 和 Cd 的氧化物及其复合多元氧化物等物质。其两个主要技术指标为：一是对可见光要求有高的透过率 $T_{avg} > 80\%$，以提高光电转化效率；二是高导电率$R < 10^{-3}\ \Omega \cdot cm$，ITO 导电玻璃的导电性能是目前世界上最好的，最低电阻率可达10^{-5}数量级。

TCO 玻璃因具有透明、导电等优异性能而广泛应用于透明导电电极、高温电子器件等领域，如太阳能电池、液晶显示器、光探测器、窗口涂层等。在平板显示器中，ITO 类型的 TCO 玻璃仍是平板显示器行业的主流玻璃电极产品。随着市场需求的迅速增长，光伏用 TCO 玻璃作为电池前电极的必要构件，已经成为高科技镀膜玻璃产品中的主流产品。目前，TCO 玻璃主要应用于太阳能薄膜电池透明电极，它主要是在超白浮法玻璃上进行镀膜。

TCO 玻璃的生产主要包含超白浮法玻璃的生产和 TCO 镀膜两个过程。

TCO 镀膜方法主要分为在线镀膜和离线镀膜两种，前者是在浮法玻璃生产线锡槽的上方安装镀膜设备，主要采用化学气相沉积(CVD)法在玻璃生产的热区进行同步镀膜操作，后者是将超白浮法玻璃镜经清洗、热处理冷却后，采用真空磁控溅射法进行镀膜，然后经冷却、刻蚀等步骤，完成镀膜。TCO 玻璃按膜体成分的不同又可分为 ITO 镀膜玻璃、FTO 镀膜玻璃和 AZO 镀膜玻璃三种(见表 3-4)。

表 3-4　ITO、FTO 和 AZO 三种 TCO 玻璃产品的应用市场比较

类别	ITO 玻璃	FTO 玻璃	AZO 玻璃
应用领域	电子触摸屏、液晶显示器、光探测器、窗口涂层、薄膜电池用基板玻璃等，目前已不是薄膜电池的主流材料	生产建筑用 Low-E 玻璃、薄膜电池用导电玻璃，目前是薄膜电池的主流玻璃材料	目前处于研发起步阶段，工业化应用不成熟，若技术上取得突破，将成为太阳能 TCO 玻璃的主流产品
生产工艺	磁控溅射法(PVD)	化学气相沉积法(CVD)	磁控溅射法(PVD)
导电膜材料	In_2O_3：Sn	SnO_2：F	ZnO：Al

3.2.3　BIPV 玻璃

BIPV(Building Integrated Photovoltaic)是光伏建筑一体化的简称，它是将光伏发电系统集成到建筑结构当中，是清洁能源产品与建筑完美结合的产物。BIPV 和 BAPV 是光伏建筑(Building Mounted Photovoltaic, BMPV)的两种形式，BAPV(Building Attached Photovoltaic)是指安装在现有建筑物上的光伏发电系统，光伏系统附着在建筑物上，主要任务是完成发电，并与建筑物功能不发生冲突；BIPV作为建筑物外部维护结构的一部分，是与新建筑物同时设计、同时施工和同时安装并与建筑形成完美结合的光伏发电系统，不仅具有发电功能，同时具备构建建筑物和充当材料的功能，甚至还能提升建筑物的美感。两者的区别：BAPV是外加在建筑物上的光伏发电模块，而BIPV与建筑物结合成一整体。BIPV的优势在于：①作为清洁能源，它节能并可减少环境污染；②一旦发生特殊情况，如地震灾难时，太阳能光伏发电能够满足建筑的基本需求，不会因为市政电网中断而断电。

新的涂料为BIPV建筑提供了另外一种思路。哥伦比亚工程研究机构的研究人员开发了一种多孔性聚合物涂层(PPC)，该涂层对太阳波长具有光学可切换性，可调节太阳光的吸收和反射，有助于建筑物对光线和热能的调控。

1. PPC涂层可调节建筑物日照量

醇和氟聚物的折射率非常接近，使PPC涂层的太阳光透射率变换幅度达到74%左右。在可见光范围内，变化幅度可达80%左右。尽管变化速度比典型的智能窗户慢，但是透射率的变化幅度却要高得多，这使得PPC涂层在调节建筑物的光线方面具有很大优势。

研究人员还研究了如何将涂层的光切换功能应用于温度调节上。在夏季，白色的屋顶可以保持建筑物的凉爽，而在冬季屋顶变成黑色，可便于吸收热能，使建筑物提高温度，从而显著降低建筑物使用空调的频率和供暖的成本。

研究团队还对涂层的其他潜在应用进行了研究，如热感应伪装涂层、气候响应涂层等。后者适用于地中海气候地区以及加利福尼亚沿海地区的建筑物，这些地区夏季干燥、冬季多雨，气候响应涂层有助于建筑物的隔热或保温。

2. 太阳能集热器用玻璃

太阳能集热器是一种吸收太阳辐射并将产生的热能传递到传热介质的装置，太阳能的热利用，关键是将太阳能的辐射能转换为热能，因此它是太阳能利用装置的关键部分。已知实用化的太阳能集热器主要包括平板式太阳能集热器和真空管式集热器两种类型。这两种太阳能集热器装置的外部结构所用的盖板及罩管大多采用玻璃材料制成。平板式太阳能集热器主要由透明盖板、吸收板、隔热层和外壳等几部分组成，其结构示意图如图3-9所示。

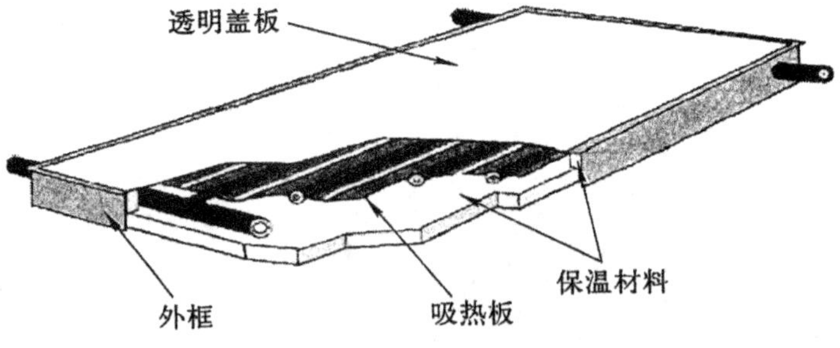

图3-9 太阳能集热器结构

(1) 透明盖板是平板型集热器中覆盖集热板并由透明或半透明材料组成的板状部件。它的作用主要是保护集热板，使其不受灰尘及雨雪的侵蚀而损坏，同时阻止集热板在温度升高后通过对流和辐射向周围环境散热。对透明盖板的技术要求主要有：

① 太阳透射率高。透射率越高，投射到集热板上的太阳辐射越强，集热效率越高。

② 红外透射比低。这可以降低集热板在温度升高后的热辐射，减小集热器辐射热损失。

③ 导热系数小。集热器工作时，集热板与透明盖板间的空气温度可达 50～70 ℃，因此，透明盖板导热系数越小，散热损失就越小。

④ 冲击强度高。这使集热器在使用中，受到冰雹、碎石等外力撞击时，透明盖板不至于损坏。

⑤ 耐候性好。透明盖板在冷、热、光、雨、雪等各种气候条件下长期使用后，其透光、强度等性能应无明显变化。

常用的透明盖板材料主要有普通平板玻璃、钢化玻璃、玻璃钢或者透明的纤维板等，目前国内使用最广泛的是平板玻璃。

表 3-5 常用三种材料盖板性能的综合比较

材料	全光透射比	冲击强度	耐热性	绝热性	耐老优化	密度	可加工性	成本
HSF	高	中	优	良	优	高	差	高
HMA	高	优	差	优	良	低	良	高
ERP	高	高	良	优	良	中	优	中

注：HSF——高强耐热玻璃板；MMA——甲基丙烯酸甲酯板；ERP——玻璃纤维增强塑料板（即玻璃板）。

(2) 平板式太阳能集热器用盖板

此盖板通常采用钢化玻璃，它要求材料具有耐风压、耐积雪、防污染以及防日照引起的热裂等性能。一般使用厚度为 3.2 mm，面积为 90 cm×180 mm，平均透过率为 85%的平板玻璃作为集热板盖板玻璃。在实际应用中，通常使用低铁玻璃（Fe_2O_3 含量为 0.01%～0.015%）或玻璃表面经减反射处理等方式来提高光透过率。真空管式集热器的玻璃管对抗风压要求低，也很少出现因日照引起的热裂现象，它能够和金属部件直接封接或通过熔块过渡进行间接封接。

(3) 硅太阳能电池盖板

超白压延玻璃是晶硅电池所用的封装盖板玻璃，是目前光伏玻璃中产量最大、应用最为普遍的一种。它是一种超透明低铁玻璃，也称低铁玻璃、高透明玻璃，透光率可达 91.5%以上。超白压延玻璃是使用压延成型法生产的超白玻璃，一面以不同程度的朦胧纹面（绒面）处理以减少光的反射，提高光线透过率；另一面用金字塔形的花形极大地增强了玻璃与 EVA 的胶联牢固度，它通过花型角的作用，进一步提高其在不同阳光入射角度下的综合透光率，从而进一步提高晶硅电池的光能-电能转化率。

(4) 纳米疏水涂层材料

纳米材料是各类三维空间中至少有一维尺度范围或者由该尺度范围的物质为基本结构单元所构成的材料总称。欧盟将纳米材料定义为：一种由基本颗粒组成的粉状天然或人工材料，这一基本颗粒的一个或多个三维尺寸为 1～100 nm，并且这一基本颗粒的总数量占存整个材料的所有颗粒总数量的 50%以上。

纳米尺度的物质具有与宏观物质迥异的表面效应、小尺寸效应、宏观量子隧道效应和量子限域效应，是一类具有与普通材料截然不同的光、电、热、化学和力学性能的材料。

3.3 太阳能利用技术中的聚光

聚光器是继平板集热器之后发展起来的太阳能利用装置，主要用来提高单位面积内太阳辐射能量的辐射密度，其性能对太阳能集热器的聚光比和热效率有着直接的影响。目前，太阳能聚光器主要分为成像聚光器和非成像聚光器两种。传统的成像聚光器一般用光学玻璃制造，成本高，而且有机玻璃容易老化，同时产生的像差很大，使聚光比大大降低。非成像聚光器根据光学原理分为：反射式聚光镜，如圆锥反射镜、槽型抛物面、旋转抛物面、条形反射镜等；折射式聚光镜，如非涅尔透镜、透镜聚光等。非成像聚光器根据聚光形状还分为线聚光和点聚光两种。点聚光和菲涅尔透镜必须采用双轴跟踪，线聚光可以采用单轴跟踪。

目前，太阳能在热发电中的应用是通过聚光器聚集太阳光，反射到吸收器，吸收器吸收太阳能传递给工质做功，主要有槽式聚光、塔式聚光和碟式聚光 3 种不同类型的装置。

聚光装置是利用太阳的直射辐射，使光经聚光器反射或折射到吸收器上成像。太阳本身是一个表面温度为 6 000 K 左右的大火球，尽管太阳距离地球很远，但对地球来说，太阳并非点光源，而是一个球体。所以，地球上任意一点与入射太阳光之间具有一个很小的夹角 2δ，通常称为太阳张角。

已知太阳直径为 1.39×10^{6} km，地球与太阳之间的平均距离为 1.5×10^{8} km，根据图 1-8所示的几何关系，求太阳张角 2δ，即

$$\sin\delta=\frac{5.95\times10^{5}}{1.5\times10^{8}}=0.00467 \tag{3-14}$$

故

$$\delta=16'$$

这就是说，太阳的直射辐射是以 32′的太阳张角入射到地球表面。这是分析一切聚光器光热性能的一个重要物理量。

聚光装置的作用是在吸收器上形成一个太阳像，通常这个太阳像是不清楚的。由于太阳光线具有 32′的张角，因此太阳聚光装置产生的太阳像是一个有限的尺寸的图像，这主要决定于光学系统本身的几何形状和尺寸。

3.3.1 太阳能聚光原理及聚光类型

太阳能聚光有反射聚光和折射聚光两种基本形式。

1. 反射聚光

为了提高太阳能的转化效率，采用对太阳光反射率高的镜面做成反光镜，将投射到一个镜面或多个镜面的太阳能，聚焦到一个点或一条线，提高能流密度，产出高品位热能。

反射定律：当光传至二介质的光滑分界面时遵循反射定律。

(1) 入射光线、法线和反射光线在同一平面内。

(2) 入射光线与反射光线在法线的两侧，且有 $I''=-I$。

理想的抛物面镜 AOC，如图 3-10 所示，它能将平行于镜面光轴的光线汇聚于一点 F。

F 为该抛物面镜的焦点，B 为开口宽度，OF 为焦距 f。由于实际的阳光并非平行光，因此太阳光经抛物面镜聚焦后，不是一个点而是一个焦斑区域，如图 3-11 所示。

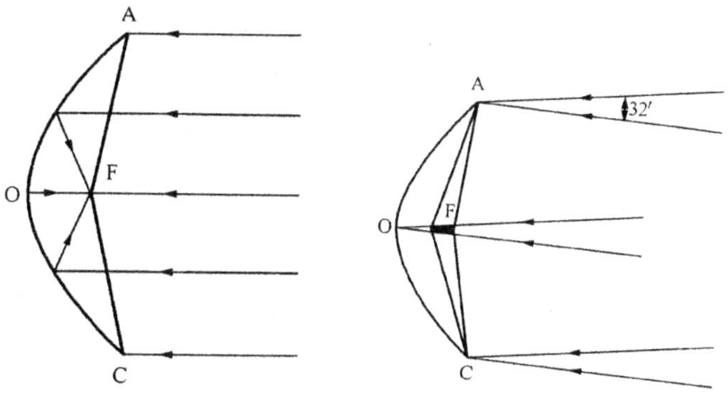

图 3-10　太阳光在理想抛物镜面上的光学特性与实际聚焦情况

为了便于分析，从图 3-10 截取一部分，表示为图 3-11。

具有 32′张角的太阳光入射到理想抛物面镜上的一个点 (x, y)，按照反射定律，以点 (x, y) 与焦点的连线为光轴。抛物线方程式 $y^2 = 4fx$，对镜面上的任何一点 (x, y)，反射到焦点上的理论太阳像的尺寸为

$$W = 2R\tan 16' \tag{3-15}$$

式中：R 为镜面上的一点与焦点之间的距离，其数值随反射的不同点而不同。对任一抛物线，有 $x = f - R\cos\phi$，$y = R\sin\phi$，从而 $R = \dfrac{2f}{1+\cos\phi}$。代入式(3-13)，求得

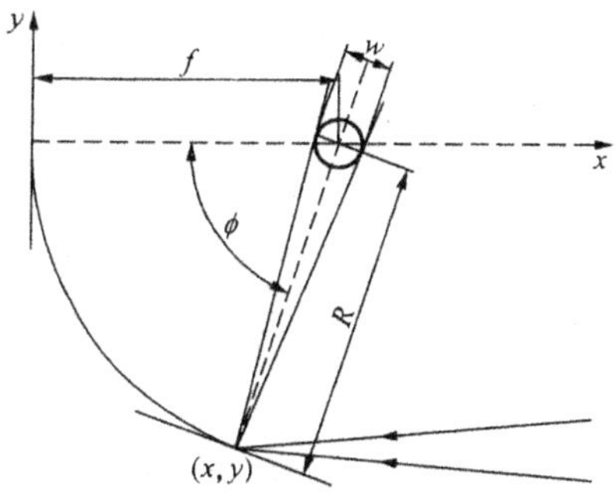

图 3-11　理想抛物镜面形成的理想太阳镜

$$W = \frac{4f\tan 16'}{1+\cos\phi} \tag{3-16}$$

式中：ϕ 为位置角，即任意一点的反射光轴与镜面主光轴之间的夹角。其数值由 $\phi = 0°$ 到 $\phi = \phi_{max}$，ϕ_{max} 称为抛物线的边缘角。

由式(3-16)可以看到，焦距 f 决定了太阳像的大小，而开口宽度 B 决定入射能量的多少。对太阳能热发电系统而言，目前主要采用反射聚光。

2. 折射聚光

折射定律：①折射光线与入射光线和法线在同一平面内；②折射角与入射角的正弦之比与入射角的大小无关，仅由两种介质的性质决定，当温度、压力和光线的波长一定时，其比值为一常数，等于前一介质与后一介质的折射率之比。

折射聚光是利用光线在不同介质界面处，透射光线传播方向发生改变的原理来聚光的。传统的平面界面无法完成聚光，需要通过利用精确计算的曲面，使平行的光线成功地聚光到预定的点。

3. 透射聚光

平凸透镜是人类很早就使用的一种折射式聚光镜。通常透镜越厚,则其聚光倍率越高。为了减小平凸透镜的厚度,人们将其凸面做成同心阶梯球面,这样同样可以达到很好的聚光效果。阶梯球面在制作工艺上较为复杂,现在发展为将每个阶梯球面近似地用平面代替,这样一来,每个阶梯平面即类似于一个棱镜,从而透镜就变成近似地由多个阶梯棱镜构成。这种阶梯棱镜首先由菲涅耳等人设计并制成,故称菲涅耳透镜,如图 3-12 所示。

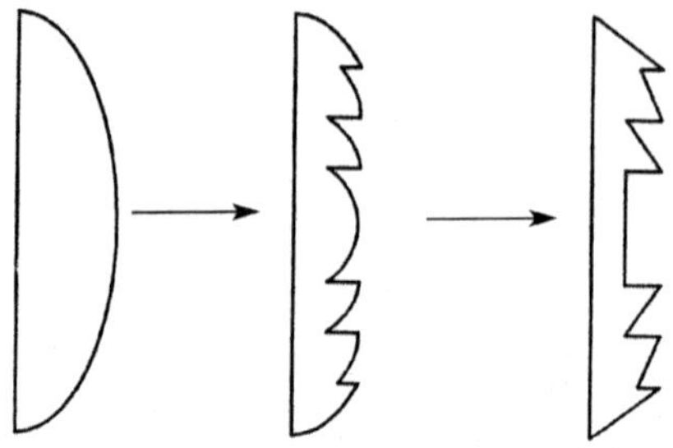

图 3-12 平凸透镜和菲涅耳透镜

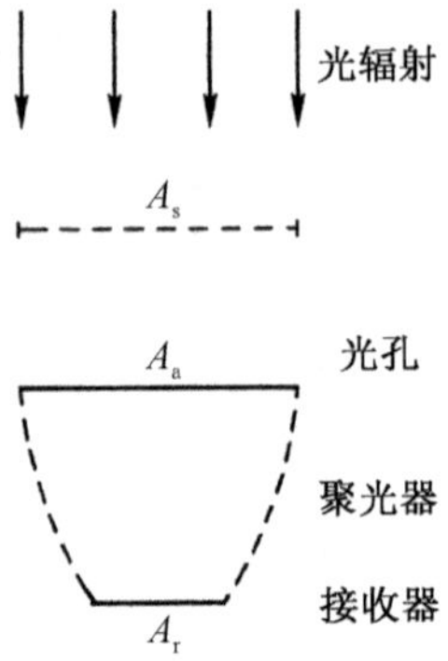

图 3-13 表明聚光设计原理的聚光示意图

3.3.2 聚光的主要技术参数

无论是反射聚光,还是折射聚光,都需要明确能量的聚光效果,这一般由几何聚光比和能量聚光比来衡量。

1. 几何聚光比

太阳能聚光是通过聚光器来完成的。根据不同的聚光方式,设计有不同结构形式的聚光器。图 3-13 为表明聚光设计原理的聚光器示意图。它表示入射的太阳辐射经光孔进入聚光器,由反射面将其聚焦到底面接收器上。这样自然阳光经过聚光器的聚光后,落在接收器上的辐射能量密度得到很大的提高。其提高倍率可以表示为

$$C_G = \frac{A_a}{A_r} \tag{3-17}$$

这里,C_G 称为太阳能聚光器的几何聚光比,统称聚光比 C,定义为聚光器光孔面积 A_a 和接收器面积 A_r 之比。对任何一种聚光集热器,总有 $C_G > 1$。由此说明聚光集热器的接收器向环境的散热面积总是小于聚光器的光孔面积,显然这有利于降低集热器的热损失。一般来说,聚光器的聚光比越高,则聚焦中心可能达到的最高温度 T_{max} 也越高,如图3-14所示。

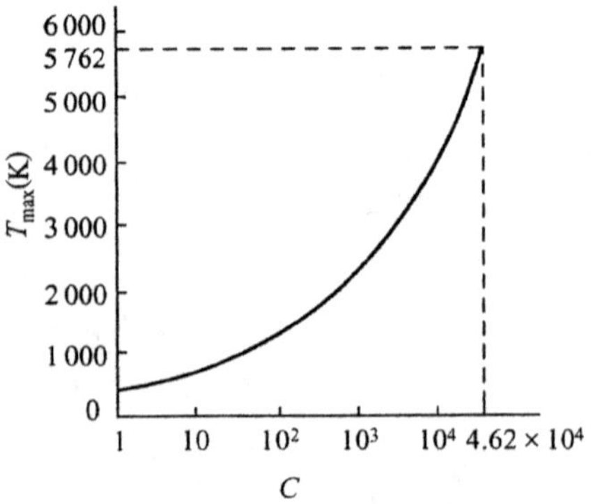

图 3-14 聚光比 C 与聚焦中心可能达到的最高温度 T_{max} 之间的关系

2. 能量聚光比

式(3-17)表示,聚光比 C 是表示聚光器几何尺寸的特征量,它在光热转换中可以用于粗估聚光集

热器可能达到的最高温度以及聚光器的生产成本，不可简单地直接用于接收器的传热计算。这是因为任何聚光器在实际加工中都存在镜面误差，由此会产生一定的光学散射损失。

(1) 镜面误差

所谓镜面误差即镜面“粗糙度”。镜面粗糙，将造成一定的光学损失，如图 3-15(a)所示。设镜面误差角为 Δ_1，则由镜面误差所引起的反射误差角 ψ_1 为

$$\psi_1 = 2\delta_s \pm \Delta_1 \tag{3-18}$$

(a) 镜面误差　　(b) 型线误差

图 3-15　由镜面误差和型线误差各自引起的反射误差角

镜面误差角的定义为按曲面名义尺寸某点的切线和该点实际切线之间的夹角。根据经验，研磨镜面 $\Delta_1 = 8' \sim 20'$，普通热弯镜面 $\Delta_1 = 30' \sim 60'$。

(2) 型线误差

型线误差即名义尺寸和实际尺寸之间的误差，如图 3-15(b)所示。同理，法线偏移角 Δ_2，产生的反射误差角为 ψ_2，同样可用式(3-18)进行计算。

这样，对镜面上的任一点，由上述两种误差所产生的综合反射误差角 ψ 为两者的代数和，即

$$\psi = \psi_1 + \psi_2 = 4\delta_s \pm \Delta_1 \pm \Delta_2 \tag{3-19}$$

(3) 光学散射损失因子

由式(3-19)可以看到，两种反射误差角可能互相增益，也可能互相抵消。但只要综合反射误差角不为零，其结果将使投射到聚光器光孔上的入射太阳辐射不能全部经反射到达接收器，这就是产生了反射能量损失的原因。若投射到光孔上的入射太阳辐射能为 I，由于上述的两种实际存在的误差，导致最终可能汇聚到接收器的平均太阳辐射能降低为 I_R，于是有

$$C_E = \frac{I_R}{I} \tag{3-20}$$

这里，C_E 称为能量聚光比，定义为聚焦到接收器上的平均太阳辐射能与入射太阳辐射能之比。在任何情况下，对所有的聚光器，总有 $C_G > C_E$。只有理想聚光器，才有 $C_G = C_E$。能量聚光比可用于太阳能聚光集热器的传热分析。一般有

$$C_E = \eta_0 C_G \tag{3-21}$$

这里，η_0 为聚光器的加工光学散射损失因子，它表示聚光器的加工光学性能。

3. 理论聚光比

任何一种聚光器的主要设计目标，总是花费最少的费用，达到尽可能高的聚光比，从而

使接收器中的集热工质达到尽可能高的工作温度。

式(3-17)是聚光器聚光比的定义式。作为一种对极限情况的推理，令光孔面积 $A_a \to \infty$，接收器面积 $A_r \to 0$，则应有 $C \to \infty$。对太阳能聚光器来说，这种极端情况实际上是不存在的。太阳能聚光系统可能达到的聚光比要受到热力学和光学原理的制约，理论上必定存在某个可能达到的极限值。聚光系统中，根据辐射换热原理和热力学第二定律，在太阳和光孔之间有如下关系式：

$$A_a f_{s,a} = A_a f_{a,s} \tag{3-22}$$

同理，在太阳和接收器之间有如下关系式：

$$A_s f_{s,r} = A_r f_{r,s} \tag{3-23}$$

式中，A_s 为太阳辐射面积；$f_{s,a}$、$f_{a,s}$、$f_{s,r}$、$f_{r,s}$ 均为系数，如 $f_{s,a}$ 表示表面 A_s 的辐射通过直射、反射或折射辐射到达表面 A_a 的百分数，$f_{a,s}$、$f_{s,r}$、$f_{r,s}$ 的物理含义均依次类推。

于是，根据聚光比的定义，有

$$C \equiv \frac{A_a}{A_r} = \frac{f_{s,a} f_{r,s}}{f_{a,s} f_{s,r}} \tag{3-24}$$

假设聚光器为理想聚光器，则进入光孔 A_a 的辐射将全部聚焦到接收器 A_r 上，显然有

$$f_{s,a} = f_{s,r} \tag{3-25}$$

于是，由式(3-24)有

$$C \equiv \frac{f_{r,s}}{f_{a,s}} \tag{3-26}$$

由辐射换热原理可知，总有 $f_{r,s} \leqslant 1$，因此

$$C \leqslant \frac{1}{f_{a,s}} \tag{3-27}$$

太阳能聚光器可以假设为无限真空空间，即由温度为绝对零度的黑体壁面构成的封闭体系。这样，式(3-27)中的系数 $f_{a,s}$ 本质上也就是两黑体表面之间的辐射角系数 $F_{a,s}$。于是式(3-27)可以改写为

$$C \leqslant \frac{1}{F_{a,s}} \tag{3-28}$$

于是有

$$C_{\max} = \frac{1}{F_{a,s}} \tag{3-29}$$

式(3-29)表明，根据能量守恒原理，聚光器的聚光比为辐射角系数的 $F_{a,s}$ 的倒数。设聚光器光孔的半采光角为 ϕ，定义 $2\phi_{\max}$ 为聚光器的最大采光角，即在该角度内均匀投射到光孔上的太阳辐射，由直射和经过反射或折射，全部能到达接收器上。这样，即可由以上诸式求得以下聚光器的最大几何聚光比 $C_{\max}$ 的计算式：

对点聚焦，有

$$C_{\max} = \frac{1}{\sin^2 \phi_{\max}} \tag{3-30}$$

对线聚焦，有

$$C_{max} = \frac{1}{\sin \phi_{max}} \tag{3-31}$$

对所有的太阳能聚光器(见图 3-16)，实际的采光角数值范围是太阳圆面张角 32′～180°，采光角 180°，即菲涅耳透镜或平板型太阳能集热器为半球面采光。根据光学原理，聚光器的最小采光角为太阳圆面张角 32′。将太阳圆面张角代入式(3-30)、式(3-31)，即可分别求得点聚焦和线聚焦的理论聚光比的最大极限值。对不跟踪的太阳能聚光器，在每天采光时数确定的条件下，可以根据以上所述，求得该聚光器的最小理论聚光比。

聚光比高的集热器不仅要求其镜面的光学精度高，同时要求它有精度很高的太阳定向跟踪系统。高温太阳炉、大功率太阳能热发电装置等都要求高聚光比。

另外，按聚集太阳光所形成的光斑不同，常把聚光器分为将阳光聚集成点状光斑的三维集热器和聚集成线状光斑的二维集热器。三维点聚光系统呈中心对称，一般应用在要求高聚光比的场合，如高温太阳炉和太阳能热发电系统。二维线聚光系统呈轴对称，一般应用在中等聚光比已达到所需工作温度的场合。对聚光型集热器的性能比较详见表 3-6。

表 3-6 聚光集热器的性能

集热器形式	聚光器形式	聚光比	运行温度(℃)
三维集热器	固定球形聚光(SRTA)	50～150	300～500
	菲涅耳透镜聚光	100～1 000	300～1 000
	旋转抛物面聚光	500～3 000	500～2 000
	塔式聚光	1 000～3 000	500～2 000
二维集热器	复合抛物面聚光(CPC)	3～10	100～150
	菲涅耳透镜聚光	6～30	100～200
	抛物面和菲涅耳反射镜聚光	15～50	100～300
	固定镜面聚光(FMSC)	20～50	300

4. 光学效率

聚光装置的聚光效果以及吸收装置的吸收、反射、透射特性，决定了并不是所投射到受光面的太阳辐射都能转变为热能，因此定义光学效率 η_{op} 为

$$\eta_{op} = \rho\tau\alpha\gamma \tag{3-32}$$

式中：ρ 为聚光器的镜面反射率；$\tau\alpha$ 为吸收器透明罩的透过率与吸收器吸收率的乘积；γ 为吸收器的光学采集因子。

由式(3-32)可知，影响光学效率的因素有聚光设备的聚光比反应为反射聚光设备的反射率、散射率；吸收比反应为吸收装置的吸收特性。

3.3.3 旋转抛物面聚光

以抛物面方程为母线方程，绕轴线旋转一周，即为旋转抛物面，构成盘形点聚焦聚光

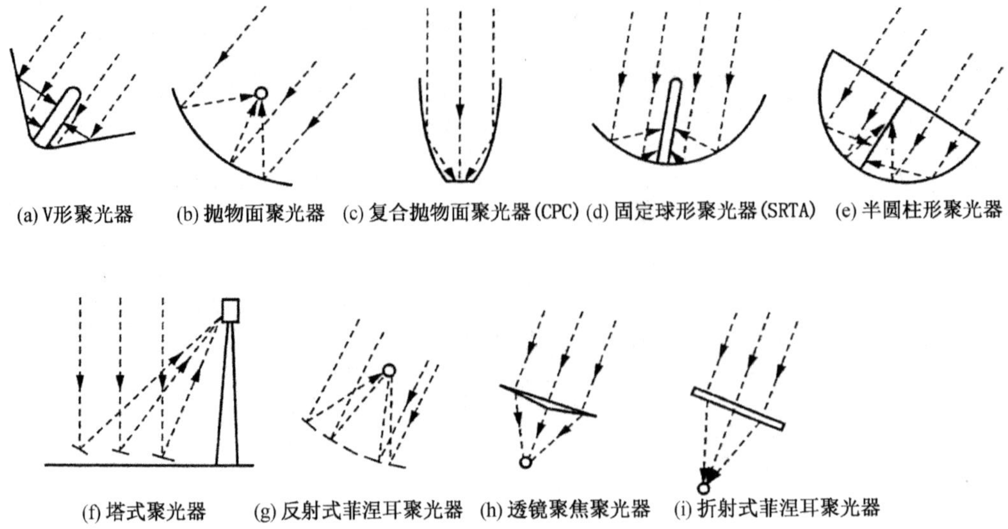

图 3-16　聚光器类型示意图

器。旋转抛物面和槽形抛物面的母线方程均为抛物线方程，所以它们的聚光特性有很多相同和相近之处。

1. 聚光区域方程

设旋转抛物面的母线方程为 $x^2 = 2py$，焦点 $F\left(0, \dfrac{p}{2}\right)$，若焦距为 f，则有 $p = 2f$，如图 3-17 所示。为了研究其聚光特性，过焦点 F 作一垂直于镜面轴线的法平面，与镜面相交于 M，将抛物面剖分为上下两部分，并将法平面以上的镜面称为镜上部，而法平面以下的镜面称为镜底部。

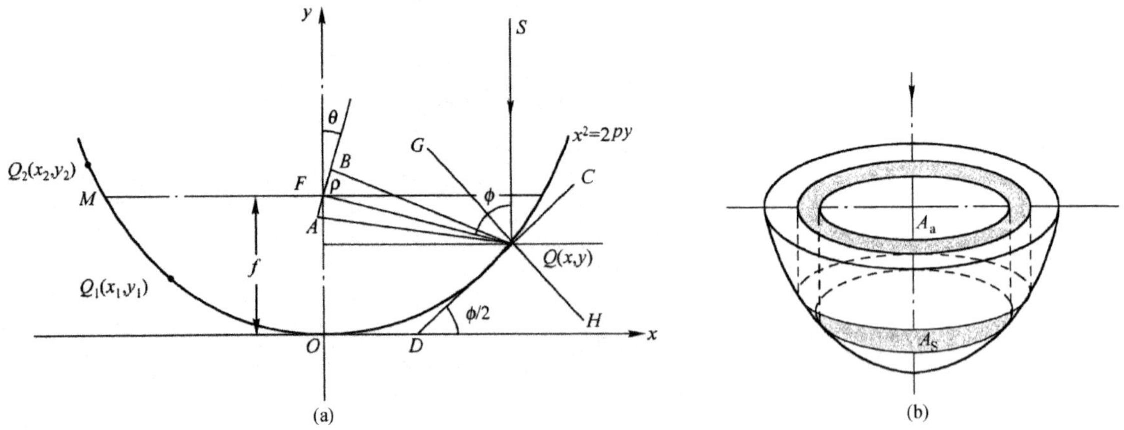

图 3-17　旋转抛物面的光路分析

(1) 镜底部焦斑方程

通过对抛物面几何关系中焦斑位置方程的推算，即可得到旋转抛物面聚光区域的统一方程：

$$\rho = \frac{p\tan\delta_s}{1 \pm \sin\theta} \tag{3-33}$$

$$|\theta| \leqslant \arctan\left|\frac{p-2f}{2\sqrt{pf}}\right| \tag{3-34}$$

旋转抛物面的聚光区域为图 3-18 所示焦斑轨迹旋转一周所得的区域，形似橄榄，其长轴与镜面主轴重合。

(2) 镜上部焦斑方程

依同理，可以方便地求得镜上部的焦斑方程，其结果和镜底部方程具有完全相同的形式，显然只是 y 的定义域有所不同，以过焦点的法平面为分界。由于镜上部镜面上任意一点 Q 到焦点的距离 QF，都大于镜底部镜面上任意一点 Q 到焦点的距离，所以镜上部聚光区域更大，其最大焦斑直径 $d_{\max}$ 为

$$d_{\max} = 2(y_m + f)\tan\delta_s \tag{3-35}$$

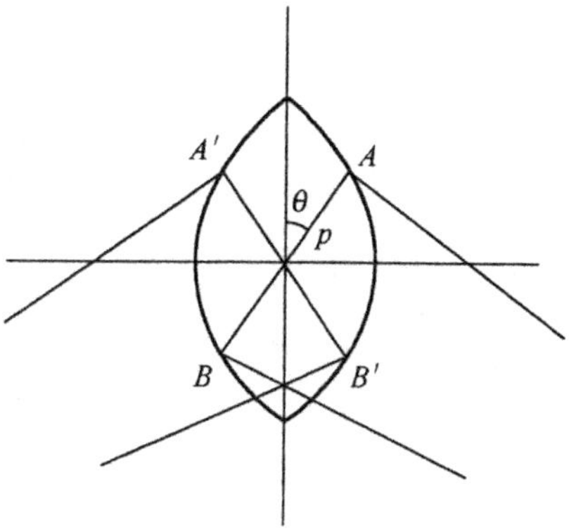

图 3-18　焦斑轨迹示意图

式中，y_m 为旋转抛物面边缘点的坐标 $Q_m(x_m, y_m)$。

2. 镜面利用系数

对于旋转抛物面聚光器，由图 3-17(a)所示几何关系可知，不同深度的镜面的切线与镜面主轴具有不同的倾斜角，因此对垂直入射到聚光器光孔平面上的太阳辐射，其不同深度部位的镜面所能接受到太阳辐射强度也就不一样。这就是说，镜面的不同部位对聚光的贡献不一样，这就引入了镜面利用系数的概念。

镜面利用系数定义为聚光器光孔面积 A_a 与镜面面积 A_s 之比，即

$$\xi = \frac{A_a}{A_s} \tag{3-36}$$

相应的光孔平面的面积为

$$A_{at1} = \pi p^2,\ A_{at2} = 2\pi p^2,\ A_{at3} = 3\pi p^2,\ \cdots \tag{3-37}$$

这样，聚光器的镜面利用系数分别为

$$\xi_{t1} = A_{at1}/A_{st1} = 0.82,\ \xi_{t2} = A_{at2}/A_{st2} = 0.71,\ \xi_{t3} = A_{at3}/A_{st3} = 0.64,\ \cdots$$

由以上计算结果可以看到，越接近聚光器光孔边缘处的镜面，其利用系数越低，所以在设计盘形点聚焦聚光器时，需要考虑聚光器的镜面利用系数。

3. 几个主要光学参数的设计选择

(1) 由理论可知，对旋转抛物面聚光器，当母线方程中的 p 值确定后，其焦斑区域的尺寸和位置也即随之确定。通常镜深越大，则焦斑区域的能量密度越大，但与此同时，镜面利用系数越低。为了兼顾提高利用系数和降低聚光器成本通常选择镜深不大于焦距的聚光器。

聚光器接收器的设计尺寸，可根据(3-36)进行计算，最后参照效率和成本作综合选择。

4. 复合抛物面聚光(CPC)

复合抛物面聚光器是一种满足将在最大采光角范围内入射到聚光器入射光孔面上的光汇集到反射光孔面的边缘上，即可达到理论聚光比的边缘光原理的结构。

其基本工作原理如图3-19所示。该聚光器由两片对称的反射镜面构成，镜面型线是两条特殊组合的抛物线，故称复合抛物面聚光器，简称CPC。左、右两侧抛物线的轴与聚光器主光轴构成$\pm\theta_a$的夹角，称为接收半角。左侧抛物线的焦点在反射光孔的右侧，而右侧抛物线的焦点在反射光孔的左侧。聚光器构成东西向的长槽，光孔面向南倾斜。由理论分析可知，这种聚光器的聚光特点是对任意给定的接收角，可以得到热力学上最大可能的聚光比。

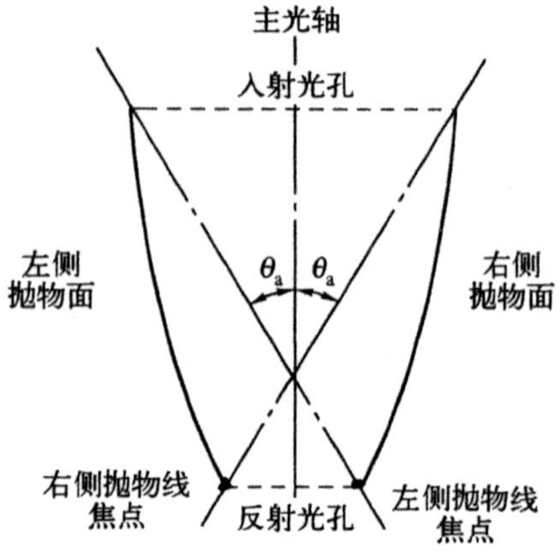

图3-19 复合抛物面聚光原理示意图

根据聚光比的一般定义，复合抛物面聚光器的聚光比定义为入射光孔与反射光孔之比，即

$$C=\frac{A_a}{A_c}=\frac{b}{b_c} \tag{3-38}$$

式中，b为入射光孔宽度；b_c为反射光孔宽度。

可以求得槽型复合抛物面聚光器的聚光比为

$$C=\frac{1}{\sin\theta_a} \tag{3-39}$$

这就是说，复合抛物面聚光器的聚光比决定于它的采光半角θ_a，而在采光半角相同时，和其他型线的聚光器相比，复合抛物面聚光器具有最高的聚光能力。

理论上，复合抛物面聚光器的型线可以有多种设计，如抛物线与圆弧段复合、抛物线与圆渐开线复合，以及两条抛物线与圆渐开线复合等。由于抛物线与圆弧段复合型线的间隙损失较大，所以实际的复合抛物面聚光器的型线，多选用抛物线与圆渐开线复合。然而，采光半角θ_a减小，复合抛物面聚光器的高度增大，制造成本势必相应增加。在太阳能工程设计中往往采用截短镜面高度，方向布置等方式统筹考虑。

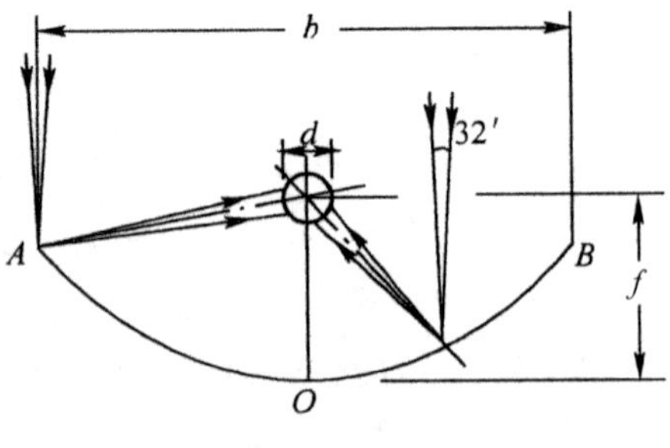

图3-20 圆形接收器槽形抛物面聚光器的光路分析

图3-20所示为槽形抛物面聚光器的光路分析，阳光经过光孔进入聚光器。槽形抛物面的光孔也就是开口宽度，表示为b，其大小决定了聚光器的输入总能量。抛物线的焦距f决定了太阳像的大小。因此在聚光系统的焦平面上，像的能量密度显然和光孔b和焦距f密切相关。这里，引进一个新的物理参

量，定义为

$$m \equiv \frac{b}{f} \tag{3-40}$$

式中，m 为聚光器的相对光孔。

由分析可知，抛物面聚光器的聚光比，主要决定于相对光孔，并与接收器的形状有关，圆管几何形状与抛物线方程，求得平面接收器槽形抛物面聚光器的聚光比为

$$C \approx \frac{107.3m\left(1-\frac{m^2}{16}\right)}{\left(1+\frac{m^2}{16}\right)^2} \tag{3-41}$$

若 $m \leqslant 1$，则有 $C \approx 107.3m$。将式(3-40) 对 m 求导，并令 $\mathrm{d}C/\mathrm{d}m = 0$，得 $m = 1.65$，$\phi = 51.7°$，此时聚光器具有最大几何聚光比 $C_{\max} \approx 107.3$。

对于点聚焦盘形抛物面聚光器，将上式聚光比改变代入整理后又得

$$C \approx \frac{11\,550m^2\left(1-\frac{m^2}{16}\right)^2}{\left(1+\frac{m^2}{16}\right)^4} \tag{3-42}$$

同理，若 $m \leqslant 1$，则有 $C = 11\,550m^2$。取式(3-41) 对 m 求导，并令 $\frac{\mathrm{d}C}{\mathrm{d}m} = 0$，得 $m = 1.65$，此时聚光器具有最大几何聚光比 $C_{\max} = 11\,550$。

槽形抛物面聚光集热器集热管的截面形状，有圆管、椭圆管、橄榄形管三种。

由平面几何学可知，以上三种截面形状的接收器中，以圆管的外围轮廓尺寸最大，其次为椭圆管，而橄榄形管最小。根据聚光比 C 的定义，三者的聚光比自然会有所不同，如图3-21所示。

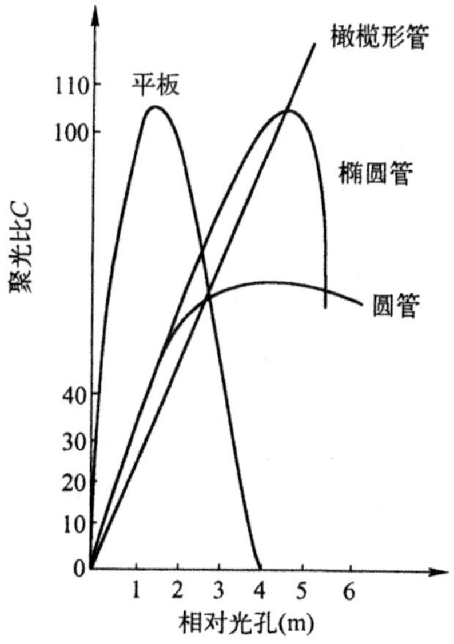

图 3-21　不同截面形状接收器的槽形抛物面聚光集热器的聚光比与相对光孔的关系

5. 球面聚光

若太阳以任意倾斜角入射到镜面，阳光将汇聚在通过球面几何中心而与阳光平行的一根半径线上，一天之中做平面运动，如图 3-22(a)、(b)、(c)所示。所以，实际运行的球面聚光器，球面镜固定不动，而接收器作平面摆动跟踪，它与外部接管之间需进行软性连接，如此便构成 SRTA 系统，其几何光学采集比率可达 50%以上。由于球面固定不动，因为除正午外，一天中总有大小不同的镜面部分被遮挡而起不到收集阳光的作用，从而使接收器的输出明显下降。这种变化关系，如图 3-22 所示。在距离正午前或后 3.5 h 时的集热器输出，只有正午时的 50%。所以，球面聚光集热器每天工作 7 h，还是相当有效的。

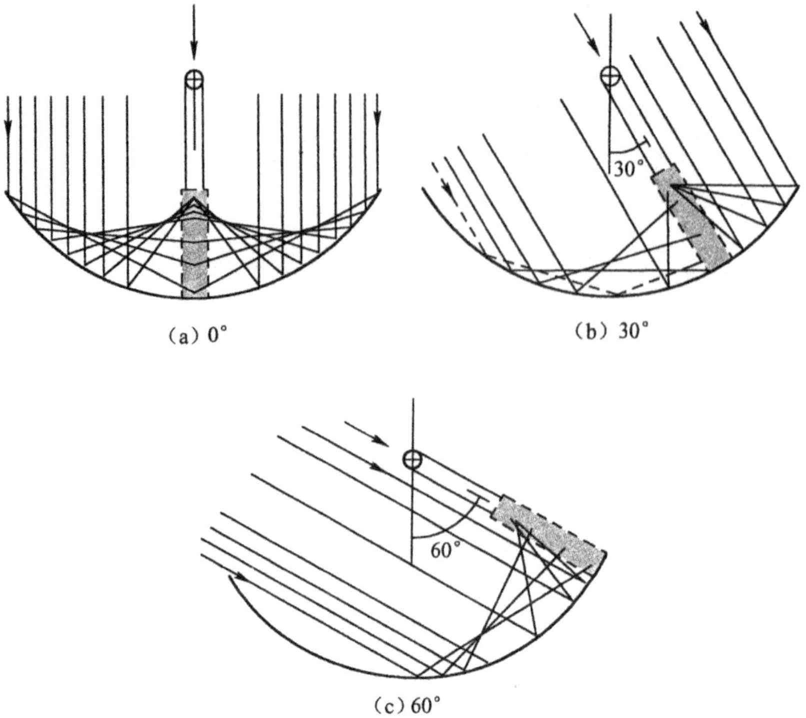

图 3-22　不同入射角时，镜面和接收器之间的相互位置关系

根据分析计算，球面聚光集热器的各项损失，日平均效率与工作温度之间的关系，一天之中光学损失和形状粒子损失占太阳入射总能量的 50%，接收器的热损失占 2%～15%。

6. V 形槽聚光和圆的渐开线

V 形槽聚光是用两片倾斜对置为 60°的平面镜代替制造工艺复杂的复合抛物面聚光的一种形式，对从其开口面上入射的平行光具有一定的反射聚光作用，如图 3-23 所示，即所谓的 V 形槽聚光器。设定聚光器为东西向放置，反射光孔宽度为入射光孔宽度的 1/3，这样一年之中，相对于聚光器光轴，投射太阳辐射的入射角在±23°27′之间变化，即一年中太阳赤纬的变化角。

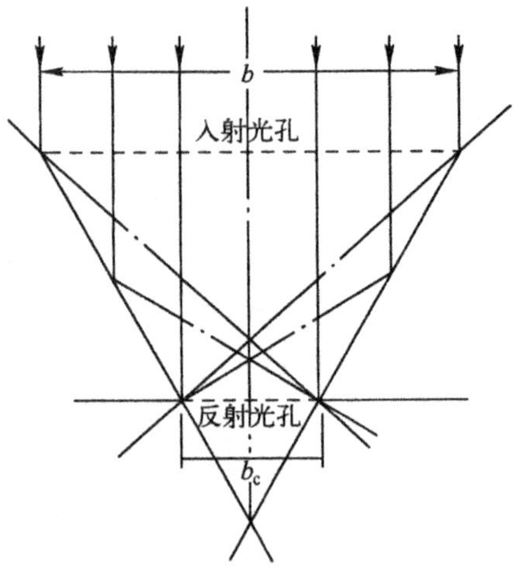

图 3-23　V 形槽聚光原理示意图

由光迹分析可知，V 形槽的最大聚光比 $C_{max} < 3$。对固定安装的 V 形槽聚光器来说，当入射太阳辐射相对于聚光器光轴偏离某个角度 θ_i 时，这时的入射光孔宽度已经不是 b，而是 $b\cos\theta_i$。所以，其聚光比 C 是随着入射偏离角 θ_i 的变化而变化，即

$$C = \frac{b}{b_c}\cos\theta_i \tag{3-43}$$

由于 V 形槽的两片反射面为平面反射，入射辐射中经二次反射的辐射并不能全部落入反射光孔，从而造成光学损失。所以从聚光原理上讲，V 形槽聚光器不能满足边缘光原理，其聚光特性比复合抛物面聚光器差，但制造工艺简单，成本低廉。

由平面解析几何学可知，若圆的方程为 $x^2+y^2=r^2$，则其渐开线在直角坐标中的方程式为

$$\begin{cases} x = r(\sin\theta - \theta\cos\theta) \\ y = -r(\cos\theta + \theta\sin\theta) \end{cases}$$

通常，圆的渐开线可以由上式计算求得，也可采用作图法绘制得到所需要的型线，如图 3-24 所示。光迹分析和实验表明，投射到基圆渐开面上的入射阳光，经渐开面反射可以很好地汇聚到基圆面上，构成圆的渐开面聚光。

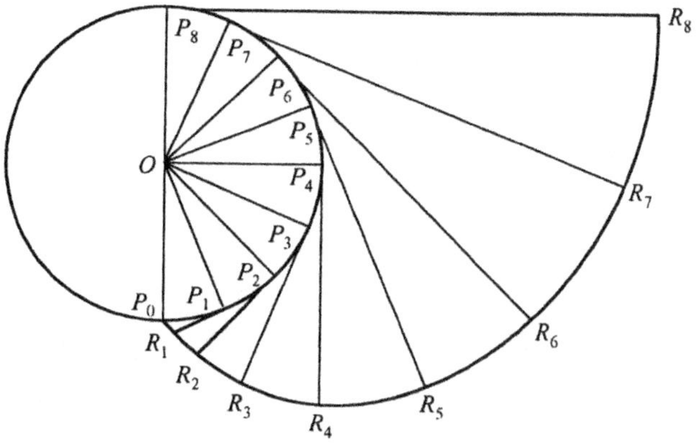

图 3-24　圆的渐开线

7. 固定条形平面聚光

若参考曲线按圆形设计，其聚光跟踪特性与球面聚光器有相似之处。

假设以 O 点为圆心，以 R 为半径，做参考圆，如图 3-25 所示。在参考圆中心下方，分切若干个小弧段，每个小弧段代之以相应的条形平面镜，每个条形平面镜的中点都落在参考圆上。理论和实验均已证明，无论太阳辐射从何方向入射到条形平面镜上，都能将入射阳光汇聚到参考圆上的某一点，该点的位置，跟随入射阳光的倾斜角而做相应的变化，它所绕过的圆心角等于阳光入射倾斜角的 2 倍，这就是固定条形平面聚光原理。由此可见，固定条形平面聚光的参考曲线若为圆，它的特性则为圆面聚光特性，它的参考曲线若为抛物线，它的特性则为抛物线聚光特性。

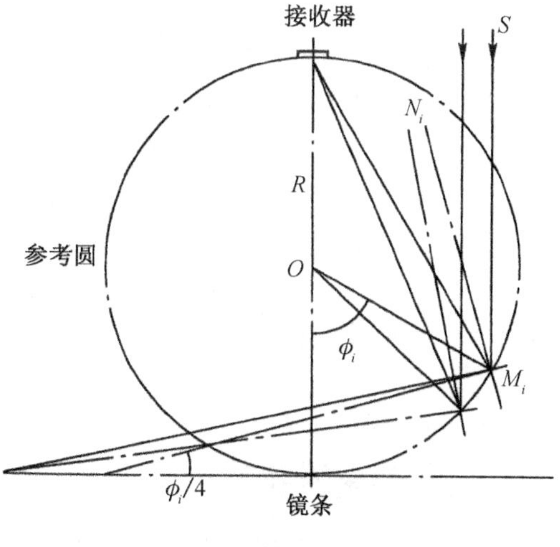

图 3-25　条形平面镜聚光原理示意图

固定条形平面镜聚光器的聚光比是几何参数与太阳入射方向的复杂函数，可用下式初步估算：

$$C = 68.6\sin\phi_m \tag{3-44}$$

其聚光比为 30～50，通常为东西向放置，做季节性调整。其优点是结构简单，成本低廉，运行可靠；缺点是一年之中由于自身镜条之间的遮挡，约有 10%的光学损失。固定条形平面镜聚光集热器的正常工作温度为 150℃～250℃，为中温集热器，可用作太阳能工业热利用。

3.4 光触媒材料

光触媒依据以下的机能原理对物质进行分解。氧化钛粒子遇到紫外光照射时，氧化钛粒子被激发产生电子和空穴，它们分别移动到粒子表面，电子参与还原反应，空穴参与氧化反应。在空气中由于还原反应氧气生成 O^{2-}，O^{2-} 和水发生反应产生过氧化氢及 OH^-。另一方面，氧化钛粒子表面的空穴有很强的氧化能力，其从附近的水分子中夺走电子生成 OH^-，并且还能够从附近的污染物质(主要为有机物)中夺走电子，从而切断分子结合，分解生成二氧化碳和水。

光触媒的另一个机能是亲水性。虽然其超亲水性的产生原因尚有不明之处，但可以大体从以下现象推测出来。原本氧化钛粒子的表面存在高亲水性的 OH 基，它可以吸附具有疏水性的有机物等。但是，由于在紫外光照射下有机物会分解，因此通常暴露状态的 OH 基与水分子的亲和性会变得非常高。附着在氧化钛表面的疏水物质(R)被光分解，提高了与水分子(H—O—H)的亲和性。

利用光触媒的消臭性、防污性、抗菌性等性能，开发了窗帘、墙纸、医疗护理衣物等产品。这些应用是将 TiO_2 粒子附着在纤维和塑料等有机材料上，但是由于这些有机材料及附着用的黏合剂会在光照下分解，所以产品的耐久性问题是一个重要的课题。解决这一课题的方法是采用多孔质硅石和磷灰石结晶覆盖光触媒表面，避免有机素材与黏合剂直接接触。由于光触媒效果和耐久性相互对立，因此开发了在多孔质铝硅酸盐的细微孔内附着氧化钛粒子的复合材料等，除此还有进行提高黏合剂自身耐氧化性以抑制耐久性减弱的研究。

3.5 调光玻璃材料

3.5.1 调光玻璃的原理

能实现可控制光和热进出的玻璃称为调光玻璃。调光玻璃是将光学性质可以进行可逆变换的薄膜材料(新型液晶材料)涂在玻璃上或把稀土元素及其他元素氧化物成分加入融熔玻璃中实现的。

新型液晶材料是指受到物理作用后光学性质具有可逆变化的材料，根据物理作用或调光机理的不同有各种各样的类型。另外，新型液晶材料是无机材料，与有机材料不同，作为接受太阳光照射的窗用调光玻璃，使用无机材料更加合适。

3.5.2　电致变色玻璃

电致变色玻璃是通过施加电压或者通入电流来控制其透过率的调光玻璃，是最具操控性的调光玻璃。透明电极将电致变色玻璃层以及为其提供离子的电解质层和离子储藏层夹在中间，让电解质中的质子和锂离子进出电致变色层来进行调光。现在实用的大部分电致变色玻璃是以氧化钨（WO_3）薄膜作为调光层的。氧化钨薄膜是透明的，如果对其施加负电压，膜中质子或者锂离子和电子被重复注入，它会被着色成很深的青色。如果对其施加正电压，离子马上被排出，从而变回透明颜色。将具备这种调光性能的窗户用于建筑物中，可以自动控制建筑物内冷气负荷或照明负荷，使负荷尽可能减少，有非常好的节能效果。

电致变色玻璃比其他调光玻璃的研究历史长，一部分材料已被商品化，不过由于薄膜构造非常复杂，成本都较高，怎样实现低成本化是最大的难题。

3.5.3　温致变色玻璃

温致变色材料是指光学性质可以根据周围温度的变化产生可逆变化的材料，涂上拥有这种性质的薄膜的玻璃被称作温致变色玻璃。将这种材料用在建筑物的窗户上，冬天能够透过太阳光的红外光成分，夏天能够反射阳光的热线成分。虽然不能像电致变色玻璃那样进行自由控制，但是具有膜的构造简单、不需要控制系统的优点。

无机材料中，在室温附近能表现这种性质的材料非常有限，其中代表性的材料有氧化钒系列的材料。氧化钒的转移温度为 68℃，掺入钨、钼等后其转移温度可以自由控制，转移温度可以调节到 20℃左右。

3.5.4　热致变色玻璃

热致变色玻璃与温致变色材料一样，是随周围温度变化，光的透过率自动发生变化的材料，它是在两张玻璃之间装入凝胶体，利用的是凝胶体对光的散射性能。

日本开发出的热致变色玻璃，在某个转移温度（制作时该温度可以设定）之下是无色透明的，在转移温度以上时会变成白色浑浊状态并能够遮光。在此玻璃中装入了被称为水凝胶的高分子材料，当温度在转移温度以下时，光可以通过，超过转移温度时光会处于散射状态，材料会变成白色浑浊状态。与这种材料非常相似的有采用液晶的瞬间调光玻璃，但是这种玻璃处于白色混浊状态时光被散射无法看清对面，而全部能量却能透过，热致变色玻璃则可以控制透过的能量，这一点两者有所不同。

随着研究的逐渐深入，已经有很多建筑物使用了这种玻璃。

3.5.5　气致变色玻璃

气致变色玻璃是通过改变周围气体进行调光的玻璃。调光层与电致变色玻璃一样都采用了氧化钒。在两张玻璃之间通入含有氢气的气体,触媒层(通常采用铂)会使氢气分解到原子状态,并在氧化钒薄膜中扩散,与电致变色玻璃一样形成钨青铜变为深青色。当通入含有氧气的气体时,氧化钒薄膜中的氢气会和氧气反应生成水,从而返回透明的氧化钒状态。在控制性上,电致变色玻璃更有优势,但气致变色玻璃的薄膜构造简单,在降低成本方面更具优势。气致变色玻璃的研究在德国比较先进,基本上到达了实用化阶段。

3.5.6 光致变色玻璃

电致变色玻璃和气致变色玻璃,都是通过薄膜部分吸收太阳光进行调光的。因此,太阳光的照射变强会导致薄膜部分的温度上升,并且会对室内进行再辐射。为了避免这种情况,研究者一直希望不用吸收而用反射来进行控制,但是一直没有发现这种材料。直到 1996 年,荷兰的研究小组用钇、镧等稀土类金属薄膜制成了这种通过控制反射特性进行调光的玻璃,因此令全世界瞩目。

将涂有钯的稀土类金属薄膜置于氢气中被氢化变得透明,而置于氧气中则恢复到原金属状态的镜面状态。此后又发现了镁和稀土金属的合金以及镁和过渡金属的合金也具有这种性质。其中,应用在大型玻璃的场合,最有希望的是采用镁-镍合金的调光镜材料,它具有优良的光学性能。利用调光镜性能可以控制玻璃在完全透明和镜面状态或者它们之间的状态自由变换。

采用这种材料进行调光的有电致变色法和气致变色法(用氢气、氧气进行调节)两种方法。但它们研究的历史都很短,且存在耐久性等方面的问题,如果能够实用化的话,那些具有划时代意义的调光玻璃(特别是汽车用玻璃)是最令人期待的。

固定条形平面镜聚光器的光孔宽度 b 是由设计装置的容量来决定的,其边缘角ϕ_m 最大不超过 120°。由几何关系可知参考圆的半径 R 为:

$$R = \frac{b}{2\sin\ \phi_m} \tag{3-45}$$

3.6 集热器光学

3.6.1 聚光集热温度

聚光可以有效地提高接收器的工作温度。不同的聚光集热方式有不同的聚光比和可能达到的最高集热温度,其关系曲线如图 3-26 所示。

接收器向环境散热的表面与光孔面积之比是反映集热器使能量集中的可能程度,是聚焦型集热器的几何特征参数。聚焦型集热器有利于减小散热损失。

光学效率表示聚焦型集热器的光学性能。它反映了在聚集太阳辐射的光学过程中,由于集光器不可能达到理想的程度(如形状、表面的光学精度、反射率等各方面的影响)和接收器表面对太阳辐射的吸收也不可能达到理想化程度而引起的光学损失。聚焦型集热器

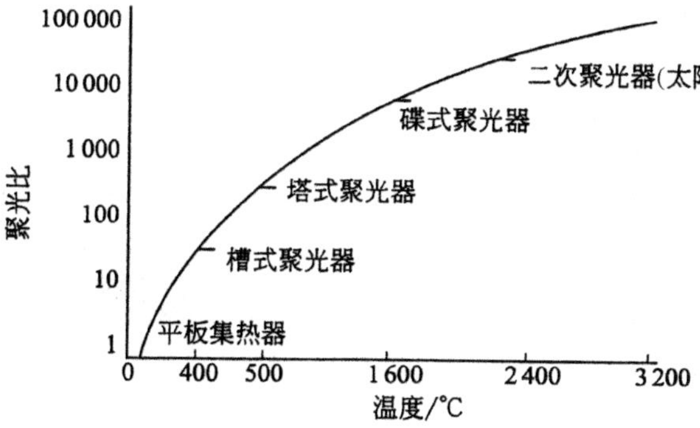

图 3-26　聚光比与可获温度的关系

的光学损失要比平板型显著，而且一般只能利用太阳辐射的直射分量，只有聚光比比较低的集热器才能利用一部分散射分量。因此，在聚焦型集热器的能量平衡中，必须考虑散射分量的损失和光学损失。

集热器的集热温度越高，需要的聚光比就越高。图 3-27 所示为几种集热器在某种条件下计算得到的聚光比与接收器表面温度之间的关系，更确切地说，是到达接收器表面上的平均辐射强度与工作温度的关系。接收器的表面温度越高，热损失就越大。当接收器所获热量与热损失达到平衡时，集热面上的辐射强度或聚光比与平衡温度之间的关系如图3-27 中实线所示。如果要求在某温度下能够输出可用的能量，则应当提高聚光比。图中阴影区表示集热器效率为 40%～60%的工作范围。

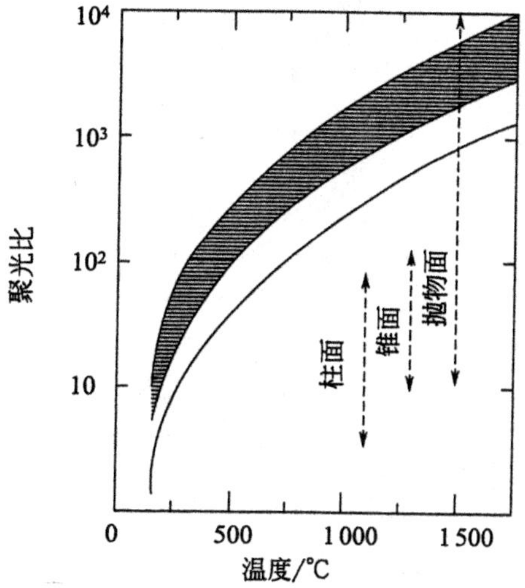

图 3-27　聚光比与接收器表面温度的关系

3.6.2　太阳能热发电常用的聚光集热技术

(1) 聚光集热技术应用时自身存在的制约因素

① 聚光集热技术只能收集利用太阳直射辐射能，不能收集利用太阳散射辐射能。因此，太阳辐射中的散射辐射能对聚光集热器来说相当于自然能量散失，因而降低了太阳能利用率。太阳直射辐射能量通常在太阳总辐射能中占 50%～90%，所以太阳散射辐射能量在太阳总辐射能中有时占不小的比例，这视不同地区与天气情况而定。

② 聚光集热器需要配置价格昂贵的跟踪装置。

(2) 4 种聚光集热技术

目前，太阳能热动力发电采用 4 种聚光集热技术，如图 3-28 所示。它们都是反射式聚光系统，能更容易地按比例放大。槽形抛物面聚光集热技术和线性菲涅尔反射聚光集热技术为一维聚光系统，阳光汇集在一条焦线上，一维跟踪太阳视位置，组建朗肯循环发电。旋

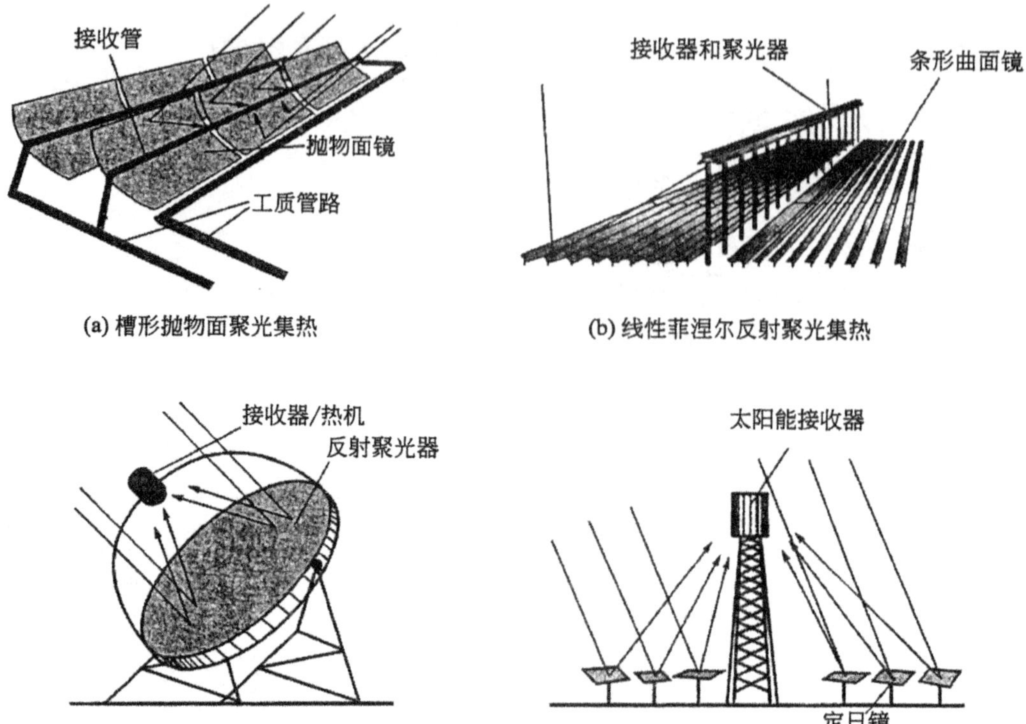

(a) 槽形抛物面聚光集热　(b) 线性菲涅尔反射聚光集热

(c) 旋转抛物面聚光器/热机集热　(d) 平面反射中央动力塔聚光集热

图 3-28　太阳能热动力发电采用的 4 种聚光集热技术原理示意

转抛物面聚光集热(聚光器 /热机集热)技术和平面反射中央动力塔聚光集热技术为二维聚光系统,阳光汇集于一个有限尺寸的焦面上,二维跟踪太阳视位置。平面反射中央动力塔聚光集热技术组建朗肯循环发电或布劳顿循环发电,旋转抛物面聚光集热技术组建斯特林循环发电或朗肯循环发电。上述 4 种聚光型太阳能热动力发电站的典型特性参数见表 3-7。

表 3-7　4 种聚光型太阳能热动力发电站的典型特性参数

电站形式	槽式发电	塔式发电	碟式发电	线性菲涅尔平面镜发电
聚光方式	槽形抛物面	平面定日镜	旋转抛物面	
聚光比	30～70	200～1 000	1 000～4 000	35～100
适合组建电站功率 /MW · h	10～200	10～200	0.01～1	10～200
工作温度 /℃	395～500	450～1 000	600～1 200	260～500
额定聚光集热效率 /%	70	73	75	70
峰值发电效率 /%	21	23	29	21(计划)
年平均发电效率 /%	10～25	10～25	10～25	9～17(计划)
镜场价格 /(欧元 /m²)	210～250	140～220	约 150	

由表 3-7 可见，高温太阳能聚光集热装置的额定热效率为 70%以上，常规热力循环发电效率为 30%～40%，太阳能热动力发电站发电效率为 20%～30%。

对聚光型太阳能热动力发电站，每平方米的镜面面积每年可以收集 1 200 kW · h 的热能，每年可以发电 400～500 kW · h。

第 4 章　太阳能的储存

4.1　太阳能的储存方式

4.1.1　太阳能储存的意义

为了使太阳能消除昼夜、季节、天气变化(冷热交替、云雾、沙尘、雨雪)等因素影响,使其成为连续、均匀、稳定的能源,对太阳能进行储存、调节使用强度和使用时间,是各类太阳能利用装置中不可或缺的部分。

在北半球,冬季寒冷,室外气温低,太阳辐射弱,人们需要采暖供热;夏季炎热,室外气温高,太阳辐射强,人们需要空调制冷。显然,室外气温、太阳辐射能量和人们的需求之间存在着某种矛盾。储能与负荷,如图 4-1 所示。将夏季多余的太阳能储存起来到冬季时使用,以丰补缺,这是太阳能储存的深层含义。

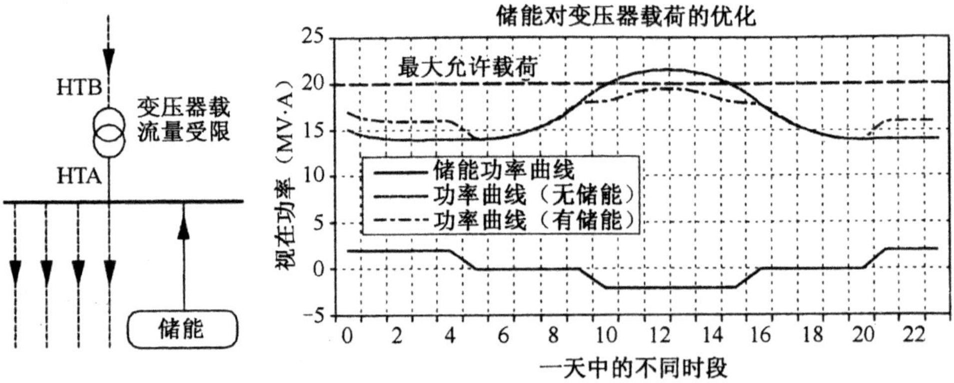

图 4-1　储能与负荷

4.1.2　太阳能储存的历史

早在 20 世纪 30 年代,太阳能储存问题就引起了人们的兴趣与关注。太阳能的储存,不管是直接储存还是间接储存,应该说在技术上基本可行,关键还在于它在经济上是否可行。若就当前的发展状况来看,短期储存技术基本可用,长期储存技术有待深入研究。

由于太阳能具有间歇性和不能稳定供应的缺陷,因此不能满足工业化大规模连续应用的要求，所以必须发展高效传热蓄热技术，有效地解决其转化、储存与运输问题。

4.1.3　太阳能储存的方法

按照蓄存能量的形态不同，储能技术常分为机械物理储能、蓄热、化学储能与电磁储能。以热能形式提供的能量在能源中占了相当大的比重，从这个意义上说，能源的开发和利用就是热能的利用，因此，蓄热技术作为热利用中的一个重要环节，更受到广泛关注。蓄热技术是合理有效利用现有能源、优化使用可再生能源和提高能源效率的重要技术，主要应用于以下三个方面：①在能源的生产与消费之间提供时间延迟以及保障有效使用；②提供热惰性与热保护（包括温度控制）；③保障能源供应安全。热利用及蓄热按照工作温度，通常可以划分为三个区段：①低温：100℃以下，主要用于废热回收、太阳能低温热利用以及供暖和空调系统；②中温：100～250℃，一般为工业用热；③高温：250～1 000℃，常用于高温余热回收利用、热机、太阳能热发电站、太阳能热解制氢等（也有人细分为中高温和超高温）。

迄今为止，真正能在太阳能工程中付诸实用的只有电化学储能，即蓄电池储能。

4.1.4　太阳能储存系统的技术特性指标

太阳能储存系统的技术特性指标主要有：

① 在允许的储能损失条件下，储存能量的可持续储存时间；

② 储存单位能量所需要的储存容积；

③ 储能与释能的速率。

一个技术特性优良的储能系统，应该是在允许储能损失的条件下，储存时间长，单位面积的储存容量大，储能与释能速率高，使用寿命长，安全性能好。

衡量储能材料及储能装置性能优劣的主要指标有储能密度、储存过程的能量损耗、储能和取能的速率、储存装置的经济性和寿命（重复使用的次数）以及对环境的影响。表4-1给出了某些储能材料和装置的储能密度。

表 4-1　某些储能材料和装置的储能密度　（单位：$kJ \cdot kg^{-1}$）

储能材料	储能密度	储能装置	储能密度
反应堆燃料（2.5%浓缩铀）	7.0×10^{10}	锌银氧化物蓄电池	437
烟煤	2.78×10^{7}	铅-酸蓄电池	112
焦炭	2.63×10^{7}	飞轮（均匀受力的圆盘）	79
木材	1.38×10^{7}	压缩气（球形）	71
甲烷	5.0×10^{4}	飞轮（圆柱形）	56
氢	1.2×10^{5}	飞轮（轮圈—轮辐）	7
液化石油气	5.18×10^{7}	有机弹性体	20
氢化锂	3.8×10^{7}	扭力弹簧	0.24
苯	4.0×10^{7}	螺旋弹簧	0.16
水（落差 100 m）	9.8×10^{3}	电容器	0.016

独立光伏发电系统需要储能以确保在不同的日照条件下系统都能提供相对平稳和恒定的电能。在实际应用中,这种供电系统有的可能需要确保 2～3 天的持续供电,如一些用电量不大的家用电器;而有的可能需要确保两周以上的持续供电,如灯塔或通信中继站等专门设备。图 4-2 所示为两种独立光伏发电系统在一天中的运行情况。

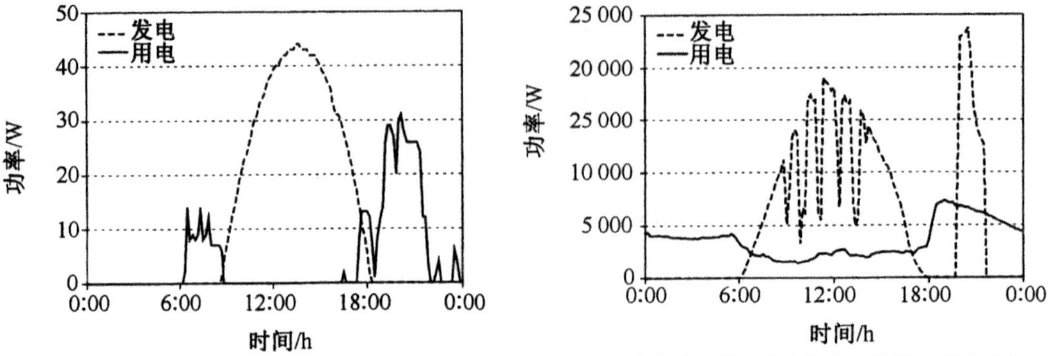

(a)照明系统　　(b)包含光伏电池和柴油发电机的混合供电系统

图 4-2　两种独立光伏发电系统在一天内的发电和用电

在图 4-2(a)系统里,发电主要在白天,而用电则在白天或夜晚,如早晨、晚间的照明灯和电视机等,其规律性不是很强。在图 4-2(b)系统里,其功率范围要大得多,柴油发电机主要用于夜间供电,而一些电气设备系统全天都在用电。

独立光伏发电系统的运行往往会受到相当大的限制,不仅受日照强弱的影响,而且储能电池也要每日进行充放电循环(白天充电晚上放电)。

4.2　太阳能热储存

4.2.1　太阳能热储存含义与分类

太阳能热储存包括三层含义：一是将白天接收到的太阳能储存到晚间使用;二是将晴天接收到的太阳能储存到阴雨天使用;三是将夏天接收到的太阳能储存到冬天使用。太阳能热储存的一般原理：太阳能集热器把所收集到的太阳辐射能转换为热能并加热传热介质,传热介质再经热交换器把热量传递给蓄热器内的蓄热介质,蓄热介质将热量储存起来。当需要时,传热介质经过热交换器把所储存的热量提取出来,输送给热负荷。

太阳能热储存的方法可分为显热储存、潜热储存和化学反应热储存。其中显热储存也叫热容式蓄热,即利用蓄热介质温度变化时的吸、放热来蓄热。潜热储存也称相变储热,就是利用蓄热介质发生相变时伴随的潜热效应来蓄热。化学反应热储存就是通过可逆化学反应实现热量储存和释放的储热方式。

太阳能热储存可按储热时间长短、储热温度高低、储能密度大小进行分类。

(1) 按储热时间长短分类

① 短期储热——热储存时间在 16 个小时以内，其主要目的是调整一天内的热量供给与热负荷之间的不平衡。

② 中期储热——热储存时间一般为 3～7 天，其主要目的是满足阴雨天的热负荷需要。

③ 长期储热——热储存时间一般为 1～3 个月，其主要目的是调整几周或甚至跨季度的热量供给与热负荷之间的不平衡。

(2) 按储热温度高低分类

① 蓄冷——储热温度在 0℃以下，多用于空调制冷系统的冷量储存。

② 低温储热——储热温度小于 100℃，多用于建筑物的采暖、供应生活用热水或低温工农业生产用热(如干燥)。在显热储存系统中，常用水和岩石作为蓄热介质，而在潜热储存系统中，则多把无机水合盐和石蜡等有机化合物作为蓄热介质。

③ 中温储热——储热温度在 100～200℃，多用于吸收式制冷系统、蒸馏器、小功率水泵或低温差发电等。常把沸点在 100～200℃的有机流体作为蓄热介质，也可将岩石作为蓄热介质。

④ 高温储热——储热温度在 200～1 000℃，多用于聚焦型太阳灶、蒸汽锅炉或采用高性能汽轮机的太阳能热发电系统。由于储热温度较高，故其热力循环的效率也较中、低温储热高。一般多采用岩石或金属熔盐作为蓄热介质。

⑤ 极高温储热——储热温度＞1 000℃，多用于大装机容量太阳能热发电站或高温太阳炉。由于温度过高，目前只能将如氧化铝等金属氧化物制成的耐火砖或液态金属作为蓄热介质。

表 4-2　常用传热介质使用条件

传热介质	一般温度(℃)	使用压力(0.1 MPa)
水/水蒸气	0～512	0～3.0
空气	0～1 000	0～1.0
导热油	288～400	0～1.0
液态金属(钠、钾、水银等)	0(或更低)～800(或更高)	0～1.0
熔盐	300～1 000	0～1.0

(3) 按蓄能密度大小分类

① 低能量密度储热——就储热方式而言，显热储存属于这一类；就储热材料而言，砖和岩石都属于这一类，因为两者储能密度分别只有 1 340 $kJ \cdot m^{-3} \cdot K^{-1}$和1 800 $kJ \cdot m^{-3} \cdot K^{-1}$。因此，当采用这类蓄热介质时，就不可避免地需用大量材料，从而使整个储热装置的体积和质量都较大，但是，这些材料的价格一般都比较低廉。所以，当不需要严格限制储热装置的体积和质量时，使用这些材料在经济上是比较合算的。

② 高能量密度储热——就储热方式而言，潜热和可逆化学反应储热都属于这一类；就储热材料而言，无机水合盐、有机盐和金属熔盐都属于这一类。此外，水和铸铁也都具有较大的储能密度，分别为 4 200 $kJ \cdot m^{-3} \cdot K^{-1}$ 和 3 650 $kJ \cdot m^{-3} \cdot K^{-1}$。不过，有些储热材料的储能密度虽然较大，但价格昂贵(如部分金属熔盐)，因此除有特殊需要外，一般不采用。

4.2.2 太阳能热储存的一般要求

总体上来讲,人们总是希望太阳能热储存系统具有蓄热密度尽可能大、蓄热时间尽可能长、取放热过程温度波动范围尽量小以及热损失尽量小等特点。

(1) 对蓄热介质的要求

① 蓄能密度大——即单位质量或单位体积的储热量大。对显热储存,要求蓄热介质的比热容和密度都尽可能大;对潜热储存,要求蓄热介质的相变潜热尽可能大;对化学反应热储存,则要求蓄热介质的反应热和反应分数尽可能大。蓄能密度大可减少储能容器的体积,并降低整个储热装置的成本。

② 来源丰富、价格低廉——如在显热储存系统中常用的水和岩石;在潜热储存系统中用得较多的无机水合盐和石蜡等。

③ 化学性质不活泼,无腐蚀性、无毒性、不易燃,安全性好——特别是在中、高温蓄热系统中,腐蚀现象更为严重,腐蚀现象不仅缩短了储热容器的使用寿命,还因为需要采取相应的防腐蚀措施而使成本大为提高,因此,无腐蚀性在选择储热材料时是一个相当重要的因素。

④ 储热和取热简单方便——如储热水箱和岩石堆积床的储热和取热过程都比较简单方便。

⑤ 能反复使用,性能长期稳定不变——如水和岩石的显热储存材料,在中、低温情况下可以经过反复使用而性能不发生改变,而岩石在高温下使用则容易碎裂,相变蓄热材料无机水合盐在反复使用的过程中会出现晶液分离现象。

(2) 对储热容器隔热措施的要求

特别是在中、高温条件下储热时,为了使所储存的热量在整个储热期间都能保持所需的热级,必须对储热容器采取严格的隔热措施。所采用的隔热措施分别针对传导、对流和辐射 3 种传热方式:

① 传导——最简单的办法就是采用优质隔热砖或其他隔热材料,如果是采用静态储热装置,并且不会发生冲击、振动和沉积,采用耐火纤维(例如石英纤维)及其织品就会产生很好的隔热效果。近年来开始采用更为完善的工艺,如将带有反射屏的多孔纤维薄壁(如以瓦楞纸板、尼龙布或塑料作为衬底的铝箔)置于真空中,效果良好。

② 对流——通常采用杜瓦瓶原理,来消除由于对流所产生的热损失。

③ 辐射——储热温度越高,辐射热损失在热损失中占的比例就大。通常采取在储热容器的内壁上安装以耐火纤维彼此隔开的多维反射屏(需经抛光)来减小辐射热损失,一般用具有一定机械强度的多孔金属进行多层次的配置。

4.3 材料的热学特性

在计算传热(绝热)物质(材料)的传热量时,关键之一是需要已知其传热热阻(或热阻的倒数即导热系数 λ),其中包括辐射传热、导热传热和对流传热的热阻。绝热就是最大限度地阻抗热流的传递，绝热材料是指用于围护结构(热工设备)阻抗热流传输的热导率比较小、绝热性能比较高的材料或材料复合体，包括保温、保冷(隔热)材料。究竟热导率小到什么程度才算绝热材料，并无标准，通常把 $\lambda < 0.6\ \mathrm{W \cdot m^{-1} \cdot K^{-1}}$，并能用于绝热工程的材料，叫作绝热材料，而且习惯上把用于控制室内热量外流的材料叫保温材料，防止室外热量进入室内的材料叫隔热材料，它们统称为热绝缘材料。传热学中将热导率小于 $0.2\ \mathrm{W \cdot m^{-1} \cdot K^{-1}}$的称为绝热材料，要求绝热材料必须具有尽可能大的传热热阻或尽可能小的传热系数(包括热导率、对流换热系数和辐射系数等)。由于绝热材料应用十分广泛，尤其在节约能源方面的重要性非常突出，甚至有些国家将其看作是继煤炭、石油、天然气、核能之后的第五大能源，同时绝热材料往往与蓄热材料组成热力系统。

从导热机制考虑，在稳态传热过程中，对构成围护结构的固体材料而言，其热力特性主要表现在比热容、热导率(导热系数)和热扩散系数上。在非稳态传热过程中，如在简谐热作用下，材料的热特性指标则由材料的蓄热系数、热惰性指数和材料层表面的蓄热系数来表示，这三个指标除与材料的比热容、热导率有关外，还与材料的容重、温度波周期、热流振幅、温度振幅等有关。

热导率(导热系数) λ 不是绝热材料唯一的热力学性质，但确实是最重要、最基本的热物理指标。在一定温度下，λ 越小，通过一定厚度材料层的热量就越少，也就是说，为控制一定热流强度所需的材料层厚度也就越小。既然材料的绝热能力的好坏主要体现在热导率的大小上，那么，了解影响材料热导率的因素就十分重要。影响材料热导率的因素很多，如材料的种类、组成和结构、表现容重、湿度、化学性质以及工作温度等。在常温下，诸因素中以容重和湿度对热导率的影响最大。各种参数表中，都会给出材料的干容重，因为只有在干燥条件下材料的容重才是固定不变的。

4.3.1 材料的种类、组成与结构

不同种类、组成与结构的材料，热导率差异很大。一般有机高分子材料的小于无机材料的；非金属材料的小于金属材料的；气态物质的小于液态物质的；液态物质的小于固体材料的；固体材料中一般分子结构越复杂、结晶程度越低其热导率越小。

绝热材料按其材质结构可分为纤维状的(如石棉和石棉制品、动植物纤维、岩棉及其制品、玻璃棉及其制品、硅酸铝棉及其制品、化纤及纤维织物等)、散粒状的(如硅藻土、浮石、膨胀珍珠岩及其制品等)、微孔状的(泡沫塑料、软木、加气混凝土、泡沫玻璃等)、层状的(木板、塑料板、铝箔、中空玻璃、蜂窝夹心板等)。其中微孔状的材料容重小，热导率小，因此应用很广泛。

从化学成分上分，绝热材料可分为无机、有机、复合三大类型。无机材料耐久性好，耐化学侵蚀性强，也能耐受较高的温度和湿度，有机材料则相对差一些。目前，各种泡沫塑料中有不少已成为大有发展前途的新型绝热材料，铝箔等反射辐射性能好的材料也成为很有发展前途的新材料。多种材料配合构成的复合绝热材料适用于有多种特殊要求的场合，如镀膜玻璃、铝箔夹心隔热膜、吸热涂层玻璃板等，解决了不少实际问题。

好的绝热材料具有容重小、热导率小和比热容大的特点。特制的热绝缘材料大多较轻，容重为 $40 \sim 400\ \mathrm{kg \cdot m^{-3}}$，热导率很小，为 $0.03 \sim 0.2\ \mathrm{W \cdot m^{-1} \cdot K^{-1}}$，而比热容大多在

1.2～1.5 kJ·kg^{-1}·K^{-1}，所以绝热非常好。大多数建筑板材，容重在1 000 kg·m^{-3}以下，热导率为0.3～0.4 W·m^{-1}·K^{-1}，比热容大多比绝热材料高一些，为1.5 kJ·kg^{-1}·K^{-1}。一些松散的有机或无机材料，可以做夹层内的绝热填充料，热导率为0.06～0.3 W·m^{-1}·K^{-1}，虽比特制的绝热材料热导率大些，比热容小些，但仍是很好的热绝缘材料，如木屑、稻壳容重为120～250 kg·m^{-3}，热导率为0.06～0.09 W·m^{-1}·K^{-1}，比热容为2.0 kJ·kg^{-1}·K^{-1}，而且是很容易得到的农副产品，因此常用于建造温室和简易冷库。

4.3.2 材料的表现容重(密度)

表现容重是指自然状态下单位体积材料的质量，单位为kg·m^{-3}。自然状态下，材料的表观体积既包括固体体积，又包含其中孔隙和空隙的体积。因此，容量影响热导率的实质在于材料中孔隙度的大小对热导率的影响。绝热材料骨架(固体)部分的容重相差不太大，一般无机材料为2 400～6 000 kg·m^{-3}，有机材料为1 450～1 650 kg·m^{-3}，而空气容量很小，热导率也很小，于是材料中空气所占的体积即孔隙度的大小，与材料的容重和热导率关系很大。显然，孔隙度越大，材料中空气越多，材料的容重和热导率越小。但是，通过增加孔隙度，降低表现容重来减少热导率的方法，并不是无限制的。例如，玻璃棉热导率与容重的关系，在0℃和20℃条件下，随容量γ减小热导率λ均减小，但容量减小到一定程度(0℃下约为50 kg·m^{-3}、20℃下约为55 kg·m^{-3})后，则随着容重的减小，热导率反而很快地增加。这是因为，大孔隙度不仅意味着孔隙数量的增多，而且必然造成每个孔隙的体积也相对加大。同时，大孔隙内的空气容易产生流动，从而导致对流换热，孔隙之间沟通以后，使对流传热更为容易，致使热导率大大增加。对于多孔绝热材料，只有对导热、对流和辐射三种传热方式产生的热阻之和最大时，才具有较高的绝热性能，此时材料的表现容重称为最佳容重。不同种类、组成和结构的材料具有不同的最佳容重，如纤维制品一般为32～48 kg·m^{-3}，泡沫塑料制品一般为16～40 kg·m^{-3}。

4.3.3 材料的工作温度

在常温下，温度对热导率的影响是不大的，可以不考虑。温度高时，由于辐射传热的影响，多孔材料的热导率一般随温度的升高而增大，二者关系常简化为如下的热导率方程：

$$\lambda = \lambda_{常} + bT_{io}$$

或者

$$\lambda = \lambda_0(1 + bT)$$

式中$\lambda_{常}$和λ_0分别为常温和0℃下的材料导热率(单位：W·m^{-1}·K^{-1})；T_{io}为材料内外表面的平均温度(单位：℃或K)；T为材料温度(单位：℃或K)；b为系数。

4.3.4 热流方向

热流方向与材料热导率的关系主要表现在导热各向异性的材料上，如木材和玻璃纤维等，当热流方向与纤维方向一致时，热导率较大；而当热流方向与纤维方向垂直时，热导率较小。

综上所述，提高材料绝热性能的途径大致有以下几点：

(1) 尽量使用表现容重低、接近或达到最佳容重的材料。

(2) 在其他条件允许的情况下，尽量使用有机高分子材料或无定形的无机材料。

(3) 在表现容重一定的情况下，尽可能使用内部孔隙数量多、体积小、互不连通的材料。在使用纤维材料时，尽可能减小纤维的直径。

(4) 利用干空气夹层时，应保证夹层的厚度小到不会发生空气对流为止；蜂窝结构比大平壁中空结构的热导率小；充填微孔材料的夹层，由于减少了辐射换热，其热导率比蜂窝结构材料更小。

(5) 应用遮热板时，应选择反射率高、发射率低的材料，而且与热导率较小的材料复合使用时效果更佳。

(6) 在可能条件下采用真空处理或充填热导率小于空气的气体，可使多孔材料的绝热性能提高。

4.3.5　蓄热材料分类

1. 按蓄热方式分类

按蓄热方式分为显热蓄热材料、潜热蓄热材料和热化学蓄热材料。

(1) 显热蓄热材料是利用物质本身温度的变化来实现能量的储存与转化。显热储热材料按物态的不同，分为液态显热蓄热材料和固态显热蓄热材料。其中液态显热蓄热材料既可以储存能量又可以作为传热流体输运与转换能量，即为传热蓄热材料，简化了换热环节，实现传热蓄热一体化，因此广泛地被应用于化工、冶金、热动等能量储存与转化领域。目前常见的中高温传热蓄热材料主要有水或水蒸气、导热油、离子液体、熔盐、液态金属等。其中熔盐以其宽广的工作温度范围、高导热性、低蒸气压和高热稳定性和化学稳定性，成为低成本中高温传热蓄热材料发展的重点。

作为中、高温显热式蓄热介质，无机氧化物具有一系列独特的优点：①高温时蒸气压很低；②不与其他物质发生化学反应；③来源广泛、价格便宜。但无机氧化物的比热容和热导率都比较低，使得蓄热和换热系统变得庞大和复杂。若将蓄热介质制成颗粒状，会增加载体和蓄热介质的接触换热面积，将有助于使蓄热、换热设备变得紧凑。

高温显热式蓄热介质有花岗岩、氧化镁(MgO)、氧化铝(Al_2O_3)、氧化硅(SiO_2)、铁(Fe)等。这些材料的体积蓄热密度虽不如液体，但若以单位金额蓄存的热量进行经济性分析则具有一定的优势，特别是氧化硅和花岗岩。德国航天航空研究中心(DLR)在研究砂石混凝土和玄武岩混凝土的基础上，研究开发出的耐高温混凝土和铸造陶瓷骨料主要是氧化铁、氧化铝等，并在西班牙太阳能热发电站进行了测试，最高工作温度为 390℃。熔盐在常温下是固态，但熔化成液态后可利用其显热作为中高温热利用领域中的热载体和蓄热介质，因而也可将液态熔盐归类为显热蓄热材料。

(2) 潜热蓄热材料是利用相变材料(PCM)的相变潜热进行热能储存的材料，它具有蓄热密度高、温度波动小(储、放热过程近似等温)、过程易控制、化学稳定性好等特点，但相变时固液两相界面处的传热效果差。发生的相变过程有四种，常被利用的相变过程有固-液、固-固相变两种类型，而固-气和液-气相变虽然可以储存较多热量，但因相变过程体积变化过大,使设备变得复杂,所以一般不用于蓄热。固-液相变是通过相变材料的熔化过程进行蓄热,通过相变材料的凝固过程来放出热量;而固-固相变则是通过相变材料的晶体结构发生改变或者固体结构进行有序-无序的转变进行储/放热。

低温潜热蓄热主要用于废热回收、太阳能低温热利用以及供暖和空调系统。低温相变材料主要包括无机水合盐和石蜡及脂肪酸等有机物。无机水合盐类包括多维硫酸盐、磷酸盐、碳酸盐等的水合盐,它们的熔点低、熔化潜热大、价格便宜。但是,这些物质经过多次吸/放热循环之后,会出现固-液相分离、过冷、老化变质等不利现象。石蜡和脂肪酸以及同类化合物在熔化时,吸收大量的热,虽然蓄热密度低于水合盐,但优点在于不产生固-液分层,能自成核,无过冷,对容器几乎无腐蚀,因此也得到广泛应用。

高温潜热蓄热材料主要用于小功率电站、太阳能热发电、电机、磁流体发电以及人造卫星等方面。若要大量使用这类材料,还有不少问题需要解决,尤其是腐蚀性换热器的传热设计问题。高温相变材料主要包括高温熔盐类、混合盐类和金属及合金等。

对于中高温传热蓄热材料,应从高温化学性质、高温热物理性和经济性三个方面进行综合评价并选择。中高温传热蓄热材料的高温热力学性质评价标准包括熔点、熔化热、熔化时的体积变化、比热容、密度、黏度、导热系数、热膨胀系数、凝固点和工作温度范围等方面。

表 4-3　常用的低温潜热蓄热材料的性质

材料	熔点(℃)	熔解热(kJ/kg)
六水氯化钙	29.4	170
十水碳酸钠	33	251
十二水碳酸二钠	36	280
十水硫酸钠	32.4	253
五水硫代硫酸钠	49	200
正十八烷	28.0	243
正二十烷	36.7	247
聚乙十醇 600	20～25	146
硬酯酸	69.4	199
水	0.0	333.4
十水硫酸钠/氯化钠/氯化铵低熔共晶盐	13	181.3

(3) 热化学蓄热材料是利用可逆化学反应通过热化学反应来实现能量储存和利用的材料。热化学反应蓄热密度可达 1 000～3 000 MJ/m^3,一般高于显热蓄热和潜热蓄热,而且如果反应过程能用催化剂或反应物控制,热量可长期蓄存并可远距离常温输运,不需要绝缘的储能罐,但由于其储/放热过程涉及的技术过于复杂,目前仅在太阳能高温热利用方面开展示范研究。表 4-4 所示的是三种蓄热方式的优缺点比较。

表 4-4　三种蓄热方式的比较

特性	显热蓄热	潜热蓄热	化学蓄热
蓄热容量	小	较小	大
复原特性	在可变温度下	固定温度下	在可变温度下
隔热措施	需要	需要	不需要
能量损失	长期储存时较大	长期储存时相当大	低
工作温度	高	低	高
运输情况	适合短距离	适合短距离	适合长距离

潜热蓄热和化学蓄热具有很多优点,目前已进入工业应用阶段。而针对太阳能等可再生能源利用领域,目前采用的蓄热方法根据不同的温度要求,主要有高温导热油温跃层(斜温层)蓄热、高压饱和水(饱和蒸汽)和熔盐蓄热、高温混凝土蓄热和 SiC 陶瓷蓄热等方法。

2. 按蓄热材料化学组成分类

按蓄热材料化学组成分类主要分为无机蓄热材料、有机蓄热材料和复合蓄热材料。

(1) 无机蓄热材料主要是指无机盐、无机盐水合物、液态金属等蓄热材料。这种蓄热材料价格便宜,体积蓄热密度大,而且工作温度范围比较大,可以在高温工况下蓄热,但无机盐水合物在使用过程中会出现过冷、相分离等问题,而且无机盐水合物存在使用温度较低的缺点,这严重影响了其广泛应用。无机盐蓄热材料其工作温度范围为 120～1 200℃,是良好的中高温传热蓄热材料。液态金属以其单位体积蓄热密度大、导热性好、热稳定性高、过冷小、相变时体积变化小的特点,适合于 300℃以上的应用场合,但腐蚀性大,所以目前尚没有大规模利用。

(2) 有机蓄热材料主要是指利用有机物进行能量储存的材料,主要有高级脂肪烃、醇、羧酸、导热油、离子液体等。一般来说,有机蓄热材料的相变温度及相变潜热随着其碳链的增加而增加。但是,有机相变材料导热性能较低,密度小,相变过程中体积变化大,并且熔点较低,工作温度上限一般不超过 400℃,易挥发易燃,成本普遍较高,所以其应用存在一定的局限性。

(3) 复合蓄热材料主要是指相变材料(芯材)和高熔点支撑材料(囊材)组成的混合蓄热材料。相变材料的作用是利用其相变潜热来蓄/放热的,工作介质包括各种相变材料,如石蜡、水合盐、无机盐等。支撑材料的作用是保持相变材料的不流动性和可加工性,主要有膨胀石墨、陶瓷、膨润土、微胶囊等。通常而言,支撑材料的熔化温度要求高于相变材料的相变温度,使其在介质的相变范围内保持其固体的形状和材料性能。与普通固-液相变材料相比,它不需封装器具,从而减少了封装成本和封装难度,避免了材料泄露的危险,增加了材料适用的安全性,减小了容器的传热热阻,有利于相变材料与传热流体间的热交换。与传统的蓄热材料相比,具有优势。

4.4 蓄热机理

4.4.1 显热储存原理

显热储存是各种储热方式中原理最简单、技术最成熟、材料来源最丰富、成本最低廉的一种,因而也是实际应用和推广得最普遍的方式。

显热储存利用物质在温度升高(或降低)时吸收(或放出)热量的性质来实现储/放热的目的。在一般情况下,物质体积元 dV 在温度升高(或降低)dT 时所吸收(或放出)的热量 dQ 可用式(4-1)表示

$$dQ = \rho(T, r)dV \cdot c(T)dT \tag{4-1}$$

式中,$\rho(T, r)$ 为物质的密度,一般来说是温度 T 和位置坐标 r 的函数;$c(T)$ 为物质的比热容,一般来说是温度的函数。

由于在太阳能热利用中所使用的显热储存材料大多是具有各向同性的均匀介质,且范围多在中、低温区域,此时 ρ 和 c 可视为常量。因此,可将(4-1)式简化为

$$dQ = dm \cdot cdT \tag{4-2}$$

式中,$dm = \rho dV$,是物质体积元的质量。

对于质量 m 的物体,当温度由 T_1 变化至 T_2 时,其吸收(或放出)的热量 Q 可用下式计算

$$Q = \int_{T_1}^{T_2} mc\,dT = mc(T_2 - T_1) \tag{4-3}$$

如上所述,显热储热体的储热量等于储热体的质量、比热容和所经历的温度变化三者的乘积。但在一般情况下,可利用的温差与所使用的储热材料无关,而大多由系统决定。因此,显热储热体的储热量主要取决于材料的比热容和密度两者的乘积。在实际应用中,水的比热容最大为 4.2 kJ/(kg·℃),而常用的固体比热容仅为 0.4~0.8 kJ/(kg·℃),无机材料为 0.8 kJ/(kg·℃),有机建筑材料为 1.3~1.7 kJ/(kg·℃)。至于材料的体积,除了材料的实体部分外,还与其本身的空隙率有关,对于不同材料,该值差异很大。

4.4.2 潜热储存原理

潜热储存是利用物质发生相变时需要吸收(或放出)大量相变潜热的性质来实现储热的,有时又称为相变储热或熔解热储存。所谓相变潜热,就是单位质量物体发生相变时所吸收(或放出)的热量,其数值只与物质的种类有关,而与外界条件的影响关系极小。

质量为 m 的物体在相变时所吸收(或放出)的热量 Q 为

$$Q = m\lambda \tag{4-4}$$

式中,λ 为该物质的相变潜热,kJ/kg。

相变温度为 T_m 的材料,从温度 T_1 加热至温度 T_2 期间经历相变过程的总储热量 Q 为

$$Q=\int_{T_1}^{T_m} mc_1\,\mathrm{d}T + m\lambda + \int_{T_m}^{T_2} mc_2\,\mathrm{d}T \tag{4-5}$$

式中，c_1 为固态材料的比热容，单位是 kJ/(kg·℃)；c_2 为液态材料的比热容，单位是 kJ/(kg·℃)。

通常，把物质由固态熔解成液态时所吸收的热量称为熔解潜热，而把物质由液态凝结成固态时所放出的热量称为凝固潜热。同样，把物质由液态蒸发成气态时所吸收的热量称为蒸发潜热(或汽化潜热)，而把物质由气态冷凝成液态时所放出的热量称为冷凝潜热。把物质由固态直接升华成气态时所吸收的热量称为升华潜热，而把物质由气态直接凝结成固态时所放出的热量叫凝固潜热。

在一般情况下，这三种潜热之间存在着下列关系：

熔解潜热＋汽化潜热＝升华潜热

并且，这三种潜热之间在数值上存在下列关系：

熔解潜热＜汽化潜热＜升华潜热

但是，由于物质汽化或升华时，体积变化过大，对容器的要求过高，所以实际使用的往往都是熔解(凝固)潜热。此外，还可以利用某些固体(例如冰或者其他晶体)的分子结构形态发生变化(亦称相变)时的潜热进行储热，这种相变潜热亦称为迁移热。

4.4.3　相变蓄热材料

相变蓄热材料简称相变材料，属于能源材料范畴。广义上是指能够利用其在物态变化时所吸收(或放出)大量热能的性质进行能量储存的材料；狭义上是指在固-液相变时，储能密度高、性能稳定、相变温度适合、性价比优良，能够被用于相变储能技术的材料。通常，物质有固、液、气三相，而所谓相变是指材料的状态发生变化，从一种状态转到另一种状态，这是一个等温或近似等温的过程，同时伴有大量能量的吸收或释放，这个温度即为相变温度，吸收或释放的能量即相变潜热。

相变材料的种类很多，存在的形式也是多种多样，表4-5给出了几种相变材料的分类。迄今为止，相变材料的物质多达20 000多种，人们研究过的天然和合成的相变材料也已经超过4 300多种，但能够真正应用到实际工程中的还不到1%。目前，国际上有关固-固和固-液的相变材料的研究比较多，这里主要对这两种相变材料进行简单介绍。

表4-5　相变材料的分类

分类方式	相变材料类别		
相变形式	固-液相变材料(常用，性能好，数量好)	固-固相变材料(无需封装，数量少)	固-气、固-液相变材料(不常用)
材料性质	无机相变材料(碱及碱土金属的卤化物)	有机相变材料(直链烷烃、脂肪酸)	混合类相变材料
相变温度	低温相变材料(25～90℃)	中温相变材料(90～550℃)	高温相变材料(＞550℃)
应用程度	潜在相变材料(数量多)	商用相变材料(数量少)	—

1. 固-气和液-气相变材料

这两类相变材料在相变过程中会产生大量的气体，使相变材料的体积变化很大。因此，尽管这两类材料在相变过程中的相变潜热很大，但在实际应用中很少被选用。

2. 固-固相变材料

固-固相变材料的研究始于20世纪80年代初，主要集中在对其性能的研究。由于这类相变材料具有无气体、液体产生、体积变化小、无毒无腐蚀、对容器的材料及技术条件要求不高、热效率高、过冷度轻和使用寿命长等优点，所以它是一类较理想的储能材料，越来越受到人们的重视。目前，已开发的具有技术和经济潜力的固-固相变材料主要有三类：无机盐类、多元醇类和高分子类。

(1) 无机盐类相变材料

无机盐类相变材料的储能/放热主要是利用固态状态下不同晶型的变化而进行，主要有层状钙钛矿类、Li_2SO_4，硫氢化胺类等。通常，由于这类相变材料的相变温度较高，适于高温范围内的储能和控温而不适于常温内使用，并且相变潜热一般较小，因此在实际中很少被使用。

(2) 多元醇类相变材料

这是目前国内研究较多的一类相变材料，主要包括季戊四醇(PE)、新戊二醇(NPG)、三羟甲基乙烷等。这类相变材料的储/放热机理与无机盐类相似，都是通过晶体有序和无序之间的转变来实现吸热和放热的。由于具有可操作性强、性能稳定、寿命长及可重复使用等优点而备受瞩目。但这类相变材料存在一个严重的缺点，即加热到相变温度以上时，相变材料会由固态转变成塑性晶体，而塑晶有很大的蒸汽压且易挥发，所以在使用时需要容器进行封装。

(3) 高分子类相变材料

高分子类相变材料主要是指一些高分子交联树脂，如交联聚烯烃类、交联聚缩醛类、接枝共聚物等。由于这类材料具有的相变温度适宜、使用寿命长、性能稳定、无过冷及层析现象、力学性能好、便于加工等优点，因此具有很大的实用价值。但是，交联会使其相变潜热有较大程度的降低，在氦气环境下，采用等离子体轰击使其表面产生交联可以基本避免这一缺陷。

表4-6介绍了几种常见的固-固类型相变材料。

表4-6　常见的固-固类型相变材料

材料名称	相变温度(℃)	相变潜热(J/g)
Li_2SO_4	578	214
高密度聚乙烯	120	210
新戊四醇(NPG)	42.85	115.97
季戊四醇(PE)	188	323
三羟甲基乙烷(PG)	81	193
三羟甲基氨基甲烷	134.73	280.49

3. 固-液相变材料

固-液相变蓄热材料是目前研究中相对较成熟的一类相变材料。其原理：当温度高于相变点时，相变材料吸收热量，由固相转为液相；温度下降时，低于相变点时，放出热量。

4.4.4　空气和水储热

1. 空气储热

太阳能温室与太阳房都是对空气储热技术的利用。太阳能温室分被动式和主动式两类。

被动式太阳能温室是指温室本身就是一个太阳能集热器，其建筑结构与常规温室相同。不同之处是在室内(或室外)设置一套储热系统，白天将室内多余的热量输送到储热区，夜间再利用储存的热量。

图 4-3 为采用水储热的被动式太阳能采暖系统。水作为储热介质白天吸收太阳辐射，晚上则通过自然对流将储存的热用来提高室温。如按每平方米温室表面积配20～40 L 水的容量设计时，该类温室晚上室内温度比最低环境温度高 2.5℃～10℃，而白天室内最高气温可降低 1℃～7℃。

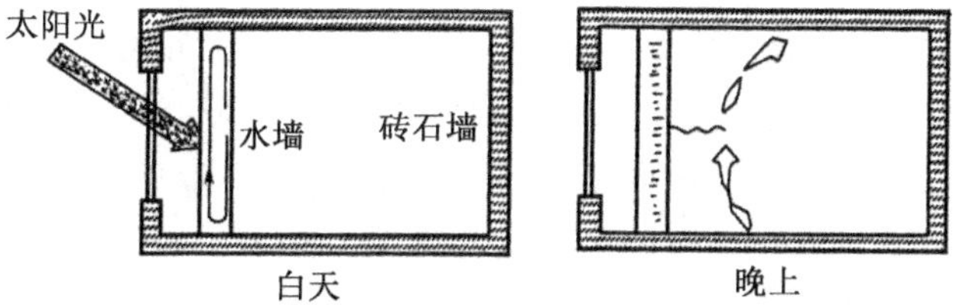

图 4-3　采用水储热的被动式太阳能采暖系统

被动式太阳能温室的初期投资和运行成本较低，可用于对增温需求不是很高的地方，特别对中小规模的温室，增温及节能效果显著。主动式太阳能温室因太阳能收集器、占用的土地、辅助系统以及储热器等成本较高，目前仅用于少量培育经济价值较高产品的场合。由于其能节约大量的常规能源及对作物生态环境有优良的保护效果，所以它显示出巨大的发展潜力，必将在 21 世纪中取得突破性发展。

图 4-4 为直接受益式太阳房在白天和晚上不同的工作状态。这种方式可使室内气温比环境最低温度高出 15℃左右。

2. 水储热

1) 地下含水层储热

采暖和空调是典型的季节性负荷，采用怎样的储存方法来应付这类负荷，一直是科学家关注的问题，而地下含水层储热就是解决这一问题的途径之一。

(1) 含水层储热是利用地下岩层的孔隙、裂隙、溶洞等储水结构以及地下水在含水层中流速慢和水温变化小的特点，用管井加灌的方法，冬季将冷水或夏季将热水灌入含水层储存起来，由于灌入含水层的冷水或热水有压力，它们将原来的地下水推挤储存在井周围的含水层里，随着灌入水量的增加，灌入的冷水或热水不断向四周迁移，从而形成“地下冷水

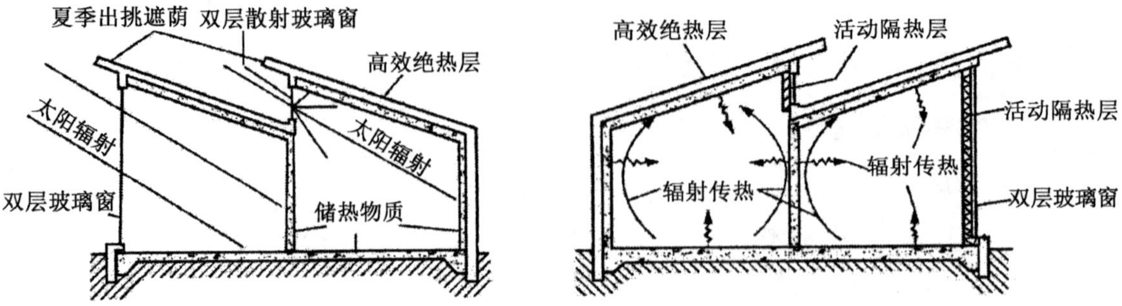

图 4-4　直接受益式太阳房在白天和晚上不同的工作状态示意图

库”或“地下热水库”。当需要提取冷水或热水时,可通过管井抽取。

(2) 地下含水层储能可以分为储冷和储热两大类。含水层储冷,冬季将净化过的冷水用管井灌入含水层,夏季时抽取使用,称为“冬灌夏用”。含水层储热,夏季将高温水或工厂余热水经净化后用管井灌入含水层,冬季时抽取使用,称为“夏灌冬用”。

(3) 储热含水层必须具备灌得进、存得住、保温好、抽得出等条件,才能达到储能的目的。因此,适合储热的含水层必须符合一定的水文地质条件:

含水层要具备一定的渗透性,含水的厚度要大,储水的容量要大;含水层中地下水热交换速度慢,存在无异常的地温梯现象;含水层的上下隔水层有良好的隔水性,能形成良好的保温层;含水层储热后,不会引起其他不良的水文地质和工程地质现象,如地面沉降、土壤盐碱化等。

用作含水层储能的回灌水源主要有地表水、地下水和工业排放水。地表水是指江河、湖泊、水库或池塘等水体。工业排放水则可分为工业回水和工业废水两大类,前者一般不含杂质,是含水层回灌的理想水源,后者含有多种盐类和有害物质,不能作为回灌水源。回灌水源的水质必须符合一定要求,否则会使地下水遭受污染。

除了地下水含水层储热外,大规模的土壤库储热、岩石库储热等地下储能方法也有较大的发展前景。

2) 地下含水层和土壤储热

太阳能热可以储存于地下土壤、岩石和水中。此法特别适用于长期储热,其成本低,占地少,是一种很有前途的储热方式。地下储热适于储存 150℃的热能,这对建筑物采暖是很适用的。

在夏季将太阳能集热器得到的热量储存于地下,冬季再将热能回收利用,计算和实验表明,这种方式能够回收储存热的 90%左右。

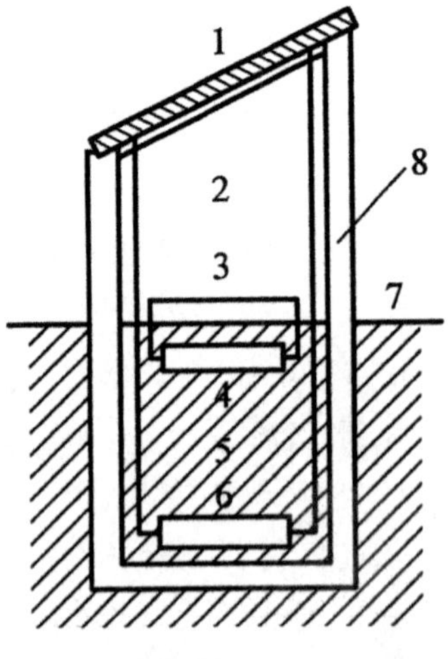

图 4-5　利用地下土槽储热的太阳能系统

1—集热器;2—房间;3—风机盘管;4—上散热板;5—土壤;6—下散热板;7—地面;8—隔热层

地下热库可以直接将地下的干土、湿土、岩石及水作为储热介质,也可将水箱、砾石床及混凝土埋在地下,构成储热系统。

干土的导热系数较低,因此干土储热漏热损失较小。

通常，地下热库的顶面敷设隔热层，侧面和底面用干土隔热，其储热量取决于土层的面积和厚度，厚度以 10～15 m 为宜，面积可由储热量确定。地下干土库可用水或空气作为传热介质，用同心管通入地下热库，传热介质从内管流入，从外管流出。

湿土层的热容及导热系数比干土大，热容大有利于储热，但导热系数大会导致漏热量增加，这就要求有更厚的隔热层。

图 4-5 为用地下土槽储热的太阳能系统，由集热器、风机盘管、储热(冷)槽以及上、下散热板组成，系统周围加有隔热层，用管道相互连接，以水为介质，用泵循环。此系统可将夏季的太阳能热储存到冬季用于采暖，也可将冬季的冷量储存到夏季供室内降温。土槽设有上、下散热板，它们相距 3～4 m，由于土壤散热很慢，一块在储热的同时，另一块可储冷。

初春晚上，地下热量通过散热板和集热器散出，白天集热器收集太阳能热用于采暖，并可储存于土槽上部。盛夏通过风机盘管从土槽中吸收冷量降温，夏末开始储存冬季所需的热量。按此原理，日本在东京设计了面积为 16.8 m^2 的实验住宅，储热土槽体积为37.8 m^3 (4.5 m×2.1 m×4 m)，四周和底面用 300 mm 泡沫塑料隔热，上散热板距地板 0.4 m，下散热板距地板 3.2 m，集热器面积为16.2 m^2。在冬季最冷情况下，室温仍可达 17℃，在 12 月至 4 月的采暖期平均室温可达 21℃，夏季吸收冷量降温，可使室温比室外低4℃～5℃。

水和砾石同样可作地下储热介质。用水作地下储热介质时，需将不隔热的水箱埋设在地下，并注意水箱内水温不能低于周围土壤温度，否则隔热层可能结露，使漏热量加大。地下砾石储热具有成本低的优点，可将砾石埋于地下，上面加隔热层和防水层，侧面和底面依靠泥土隔热，顶面最好向南倾斜，这既能排除雨水，又有利于接收太阳能。

3. 太阳池

太阳池是一种具有一定浓度梯度的盐水池，它具有太阳能集热器和蓄热器的双重功能。由于它构造简单，操作方便，价格低廉，并且易于大规模使用，近年来日益引起世界各国的重视，目前已有 20 多个国家和地区对其进行机理和实际应用的研究。

由于水对长波辐射几乎是不透明的，所以当太阳辐射进入池内后，红外部分在水面以下几厘米的范围内就全部被吸收了，而可见光和紫外线则可穿透清水达数米的深度，并由被涂黑的池底所吸收。因为水是热的非良导体，所以池底所吸收的热量很少能通过传导散失到大气中去。同时，池水和池底作为辐射源，由于它们的温度都比较低(<100℃)，所以辐射的波长多在远红外区，全部都被池水本身吸收，辐射热损失也极小。因此，技术的关键在于控制池内的盐水浓度，使由浓度梯度所造成的正密度梯度(即池顶为清水，池底为饱和盐水溶液，池水密度从上而下越来越大)超过由温度梯度所造成的负密度梯度(即池顶温度与大气温度相同，池底由于不断吸收太阳能而温度逐渐升高，所以池水密度从上而下越来越小)，使池水在竖直方向基本上不会发生对流，因此通过对流产生的热损失也很小。这样，太阳辐射除了在池水表面层发生反射损失外，进入池内的部分基本上全部被池水和池底所吸收，只有少量热量通过四壁和底部散失给土壤。总之，太阳池是一种水平放置的大型集热管，由于它的蓄热量较大，因此可以作为长期(跨季度)蓄热器使用。

图 4-6 所示为典型太阳池的剖面结构，其中上部对流区的厚度为 0.2～0.3 m，中部非对流区(或称梯度区)的厚度为 1.2～1.3 m，中部对流区的厚度为 1.0～1.5 m。

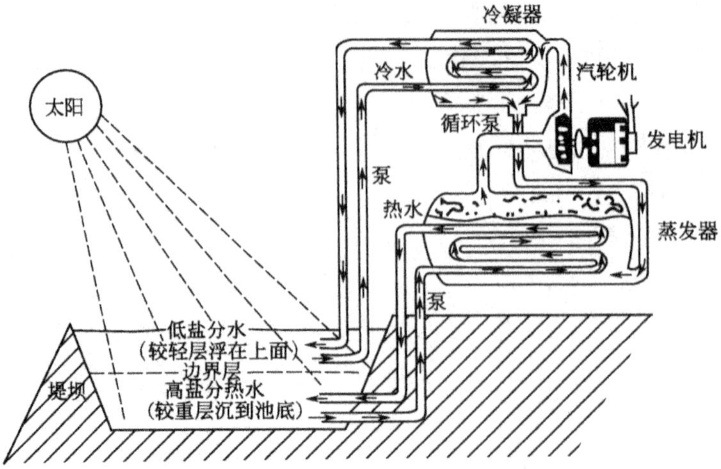

图 4-6　典型太阳池的剖面结构图

4.5　几类相变材料

能够作为储热相变材料的有以下几类：水化盐、熔盐、石蜡族、非石蜡有机物等。

(1) 水化盐　这是目前用得较多的一种相变材料，属无机盐的水化物，常温下呈典型结晶固体，分子式为 $AB \cdot nH_2O$。这类材料的优点是熔化热高、熔化时体积变化小、与其他非金属相变材料相比导热系数高，缺点是水的模数会发生变化，从而导致其熔点具有不一致性即熔化和凝固行为的不可逆性。水的模数固定，有良好熔化和凝固特性的水化盐有三水化硝酸锂、八水化氢氧化钡和十水硫酸钠等，其中十水硫酸钠是最早用于太阳能储热的材料，但这类材料具有一定的过冷范围和腐蚀性。表 4-7 给出了某些水化盐的热物理性质。

表 4-7　某些水化盐的热物理性质

分子式	熔解温度(℃)	熔解热(kJ/kg)	比热容[kJ/(kg·℃)]	
			固体	液体
$NaCl \cdot Na_2SO_4 \cdot 10H_2O$	11	162.6	1.3	2.5
$NaCl \cdot NH_4Cl \cdot 2Na_2SO_4 \cdot 20H_2O$	3	180.6	3	1
$CaCl_2 \cdot 6H_2O$	30	167.2	3	1
$Na_2SO_4 \cdot H_2O$	32	242.9	5	2
$Na_2HPO_4 \cdot 12H_2O$	40	278.0	1.7	3.7
$Ca(NO_3)_2 \cdot 4H_2O$	47	152.6	6	9
$Na_2S_2O_3 \cdot 5H_2O$	45	94.5	—	—
$MgCl_2 \cdot 6H_2O$	115	164.3	5	7

(2) 熔盐　许多无机盐可以用作相变材料储存太阳能，如碳酸盐、硝酸盐、氯化物、氟化物等盐类，可单独使用，也可制成共晶混合物。这类物质熔点为 300～900℃，适当改变配比可得到具有设计熔点的共晶混合物。

作为储热介质，熔盐存在的问题是腐蚀和过冷，在选用时成本也是要考虑的，比较常用的有硝酸盐、碳酸盐、氯化物等。硝酸盐熔点在 300℃左右，其突出优点是价格低、腐蚀性小、500℃以下不会分解，缺点是熔解热小（83～125 kJ/kg）、导热系数低[0.81 W/(m·℃)]；碳酸盐及其混合物也是较好的相变材料，其优点是熔解热大、腐蚀性小、密度大，缺点是液态黏度大，有些易分解，由 60％碳酸钾和 40％碳酸钠组成的共晶混合物熔点为 704℃，比热容为 0.92 kJ/(kg·℃)，熔解热为 364 kJ/kg，性能稳定；氯化物一般都很便宜，可配成不同熔点的混合盐，缺点是腐蚀性大。

(3) 石蜡族　石蜡族分子通式为 C_nH_{2n+2}，是性质很相近的饱和碳氢化合物族。在常温下，n 小于 5 的石蜡族是气体。

(4) 非石蜡有机物　非石蜡有机物包括的材料很广泛，性质差别也很大，其中许多材料具有合适的相变温度和较高的潜热，但有些在高温和强氧化剂中会燃烧、分解或放出毒气，使用时应加以选择。表 4-8 列出了部分非石蜡有机物的性质。

表 4-8　非石蜡有机物的性质

名称	分子式	熔点(℃)	熔解热(kJ/kg)	密度(kg/m³)	导热系数[W/(m·℃)]	比热容[kJ/(kg·℃)]	备注
聚乙二醇 600	$H(OCH_2CH_2)_nOH$	20～25	146	1 100(50℃)	0.159	2.26	无色黏稠液体
乙酸	CH_3COOH	16.7	187	1 050(20℃)	S. 0.566 L. 0.544	—	无色液体
十四烷酸	$CH_3(CH_2)_{12}COOH$	58.0	199	858(50℃)	S. 0.44 L. 0.63	—	白色晶体
反油酸	$CH_3(CH_2)_7CH{=}CH(CH_2)_7COOH$	47.0	128	851(79℃)	—	—	—
硬脂酸	$CH_3(CH_2)_{16}COOH$	69.4	199	847(71℃)	—	—	白色无定形固体
乙酰胺	CH_3CONH_2	81.0	241	1 159(20℃)	—	—	—
富马酸二甲酯	$(CHCO_2CH_3)_2$	102	242	1 045(105℃)	—	—	—
萘	—	80	149	—	—	—	—
蜂蜡	—	62	176	—	—	—	—

(5) 其他相变材料　除上述相变材料以外，其他相变材料有水、金属等。水的熔解热和汽化潜热都很大，性能稳定，价格很低，资源丰富，但水的熔点太低，利用汽化潜热储能时需要配备压力容器，因而限制了它的应用。有些金属价格不高，蒸气压低，无毒，可考虑用于储能，如铝、钡、镁及锌等，其中，最有希望的是铝，其熔点为 658℃，熔解热 395 kJ/kg，导热系数特别大，常温时为 204 W/(m·℃)，但铝用于储热存在着膨胀、连续相变循环等问题。

4.6 熔盐与导热油

4.6.1 熔盐

1. 熔盐类型

熔盐以其蒸气压低、热容量大、导热性能好、工作温度范围宽和成本低等优点,在太阳能规模化热利用、工业节能、能量运输和转换、材料加工等领域得到了广泛应用。

近年来,随着太阳能热发电技术的兴起,硝酸熔盐作为传热蓄热介质被大量采用。根据碱金属硝酸盐高温分解特性可以判断,在指定合理温度范围内,硝酸熔盐性能安全可靠,然而,硝酸盐的分解特性表明硝酸熔盐在传热蓄热过程中存在向大气排放氮氧化物的潜在可能。初步研究发现,硝酸熔盐在不同温度下确有排放氮氧化物的现象。另外,硝酸熔盐在传热蓄热过程中,如果遇到地震和洪水等自然灾害或者工程事故等突发事件,都有可能造成熔盐泄漏,尽管熔盐泄漏预冷后即刻凝结成固体且大块体熔盐可回收,但散落于土壤中较小的熔盐颗粒经雨淋或水浸后不仅会污染土壤,而且还会因渗漏污染地下水,这种污染与目前存在的常规污染有明显的区别,即硝酸盐浓度在一段时间内会提高。因此,对硝酸熔盐在传热蓄热中的污染监测以及防治研究显得非常重要。

图 4-7 是一个 100 MW 太阳能热发电工作模式——光的聚集、热量吸收传递、热量蓄存与交换、热功转换等环节的能量损失构成图。由图 4-7 可见,储热在系统运行中占有重要位置。

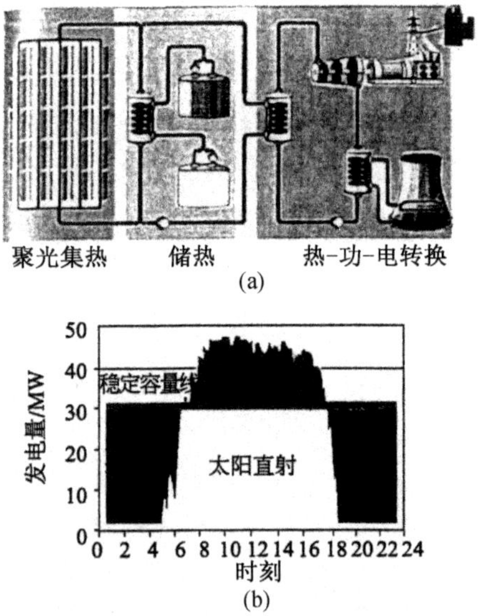

图 4-7 太阳能热发电系统工作模式

熔盐作为传热和蓄热介质,可分为如下四类:

(1) 单纯盐　LiH 分子量小而熔化热很大(2 840 kJ/kg),作为蓄热物质已应用于人造卫星上。在太阳能热发电系统中,相变材料主要包括金属及合金、氟盐及其共晶混合物等,其中 LiF 是目前高温熔盐相变采用较多的材料,这种熔盐材料有适合的熔化温度,与容器的相容性很好,并具有良好的热稳定性,可应用于基本型吸热/蓄热器。

(2) 碱　碱的比热容高、熔化热大、稳定性强,在高温下蒸气压很低,价格便宜,也是较好的蓄热物质。

(3) 金属与合金　金属必须是低毒、价廉的,铝因其熔化热大、导热性高、蒸气压低,是一种较好的蓄热物质。Mn-Zn、Al-Mg、Al-Cu、Mg-Cu 等合金的熔化热也十分高,也可作为蓄热物质。金属材料密度大,具有很高的熔化热和优良的导热性能,并且在相变时体积变化小,可以有效地降低吸热器的体积和质量;但金属的比热容小,在过载情况下会导致过高的温度,从而影响容器的寿命,同时也加大了出口温度的波动范围。目前研究较多的材料为 Ge 和 Si 类，由于它们在高温下腐蚀率较高，难以找到合适的容器材料，所以影响了它们的实际应用。

(4) 混合盐 作为高温应用的潜热式蓄热介质，研究得较多的是熔融盐。可根据需要将各类盐类配制成 120℃～850℃温度范围内使用的蓄热介质，其熔化热大、熔融时体积变化小、传热性能好。在太阳能热电站以及太阳能热解制氢发展的推动下，高温应用的混合盐潜热式储能研究已经成为一项热门的课题。

2. 熔融盐传热蓄热材料

熔融盐(简称为熔盐)是盐的熔融态液体，通常说的熔盐是指无机盐的熔融体，现已扩大到氧化物熔体和熔融有机物。形成熔融态盐类的固体大部分为离子晶体，在高温熔化后形成离子熔体，离子熔体在应用中具有许多不同于水溶液的性质。

熔盐具有以下优点：①作为离子熔体具有良好的导电性；②具有广泛的温度使用范围，使用温度范围为 120℃～1 200℃，且具有相对好的热稳定性；③低蒸气压；热容量大；④黏度低，化学稳定性良好；⑤经济性好，便宜易得、成本低。熔盐作为传热蓄热材料已广泛应用于能源、动力、石化、冶金、材料等行业。较为常见的高温熔盐是由碱金属或碱土金属的氟化物、氯化物、碳酸盐、硝酸盐及硫酸盐等组成的。

3. 硝酸熔盐

硝酸熔盐主要由碱金属或碱土金属与硝酸盐组成，具有熔点低、比热容大、热稳定性好、腐蚀性低等优点，已广泛应用于工业余热回收和太阳能热发电等领域。目前国外太阳能热发电站使用的硝酸熔盐主要有二元体系(KNO_3—$NaNO_3$)和三元体系(KNO_3—$NaNO_3$—$NaNO_2$)两种，其工作温度范围为 290℃～565℃，材料配方和制备工艺被美国 Coastal Chemical Hitec 垄断。国内在熔盐炉中所使用的是三元体系(53%KNO_3—7%$NaNO_3$—40%$NaNO_2$)，工作温度范围为 180℃～500℃。但当温度高于 500℃时，熔融盐由于热分解、氧化引起的亚硝酸盐组分含量降低，使得熔盐的熔点上升，从而引起各种运行故障。常用的混合硝酸盐熔盐的物理化学特性如表 4-9 所示。

表 4-9 几种硝酸熔盐的物理化学性能

性质及组成	$NaNO_3$	KNO_3	60%$NaNO_3$—40%KNO_3	53%KNO_3—40%$NaNO_2$—7%$NaNO_3$
熔点/℃	307	337	220	142
上限温度/℃	500	500	600	535
表面张力/($mN \cdot m^{-1}$)	114.5	106.7	109.2	112.02
密度/($kg \cdot m^{-3}$)	1 820	1 827	1 837	1 791
黏度/cP	1.91	2.11	1.776	1.87
电导率/($\Omega \cdot cm^{-1}$)	1.366	0.805		
导热系数/($W \cdot m^{-1} \cdot K^{-1}$)	0.581	0.48	0.519	0.387
热容/($J \cdot kg^{-1} \cdot K^{-1}$)	1 819	1 340	1 495	1 550
熔化热/($kJ \cdot kg^{-1}$)	181.93	99.64	161	80

注：表中是硝酸熔盐在 400℃时的物理化学性能。

4. 氯化物熔盐

氯化物种类繁多,优点是价格一般都很便宜,蓄热能力大,可以在600～1 000℃使用,按要求能制成不同熔点的混合盐。缺点是其工作温度上限较难确定,且大多数腐蚀性强,容易发生潮解,且含结晶水的氯化物稳定性不高。氯化物熔盐传热蓄热材料以其储量巨大和成本低廉的优势在盐湖资源循环利用中发挥重要作用,是未来高温传热蓄热材料发展的重点。

5. 碳酸熔盐

大部分碳酸盐的熔点在800℃左右,最高使用温度在1 000℃左右。碳酸盐及其混合物非常适合作为高温传热蓄热材料,这类熔盐价格不高,溶解热大,腐蚀性小,密度大(相对密度约为2),它们按不同混合比例可以得到熔点更低的共熔物。但是碳酸盐的熔点较高且液态碳酸盐的黏度较大,有些碳酸盐容易分解。碳酸钾和碳酸钠共熔物的特点使其适合为高温传热蓄热材料。

6. 氟化物熔盐

大部分氟化物熔盐的工作温度范围为900℃～1 200℃。氟化物熔盐主要由碱金属或碱土金属氟化物组成,具有很高的熔点及很大的熔化热,属高温型传热蓄热材料,可应用于工业高温余热回收和空间太阳能热发电等领域。多数碱金属和碱土金属氟化物都可用作传热蓄热材料的备选盐,但从易得性和成本来考虑,通常选择 LiF、NaF、KF、MgF_2和 CaF_2作为混合熔盐的基础组分。氟化物熔盐与金属容器材料的相容性较好,但其在由液相转变为固相时有较大的体积收缩,且热导率较低。并且由于氟离子有毒,氟化物必须在闭合系统中使用。

7. 中高温传热蓄热材料

中高温传热蓄热材料的热物性直接影响系统能源利用效率与工作温度范围。提高导热系数的一种有效方式是在液态传热蓄热材料中添加金属、非金属或聚合物的固体粒子。目前很多学者已开展了对纳米粒子强化低温流体热物性的研究,通过添加纳米粒子,提高材料的比热容,也是为了提高其蓄热性能。

Shin 等在氯化物混合盐($BaCl_2$、$CaCl_2$、LiCl、NaCl)中加入1%SiO_2 纳米粒子后,纳米流体比热容提高了6%～7%。

离子液体是一类由有机阳离子与无机或有机阴离子构成的在室温或近室温下呈现液态的熔盐。离子液体具有凝固点低、热稳定性高、非挥发性、液态温度范围宽、蒸气压低、黏度低、密度大、化学稳定性高、热容大及储能密度高等特点。

图4-8为空间太阳能闭式 Brayton 循环(CBC)发电系统原理图。系统工作过程如下:旋转抛物面型太阳能光反射器将太阳光反射并聚焦,聚焦后的太阳光进入吸热/蓄热器腔体,一部分能量通过换热器传热,直接加热循环介质,其余热量被蓄热介质储存于阴影期的工质换热需求;吸热后的循环介质在涡轮内膨胀做功,推动涡轮旋转,从而带动发电机发电和压缩机工作;膨胀做功后的循环介质经过换热器与由压缩机出来的高压介质进行换热,释放热量,再经过介质冷却系统进一步排热降温,进入压缩机压缩,经过回热器预热,再次进入吸热/蓄热器,完成一个循环过程。

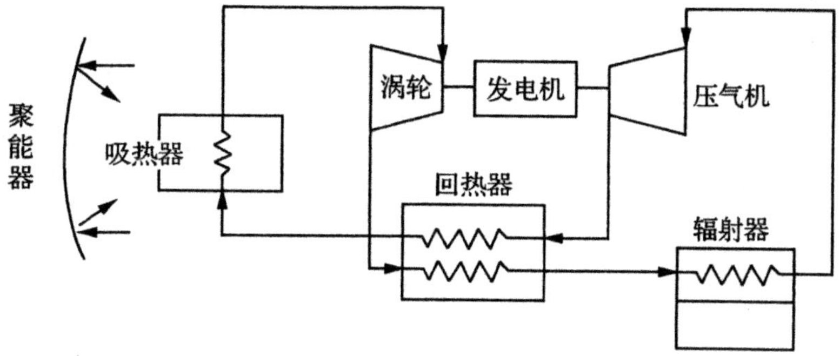

图 4-8　空间太阳能 CBC 发电系统原理图

4.6.2　导热油

导热油是一种有机载热体，常用作传热蓄热材料来进行能量转换与储存。导热油按生产原料可以分为矿物油型和合成油型两大类。多为淡黄色或褐色油状液体，大部分是无毒无味的，少数具有一定程度的毒性和刺鼻气味。导热油具有较高的沸点，可以在很低的饱和压力下被加热到较高的工作温度，达到液相 340℃或气相 400℃，并有较好的热稳定性，一般不腐蚀金属设备且黏度不大，已被广泛用作传递热量的热载体。使用中当油温超过 80℃时必须有隔离空气措施，否则导热油会因急剧氧化而变质，从而影响使用。导热油都是可燃的，使用中必须注意防火。导热油超温工作时会因裂解而析出碳，使其黏度增加，传热效果下降，发生结焦时会引发事故。导热油的使用寿命取决于它的种类和使用温度，同时也受加热炉的设计条件、运行条件及设备自身的规格等因素的影响。根据导热油的劣化程度来判断其能否继续使用。

表 4-10 给出了几种常见导热油的热物性数据。导热油作为传热蓄热材料，由于其使用工作温度上限为 400℃，成本较高，包括废油处理费用，虽然在槽式太阳能热发电站被广泛应用，但是在更高参数的太阳能热发电技术中的应用尚有很大的局限性。

表 4-10　常用导热油的热物性数据

热物理性质/℃	联苯混合物			二甲基二苯甲烷			芳化油		联三苯混合物	
	260	300	380	250	300	350	250	300	260	480
饱和蒸气压/atm	1.05	2.38	8.15		1.05	2.25	0.09	0.252	0.374	6.64
密度/($kg \cdot m^{-3}$)	863	825	739	796	752	696	815	781	910	770
比热容/($kJ \cdot kg^{-1} \cdot K^{-1}$)	2.63	2.76	2.97	2.22	2.34		2.38	2.55	2.17	2.51
导热系数/($W \cdot m^{-1} \cdot K^{-1}$)	0.102	0.096 4	0.084 8	0.095 2	0.089 4		0.098 7	0.092 9	0.000 12	0.000 105
运动粘度/($\times 10^4 m^2 \cdot s^{-1}$)	32.6	27.6	21.8	17.5	13.1		71.9	50.7	50.65	22.04

许多学者已开展了将离子液体作为传热蓄热材料的研究，如[C_4min]PF_6、[C_8min]PF_6、[C_4min]Tf_2N、[C_4min]BF_4以及[C_8min]BF_4等，并对离子液体的热物理性质，包括熔

点、分解温度、黏度、密度、比热容和导热系数、化学及热稳定性、材料相容性、环境安全与健康问题进行了研究。其中,较有代表性的离子液体[C_8min]PF_6的储能密度为378 MJ·m^{-3},比热容为2.5 kJ·kg^{-1}·K^{-1},密度为1 400 kg·m^{-3},而[C_4min]BF_4的液体温度可达−75~459℃。Reddy等研究了离子液体的热稳定性和对金属材料316不锈钢、1080碳钢、钢、镍等在高温时的腐蚀性。结果表明,离子液体的分解温度为450℃,对金属材料的腐蚀速率为0.013 mm/a,这说明离子液体适合作为传热蓄热材料。但是,从环境友好流体特性的角度而言,[C_4min]PF_6离子液体含有PF_6^-,存在分解产生HF而对设备产生腐蚀的风险。与熔融盐相比,离子液体价格较贵,分解温度较低,在能量转换和储存过程中的传递特性、再生处理等关键问题还需进一步探悉。

在众多中高温蓄热材料中,熔融盐以其宽广的工作温度范围、高导热性、低蒸气压、较高的热稳定性和化学稳定性,成为低成本规模化产业中高温传热蓄热材料发展的重点。

4.6.3 相图计算模型

高温熔盐传热蓄热材料的研究侧重于制备方法和低温段热物性测试,但缺乏对蓄热介质阴阳离子间的相互作用与分子行为特征的基础认识,因此不能形成熔盐传热蓄热介质的基本设计理论和发展热物性变化机理。

对于三元熔盐体系相图的研究目前还只涉及极少的体系,在那些已研究的三元体系中,一般也只是测定了一些恒温截面,甚至还是局部成分范围的恒温截面。如果再考虑到多元熔盐体系,测定相图的工作量是非常巨大的,所以发展计算相图是很必要的。

目前,用于相图计算的热力学模型主要有理想溶液模型、正规溶液模型、亚正规溶液模型、似化学理论、扩展的似化学模型、共形离子溶液模型和化合物能模型等。以上描述的模型,都在不同程度上存在对周围环境的原子影响考虑不准确、计算不便和应用范围狭窄等局限。

德国科隆Pilkington太阳能公司在研究太阳能热发电的蓄热系统时,认为蓄热器的性能取决于蓄热密度、传热介质与蓄热介质间的热传递、蓄热介质的机械与化学稳定性、热损失、传热介质/蓄热介质与换热器的相容性、长期稳定性等。张寅平等在讨论相变蓄热装置的经济性和可行性时,认为必须考虑以下因素:①热物性对蓄热和放热过程的影响程度;②贮能装置所需的相变材料质量;③相变过程所需的时间;④液相相变中传导和对流的相对重要性;⑤热负荷和流动条件随时间的变化等。张先棹等在研究蓄热室性能决定因素时,主要对蓄热材料提出如下要求:①耐高温;②良好的抗热震性能;③良好导热性与蓄放热速率;④大的单位体积比热容(或蓄热密度);⑤化学稳定性与足够的机械强度等。

将蓄热密度、有效蓄热容积与蓄放热速率等作为蓄热器性能描述参数,前两个参数反映了热力学能量平衡的要求,并间接反映了经济性的要求,第三个参数反映了传热学的要求。在太阳能热发电中有双罐蓄热和单罐蓄热两种装置。显然,不同的蓄热装置其侧重点不同,对于双罐熔融盐蓄热,蓄放热速率比较大,可以不做重点要求,而蓄热密度与有效蓄热容积则是两个重要的考量参数。

4.7　新型中高温蓄热技术

4.7.1　新型中高温蓄热的发展

蓄热技术的核心和基础是蓄热材料。1984 年诺贝尔物理学奖获得者卡洛·鲁比亚(Carlo Rubbia)指出:“太阳辐射是资源最丰富的能源,而带蓄热装置的太阳能热发电技术则是收集这种能源最经济的方式”。在对蓄热介质的寻找中,热容量、导热性和流动性成为三个研究重点。

在美国能源部出台的《太阳能技术多年期计划》(Multi Year Program Plan 2008—2012)中,关于蓄热技术列出了如下计划:①开发能够在 80℃～500℃温度范围内运行并具有较大比热容的共晶盐;②利用超临界传热流体并结合陶瓷温跃层蓄热降低储能成本;③设计和验证固态显热蓄热模块;④研发利用 CO_2 作为传热流体和固态陶瓷蓄热的新型蓄热方法;⑤探索利用热化学循环来储能;⑥在熔融盐材料中制备碳纳米管悬浮液,以提高熔融盐的高温热稳定性、比热容和导热系数;⑦研究超高温混凝土的特性,特别是 600℃以上的性能;⑧探索和比较多种形式的储能系统的性能。

我国在《国家中长期科学和技术发展规划纲要(2006—2020 年)》和《国家“十二五”科学和技术发展规划》中将储能技术列为重要研究内容。在可再生能源利用方面,《国家能源科技“十二五”规划(2011—2015)》中则明确提出开发大规模太阳能的热发电技术,其重点内容包括 600℃大规模低成本蓄热技术以及聚光-吸热-蓄热等能量传递与转化系统的集成应用特性。当前,“大容量-高参数-长周期蓄热”是国际太阳能热发电的技术发展趋势,降低蓄热系统造价以及提高蓄热材料性能是实现高效、规模化、低成本太阳能热发电技术的关键。国家科学技术部 2012 年 3 月发布的《太阳能发电科技发展“十二五”专项规划》也明确指出,开展“面向高参数-高效率-稳定输出的太阳能热发电技术研究,突破次高参数熔融盐吸热-蓄热塔式发电关键技术及设备”“掌握高温段(450℃以上)蓄热材料设计、制备、大容量蓄热系统热损抑制,形成分布式和大容量集中太阳能蓄热与供热系统示范”的重要性。

中高温蓄热技术的开发和应用研究涵盖材料科学与工程、热能工程、化学工程等多个学科,并涉及诸多自动化控制、工程建设等方面的问题,需要综合考虑技术性能、成本效益和环境影响等多方面因素。优异的技术性能是确保蓄热系统具备技术可行性的关键因素。首先,高蓄热容量(显热、潜热或化学能)是减小系统体积、提高系统效率的必要条件;其次,要求在蓄热介质和传热流体之间具有良好的传热速率,以确保热能能够按照实际需要的速率被储存和释放;最后,蓄热介质需要具有良好的稳定性,以防止在多次热循环后出现化学和机械劣化。成本效益决定了投资的回收期,而成本效益通常与上述的技术性能相关联,由于高蓄热容量和优异的传热性能能够显著减小系统体积,所以能减少投资成本。除了技术性能和成本效益之外,还需要考虑其他的设计标准,譬如操作策略、与具体应用场合或终端系统的集成等。

对众多的热转换利用方式而言,采用高温转换,尽可能提高转换与输出热能的温度,利用高温蓄热进行稳定的能量供应，是提高利用效率的根本途径，也是可再生能源低成本、规模化、连续利用的关键技术之一。中高温蓄热技术的发展思路是开发高蓄热密度、高使用温度、高蓄/放热速率、低成本、环境友好的蓄热介质材料，研究过程可控的蓄热方法及系统。具体来说，中高温蓄热技术的研究重点和发展趋势包括以下几个方面：

(1) 熔融盐传热蓄热技术。熔融盐使用温度高，有利于提高热功转换的蒸气压参数，从而提高发电效率，因此采用熔融盐是今后中高温蓄热的发展方向，而寻找性能优越的混合熔融盐成为熔融盐传热蓄热研究的主要切入点之一，其发展方向则是提高熔融盐材料的高温化学稳定性、降低其凝固点、拓宽其使用温度范围、降低其运动黏度、降低其对容器的腐蚀性以及降低其成本。熔融盐相图在熔融盐理论研究和实际应用中具有重要意义，可以为混合熔融盐的配制提供理论依据。然而，多元系相图的复杂性，给相图绘制和计算带来了较大的困难，导致混合熔融盐的相图一直发展较慢，今后在熔融盐相图绘制和计算预测方面需要加大研究力度。

(2) 新型传热蓄热介质。结合最新材料技术，利用现代化学理论和热科学理论，针对不同的储能系统研究，并开发适应不同温度段的经济高效蓄热材料，例如金属纤维-相转变复合材料、金属结构 PCM、相变介质定型化和梯级熔点混合介质等；开发宽使用温度传热工质，譬如铅-铋共晶(LBE)合金，研究其对太阳能热发电系统的适应性；研究开发离子液体、磁流变导热油、磁流变熔融盐强化传热机理，测量掌握其热物性参数及其传热规律。高温混凝土的成本优势非常明显，其研发方向主要是提高导热系数，解决其高温时的开裂问题以及降低其成本，而包覆相变蓄热材料的混凝土蓄热系统也是研究和应用的方向；中高温相变蓄热的关键是提高相变蓄热材料的导热系数，除了研究储能密度高、性能稳定、相变温度满足不同用能温位要求的能量系统以外，通过强化换热改善蓄热和放热速率也是改善储能系统性能的重要方向。

(3) 化学反应蓄热关键单元技术。该技术基于化学反应热力学、动力学和经济性原则，重点在于选择适用于储能的化学反应体系，包括无机氢氧化物的热分解、甲烷重整和甲醇分解技术等，涉及新型氢氧化物体系、碳酸盐反应体系与催化剂材料、反应器和换热器的优化设计等领域。研究热化学反应过程中伴随反应物物质流所发生的能量转换、储存、热再生效应，为化学反应储能系统的结构设计、工艺流程设计以及优化提供支撑。

(4) 蓄热系统的控制策略与集成优化。它主要包括蓄热系统在长期循环高热载荷和循环变热应力工况下的化学及力学稳定性；变物性传热及蓄热介质管内的流动传热规律和强化机理；多尺度结构中传热及蓄热介质的多相耦合传递机理；强化蓄热过程传热传质机理与方法；蓄热器模型的优化、基于终端用能系统运行特征的蓄热系统设计与调控等。

4.7.2 相变蓄热和热管蓄热

1. 相变蓄热

Verena Zipf 等提出了采用螺旋换热器的高温潜热蓄热方法，在蓄热介质发生相变的过程中，利用螺旋片的自清洁效果实现两相流体的输送。为了分析螺旋换热器中相变及传递过程的动力学特性，以导热油作为传热流体，$NaNO_3$ 和 KNO_3 共晶混合物作为相变蓄热介质，构建实验室模型并进行整体性能测试，如图 4-9 所示，其中(a)为蓄热过程，(b)为放热过程。为了提高蓄/放热效率,需要对相变蓄热介质的进料结构和方式进行优化设计,蓄热介质的填充量可根据换热器中转轴的转速进行调整。蓄热介质分别贮存在熔融相变材料和固态相变材料两个独立的区域,这种新型的固-液双区域蓄热理念,可以缩小传热蓄热设备尺寸,从而有望开发出一种经济上可行的中高温潜热蓄热技术。

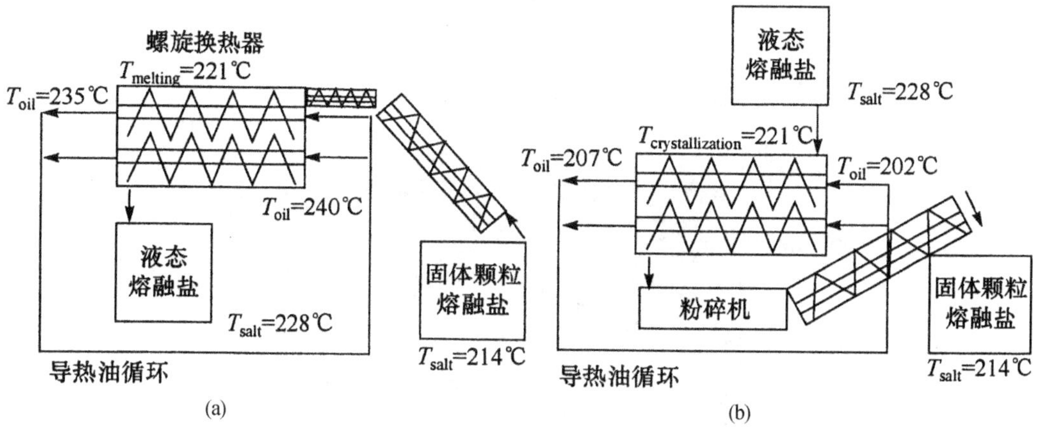

图 4-9　基于螺旋换热器的相变蓄热实验系统设计图

2. 热管蓄热

由于热管具有传热速率快、热流密度大等一系列优点,所以将其结合应用到蓄热领域引起了学者的关注。如图 4-10 所示,H. Shabgard 等将热管束插入到传热流体和相变材料之间,并根据传热流体在管内流动或者管外扰流而设计了两种具体的蓄热结构。研究结果表明,增设热管后提高了蓄热系统的性能,使其可应用于太阳能热发电等方面的中高温蓄热场合。

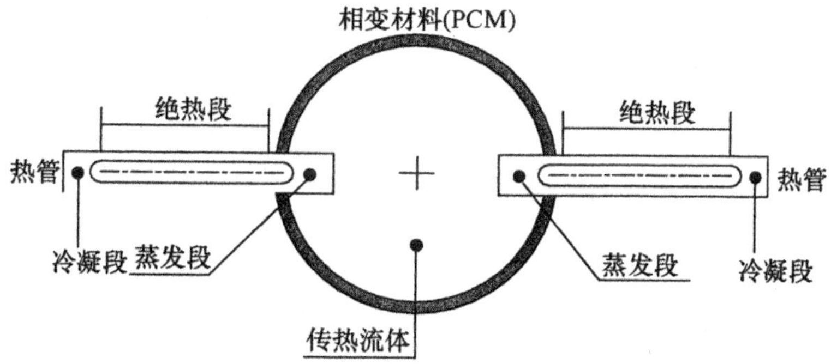

图 4-10　利用热管的高温相变蓄热方法

Adinberg 等提出了一种回流传热蓄热方法,利用高传导的中间流体进行蓄热,如图 4-11所示。该方法基于中间传热流体中发生的回流蒸发-冷凝现象,整个蓄热系统主要包括相变材料蓄热单元以及安置在相变材料外部的蓄热换热器和放热换热器,其中蓄热换热器浸没在液态中间传热流体中。在蓄热过程中,液态传热流体蒸发吸收热量,产生的蒸气通过分布在相变材料内部的传输通道向上流动,然后在通道表面上进行冷凝,其中所携带的潜热通过壁面以热传导方式传递给相变材料，冷凝后的传热流体再在重力作用下流回液体池。在放热过程中，高温的相变材料促使液态传热流体蒸发，蒸气在流经蓄热单元顶部的放热换热器时再将热量传递给工作流体。Adinberg 还建立实验装置对该蓄热方法的可行性和效果进行了验证，将 NaCl 作为相变材料、金属钠作为中间传热介质，这可以达到 800℃的蓄热温度。同时，实验研究了锌-锡合金作为相变材料、联苯-苯醚共晶混合物作为传热流体时的蓄热性能，这可在 350℃～400℃的温度范围内产生高温过热蒸气。

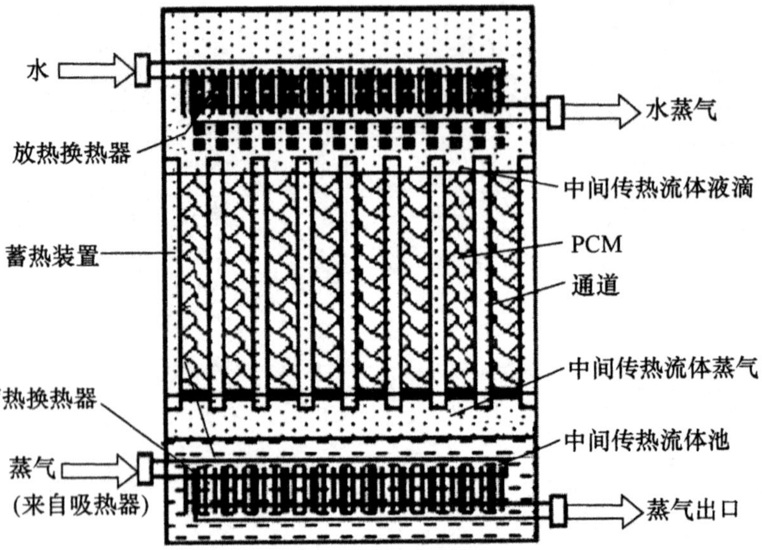

图 4-11　回流传热蓄热方法原理示意图

4.8　电池

4.8.1　独立光伏发电系统中的储能

1. 储能容量的设计

光伏发电系统中的储能容量配置主要是由实际的用电需求决定的。储能容量的设计可以分为以下几个步骤：

首先，进行初步分析以优化系统用电，比如，替换某些高耗能的电子装置(如使用耗电较低的节能灯泡)。

其次，对系统用电情况进行评估。专门设备的用电评估相对户用电器来说更容易一些，因为户用电器设备的运行由于个人行为的影响而具有较强的随机性。此外，户用系统由于新电器的增加，其用电量总体上会迅速提高，这也促使人们倾向于采用模块化的独立光伏发电系统。

再次，是系统容量设计，包括电源的类型选择与容量设计。有时需要考虑采用包含太阳电池板和油机的混合发电系统，尤其是在有明显季节特征的地区（如旱季和雨季轮换特征明显）。通过分析当地太阳能资源和所选光伏发电系统的效率，可以计算出所需光伏组件的容量。光伏组件的发电量应与日常用电量相当。

最后，在以上步骤完成之后，需要确定储能系统的容量。储能容量可按日均用电量乘以光伏不发电的持续天数（或光伏发电很弱的天数）来计算。当然，它也会受到所用储能技术的最大允许放电深度的限制。

2. 选择适宜的储能技术

在独立光伏发电系统中，储能技术的选择需要对不同的影响因素进行综合考虑。

(1) 成本：这往往是首要的因素，指的是储能系统的建设投资成本，或者是包括维护在内的储能全寿命周期成本。

(2) 储能效率：对于发电成本已经很高的光伏系统来说，储能的效率是个重要因素。如果储能的效率低于 75%，这意味着需要将光伏组件的容量增加 25%以上。

(3) 荷电保持能力：该因素与储能系统的效率和自放电率有关，决定了一段时间后电池中还有多少电量。

(4) 维护：尤其是在偏远地区，运行维护显著影响着系统的总成本。

(5) 适应不同运行工况的能力：电池的寿命受温度和充放电循环方式的影响。

(6) 安全性。

(7) 可回收性。

3. 电池的重要性

电池在独立光伏发电系统中具有重要地位。对光伏发电系统来说，储能系统的成本占整个系统的 1/4。然而，由于储能电池的循环寿命短，所以对于 20 年以上的系统全生命周期，电池的成本就占到系统成本的一半。

因此，储能技术成为影响独立光伏发电系统发展的关键因素，并催生了两种相关的市场，即安装市场和更换市场。

从全球范围来看，到 2030 年，两种光伏发电系统的总容量能达到 130 GWp，其中，专门设备用光伏发电系统达 70 GWp，农村户用光伏发电系统达 60 GWp。

为确保独立光伏发电系统的最优运行，应该根据不同的应用需求选择不同类型的电池。

电池种类繁多，形状、尺寸各异，性能各不相同，但大致可分为化学电池、物理电池、生物电池。

4.8.2　一次电池和二次电池

化学电池现在被广泛用于各种场合，其使用环境（一定温度、湿度、压力条件）要满足下述条件：

① 电压高（符合用电要求）；

② 能量密度高（电容量大、放电时间长）；

③ 输出密度高（可输出大电流）；

④ 放电特性稳定；

⑤ 温度特性好；

⑥ 自放电少，保存性好；

⑦ 充/放电循环寿命长(二次电池)；

⑧ 能量转换效率高；

⑨ 密闭度高；

⑩ 容易使用；

⑪ 安全性、可靠性有保证；

⑫ 无公害；

⑬ 经济性好。

然而，同时满足上述条件的完美电池并不存在。因而，有必要针对不同使用目的来制造不同特性的电池。例如，输出电流很小但可以长时间输出稳定电压的电池；轻小型，但可以输出很多电能的电池；短时间可以输出大电流的电池；保存性非常好的电池；尽管成本有些高，但性能特别可靠的电池等。

为了满足特定的条件，必须使用合适的正负极材料、电解液(质)和分隔膜，来制造满足要求的电池。

化学电池是依靠其内部的化学反应来产生电能，并将该电能取出的电池的总称。化学电池可分为一次电池、二次电池(蓄电池)、燃料电池以及特殊电池这四大类别。

1. 一次电池

一次电池是离我们生活最近的。根据电解质的形态，可分为干电池、湿电池和注液电池。根据电解液种类可分为水溶液系电解液电池和非水系(有机、无机溶质)电解液电池。根据负电极的活性物质可分为铅系电池、锂系电池等。根据正极活性物质又可细分。将这些因素排列组合可以得到一亿种以上的电池。现在，这些电池中被广泛应用的有锰干电池、碱性干电池、银电池、空气电池和锂·二氧化锰有机电池等。一次电池具有下述特征：

① 只能用而不能充电，用尽之后就废弃；“一次”并非只能使用一次而是指不能重复使用。

② 由于不经充电就能使用，方便灵活，遇到灾害或在电网“鞭长莫及”不能充电的地区(海岛、高山、沙漠等)大有用武之地。

③ 种类繁多，形式多样。既有锰干电池及碱性干电池，又有适用于需求大电流的镍一次电池(羟基氧化镍干电池)及在精密机器等产品中使用的纽扣电池等。

2. 二次电池

二次电池具有下述特征：

① 可以反复进行充/放电，即一旦蓄积的电能耗尽(放电结束)，可借由外部电源使其流过与放电方向相反的电流(称该过程为充电)，使电池重新(即所谓“二次”)恢复到放电前的状态，从而可反复使用，一般又称其为“蓄电池”。

② 应用范围极广，既有汽车等使用的传统铅-酸蓄电池，又有信息通信设备及 AV 设备等小型电子设备中使用的镍-镉电池、镍-氢电池、锂离子电池等。

③ 随着二次电池在大容量、小型化及长寿命化方面取得进展，二次电池在当代网络社会中所起的作用越来越大。

④ 作为动力(用于电动汽车等)、电力储存(用于太阳能发电系统等)等用途，大容量、大

电流二次电池有待进一步开发，但其发展前景广阔。

对电池充电这件事看似容易，但其中发生的反应并不简单。为使电池的放电、充电能反复进行，要求充电时电池返回到与原来完全相同的状态。要不留任何反应痕迹地完全复原绝非易事。尽管从上述反应式看，只要进行可逆反应，就可以使电池返回到放电前的状态。但是，从充电镀锌时的表面状态看，并不能获得最初那样的光滑镀层。用显微镜观察，发现有枯枝状物体析出(称之为树枝状析出)，电极表面非常粗糙。这样，一部分锌就会因脱落而丧失。

这就是为什么像丹聂耳电池不能有效充电的原因。实际上，若锌负极能良好充电便可制成优秀的二次电池，为此人们进行了长期研究，但至今仍未找到很好的方法。这样，能否多次充电就成为二次电池发展的制约因素。因此，二次电池的能量密度比一次电池要低。

由于一次电池电能耗尽后便废弃，因此多用于能量消耗较小的机器设备。与之相对，尽管二次电池能量密度低，但由于能反复充电，因此，既可用于能量消耗小的手机等，又可用于能量消耗大的电动汽车等。

具有以下特性的电池属于高性能电池：①能量密度高(单位质量或单位体积可取出更多的能量)。为此，电池的电压要高，电池的容量要大，以便取出更多的电能。②电池的内阻要小。③自放电少，可长时间保存。④安全性好，运输方便。⑤便宜。⑥环境友好。

以上几条，二次电池与一次电池的要求相同，但对二次电池来说，还应加上：尽可能增加充电次数，循环寿命长；可快速充电。

4.8.3　电池构成要素及参量

1. 电池构成要素

图 4-12 是一种阀控式密封铅酸蓄电池结构。

凡是电池，都需要有 4 个基本要素：正极材料、负极材料、电解质和分隔膜。

以丹聂耳电池为例，电池的这 4 个基本要素分别表述如下：电池中，可取出电(能)的材料，被称为活性物质。①作为氧化剂，一旦发生电池反应，本身被还原的物质称为正极性物质；②作为还原剂，一旦发生电池反应，本身被氧化的物质称为负极性物质；③在两种活性物质间，作为离子通道的离子传导性和负极物质接触但防止二者直接发生反应的隔膜，即分隔膜；④电解质是溶于水溶液或在熔融状态下就能够导电的化合物，根据其电离程度可分为强电解质和弱电解质。当然，还需要盛放这些物质的容器。进一步来说，如同丹聂耳电池的正极性物质的铜离子那样，在无电子传导性的活性物质的场合，还需要作为电子授受舞台的电子传导性材料(通常为金属及碳素材料)。

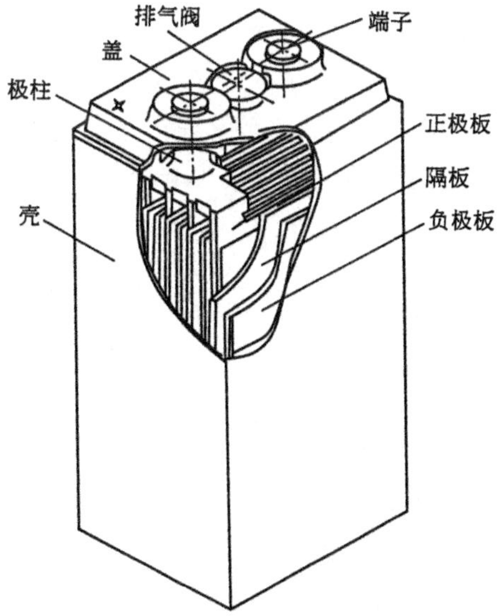

图 4-12　阀控式密封铅酸蓄电池结构

在此，使锌离子和锌金属、铜离子和铜金属，分别与各自的氧化状态和还原状态相结合。这样的组合构成电极系,这种电极系多数情况下称为电极,正极或负极的电极反应并不是单独进行的。

2. 电池容量

电池容量是指在一定的放电条件下电池所存储的电量,常用"C"表示,单位为 A · h,分为理论容量、实际容量和额定容量。

电池的理论容量(C_0)是根据法拉第定律计算出来的容量,即活性物质全部参加电池反应所给出的电量。如果某活性物质完全反应的质量为 m,该物质的摩尔质量为 M,参加反应物质的化合价变化为 n,则按照法拉第定律其容量为:

$$C_0 = 26.8mn/M = m/q$$

式中,q 为电化学当量。显然,理论容量与电池中活性物质的质量成正比,与电化学当量成反比。理论容量在电池设计时应用较多。

电池的实际容量是指在一定的条件下,电池实际放出的电量。

当电池在恒流放电时,$C = It$;

当电池在恒阻放电时,$C = \int_0^t I\mathrm{d}t = \left(\frac{1}{R}\right) \cdot \int_0^t V\mathrm{d}t \approx \left(\frac{1}{R}\right) \cdot Vt$。

式中,R 为放电平均电阻,V 为平均放电时的平均电压,t 为放电时间。

电池的实际容量 C 主要取决于电池中的电极活性物质的数量和该物质的利用率 k。

$$k = (C/C_0) \times 100\%$$

只有当 k 等于 1 时,实际容量才与理论容量相等。而由于种种原因,k 总是小于 1。在设计和制造电池时,规定电池在一定的条件下应该放出的最低限度的电量,即为额定电量(C_r)。干电池电压是干电池性能的重要性能指标之一,它表示干电池在一定状态下电池两端的电势差,单位为伏(V)。

标准电压又称额定电压,指电池正负极材料因化学反应而造成的电位差,由此产生的电压值。干电池的标准电压为 1.5 V。

普通干电池内部的化学电解液反应的激烈程度只能达到使电池发挥出约 1.5 V 的电压水平的程度。这个电压跟化学离子化倾向有关,也就是说跟阴极和阳极材料有关。开路电压是指电池在非工作状态下即电路中无电流流过时,电池正负极之间的电势差。干电池充满电后的开路电压为1.65~1.725 V。工作电压又称端电压,是指电池在工作状态下即电路中有电流流过时电池正负极之间的电势差。在电池放电工作状态下,当电流流过电池内部时,需克服电池的内阻所造成的阻力,故工作电压总是低于开路电压,充电时则与之相反。

标准电极电位是以标准氢原子作为参比电极,即将氢的标准电极电位值定为 0,与氢标准电极电位 $H_2 \Leftrightarrow 2H^+$ 为 0.000 V,锌标准电极电位 $Zn \Leftrightarrow Zn^{2+}$ 为 −0.762 V,铜的标准电极电位 $Cu \Leftrightarrow Cu^{2+}$ 为 +0.342 V。

金属浸在只含有该金属盐的电解溶液中时,达到平衡时所具有的电极电位,叫作该金属的平衡电极电位。当温度为 25℃时,金属离子的有效浓度为 1 mol/L(即活度为 1)时测得的平衡电位,叫作标准电极电位。

电极电位是表示某种离子或原子获得电子而被还原的趋势。如将某一金属放入它的溶液中(规定溶液中金属离子的浓度为 1 mol/L),在 25℃时,金属电极与标准氢电极(电极电位指定为零)之间的电位差,叫作该金属的标准电极电位。

3. 电池电能

电池的电能可表示为:电池的电能=电池的起电力×电池的容量。

如同为了提高起电力那样,一般是将电极电位高、电化学当量小的正极,与电极电位低、电化学当量小的负极相组合,由此构成能量密度大的电池。

种种的正极性物质与负极性物质相结合都可以构成电池,其中的若干组合至今仍在研发中,有些已达到实用化。

4.9 常用二次电池

4.9.1 铅-酸蓄电池

1. 铅-酸电池的特点

铅-酸蓄电池由于性价比高、功率特性好、自放电小、高低温性能优越、运行安全可靠、回收技术成熟以及铅的再利用率高等优点,长期以来一直是世界上产量最大的二次电池产品,其产值及销售额至今仍占全球电池的一半,占二次电池的 70%。据不完全统计,我国铅-酸蓄电池销售总额达 800 多亿元,我国已经发展成为全球铅-酸蓄电池的生产基地。

铅-酸蓄电池的电化学表达式为(−)$Pb|H_2SO_4|PbO_2$(+)。其主要结构包括正极、负极、隔板和电解液 4 个部分,另外还有蓄电池槽、盖子、安全阀等。在生产应用中,正负极分别焊接成极群,然后由汇流排引出成极柱。铅-酸蓄电池使用的电解液是一定浓度的硫酸溶液。另外,隔板的作用是将正负极隔开,它由电绝缘体(如橡胶、塑料、玻璃纤维等)构成,要求耐硫酸腐蚀、耐氧化,还要有足够的孔率和孔径,以便能让电解液和离子自由穿过。槽体也具有电绝缘性,并且也要具有耐酸、耐温范围宽、机械强度高等特点,一般用硬橡胶或塑料做槽体。

铅-酸蓄电池在放电前处于完全充足电的状态,即正极板为多孔性的活性物质二氧化铅(PbO_2),负极板为多孔性的活性物质铅(Pb),正负极板浸入硫酸(H_2SO_4)溶液之中。

2. 太阳能贮能蓄电池的主要应用领域

(1) 家用太阳能电源:①小型光伏电源,10~100 W 不等,用于边远无电地区,如高原、海岛、牧区、边防哨所等生活用电;②带蓄电池的千瓦级家庭联网光伏屋顶发电系统。

(2) 交通领域:如太阳能航标灯、交通/铁路信号灯、交通警示/标志灯、路灯、高空障碍灯、高速公路/铁路无线电话亭、公路道班电源等。

(3) 通信领域:如无人值守微波中继站、光缆维护站、广播/通信/寻呼台、农村载波电话、小型通信机、士兵 GPS 等的太阳能光伏电源。

(4) 石油、海洋、气象领域:如太阳能光伏系统供电的石油管道和水库闸门阴极保护系统、石油钻井平台生活及应急电源、海洋检测设备电源、气象/水文观测设备电源等。

(5) 照明灯具电源:如太阳能庭院灯、草坪灯、路灯、手提灯、野营灯、登山灯、垂钓灯、黑光灯、割胶灯及各种节能灯等。

(6) 光伏电站：如 kW～MW 级独立光伏电站、风光混合电站、光油混合电站、风光油混合电站、各种大型停车场充电站等。

(7) 其他，主要有：①与汽车配套的太阳能汽车/电动车、电池充电设备、汽车空调/换气扇/冷饮箱等；②太阳能制氢加燃料电池的再生发电系统；③海水淡化设备光伏电源系统；④太阳能城市亮化工程及广告牌等。

3. PV 系统中的蓄电池

PV 系统中使用的蓄电池是以浮充电方式工作的。考虑到系统的应用场合和环境，通常对光伏发电系统用的储能电池有下列性能要求：①在 PV 系统使用环境中有长期稳定的充电和放电特性；②由于 PV 系统的使用环境、气象条件等变化大，要求其在较宽的充电电流范围内，充电效率要高；③耐过充电、过放电；④在使用环境下自放电小；⑤循环寿命长；⑥不漏液、不放出气体，或者少漏液，少放出气体；⑦比能量高；⑧成本低。

4. 各种二次电池的特性对比

如今二次电池种类繁多，不同种类的二次电池在性能、价格、稳定性、环保等方面也存在着显著差异。根据正极活性物质的状态，可以将二次电池分为三大类：气态、固态和液态。

正极活性物质为气态的二次电池主要是金属-空气电池，包括锌-空气电池、铝-空气电池、铁-空气电池、镁-空气电池等。另外，镍-氢电池等电池的正极活性物质也为气态。与镍-镉电池相比较，金属-空气电池可提供大 10 倍左右的电力，且极大地减少了充电时间；与锂离子电池相比较，它具有更大的能量密度和更高的循环寿命；尤其是在能量转换效率方面，比内燃机等能量转换设备高出很多。但是，目前金属-空气电池也存在很多的问题，一方面气体扩散电极是整个电池的能量转换器，气体扩散电极的质量与性能的优劣已成为二次电池发展的瓶颈。目前气体扩散电极存在的主要问题是使用寿命低及催化活性差。另一方面，金属作为二次电池的负极反应物，而氧气来自空气体系，所以金属-空气电池在工作时是一个开放的体系。但是，如果将金属曝露在空气中，即使在非工作状态中，活泼金属也会与空气中的氧反应。所以，如何使金属-空气电池在工作时有足够的氧供应，而在非工作状态时能够隔绝空气，成了金属-空气电池需要进一步解决的问题。

正极活性物质为固态的二次电池，又可以分为酸碱溶液系和非水系。酸碱溶液系主要包括铅-酸蓄电池、镍-镉电池、铁-镍电池等；非水系主要包括二氧化锰-锂电池、氧化钴-锂电池、硫化钴-锂电池等。正极活性物质为液态的二次电池主要包括氧化还原电池和锌-溴电池。

4.9.2 VRLA 电池

VRLA 电池是指阀控式密封铅酸电池，电池是全密封的，不会漏酸，在充放电时不会释放酸雾，现已形成相当大的生产规模。

VRLA 电池尽管有许多优点，但和所有电池一样，也存在可靠性和寿命问题。据报道，VRLA 电池使用寿命为 15～20a (25℃浮充使用)，但在实际使用中，该电池会出现提前失效的现象，其容量降到 80%以下。较短的使用寿命并不是 VRLA 电池的本来属性，造成 VRLA 电池的失效原因主要有电解液干涸、负极硫酸化、早期容量损失、板栅的腐蚀与变形及热失控等。

1．太阳能光伏发电用蓄电池的主要技术要求

太阳能光伏发电系统是一块或多块太阳能电池组件组成的太阳能电池方阵，白天对蓄电池组充电，晚上蓄电池组向用户或负载供电。在太阳能光伏发电系统中蓄电池是重要的组成部分，其价格约占系统造价的 20%～25%。根据我国独立型太阳能光伏发电系统的使用特点，VRLA 电池除满足标准的要求外，还应满足以下技术性能要求：

① 在太阳能光伏发电系统中，太阳能电池组件寿命，应达到 20a 以上；控制器、逆变器寿命应达到 10a 以上；蓄电池组寿命应达到 5a 以上，所以储能用 VRLA 电池是适用于循环应用的长寿命电池。一般太阳能光伏发电系统设计蓄电池循环深度为 50%，在此循环深度下，其循环寿命应达到 1 000 次以上，目前用于通信浮充用的 VRLA 电池显然是达不到要求的，必须对它进行技术改进与创新。

② 我国太阳能光伏发电系统大部分在西部地区使用，这里环境条件恶劣，室外气温的变化范围为−35℃～55℃，蓄电池的工作环境温度为−10℃～40℃、湿度为 90%、最高海拔高度为 5 000 m，因此要特别注意蓄电池的气阀压力范围和高低温放电性能。

③ 在太阳能光伏发电系统中蓄电池放电深度不稳定，连续阴天时容易造成电池过放电，如果过放电后容量得不到恢复，将影响到系统使用的可靠性，所以电池的一项重要指标是其过放电后的容量恢复性能。这要求蓄电池 100%放电到 0 V，搁置 120 h 后，充电可恢复到实际容量的 95%以上。

④ 太阳能光伏发电系统用的蓄电池处于循环使用的状态，系统中电池数量较多，因此对整组电池容量的均一性要求较高。系统中如果出现落后电池，它在放电时可能会处于过放电状态，而在充电时又充电不足，如此反复，落后电池将会提前失效，从而影响整组电池的安全性。参照相关标准，配组的储能电池容量偏差要求小于 5%，以提高整组电池的循环寿命。

2．太阳能光伏发电系统用 VRLA 电池性能的改进

(1) 提高循环寿命

目前 VRLA 电池存在的主要问题是在预期的寿命内容量衰退，特别是在循环应用领域达不到用户要求的使用寿命。许多研究表明，早期容量损失现象存在 3 种模式，分别称为 PCL-1、PCL-2、PCL-3。PCL-1 与正极板栅和活性物质界面有关。PCL-2 与正极活性物质分解和膨胀有关。PCL-3 是由负极再充电时恢复不到全荷电状态引起的。所以，为了延长 VRLA 电池的循环使用寿命，板栅合金在板栅与活性物质界面形成的腐蚀层导电性应良好；板栅应具有抗蠕变性能；电池设计应采用紧装配，并适当提高装配压力；还应注意在系统设计时蓄电池应留有 40%～50%的富裕容量。

(2) 提高电池的高低温性能

VRLA 电池对使用温度十分敏感，其寿命与温度有很大关系。按浮充使用经验，一般温度超过 25℃时，每升高 10℃，电池的寿命就会缩短一半，所以应通过对正极铅膏配方的改进来提高 VRLA 电池的高温性能。VRLA 电池随着温度的降低，实际放出的容量大大下降，一般 VRLA 电池在−10℃时，只放出实际容量的 70%左右，而低温性能更多是由负极控制的，所以应通过对负极铅膏配方的改进来提高 VRLA 电池的低温性能。

(3) 提高电池的过放电性能

由于过放电在循环使用的电池中总是存在的，因此必须提高电池对过放电的适应性能。通过改进电解液配方有利于提高 VRLA 电池的过放电性能。

(4) 提高电池的充电接受能力

在太阳能光伏系统中，用太阳能电池提供的电能给蓄电池充电，而充电电流随着太阳辐射量的变化而变化，所以蓄电池的充电模式其实是间歇式充电，这容易造成电池欠充电，长期处于这种使用状态，负极的硫酸盐化将日趋严重，最终导致电池过早失效。对 VRLA 电池来说，充电不足对电池的危害比过充电更严重，所以提高 VRLA 电池的充电接受能力尤其重要。充电接受能力最早在起用铅-酸蓄电池标准中出现，它是为了考核在低温环境下蓄电池充电能力而制定的一项技术要求。为克服负极充电不足的问题，可从负极板入手，在负极铅膏配方中加入高稳定性的膨胀剂和导电性添加剂，以提高电池的充电接受能力。改进的途径和措施主要有下几方面：

① 采用高温固化或者高温和膏工艺提高电池的循环寿命；

② 通过改进合金性能来改善活性物质和板栅界面性能；

③ 改进负极铅膏配方的组成和工艺，减缓和消除硫酸盐化现象；

④ 改 AGM 电池为 GEL 蓄电池。

采用胶体蓄电池作为太阳的储能电池是非常有利的，采用准富液设计不仅电解质不分层、热容量大，还适合在高温环境下使用，减缓了热失控现象的发生；另外，优越的充电接受能力和循环能力，相对于普通 AGM 电池则更少地发生硫酸盐化现象。

3. 太阳能用储能蓄电池的发展趋势

采用 VRLA 电池代替传统开口电池用于太阳能光伏发电系统是一种趋势，同时使用性能优越的 VRLA 胶体蓄电池更是一个新的亮点。太阳能用蓄电池最大的潜在市场是发展中国家，约有 16 亿人没有用上电，而这些国家生产的蓄电池多数技术简单、缺少标准、产品性能很不可靠。如能拿出性能优良的产品，并且价格合理，这在国内外太阳能市场上具有很强的竞争力。

4. VRLA 电池应用在太阳能领域所面临的机遇和挑战

(1) 太阳能光伏发电系统中蓄电池的使用特点

阀控式密封铅-酸蓄电池在太阳能光伏发电领域中的使用是一种新的尝试。太阳能光伏发电系统电池的使用模式、充电模式、失效模式和环境情况与一般的应用差别较大。它放电电流较小，根据系统设计不同其富余量不同，一般以 25 h 率放电，放电深度为 20%～50%，用于太阳能和风能发电系统中的 VRLA 电池，其充电模式相对于一般 VRLA 电池也有不同。为了能够高效地接受从发电系统中产生的电能，蓄电池通常处于不完全充电状态，大多时候保持放电状态；另外，充电还受气候影响，有时以过放电静置。在太阳能光伏系统中，蓄电池充电由太阳能电池直接进行，其充电电流和充电电压随着太阳辐照度的变化而变化，有时充电电压不够，有时充电电压过高，由于 VRLA 电池对充电方法特别敏感，所以易造成电池早期失效。日本、美国等国对在太阳能光伏发电系统中使用的 VRLA 蓄电池的调查中发现，由于 VRLA 蓄电池通常处于不完全充电状态，从而极易引起正、负极板的硫酸盐化，从而导致蓄电池的容量损失；另外，系统中充电电压不能根据温度变化自动调节，易造成在高温条件下蓄电池过充电，而低温情况下蓄电池充电不足，结果使蓄电池寿命提前终止。特别是在我国西部地区使用时，由于交通不便，使用人员维护不到位，因而影响太阳能光伏系统的运行质量。可见,VRLA 电池应用于太阳能光伏发电系统中既是机遇,也是挑战。

(2) 不同贮能蓄电池在太阳能系统光伏发电中的应用和比较

传统开口铅-酸蓄电池、阀控式密封铅-酸蓄电池和镉-镍蓄电池都可以作为光伏发电系统的贮能电池。国内用户对以上 3 种电池的选择经历了一个过程:最初的选型是传统开口铅-酸蓄电池,或许由于开口电池的环保性能差,20 世纪 90 年代太阳能光伏发电系统又开始采用碱性镉-镍蓄电池;最近几年,由于 VRLA 电池的技术完善,再加上胶体 VRLA 电池的逐渐成熟,太阳能光伏发电系统又开始转向采用 VRLA 电池。从表 4-11 可以发现其原因。

表 4-11 传统铅-酸蓄电池、阀控式铅-酸蓄电池和碱性镉-镍蓄电池性能比较

比较项目	普通镉-镍蓄电池	阀控式铅-酸蓄电池	碱性镉-镍电池
额定电压/V	2	2	1.2
放电	放电率小于 C_{10},放电深度 75%	放电深度 75%	高倍率 7Cs 以上,放电深度 100%
腐蚀性	产生的酸雾容易腐蚀设备等,需要专用电池室	无腐蚀,可人机共室	腐蚀性小,可任意安装
环境温度/℃	5～35	−20～45	−40～35
浮充电压	比额定电压高 8%～10%	比额定电压高 11%～14%	比额定电压高 13%～20%
浮充寿命/a	8～10	10～15	15～20
安装	安装复杂,占地面积大	安装简单,占地面积小,可水平和垂直安装	安装简单,占地面积小
价格	低	一般	高

由上面的性能特点可知,碱性蓄电池相对于铅-酸蓄电池具有一定的优势,其应用受到限制的主要因素有三方面。一是价格高,就单只电池而言,碱性电池由于原材料价格贵,单价高出铅-酸蓄电池一半以上;二是单体电池电压因素,碱性电池额定电压为 1.2 V/cell,铅-酸电池额定电压为 2 V/cell,若同样装置于 48 V 系统,碱性电池需 40 只,而铅-酸蓄电池仅需 24 只,比碱性电池少 16 只;三是碱性电池的内阻是铅-酸电池的两倍,其起始放电特性“软”,对充电设备技术要求高。

(3) 传统开口电池在太阳能光伏发电系统中的应用和维护

早期光伏电站用的蓄电池一般为开口式电池,即使它成本低、循环寿命相对长,但由于其易发生热失控等现象,并且在使用中存在需定时加酸加水维护、易产生酸雾污染环境等缺陷,不适合在无人值守电站使用,不利于环境保护。尽管传统的浅循环电池不太适合在太阳能系统中使用,但有些国家仍然使用这种蓄电池做太阳能家用系统的贮能装置,这是因为其成本比较低,可随处买到;但其最长的使用寿命仅为 3 年,远不能满足光伏系统的要求,所以它表面上便宜,实际更昂贵。这就对太阳能贮能蓄电池提出了更高的要求。

太阳能用蓄电池在漫长的周期中总是处于充电和放电状态,为太阳能电池进行能量贮存,并供连接的负载进行能量提取。这种工作方式很可能产生每个单体电池电压之间不平衡的问题。

用于太阳能系统的蓄电池在使用时，其使用条件在检查中应特别注意。因此，除按照常规的操作指南工作外，以下测试和服务工作也很重要。

① 测试并记录所有电池的单体电压。所有单体的电压应尽可能一致(围绕平均电压波动范围为±0.05 V)。根据安装时的瞬间工作状态，单体电池电压应在 2.15～2.4 V/cell，与平均值相差超过 0.2 V 或其绝对值小于 2.15 V 的电池应被替换。在测试期间电池组不应断开。电池的电压应定时测量，一旦出现电压有偏差的电池，需及时处理。

② 测试并记录所有电池的酸密度。每个单体电池的酸密度应尽可能相同，但在工作条件下可允许单体电池的酸密度与平均值的偏差为±0.02 kg/L，如果单体电池的电压也偏离平均值，则应更换相关的单体。

③ 加装纯水。应首先测量每个单体电池的电解液液面，并记录下偏差值。应尽量将电解液液面填充至规定的电解液液面高度，并记录下水的总填充量。

④ 检查单体电池内部接线和极柱连接。应检查是否所有接头都在最低位置。如果有必要或可能，卸下来检查密封槽是否涂过润滑油，必要时拿下接头并涂上新的润滑油，并要保证连接条与极柱之间的连接充分紧固。

(4) 影响阀控式蓄电池寿命的主要因素

① 阀控式蓄电池对温度十分敏感。例如，对 5a 期寿命的电池来说，当环境温度为 35℃时，实际寿命只有 2.5a；如果环境温度达到 45℃时，其寿命约为 1.25a。对于广大的华中、华南地区来说，全年平均气温超过 25℃的时间长达 3 个多月，加上为防小动物进入配电室室，门窗都比较封闭，室内温度还要升高，所以对蓄电池的运行极为不利。

② 过度放电。蓄电池被过度放电是影响蓄电池使用寿命的另一重要因素。在交流电停电或充电模块损坏后，蓄电池组为负载供电期间，或者当连续阴天、用户使用不当或光伏贮能保护系统出现突发故障时，VRLA 电池均可能发生过放电。普通 VRLA 电池在这种使用状态下可能出现容量难以恢复的问题，严重时会导致电池失效。当蓄电池被过度放电到输出电压为 0 V 时，电池内部有大量的硫酸铅被吸附到电池的阴极表面，形成电池阴极的“硫酸盐化”。由于硫酸铅本身是一种绝缘体，它的形成必将对电池的充、放电性能产生不好的影响。因此，在阴极板上形成的硫酸盐越多，电池的内阻越大，电池的充、放电性能就越差，其使用寿命就越短。

③ 板栅的腐蚀与增长。板栅腐蚀是影响电池使用寿命的重要原因。在开路状态下，铅合金与活性二氧化铅直接接触，而且共同浸在硫酸溶液中，它们各自与溶液建立不同的平衡电极电位。正极栅板不断溶解，特别是在过充电状态下，正极由于析氧反应，水被消耗，H^+ 增加，从而导致正极附近酸度增高，板栅腐蚀加速，如果电池使用不当，长期处于过充电状态，板栅就会变薄，使电池容量降低、使用寿命缩短。

④ 浮充状态对电池使用寿命的影响。目前蓄电池大多数都处于长期的浮充电状态下，只充电，不放电，这种工作状态极不合理。大量运行统计资料表明，这样会造成蓄电池的阴极极板钝化，使电池内阻急剧增大、实际容量远远低于其标准容量，从而导致电池所能提供的实际后备供电时间大大缩短，减少其使用寿命。

⑤ 蓄电池失水。蓄电池失水也是影响其使用寿命的因素之一，这会导致电解液密度增

加，板栅腐蚀，活性物质减少，从而使蓄电池的容量降低而影响寿命。当失水达5.5%时，电池容量降低到75%，失水达到25%时，电池容量基本为零。

4.9.3 镍-镉电池

镍-镉电池是一种碱性蓄电池，其最大的优点是循环寿命长，可循环2 000～4 000次，并且电池结构紧凑、牢固、耐冲击、耐振动、自放电较小、性能稳定可靠、可大电流放电、使用温度范围宽。缺点是电流效率、能量效率、活性物质利用率较低，价格较贵，特别是镉具有毒性。工业上生产的大容量电池，仍以极板盒式电池为主。中、小容量电池多为半烧结式或烧结式、密封箔式。

电池工作原理：镍-镉电池采用 $Ni(OH)_2$ 作为正极，CdO 作为负极，碱液(主要为KOH)作为电解液，镍-镉电池充电时，正极发生反应：$KNi(OH)_2-e+OH^- \longrightarrow NiOOH+H_2O$；负极发生的反应：$Cd(OH)_2+2e \longrightarrow Cd+2OH^-$。总反应为 $2Ni(OH)_2+Cd(OH)_2 \longrightarrow 2NiOOH+Cd+2H_2O$。放电时，反应逆向进行 $NiOOH+H_2O+e \longrightarrow Ni(OH)_2+OH^-$。充电时，随着NiOOH浓度的增大，$Ni(OH)_2$ 浓度的减小，正极的电势逐渐上升，而随着Cd的增多，$Cd(OH)_2$ 的减小，负极的电势逐渐降低，当电池充满电时，正极、负极电位均达到一个平衡值，二者电势之差即为电池的充电电压。

镍-镉电池的标准电动势为1.33 V，充足电时的开路电压可达1.4 V以上。当电池放置一段时间后，开路电压降至1.35 V左右。电池的理论容量为161.6 A·h/kg，一般正极活性物质利用率为70%左右，负极活性物质利用率为75%～85%，密封式镍-镉电池正极活性物质利用率为90%左右，但负极活性物质利用率只有50%左右。

需要指出，镉是一种具有毒性、危害健康的金属。在使用和回收过程中，均需注意安全。

4.9.4 镍-氢电池

密封镍-氢电池结合了蓄电池技术和燃烧电池技术，氧化镍正极源自镍-镉电池，氢负极源自燃料电池。镍-氢电池体系的主要优点有，质量比能量高、循环寿命长、在轨寿命长、耐过充电、耐过放电、氢气压力指示荷电状态。但是它有初始成本高，自放电与氢气压力成比例、体积比能量低等缺点。镍-氢电池主要应用于空间领域，如许多航天器的储能分系统、地球同步轨道(GEO)商业通信卫星、低地球轨道(LEO)卫星、哈勃太空望远镜等。但近年来其地面应用的计划已开始实施，如长寿命无人值守光伏电站。

过充电：在过充电过程中，正极产生氧气。等量的氧气和氢气经铂催化，在负极上发生电化学复合反应。同样，在持续的过充电过程中，电池内KOH溶液的浓度或水的总量不发生变化。氧气在铂负极上的复合速率非常快，只要能将能量及时从电池中传导出去就可以避免发生热失控现象，即使以很高的充电率进行持续过充电，电池也能够承受。

过放电：在电池过放电过程中，正极产生氢气，同时负极以同样的速率消耗着氢气。因此，电池可以持续过放电，而且不会出现氢气压力的积累或电解质浓度的改变。

自放电：镍-氢电池的极组被一定压力的氢气包围。一个显著的特点是，氢气通过电化学反应而非化学反应还原氧化镍。实际上，氧化镍也发生化学还原，只是速率非常慢，对其在空间应用中的性能没有影响。

镍-氢电池已经展示了其在室温环境下的良好性能，而且它与铅-酸蓄电池、镍-镉电池相比没有污染。其工作方式与镍-镉电池类似。

单体镍-氢电池的额定电压为1.2 V，其比能量比镍-镉电池大40%，而且由于对负极隔板的抑制作用，记忆效应很小。

镍-氢电池充电结束的特征是充电电压会发生一个非常小的降低，高性能的自动充电器可以将这个特点作为停止充电的依据。

双极性镍-氢电池的设计最初源于美国。这种电池模组由叠片电池单元/单体组成，该技术有效地利用了导电塑料薄膜的化学、热和电特性，电流流过垂直于电极的单元/单体接口。采用独特的压塑技术制造电极，使镍-氢电池具有更高的比容量。还有一种镍-氢电池，它的正电级中并不含有钴，因为人们认为钴在电池组中并不起什么作用。其实，钴可被用于电池电压过高时控制氧气的释放。

4.9.5 镍-锌电池

镍-锌电池是一种碱性蓄电池，它将镍-镉、镍-铁和镍-金属氢化物电池中的镍电极以及银-锌电池中的锌电极集成在一起。目前，根据具体的设计，镍-锌电池的质量比能量为50～60 W·h/kg，体积比能量为80～120 W·h/L。在放电深度为100%的情况下，电池的循环寿命可达500次以上，当放电深度降低时，可高达几千个循环。镍-锌电池的优势主要有质量比能量高、循环性能好、原材料丰富、成本低、环保。镍-锌电池适用在许多商业应用上，如电动自行车、电动摩托车、草坪和花园用电动设备以及要求能进行深放电循环的舰艇。

基于锌的蓄电池，如镍-锌电池和银-锌电池，工作在碱性环境中，其中的化合物易于回收，而且原材料易于获取。锌电池的应用范围很广，从消费类电子产品到军事或航天系统都加使用。

与镍-镉电池相比，镍-锌电池的价格较低，可利用电压高25%，但其抗充放电循环能力差(600～1 000次)。

镍-锌电池是少数几种采用水电解液的电池，锌电池具有较高的理论容量，可以达到820 A·h/kg。此外，锌含量丰富、成本低、无毒性，都是锌电池的优势，也是目前业界对锌电池进行大量研究的原因。目前，碰到的主要问题基本都是如何改善锌电极在碱性环境下的循环性能，包括结晶的形成和大规模锌的再分配。

镍-锌电池的理论质量比能量为347 W·h/kg，这一性能使镍-锌电池相对于许多电池都非常具有吸引力。根据具体的设计，实际上镍-锌电池的负载放电电压为1.55～1.65 V，质量比能量为70 W·h/kg，这仅相当于理论值的20%，可见，镍-锌电池还有进一步发展的空间。镍-锌电池对于重视循环寿命的场合来说，更适合需要高功率输出、高能量密度的场合，例如其在便携用电动机器、移动通信用专用设备等的电源上更具发展前景。

4.9.6 钠-硫电池

钠硫电池单体一般放在圆柱体的容器内，内部填充钠，外围则是硫(见图4-13)。这两种材料由陶瓷电介质隔开(β-氧化铝)，整个系统封装在一个钢复合材料做成的罐子里。钠-硫电池需要在300℃的温度环境中运行。其能量密度约为100 W·h/kg，功率密度约为230 W/kg，是镍-镉电池的三倍。考虑到该电池技术可能存在的高危险性,它一般只应用于固定式场合。

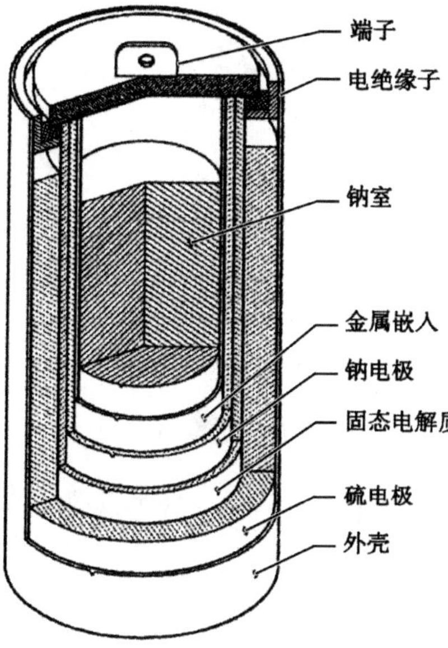

图 4-13　钠-硫电池原理图

4.9.7　氧化还原(液流)电池和钠氯化镍电池

在氧化还原电池的电解液中溶解了参加化学反应的化合物,电解液需要不断的循环。几种溴化合物被用于液流电池,如溴化锌、溴化钠,以及非常热门的多硫化钠/溴。在液流电池中流经隔膜的物质发生的电化学反应是可逆的(充电和放电)。采用大容器盛放电解液,从而将多个电池单体组合应用,可以获得更大的储存和释放容量。例如,英格兰 Regeneys 技术公司运用上述方法研发了一套储能系统,该储能系统的容量为 15 MW～120 MW。就目前看,钒电池在这类电池系列中处于主要地位,其总体储能效率约为 75%。

钠氯化镍电池($Na-NiCl_2$),可以在高温(300℃)下运行,单体额定电压为 2.58 V。其负极由液态钠组成,正极为氯化镍。充/放电时钠离子可通过陶瓷电解质将钠与氯化物隔离。系统安装在作为负极终端的金属箱里,该类电池能够产生 8.5～130 kW·h 的能量,其能量密度可以达到 85 W·h/kg,而功率密度则根据冷却方式的不同处于 72～130 W/kg之间。该类电池在 80%放电深度时循环寿命为 1 000 次。该类电池目前仍然处于研究和开发阶段,运行所处的高温环境和潜在的破损风险限制了它的大规模应用。然而,此项技术将会有望变得比钠硫电池更加安全。

4.9.8　锌-空气电池

各种金属空气电池产品已经存在了几十年,从小型的纽扣电池到用于牲畜圈养的电动栅栏,再到可持续数月供电的大型立方体电池,金属空气电池已广为人知。

金属空气电池是利用悬浮在电解质中的金属颗粒而得来的,如粉末状锌悬浮在钾溶液中,在外部装有空气电极的一束管内流动循环。这种电池可以产生驱动电动汽车功率需求的大电流密度。然而,金属空气电池(锌或铝)在运行过程中要求有许多防范措施,尽管如此,快速的再充电能力使其在电动悬浮汽车等应用中极具吸引力。

由此可见,在未来的电动汽车上很可能同时安装镍-氢电池与锌-空气电池。通过镍-氢电池满足峰值电流需求,并实现刹车时的制动能量回收,而以锌-空气电池满足长距离续航的能量需求(1 000 km 或以上)。

金属空气电池能否取得成功依赖于多重因素,包括循环时金属或金属合金的选用、空气电极的控制、液压系统和单体电池的小型化、系统热电控制、填充新的悬浮金属颗粒实现重复充电的可行性,能否避免放电后电解液的过渡性能的改变。正在开发的可充电金属空气电池采用高能量密度的金属氧化物材料,如锌或铝。金属空气电池的阴极(空气电极)由多孔碳结构或浸渍在一定催化剂中的金属格栅组成。电解液能够保证OH^{-1}的顺利通过,包括液态的和固体的(聚合物膜对 KOH 是饱和的)。金属空气电池的循环寿命约为 100 次,总体效率约为 50%。锌-空气电池的能量密度可达到 450 W·h/kg,而铝-空气电池的能量密度有望超过 550 W·h/kg。一旦金属空气电池的充电技术成熟,这种采用高能量密度、低成本材料的电池将非常有吸引力。

4.10 锂电池

4.10.1 锂电池简介

金属锂电池与锂离子电池在技术上有很大不同。金属锂电池的负极由金属锂(一种容易产生严重安全问题的材料)组成,锂离子电池因在负极和正极中添加了插层化合物(通常是石墨),而使锂处于离子状态。

1. 金属锂电池

在放电阶段,金属锂电池的阳极发生氧化反应。锂离子穿过电解质流向阴极,通过与特定材料(主要是氢材料)的混合(发生反应)而被还原,从而通过释放电子向外部电路提供电能。在充电阶段,锂离子发生逆向反应,由外部电路为其提供电子。

锂离子电池在负极材料上的反应与前面所讲的金属锂电池不同,锂材料被可以让锂自由进入的碳(石墨)所取代。这种结构的主要优点是使锂与电解液不发生直接接触,因此可以提高系统的化学惰性。与纯锂电极相比,这种电极的电位略大,但电极质量更大。因此,该类锂电池的能量密度从纯锂电极的 3 828 A·h/kg 降低到 LiC_6 化合物电极的 340 A·h/kg。

锂离子电池采用两种材料可以使锂离子进行可逆反应。阳极采用已经嵌入锂原子($Li\,C_6$)的石墨薄膜,正极可以采用氧化锂材料。液体电解质则通常采用含六氟磷酸锂($LiPF_6$)的碳酸盐溶液。锂离子电池的单体电压约为 4 V,而通常的电池运行电压为 3.7 V。

锂电池的电解质是纯的离子导体,因此它具有很好的电绝缘特性。在大部分情况下,这种电解质是液态的(如 $LiAsF_6$, $LiPF_6$, $LiClO_4$ 等物质溶解在有机溶剂或丙烯碳酸酯、乙烯碳酸酯、二甲氧基乙烷等的混合溶剂里)。电解质也可以是固态的,如基于聚环氧乙烷的有机化合物或基于非晶硼酸锂的无机化合物。聚合物电解质就是属于固态电解质家族的,它是由聚合物(如聚乙二醇 PEG)和锂盐(如 $LiClO_4$)形成的复合物。而对于胶体聚合物,由锂盐溶入碳酸乙烯酯等有机溶剂中,并固化在聚丙烯腈(PAN)或 PVdF-HFP 共聚物中而形成的。这些固体电解质的性能总体低于液体电解质,但其具有良好的离子电导性。

2. 磷酸铁锂电池

碳酸铁锂电池是锂离子电池的一种,由活性材料 $LiFePO_4$ 构成正极,而负极为石墨。磷酸锂铁电池的单体电压稍低(3.2 V),但安全性更好,成本更低,具有更好的循环稳定性。

3. 锂-聚合物电池

这种电池的负极采用锂金属,正极为钒氧化物,而电解质则采用基于 POE(聚氧乙烯)和锂盐的聚合物,这种电解质在 60℃~80℃时效能最佳。这种电池采用挤压技术实现,是由法国 BATSCAP 公司和加拿大 AVESTOR 公司开发的。尽管该种电池目前价格较高,但这种新型电池技术在未来将会很有前途，其制造成本最终也会比传统的锂离子电池低。

锂-聚合物电池是由 Michel Armand 教授发明设计的，它在技术上是完全可行的，成本为 100～150 美元/(kW·h)，可以在 60℃～150℃的温度下运行良好，并不会有安全问题。在合适的温度条件下它只需要非常少的能量供给。这种电池放置一周的自放电率为 10%～20%。

如果能够消除在高温环境下运行的风险，锂离子电池技术将非常具有吸引力。锂电池也是一类前景较好的电池，在太阳能电能储存领域也受到关注。

20 世纪 70 年代 Li-MnO_2和 Li-CF_x等锂原电池实现了商品化，与传统的原电池相比，其具有以下明显的优点：①电压高；②比能量高；③工作温度范围大；④比功率大；⑤放电平稳；⑥储存时间长。因此，这也自然推动了锂二次电池的发展。同时人们环境保护意识的日益增强，铅、镉等有毒金属的使用日益受到限制，也成了锂二次电池发展的推动力之一。

经过近 20 年的探索，用具有石墨结构的碳材料取代金属锂负极，正极则用锂与过渡金属的复合氧化物，终于在 20 世纪 80 年代末至 90 年代初制成了锂离子电池。以石墨化碳材料为负极的锂二次电池组成为锂与过渡金属的复合氧化物/电解质/石墨化碳材料。

除了常见的锂离子电池外，还有锂-聚合物电池、聚合物锂离子电池、Li-FeS_2电池等，它们的发展也即将实现商品化。

一些电池的技术特性、成本和优缺点的比较分别见表 4-17～表 4-18。

表 4-12 已实用化的蓄电池

	名称	构成			工作电压(V)	特长及用途
		正极活物质	电解质	负极活物质		
已广泛普及的二次电池	铅蓄电池	PdO_2	H_2SO_4	Pb	2.0	稳定的品质，适度的经济性，以汽车应用为中心已实现大量广泛的实用化
	镍-镉蓄电池	NiOOH	KOH	Cd	1.2	价格高，但寿命长，保管、运行都比较方便，仅次于铅蓄电池而获得广泛应用，特别是在天绳(电缆)设备中已广为采用
	镍-氢蓄电池	NiOOH	KOH	MH H_2	1.2	就能量密度而言，MH 型电池优于一般电池，H_2型电池用于宇宙开发等特殊用途
	锂离子蓄电池 锂蓄电池	CoO_2 V_2O_5 MnO_2等	Li 盐 (有机电解液)	LiCa Li	3.6	锂离子型电池具有能量密度高的特点，在天绳(电缆)机器方面的应用已达到实用化；金属锂型电池在存储器——备用电源方面已达到实用化
少量特殊实用化的二次电池	氧化银-锌蓄电池	AgO	KOH	Zn	1.5	能量密度高，输出密度高，但寿命短，价格高，在火箭等特殊用途已达到实用化
	镍-锌蓄电池	NiOOH	KOH	Zn	1.3	在高能量密度等方面是继氧化银-锌蓄电池之后的电池，在天绳(电缆)设备方面的应用已达实用化

表 4-13　开发中的二次电池

名称	特长及用途	名称	特长及用途
钠-硫电池	高能量密度，高输出功率密度，在约 350℃的环境下工作； 电动汽车用，电力储存用	铁-空气电池	高能量密度 电动汽车用
钠-金属氯化物电池	高能量密度，高输出功率密度，在约 250℃的环境下工作； 电动汽车用	铝-空气电池	高能量密度 电动汽车用
锂-硫化铁电池	高能量密度，高输出功率密度，大约 450℃的环境下工作； 电动汽车用	锌-氯电池	高能量密度 电动汽车用 电力储存用
锂-聚合物电池	高能量密度，重量轻，可薄型化，便携机器用	氧化还原流电池	高能量密度 电动汽车用
镍-铁电池	历史久远，长寿命，充放电效率高； 电动汽车用		将贮料罐中储存的氧化还原液向流通型电解槽中供给； 电力储存用
锌-空气电池	高能量密度； 电动汽车用		

4.10.2　锂电池的电解质

锂-聚合物二次电池、锂-空气二次电池和锂-铜二次电池的开发是锂离子电池的发展趋势，现在已经取得一定进展。

锂离子电池的有机液主要由 3 部分组成：电解质锂盐、有机溶剂和添加剂。此外。有机电解液中还含有一些其他杂质，如水、氟化氢、金属离子等。

锂离子电池电解质锂盐按阴离子种类的不同，可以分为无机阴离子锂盐和有机阴离子锂盐两大类。无机阴离子锂盐主要包括 $LiClO_4$、$LiBF_4$、$LiAsF_6$和 $LiPF_6$等，有机阴离子锂盐主要包括 $LiCF_3SO_3$和 $LiN(SO_2CF_3)_2$及它们的衍生物等。阴离子的结构是影响锂盐性能的重要因素，具有较小的晶格能是锂盐在有机溶剂中获得一定溶解度的原因，因此，锂盐阴离子首先必须具有较大的阴离子半径，其次它需易于与锂离子解离，以提高电解液的电导率。此外，锂盐阴离子还应该具有较好的电化学稳定性、热稳定性以及它的分解产物能在负极表面形成稳定的 SEI 膜等特点。虽然锂盐 $LiPF_4$具有较好的电导率、氧化及还原稳定性，但同时 $LiPF_4$具有热稳定性差和易于水解的缺点，这为 $LiPF_4$的生产和使用带来了相当多的困难。因此，寻找廉价的电解质锂盐作为 $LiPF_4$的替代物，是电解质锂盐的发展方向。目前对材料的研究包括络合硼酸锂化合物和络合磷酸锂化合物。

少量的添加剂就能显著地改善电池的某些性能，如电解液的电导率，电池的循环效率和可逆容量等。锂离子电池有机电解液添加剂主要有 3 类,即成膜添加剂、过充电保护添加剂和受体添加剂。

4.10.3　非锂金属离子电池

非锂金属离子电池被称为目前最有前景之一的新型二次储能电池。

类似于锂离子电池,非锂金属离子电池也是一种二次电池(充电电池),它主要依靠非锂金属离子或者络合金属离子在正极和负极之间移动来工作。常见的非锂金属离子主要包括碱金属离子(Na^+和 K^+),碱土金属离子(Mg^{2+}和 Ca^{2+}),第三主族金属离子(Al^{3+})和过渡金属离子(Zn^{2+})。这些离子的共同特点是在地壳中储量丰富、价格便宜、环境友好、适宜大规模开发利用。钠离子电池的工作原理,使用的正极为层状纳氧化物,负极为石墨;在充放电过程中,Na^+在两个电极之间往返嵌入和脱嵌:充电时,Na^+从正极脱嵌,经过电解质嵌入负极,负极处于纳状态;放电时则相反。

按照非锂金属离子的价态,非锂金属离子电池可以分为一价碱金属离子电池和多价金属离子电池。一价碱金属离子包括 Na^+和 K^+,尽管其容量偏低,但储量十分丰富。Na^+和 K^+的离子迁移速度快,活性高,而且其还原电位相对较低,仅比锂分别高出 0.33 V 和 0.11 V。在钠和钾之中,钠离子电池具有较大的容量和较好的安全性,因此获得了更为广泛的关注,被称为最有前景的非金属离子电池之一。

多价金属离子包括 Mg^{2+}, Ca^{2+}, Zn^{2+}和 Al^{3+}等,由于单个多价金属离子携带了一价金属两倍甚至三倍的电量,这类金属离子电池往往具有较高的容量。特别是铝,其理论体积容量高达 8 040 $mA \cdot h \cdot cm^{-3}$,是金属锂的四倍,前景十分光明。并且这类金属可以直接曝露在空气中而不发生快速的化学反应,因而既具有较好的安全性,又可以简化装配工艺,降低成本。但是除钙以外,其他金属的理论还原电位都比较高,铝甚至达到了−1.67 V,这就影响了该类离子电池的能量密度。而更大的挑战则是这类离子较大的电场强度制约了其迁移速率,目前还难以找到合适的电极材料使得多价金属离子可以在材料中迅速扩散。同时,寻找与之匹配的电解液也是难题。

当前开发的非锂金属离子电池有钠离子电池,镁离子电池和铝离子电池。

1. 钠离子电池

目前的研究进展表明,钠离子电池与锂离子电池相比有三个突出优势:(1)原料资源丰富,成本低廉,分布广泛;(2)钠离子电池的电势较锂离子电势高 0.3～0.4 V,即能利用分解电势更低的电解质溶剂及电解质盐,电解质的选择范围更宽;(3)钠电池有相对稳定的电化学性能,使用更加安全。但与此同时,钠离子电池也存在着缺陷,如钠元素的相对原子质量比锂高很多,导致其理论比容量小,不足锂的 1/2;钠离子半径比锂离子半径大 70%,使得锂离子在电池材料中嵌入与脱出更难。

2. 镁离子电池

镁离子电池具有能量密度高、成本低、安全无毒、资源丰富等特点,在储能领域具有重要前景。自从 2000 年以色列的 Aurbach 改良镁电池以来,就兴起了研究镁电池的热潮。近几年的研究主要集中在镁材料是因为 Mg 在周期表中处于 Li 的对角线位置,根据对角线法则,两者化学性质具有很多相似之处;同时 Mg 的价格比 Li 低得多(是 Li 的 1/24);镁及几乎所有镁的化合物无毒或低毒，对环境友好；Mg 不如 Li 活泼，易操作，加工处理安全，安全性能好，熔点高达 649℃；Mg/Mg^{2+} 的电势较低，标准电极电位 -2.37 V。由此可见，镁及镁合金可以成为电池的理想材料。我国的镁资源丰富，储量居世界首位，所以镁离子电池的未来发展绝对是有潜力的，但是目前也有很多的问题需要解决。

镁离子电池的工作原理与锂离子和钠离子电池的工作原理相似，它也是一种浓差电池，正负极活性物质都能发生镁离子的脱嵌反应，其工作原理如下：充电时，镁离子从正极活性物质中脱出，在外电压的趋势下经由电解液向负极迁移，嵌入负极活性物质中。因电荷平衡，所以要求等量的电子在外电路的导线中从正极流向负极。充电的结果是使负极处于富镁态，正极处于贫镁态的高能量状态，放电时则相反。外电路的电子流动形成电流，实现化学能向电能的转换。

与锂离子电池相比，镁离子电池尽管具有能量密度高、成本低、安全无毒、资源丰富等特点，但研究仍处于起步阶段，距离实用化阶段还远。制约镁离子可充电池发展的因素有两个：镁在大多数电解液中形成不传导的钝化膜，镁离子无法通过，致使镁负极失去电化学活性；Mg^{2+} 很难嵌入到一般基质材料中。因此，镁二次电池要想有所突破必须克服这两个瓶颈，寻找合适的电解液和正极材料。

3. 铝离子电池

铝在地壳中的含量位列各种金属之首，其每年的全球开采量是锂的 1 000 多倍。以铝作为二次电池的电荷载体能够大幅降低电池的生产成本。在过去 30 多年里，人们对铝离子电池的研究从未中断，但取得的研究成果极为有限。

研制中的铝离子电池相比于传统二次电池已经显示了一些鲜明的优势，主要体现在以下几个方面：首先，铝离子电池具有充放电快速的特性和超长循环寿命。一团队通过实验发现，用三维泡沫石墨烯作为电池负极材料，利用它优良的导电性能和巨大的表面积，能够大大缩短电池的充放电时间并提高它的循环性能。例如，在 5 000 mAh/g 的情况下，电池不到 1 min 就能被充满。同时，循环 7 500 次后，电池的容量几乎没有衰减。7 500 次循环意味着如果每天充放电一次，20 年后电池依然完好如初，这远远超过了人们对锂离子电池 1 000次左右的预期循环寿命。其次，铝离子电池的安全性突出。此外，生产铝离子电池的原材料更容易获取，成本低。尽管通过化学气相沉积生长的三维泡沫石墨烯在目前不能算是廉价的电极材料，但可以预见的是，其生产成本会随着规模经济的实现而大幅下降。最后，这类铝离子电池还具有柔性、可折叠的特点，这在未来的可穿戴设备上将有很大的应用前景。

尽管铝离子电池目前还只是一个雏形，但是未来铝离子电池的研究有了明确的方向。

4.11 燃料电池

在一次电池和二次电池内通常装有可以发生化学反应产生电能的物质，但也有从外部不断供给化学反应物质而连续发生化学反应并产生电能的燃料电池。在燃料电池中，供给化学反应的反应物就是燃料，化学反应后排除化学反应的生成物，因为有的生成物也会堆积在电池内。因此，只要不断地供给燃料，就能连续产生电能。

与其他发电系统相比，燃料电池发电系统的主要优点是：①发电效率高，燃料含能可被有效利用；②向大气排放的污染物质（NO_x，SO_x等）少，无噪声，环境友好；③可以使用多样化的燃料（天然气、甲烷、石油、煤炭、汽油等）；④可适应各种负荷，运行高效，方便。

这种电池与普通电池不同，它是由电池本体的外部向其提供氢、甲醇及碳化氢等燃料和空气、氧、过氧化氢等氧化剂。只要不断地向其提供燃料，就能连续地产生电能。

燃料电池由氢、氧反应发电是水电解分解的逆过程。水电解过程是用电将水分解为氢气与氧气。反过来，氧气和氢气反应就是逆转电解过程而产生电。

氢氧燃料电池运转基本结构包括中间的一层电解质，两边则分别贴附着多孔阴极与多孔阳极，阳极持续补充氢气，而阴极则持续补充氧气，电化学反应在电极上发生。阳极（负极）反应后产生的质子通过电解质而抵达阴极，而电子从阳极（负极）经过外接负载抵达阴极（正极），由此完成电流回路，反应产物水及未反应的氢气与氧气则经由电极出口排出。

燃料电池与一般传统电池一样，是一种将活性物质的化学能转化为电能的装置，因此都属于电化学动力源，与一般传统电池不同的是，燃料电池的电极本身不具有活性，而只是个催化转换组件。传统电池除了具有电催化组件外，本身也是活性物质的贮存容器，因此，当贮存于电池内的活性物质使用完毕时，则需停止使用而且必须重新补充活性物质后再进行发电。相对的，燃料电池则是名副其实的能量转换器，而并非能量贮存容器，燃料和氧化剂等活性物质都是由燃料电池外部供给，原则上只要这些活性物质不断输入，产物不断排除，燃料电池就能够连续地发电。因此，从工作方式上来看，燃料电池较接近于汽油或柴油发电机。

4.12　太阳能热化学储存

1. 热化学能

热化学能是指化学物质发生化学反应时所释放出来的能量。能量通常以热或者其他方式释放，是一种长时间甚至是永久性的贮存太阳能的方法。绝大多数化学反应都有热的效应，但适合热长距离输送、长期储存的储存方式尚在研究之中。目前，可供选择并正在研究的太阳能热化学储能方法有：金属氢化物储存；化学热泵储存；在光催化剂作用下，H_2O被分解，产生氢气，进行高密度蓄热；利用某些无机氧化物之水合热储存。表 4-14 所示的是目前有应用前景的几种高温热化学储能体系的性能比较。

表 4-14　几种高温热化学储能体系的性能比较

储能体系	代表物	反应条件	可逆性	反应速率	反应物的储存	腐蚀性	可燃性
无机氢氧化物热分解	$Ca(OH)_2$ / $CaO+H_2O$	反应容易实现，无需催化剂	一般	快	容易	强	不可燃
碳酸化合物热分解	$CaCO_3$ / $CaO+CO_2$	需高压高温，无需催化剂	一般	一般	CO_2不易储存	一般	不可燃

续表

储能体系	代表物	反应条件	可逆性	反应速率	反应物的储存	腐蚀性	可燃性
金属氢化物的热分解	$Mg_2FeH_6+MgH_2$ /$Mg+Fe+H_2$	需压力变化，无需催化剂	好	一般	H_2不易储存	弱	H_2可燃
NH_3 的热分解	NH_3 /N_2+H_2	反应条件非常苛刻，需催化剂	好	一般	N_2和 H_2 不易储存	无	H_2可燃

热化学储能体系可根据储能方式的不同分为化学吸附/吸收储能和热化学反应储能两种。

(1) 热化学吸附/吸收储能

热化学吸附/吸收储能是指吸附质分子与固体表面原子形成吸附化学键过程中所伴随的能量储存，吸附化学热数值一般略低于化学反应热。热化学吸附储能体系的储能密度大，可同时实现太阳能的热量储存和制冷冷量储存；热化学吸附储能密度高，为相变潜热储能的2～5倍，具有高效储能和变温储能的优点；且在吸附储能过程对热源品质要求不高，适合在以家庭为单位的太阳能跨季节储能中应用；同时，热化学吸附储能还能用于低品位热能的收集，因而可以广泛应用于分布式冷热联动系统以及低品位余热废热收集。目前，国际能源署(IEA)等机构正加强对吸附制冷和储能的研究，用于论证吸附/吸收储能体系的可行性及可靠性。

(2) 热化学反应储能

热化学反应储能是利用在反应过程中化学键断裂重组形成新产物伴随的能量储存的原理来进行的。热化学反应储能的储能密度大，且储能温度范围高于潜热、显热及化学吸附/吸收储能，因此，热化学反应储能广泛应用于高温余热废热回收、太阳能热电站储能以及其他可再生能源电站。目前，在研究的热化学储能体系主要以热化学反应储能为主。

大部分化学反应都伴随着大量的热效应，但适合作为热化学反应储能的反应体系则需要满足一定的要求。要求反应体系具有以下特点：高储能密度；反应过程可逆性好；反应物及产物易于压缩，以减少储罐的体积；反应物与产物在常温下不易变质，方便保存及长距离运输；反应过程环境友好，反应物及产物无毒性；无腐蚀性物质存在；操作条件温和；反应材料价格便宜等。此外，热化学储能体系的选择还需要考虑反应过程动力学，一般要求反应在动力学上能够快速进行，用于提高储能速率，以及提高储能效率。当然，要找到全部满足上述条件的理想的热化学反应材料几乎是不可能的。实际上有时只能舍弃某些要求，综合平衡各种条件，保证主要性能得到满足。

相对于热化学吸附/吸收储能体系，热化学反应储能在储能密度、储能容量以及储能温度等方面都具有明显的优势。热化学反应储能具有储能密度大、储能温度可控、储能效率高等优点，且能通过可逆反应实现能量的转化，有效实现化学物质的循环利用；此外，热化学反应储能的最大优点是反应物和反应产物能够简单方便地在常温下长时间保存，且能够方便快捷地采用管道等方式运输到异地，从而实现能量的异时空使用。因此，热化学反应储能在高温储热领域及可再生能源储存利用领域具有非常广阔的应用前景。

2. 常见热化学反应储能体系

在无机氢氧化物分解成氧化物和水的过程中，伴随着巨大的反应热的产生。常见无机氢氧化物反应体系有 $Ca(OH)_2/CaO$、$Sr(OH)_2/SrO$、$Mg(OH)_2/MgO$、$Ba(OH)_2/BaO$ 等，其中 $Ca(OH)_2/CaO$ 体系原材料丰富便宜，CaO 性能稳定，储能过程发生在 400℃～500℃的环境下，该体系摩尔反应焓变为 101 kJ/mol，该反应体系对压力不敏感，可以在常压下进行。而其逆反应在常温下即可快速发生，能显著提高能量转化效率。

美国内华达州的 Rocky 研究小组、LUZ 公司研究了 $Ca(OH)_2/CaO$ 储能体系。研究结果表明，$Ca(OH)_2/CaO$ 体系热力学第二定律效率接近 80%，将之应用于中温槽式太阳能热电站中具有一定的竞争力。

澳大利亚国立大学对氨分解储能体系进行了一系列研究，其分解方程式为

$$NH_3 + Q = 1.5\ H_2 + 0.5\ N_2 \tag{4-6}$$

该体系的摩尔反应焓为 53 kJ/mol，氨的储能容量为 3 110 kJ/kg。氨储能体系的特点是储能过程需要在高温高压下进行，反应中需要使用催化剂。该体系的最大优点是合成氨工业的成熟，因而在储能系统设计及建设过程中能提供成熟的技术支持。

金属氢化物也能作为储能介质，常见的金属氢化物体系有 MgH_2/Mg、$NaAlH_4$、$LiAlH_4$ 等。MgH_2/Mg 体系是最先应用于太阳能热化学储能的金属氢化物体系，该体系摩尔反应焓为 75 kJ/mol，Mg 的储能容量达到 0.9 kW·h/kg，MgH_2 中含氢量高达 7.7%(质量分数)，在所有可逆氢化物体系中具有很高的单位质量储能容量。

马克斯·普朗克研究所(Max Plank Institute, MPI)于 1990 年设计了以 Ni-MgH_2/Mg 体系作为蓄热介质的蒸汽发生装置。该装置的最大操作压力为 50 bar，最大操作温度为 450℃，单位质量储能量达到 0.3 kW·h/kg，单位体积储能量为 0.624 kW·h/m^3，蒸汽产生量为 6 kg/h，储能效率超过 90%。之后，研究者提出将 Ni-MgH_2/Mg 体系应用于太阳能热电站。他们设计并建造了一个太阳能储能反应装置，该装置将一个 6 m^2 的集热镜用来收集太阳光，一部分能量驱动斯特林机发电，另一部分能量进入 Ni-耐压罐被储存起来，获得的操作温度为 280℃～480℃，储能容量达到 14 kW·h/kg。

3. 太阳能制氢

利用太阳能的热化学反应循环制取氢气就是利用聚焦型太阳能集热器将太阳能聚集起来产生高温，推动以水为原料的热化学反应来制取氢气的过程。

由聚焦型集热器收集到的太阳能可以用来直接分解水，产生氢和氧，但反应所需温度很高，要达到 2 500 K，对使用材料的要求较高。另外，直接分解水制氢循环的产物是水蒸气、氢气和氧气的混合物，在高温下这些混合物可能会重新结合又生成水，或是发生爆炸，这就需要对氢和氧进行及时的分离。

近几年发展较快的太阳能热化学循环技术，跨过了氢和氧的分离这一步，使利用太阳能热化学反应制氢更为可行。其中蒸气甲烷重整主要由以下两个气相催化化学反应组成

$$CH_4 + H_2O = CO + 3\ H_2 (\Delta H_{298K} = +206\ kJ/mol)$$
$$CO + H_2O = CO_2 + H_2 (\Delta H_{298K} = -41\ kJ/mol)$$

在这些反应中，甲烷既做反应物又为外部设备提供动力（如蒸气产生、重整熔炉、净化和辅助系统），所以甲烷消耗量和产生的 CO_2 排放量较多。如果热量由额外非化石且不含碳的能源提供，温室气体排放会降低，化石能源需求量也会减少。所以，可以利用集中式太阳能热工厂为甲烷蒸气催化制氢提供外部热量，这个与前面所述的太阳能热发电不同。

此外，科学家们提出一些潜在的热化学储能体系，其中，S-I 循环储能体系具有非常大的应用前景，该体系的储能反应发生在 800℃的环境中，放热反应发生在 120℃的环境中，因而太阳能能量利用率非常高，S-I 循环能够应用于高温核聚变反应堆蓄热，以及碟式和塔式太阳能热电站蓄热。采用 Aspen Plus 对S-I循环体系进行计算，当储能温度在 800℃时，储能效率为 42%，而将储能温度提高到 900℃，则储能效率将超过 50%。S-I 循环储能体系引起了美国能源部、法国原子能委员会以及日本原子能机构等国际机构的广泛关注，JAFA 以核电站作为高温驱动热源，成功搭建了实验室规模的 S-I 制氢平台，氢气生产规模为 30 L/h。

采用金属氧化物作中间物的太阳能热化学反应制氢方式，输入系统的原料是水，产物是 H_2 和 O_2，不产生 CO 和 CO_2。氢作为新能源，在产生和使用过程都没有污染，是真正的清洁能源。可用于太阳能热化学循环制氢的金属氧化物有 ZnO、FeO、TiO、CoO 等，反应温度大约在 1 000 K 左右，大大低于直接分解水的温度，且效率可达到 30%，是很有潜力的制氢技术。

4. 甲烷重整体系

甲烷重整体系是人们关注的热化学储存技术，在二十世纪七八十年代，德国论证其在核能远距离输送上的可能性，以色列在九十年代建立了以太阳能为热泵的 CO_2/CH_4 重整体系，可以实现能量的转化-存储和再利用。

美国桑迪亚国家实验室（SNLA）、德国航天中心（DLR）等研究单位对太阳能甲烷重整体系热化学储能系统进行了全面的研究，并建立了一些太阳能甲烷重整热化学储能示范电站。

4.13 超级电容

要解决太阳能等可再生能源发电方式和电能输出不连续、不稳定的问题，必须发展相应的高效储能装置来解决发电与用电的时差矛盾以及间歇式可再生能源发电直接并网时对电网的冲击。因此，开发合适的储能技术显得至关重要。目前高效储能技术被认为是支撑可再生能源普及的战略性技术，得到了各国政府和企业界的高度关注。

超级电容器，又称电化学电容器，它是一种介于常规电容器与二次电池之间的新型储能器件。其功率密度是锂离子电池的 10 倍，能量密度为传统电容器的 10～100 倍。同时，超级电容器还具有对环境无污染、效率高、循环寿命长、使用温度范围宽、安全性高等特点。目前，超级电容器在新能源发电、电动汽车、信息技术、航空航天、国防科技等领域具有广泛的应用前景。

当前，国内外已实现了超级电容器的商品化生产，但超级电容器还存在着价格较高、能量密度低等问题，这极大地限制了超级电容器的大规模应用。超级电容器主要由集流体、电极、电解液和隔膜等四部分组成,其中电极材料是影响超级电容器性能和生产成本的关键因素,而电解液则决定着超级电容器的工作电压窗口。

1. 超级电容器的一般结构

图 4-14 为超级电容器的结构示意图。其中,电极包括集流体和电极材料。集流体主要起收集电流的作用,常用的集流体有泡沫镍、铝箔、不锈钢网、碳布等。电极材料通常由活性物质、导电剂、黏合剂组成。活性物质是超级电容器最重要的组成部分,常用的活性物质有三类:碳材料、金属氧化物、导电聚合物。常用的导电剂是乙炔黑、石墨粉和碳纳米管等。黏合剂方面,聚偏氟乙烯(PVDF)、聚四氟乙烯(PT-FE)、聚全氟磺酸表现出比较优异的特性。

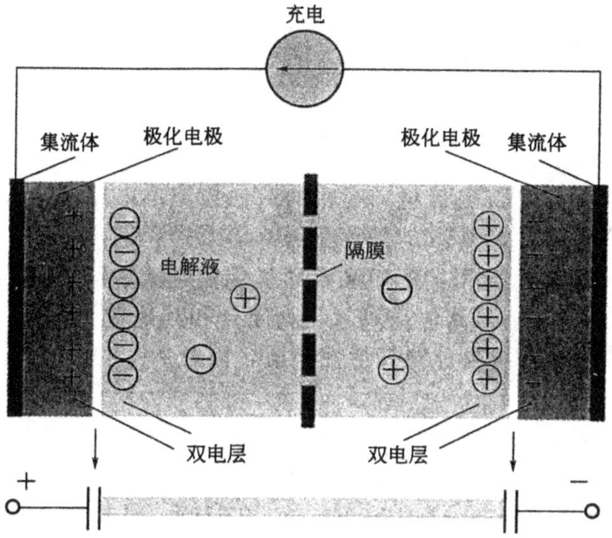

图 4-14　超级电容器结构示意图

电解液的作用是提供电化学过程中所需要的阴阳离子。电解液要求具备高电导率、高分解电压、较宽的工作温度范围、安全无毒性以及良好的化学稳定性,不与电极材料发生反应等优点。超级电容器使用的电解液根据其物理状态可以分为两大类:固态电解液和液态电解液。其中液态电解液可细分为水系电解液和有机电解液。

水系电解液是使用最早的电解液,因具有电导率较高、电极材料易于浸润且价格便宜等优点一直沿用至今。根据其酸碱性,水系电解液可以分为酸性电解液、碱性电解液和中性电解液。酸性电解液中最常用的是 H_2SO_4 溶液,其具有电导率高、内阻小等优点,但是其腐蚀性大,不能用金属作为集电体。碱性电解液中最常用的是 KOH 溶液。相对于酸性电解液,碱性电解液的腐蚀性较小,但是碱性电解液存在爬碱现象,致使其密封比较困难。

有机电解液采用的溶剂有 N-二甲基甲酰胺,碳酸丙烯酯、碳酸乙二酯、r-J 丙酯。电解质阳离子有季铵盐、锂盐,阴离子有高氯酸根、四氟硼酸根、六氟磷酸根。隔膜是多孔绝缘体薄膜,如聚丙烯膜、琼脂膜。用于太阳能储备的超级电容器,应用可达 50 A,太阳能路灯小型设备主电源应用在数十毫安到 1 A。

超级电容器主要通过双电层或电极界面上快速可逆的吸脱附或氧化还原反应来储存

能量，作为一种新型储能器件，它具有其他储能器件不可比拟的优势：

① 高比容量。目前单体超级电容器的电容量可达上千法拉。

② 电路结构简单。无须像二次电池那样设置特殊的充电电路，不会受过充过放的影响。

③ 循环寿命长。超级电容器或通过吸脱附或通过快速可逆的电化学反应进行存储和释放电荷，其循环寿命可达上万次。

④ 充放电速度快。超级电容器的内阻小，在大电流充放电制度下，能在几十秒内完成充电过程。

⑤ 功率密度高。超级电容器高比容量、低等效电阻和快速充电性能，使得其具有高比功率。

⑥ 温度范围宽。超级电容器的电荷转移过程一般在电板表面进行，其正常使用受环境温度影响不大，温度范围一般为－40℃～70℃。

⑦ 环境友好。在超级电容器的包装材料中不涉及重金属，所用电极材料安全性能良好，是一种绿色储能元件。

但是，目前超级电容器还有一些需要改进的地方，如其能量密度较低；体积能量密度较差；和电介质电容器相比，工作电压较低，一般水系电解液的单体工作电压为 0 V～1.4 V，且电解液腐蚀性强。非水系电解液单体工作电压可以高达 4.5 V，实际使用的一般为 3.5 V，非水系电解液要求高纯度、无水，因此价格较高，并且非水系电解液对装配环境要求苛刻。

电极材料是超级电容器中最重要的部分，决定超级电容器的能量存储行为和性能。早期的超级电容器电极材料使用具有高比表面积的活性炭材料，而随着法拉第准电容理论的发展，具有高赝电容值的过渡金属化合物和导电聚合物等得到了快速地开发利用。目前常用的电极材料主要是碳材料、过渡金属化合物和导电聚合物，其中应用最广的是碳材料。

目前对碳电极材料的研究主要集中在：①利用不同的方法合成高比表面积、合适孔径的纳米碳材料；②在碳材料表面负载其他电极材料形成复合材料；③如由氮、氧、磷、硫等掺杂的碳材料。

碳材料的孔径结构、比表面积、表面活性官能团等因素都是影响材料电化学性能的因素。

第 5 章　太阳光谱选择性涂层——集热管

在太阳能工程中，制作光谱选择性表面的技术被称为太阳能表面技术，是实现太阳能高效率利用的关键技术之一，如太阳能集热管中的光谱选择性吸收涂层和透过涂层，太阳能电池中的绒面和减反射膜等，甚至在太阳能制氢中使用的催化剂也含有表面技术的概念。

5.1　太阳光谱选择性涂层

5.1.1　太阳光谱选择性涂层的作用

无论哪种形式的太阳能热利用装置，都要处理好反射、辐射、吸收三方面的关系。对于太阳能集热器而言，影响其效率的因素还有吸热体吸收太阳辐射的能力、吸热体向外界环境的散热损失、透明盖板对太阳辐射的透射能力及阻止吸热体向周围环境散热的能力。

一般来讲，吸收涂层可分为非选择性吸收涂层和选择性吸收涂层两大类。非选择性吸收涂层是指吸收涂层的光学特性与辐射波长无关的涂层；选择性吸收涂层则是指吸收涂层的光学特性随辐射波长不同有显著变化，从而实现对太阳光谱选择性吸收的目的。

光谱选择透过涂层利用太阳辐射的波长范围与热辐射的波长范围不同，在保持透明盖层的太阳辐射透过的同时，阻止吸热体由于温度升高而发出热辐射。

光谱选择性减反涂层是利用材料表面对太阳辐射的反射与折射率有关这一特性，通过降低透明盖层表面的折射率，达到减少其表面对太阳辐射的反射的目的，实现增强其透过能力，这种涂层也被称为增透膜。

在以上三种涂层材料中，光谱选择性吸收涂层是最重要的。

太阳光谱选择性吸收膜层是 20 世纪 50 年代由以色列物理学家泰伯(Tabor)提出的，并利用太阳辐射光谱与受热物体的辐射光谱之间的不同而研制出在一种电镀镍和铝极上涂布氧化铜的涂层材料，从而在理论和实践上取得了进展。

太阳辐射能主要集中在可见光和近红外波长范围内(0.3～3.0 μm)。一个受热物体，向外界发射的辐射主要在大于 3 μm 的红外区域。若物体表面对太阳辐射的可见光和近红外范围的辐射有高的吸收性，自身被加热后向外界发射的辐射又很小，这种表面被称为选择性吸收表面。理想的选择性吸收表面对太阳可见光和近红外范围的辐射可以完全的吸收，吸收比 $\alpha=\frac{Q_a}{Q}=1$。这种理想的选择性吸收材料和表面在自然界中并不存在，通常要通过技术手段来获得高性能的吸收膜层或表面，增加其对太阳光和近红外波长范围内光线的吸收，减少其对光线的反射。采取的办法主要有两种：一是利用选择性材料；二是考虑材料的光学效果，利用涂层或薄膜的干涉效应和光学陷阱来增强表面的吸收效率，以及利用减反膜减少光线的反射损失。这有效提高了太阳能集热器的集热效率、工作温度和整个系统的性价比。

根据材料的性质，选择性吸收表面通常分为金属涂层、无机非金属涂层、有机(一般指高分子)涂层及半导体涂层，归纳为三大类：

① 在太阳可见光和近红外波长范围内对光有高的吸收，但是在红外范围是透明的；

② 在太阳可见光和近红外波长范围内对光有高的吸收，但是在红外范围有高反射性；

③ 在太阳可见光和近红外波长范围内是透明的，但是在红外范围内有高反射性。

三种类型材料的特性可用图 5-1 表示。在实际应用中，可根据需要将三种类型的材料组合形成选择性吸收膜系。

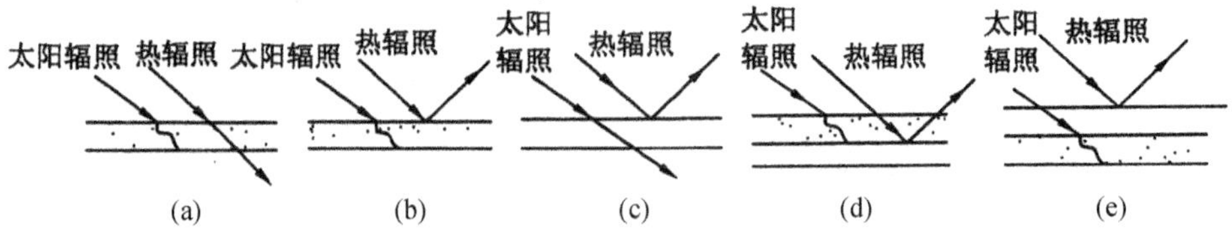

图 5-1　三类材料的选择性及表面结构

(a)、(b)、(c)为三种类型材料的特性；(d)、(e)为用三种类型材料组成的选择性吸收表面组合。

5.1.2　光谱选择性表面的工作原理

由辐射换热的基本原理可知，实际物体的辐射性质完全不同于黑体，其单色辐射率 ε_λ 是辐射波长 λ 和温度 T 的函数。不同物体的辐射率 ε 都是温度的函数，而且随温度的变化关系差别很大。

实际物体的单色吸收率 α_λ 定义为，投射到物体上的单色辐射力 $E_{\lambda,i}$ 被其吸收的百分数，即

$$\alpha_\lambda=\frac{E_{\lambda,\alpha}}{E_{\lambda,i}} \tag{5-1}$$

根据基尔霍夫定律，在一定温度下，物体的单色吸收率等于其单色辐射率，即

$$\alpha_\lambda=\varepsilon_\lambda \tag{5-2}$$

式(5-2)不受投射辐射波长分布的约束，它是最基本的基尔霍夫定律的表达式。同理，物体的吸收率 α 定义为，投射到物体上的总辐射能量被其吸收的百分数，即

$$\alpha=\frac{\int_0^\infty \alpha_\lambda E_{\lambda,i}\mathrm{d}\lambda}{\int_0^\infty E_{\lambda,i}\mathrm{d}\lambda} \tag{5-3}$$

由式(5-3)可知,物体的吸收率与其辐射率的情况不同,这不仅和它的物理性质、表面状况及温度有关,而且还与投射辐射的物体的单色辐射力有关。这就是说,物体不同波长单色吸收率的差别将导致其全波段吸收率与投射辐射的光谱分布有关。在太阳能工程中,投射辐射为太阳辐射。根据式(5-3)应用基尔霍夫定律同样可得物体对太阳辐射的吸收率为

$$\alpha = \frac{\int_0^{\infty} \varepsilon_\lambda E_{\lambda,\,i}\,\mathrm{d}\lambda}{\int_0^{\infty} E_{\lambda,\,i}\,\mathrm{d}\lambda} \tag{5-4}$$

式中,$E_{\lambda,\,i}$ 为太阳辐射的单色辐射力。

如果物体的温度不同,即使在相同的波长下,它的吸收率也不等于辐射率

$$\alpha_{\lambda,\,T_1} \neq \varepsilon_{\lambda,\,T_2} \quad (T_1 \neq T_2) \tag{5-5}$$

同理,温度相同时,对不同的波长,物体的吸收率与辐射率也不相等

$$\alpha_{\lambda_1,\,T} \neq \varepsilon_{\lambda_2,\,T} \quad (\lambda_1 \neq \lambda_2) \tag{5-6}$$

对太阳能热利用来说,希望集热器的吸收面对太阳辐射具有尽可能高的吸收率(α),而对红外辐射具有尽可能低的辐射率(ε)。由普朗克黑体辐射定律可知,高温黑体辐射的光谱能量分布曲线总是位于低温黑体辐射的光谱能量分布曲线之上。因此,如果采用以上所说的在短波区内有很高的吸收率,而在长波区内有很低的辐射率的表面,似乎从总的能量平衡上来看并不有利。因为这种表面在长波区内由于辐射率低而减少的热损失总是小于同波长区域内由于吸收率也降低而少吸收的太阳辐射能量,这就得不偿失。但实际情况并非如此,因为太阳辐射尽管被认为是接近 6 000 K 的高温黑体辐射,但太阳辐射穿越地球大气层时严重衰减,到达地球表面的太阳辐射,其长波区域内的能量已经很低,以致地面上太阳辐射的光谱能量分布曲线和 500 K 以下的黑体辐射的光谱能量分布曲线已经完全错位,它分布在不同的光谱区域范围内,如图 5-2 所示。因此,不存在长波区域范围内吸收表面对太阳辐射吸收减少的问题,自然也就不存在上述的所谓得不偿失,从而可能实现通常的光谱选择性表面,即在不同的光谱区域内实现不同的辐射换热特性。这种特性按光谱分区,被称为光谱选择性。图 5-2 中的虚线即表示理想的选择性表面。由此可见,理论上应该存在着一个临界波长 λ_c,也称"截止波长",当 $\lambda \leqslant \lambda_c$ 时,$\alpha_\lambda(\varepsilon_\lambda)=1$;而当 $\lambda > \lambda_c$ 时,则 $\alpha_\lambda(\varepsilon_\lambda)=0$。由分析可知,截止波长 λ_c 对不同的吸收面温度有不同的最佳值 λ_{opt},当 $\lambda_c=\lambda_{opt}$ 时,选择性表面使集热器在该温度下具有最大的净收益。根据理论分析,最佳截止波长 λ_{opt} 为

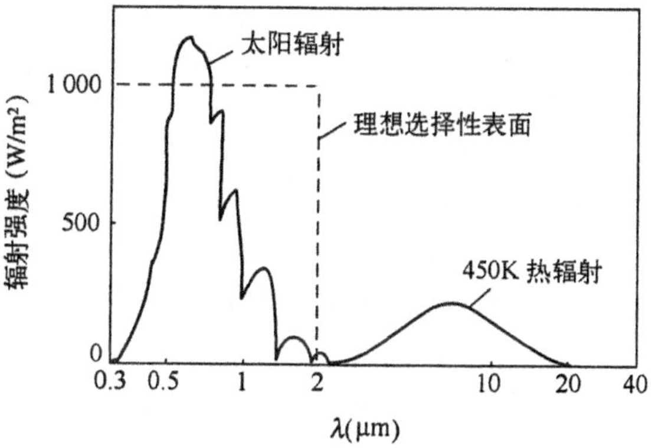

图 5-2　描述光谱选择性概念的示意图

$$\lambda_{opt} = \frac{U_2 - U_1}{\ln M + 4\ln\left(\frac{U_2}{U_1}\right)} \tag{5-7}$$

$$U_2 = C_2 / T_1 , U_1 = C_2 / T_2 , M = \frac{1}{I_s}\sigma_0 (T_2^4 - T_a^4)$$

式中，C_2 为普朗克黑体辐射定律第二常数，为 1.4387×10^2 m·K；T_1 为太阳辐射的等效温度，为 6 000 K；T_2 为吸收面温度(K)；I_s 为投射到吸收面上的太阳辐射强度(W/m²)；T_a 为环境温度(K)；σ_0 为斯蒂芬-玻尔兹曼常数。

由不同的太阳辐射强度 I_s 和吸收面温度 T_2，按照式(5-7) 计算得到的理想光谱选择性吸收表面的最佳截止波长 λ_{opt} 值，列于表 5-1。对聚光集热器，由于聚光作用，投射到吸收面上的太阳辐射强度远大于自然阳光辐射强度，吸收面大为减少，其辐射热损失也将减小，这时截止波长 λ_{opt} 将增大。

表 5-1　对不同的 I_s 和 T_2 值计算得到理想光谱选择性吸收表面的 λ_{opt}　(单位：μm)

I_s (W/m²) \ λ_{opt} \ T_2 (K)	600	500	400	350
814	1.91	2.34	3.04	3.61
942	1.93	2.37	3.08	3.66
1 163	1.95	2.40	3.14	3.75

5.1.3　太阳光谱选择性吸收材料能带理论

自然界中没有理想状态的光谱选择性本征材料。目前比较适用的光谱选择性本征材料有过渡族金属材料和半导体材料两种。它们的性能可以用能带理论加以解释。

量子理论证明，晶体中的电子处于共有化状态，这使得原先每个原子钟具有相同能量的电子能级，因各原子间的相互影响而分裂成一系列和原来能级很接近的新能级，这些新能级基本上连成一片，人们形象地称之为"能带"。按能带理论可将物质分为导体、绝缘体、半导体。导体具有良好的导电性能，常见的金属一般都是导体，如金、银、铜、铝、不锈钢等。绝缘体的导电性能极差，几乎不传导电流，如玻璃、陶瓷、橡胶等。半导体的导电性能介乎导体和绝缘体之间。这三种物质的导电能力与它们的电子结构(能带)有关，导电性能不同，它们的光学性能也不同。

在晶体中，价电子不可能都集中在能量最低的一个能级上，而是首先填充电能最低的能级，然后再填充高能级。原来孤立的原子的能级分裂成了能带，价电子能级所对应的能级称价带；没有被电子填充满的能带称导带；还没有被电子填充的能带是空带；价带顶至导带底的能带称为禁带。能带是描述晶体中电子能量状态的一个物理概念，不同的晶体，原子结构不同，它们的能带结构也不相同。

导体的价带与导带有重叠，无禁带，电子很容易运动，所以电阻率低。半导体中的价带与导带之间有一个禁带，不同的半导体材料，禁带宽度也不同。绝缘体中的禁带要比半导体的禁带宽。在半导体中,价带中的电子获得足够的能量之后,能从价带跨过禁带跃迁到导带上去,但绝缘体中的禁带太宽,价带电子无法从热激发中获得那么高的能量去跨越如此宽的禁带跳到导带上去,因此绝缘体导带上的电子很少,它几乎不导电。

半导体的本征吸收是指在价带和导带之间电子的跃迁产生与自由原子的线吸收谱相当的晶体吸收谱,它决定着半导体的光学特质。本征吸收最明显的特点是具有基本的吸收边(吸收系数陡峭增大的波长),这也是半导体及绝缘体光谱与金属光谱的主要不同之处,它标志着低能透明区与高能强吸收区之间的边界。吸收系数陡降部分称为吸收边。在光谱选择性吸收表面中涉及的半导体吸收过程最主要的是本征吸收。

产生本征吸收的条件:光子的能量不得小于半导体的禁带宽度,即

$$h v_0 \geqslant E_g \tag{5-8}$$

式中,h 为普朗克常数,6.626×10^{-34} J · s;v_0 为光的频率;E_g 为禁带宽度,eV。

从式(5-8)可以得出,若光的波长大于某个值(对应的频率小于某个值),这种材料就不产生本征吸收,这个波长称为截止波长或吸收限。在截止波长 λ_c 处,吸收系数迅速下降,产生本征吸收所对应的波长范围在可见光及近红外范围内。显然,在光热利用中所需要的正是半导体的本征吸收。

将 $v_0 = \dfrac{c}{\lambda_c}$ 代入式(5-8),可得到截止波长

$$\lambda_c = \frac{hc}{E_g} = \frac{12.4}{E_g} \tag{5-9}$$

半导体材料硅(Si)和锗(Ge)的禁带宽度分别是 1.12 eV 和 0.67 eV,由式(5-9)可得它们的吸收限分别为 1.0 μm 和 1.8 μm。如果将单一的半导体材料作为光谱选择性吸收表面,如锗,其吸收限覆盖了更宽的太阳辐射光谱范围,可以获得更大的吸收。

了解半导体材料的吸收系数与它的电学特性及光学常数之间的关系,在设计和制作光谱选择性吸收表面时是非常有用的。

半导体材料具有一定的导电性,它的折射率的复数形式为

$$N = n - \mathrm{i}K \tag{5-10}$$

硅和锗的折射率 n 分别是 3.4 和 4.0。

消光系数 K 是表征光波能量在介质中被吸收并转化为热能的特性,即介质的吸收特性。消光系数、折射率与半导体材料的介电常数及电导率有关。如果电导率 $\sigma = 0$,消光系数 $K = 0$,即没有吸收。假如材料的导电性能增加,σ 增加,那么 K 就变大。当单色光进入半导体后,光强度要衰减,衰减的程度用吸收系数 α 来表示,即

$$\alpha = \frac{2\omega K}{c} = \frac{4\pi K}{\lambda_0} \tag{5-11}$$

式中,ω 为光的角频率;λ_0 为光在真空中的波长。

当 K 值一定时,吸收系数与光波长成反比,即波长短时吸收系数大,光进入半导体的距离小,意味着在半导体的表层就完成了对入射光的吸收。当光波长一定时,吸收系数与 K

成正比，K 又与电导率有关。利用电磁波在介质中传播的公式可以得到光学常数与电学常数的另一种表达形式：

$$n^2 = \frac{1}{2}\varepsilon_r\left[1 + \left(1 + \frac{\sigma^2}{\omega\varepsilon_r^2\varepsilon_0^2}\right)^{1/2}\right]$$

$$K^2 = \frac{1}{2}\varepsilon_r\left[1 - \left(1 + \frac{\sigma^2}{\omega\varepsilon_r^2\varepsilon_0^2}\right)^{1/2}\right] \tag{5-12}$$

式中，n，K，σ，ε_r 都是对同一频率而言的。当 $\sigma \approx 0$ 时，$n = \sqrt{\varepsilon_r}$，$K \approx 0$。

作为吸收体的半导体材料，还可以用 Serephin 的经验公式，即

$$n^4 E_g = 77 \tag{5-13}$$

如选用半导体材料 Si，它的 $E_g = 1.12\,\text{eV}$，利用式(5-9)可以计算出它的截止波长 $\lambda_c = 1.0\,\mu\text{m}$，再由式(5-12)得出它的折射率 $n = 2.9$。由反射公式 $R = |r|^2 = \left|\frac{n_0 - n_1}{n_0 + n_1}\right|^2$ 得出它的反射比 $R = 0.24$。这表明该表面至少有 24%的入射能量被反射出去，被吸收的能量不会超过 76%。表 5-2 为典型材料室温下的禁带宽度。

表 5-2　典型材料室温下的禁带宽度

材料＼禁带宽度	E_g (eV)	材料＼禁带宽度	E_g (eV)
金刚石	5.33	SiC	3.0
Ge	0.75	Cu_2O	2.17
Si	1.14	SiO_2	2.3
PbS	0.42	ZnO	3.4
CdS	2.53	TiO_2	3.1
InSb	0.23	NiO_2	4.0
InP	1.29	AlN	6.2
GaAs	1.4	Al_2O_3	8.3
InN	2.4	MgF_2	～11

在太阳能热利用的选择性吸收膜系中，AlN 常被用作减反射膜，纯 AlN 禁带宽度为 6.2 eV。当一束光照射到它上面时，只有光子的能量超过或等于 6.2 eV 时，光子的能量才可以被 AlN 吸收；如果光子的能量小于 6.2 eV，光子就直接透过 AlN 而不被吸收。根据式(5-9)可以计算出 AlN 的吸收限 $\lambda_c = 0.2\,\mu\text{m}$。显然，太阳光谱中可见及红外范围内的各光子都可以通过 AlN 而不被吸收。因此，纯 AlN 只能在表面作减反膜或保护膜，不能用作吸收膜。当杂质(除 AlN 之外的任何材料)掺入纯 AlN 晶体中时，这些杂质会使 AlN 晶体的禁带宽度减小，吸收限 λ_c 波长增加。也就是说，在纯 AlN 中掺入杂质之后，原本不能被吸收的光子能量现在可以被吸收。实验表明，通过改变 AlN 晶体中掺入杂质的浓度，可以改变 AlN 的 λ_c，从而使穿过晶体的光子被晶体吸收，材料的这种特性为制作多层渐变选择性吸

收膜系提供了可能。

5.2 光谱选择性表面的分类

大多数光洁的纯金属表面，本身具有一定的光谱选择性，它们在温度 40℃时的辐射率约为 0.05。阳光吸收率为 0.2～0.4。其 α/ε 值为 4～8。这与图 5-2 所示的理想光谱选择性吸收表面特性相距较远，显然也不能满足对太阳能利用的需求，因此需要采用各种表面技术，对吸收面进行表面处理，以得到各种光谱选择性涂层或膜。

根据用途，在太阳能工程中常用的光谱选择性表面可分为吸收表面和透过表面两类。

5.2.1 光谱选择性吸收表面

经过长期的科学研究及生产实践，在本征吸收型、半导体吸收-反射金属串列型、微不平表面型、电介质-金属干涉叠层型、电介质-金属复合型选择性吸收表面的吸收机理及实际应用等方面都取得了突出的成果，并在实际应用中，将上述几种类型的表面综合应用形成了以下几种组合类型：吸收-反射组合型、反射-吸收组合型、干涉滤波型等，其中目前采用最多的是吸收-反射组合型。

1. 吸收-反射组合型

一般纯金属光洁表面的辐射率都很低。在这类金属表面上涂着一层对太阳辐射吸收率很高，而长波热辐射透过率也很高的涂层，那么具有这种辐射特性的涂层与光洁纯金属表面的组合，即为吸收-反射组合型光谱选择性吸收表面。注意，这里所谓的吸收，是指涂着在金属表面上的涂层强烈地吸收太阳辐射，而反射是指金属基体表面对长波热辐射具有很强的反射能力，因此它的辐射率很低。这里有两层含义，存在两个不同的物理过程，分别由涂层和金属表面完成。

吸收-反射组合型表面是在太阳能光热、光电转换中普遍使用的一种光谱选择性表面。原则上，几乎所有的金属都可以用作基体表面，目前的太阳能工程中使用最多的金属基体表面是铜、镍和不锈钢等。

实际用于红外反射的金属材料主要有 Au，Ag，Cu，Al，Ni 等，由于选择性吸收的半导体材料都有比较高的折射率，其表面有较大的反射比，使光的吸收受到限制。为此在它的表面加上减反层会有效地减少反射，从而提高其对光的吸收。图 5-3 是一种以不锈钢为基体，厚度为0.1 μm 的高反射金属 Ag 的半导体吸收-金属反射串列表面结构图。为了防止高温扩散破坏 Ag 的光学性能，在 Ag 的上、下表面沉积氧化物作为阻挡层；吸收层是用硅烷高温分解沉积的α-Si，厚度为 1.5～1.6 μm。Si_3N_4 是具有比较优良的高温稳定性的减反射层，它的吸收比与 500℃时的反射率之比 $\alpha/\varepsilon=(4\sim12)$，常温下 $\alpha/\varepsilon=15$。

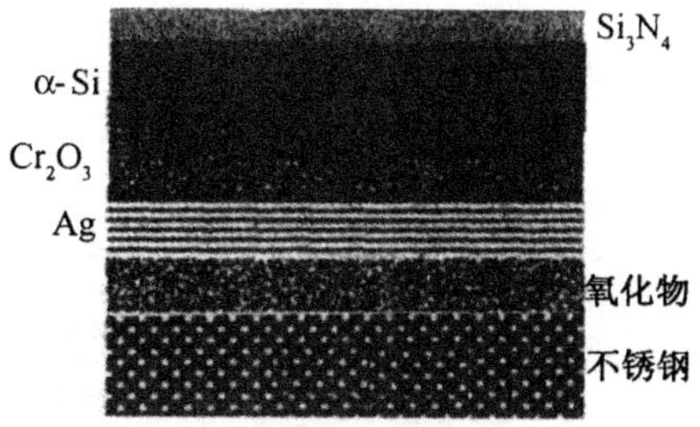

图 5-3 Ag 的半导体吸收-金属反射串列表面结构图

半导体硅和锗可以吸收太阳辐射中能量大于其禁带宽度的光子，同时可以透过长波辐射，若与金属基体表面组合在一起，就可得到光谱选择性吸收表面。但硅表面的太阳反射率较高，一般为0.3～0.4。因此，若采用这种组合型，还需要加涂一层减反射膜，以降低对太阳辐射的反射损失。如此组合使得其造价变得昂贵，因此在太阳能光热转换中都不采用。

硅是太阳能光伏转换用的基础材料，通常硅太阳能电池表面都要采用蒸镀或PECVD沉积等方法，加涂一层减反射膜，如SiO、TiO和Si_3N_4等，以提高太阳能电池的光伏转换效率。

2. 反射-吸收组合型

自然界存在这样一种材料，对长波热辐射具有很高的反射率。设想将这种材料制成0.2～1 μm厚的极薄涂层，则能很好地透过太阳辐射。一般将具有这种特殊辐射性能的极薄层称为热镜，意即对长波热辐射它像镜面那样具有很高的反射率。将热镜和黑色基体表面组合在一起，就得到反射-吸收组合型光谱选择性吸收表面。

这种反射-吸收组合型表面的工作原理是，太阳辐射首先透过热镜，然后再被黑色基体表面强烈吸收。黑色基体表面本身没有选择性，它同样具有很高的辐射率，尽管如此，这些长波热辐射被加涂在该表面上的热镜反射回基体，最终达到光谱选择性吸收的目的。这里，材料同样有两层含义，存在着两个不同的物理过程，由涂层和黑色基体表面分别完成。所以，吸收-反射组合型材料和反射-吸收组合型材料相比，两者的工作原理正好相反。一些高掺杂的半导体材料具有热镜的性质，如氧化锡和氧化铟。

此外，还有干涉滤波型，和上述两种组合型相比，它的制备工艺比较复杂，价格昂贵，目前在太阳能工程中多不选用。

5.2.2 光谱选择性透过表面

上述的光谱选择性吸收涂层是对太阳辐射吸收表面而言的。对集热器透明盖板，加涂一层选择性透过涂层，使它对太阳辐射具有很高的透过率，而对长波热辐射具有很高的反射率，如此构成的光谱选择性透过表面称为透明热镜。

5.3 膜层的制作工艺

太阳能光谱选择性吸收膜要求太阳光谱在0.3～3.0 μm内的吸收比 α 要高，而在红外光谱范围内的红外热辐射率 ε 要低。这种膜层基本上由两层膜组成，一层为吸收膜(厚度约150 μm)；另一层为红外反射比高(热发射率低)的厚度为150 μm的膜。对玻璃真空集热管而言，红外辐射率低的膜就是镀在玻璃管外表面的底膜，而玻璃本身的红外辐射率一般都在0.8左右。这种太阳光谱选择性吸收膜的理论结构示意图如图5-4所示。

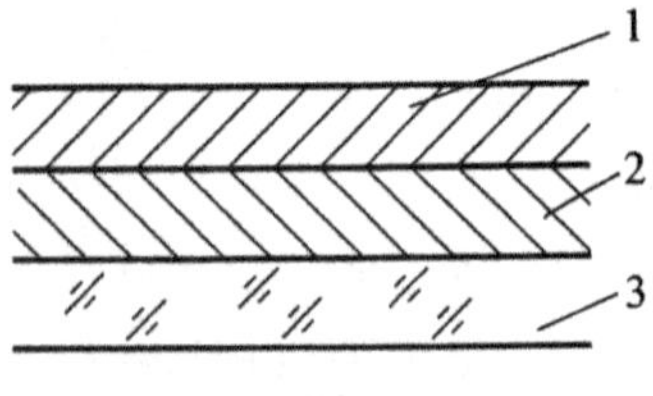

图 5-4 太阳光谱选择性吸收膜的理论结构示意图

1—吸收膜；2—红外反射膜；3—玻璃管基体

5.3.1 红外热发射率膜层的材料选择与制作

任何物质在热力学温度零度以上都能发射波长为 0.1～100 μm 的热辐射射线，这是在空间的传送能量现象。辐射多少热辐射能，不仅取决物质的种类及其表面的温度，还取决于物质的表面状态。所以，同种物质的热辐射能，由于它的表面状态、温度、辐射光谱波长的不同而有很大的差别，有时即使在同一温度下，同种物质的发射率也不同。如常温下磨光的铝片，其热发射率 ε 为 0.05，而经过 600℃ 加热氧化后的铝片，在常温下的发射率增加到 0.11。

纯金属的表面是一种良好的反射体，抛光的金属表面，一般对短波光谱的吸收率高，对长波光谱的吸收率低。金属的表面越光洁，发射率越低；含杂质越多，发射率越高。

在太阳光谱选择性吸收膜中，基体应选用电阻率小的材料，如金、银、铜、铝、钼等常用金属，但考虑成本，则通常选择铜、铝材料。目前，国内制备太阳能选择性吸收膜层，大部分采用单靶铝和三靶铝。在此只讨论铝靶在玻璃基体上的性能。

通常将在高硅玻璃管外表面上的镀铝膜作为红外反射层，即热发射率膜层，应选择适当的氩气压强、靶的溅射速率及膜层厚度。具体要求如下：

(1) 铝膜必须达到使光线不透过的厚度。

(2) 镀膜时的溅射速率不能太大，若大到溅射出来的不是原子，而是原子团，那么原子团沉积在玻璃表面上会产生玻璃表面凹凸不平的问题。

(3) 膜厚要适当，不然就会增加发射率。其厚度、氩压强与反射比的关系如图 5-5。

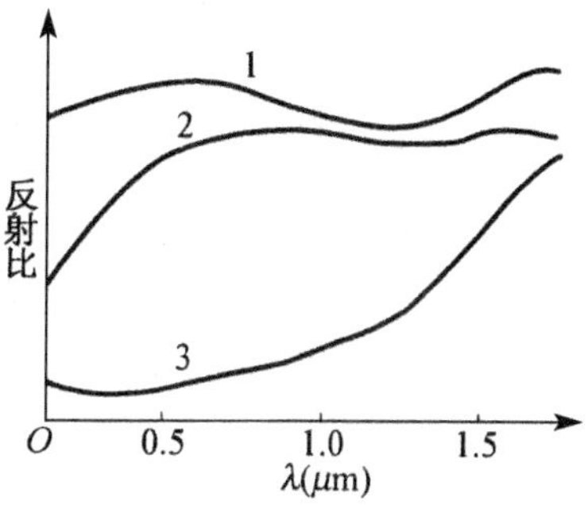

图 5-5 铝膜反射比与膜厚、氩气压强的关系

1—0.36 Pa 氩气压强，膜厚为 1.46 μm

2—6 Pa 氩气压强，膜厚为 0.21 μm；

3—6 Pa 氩气压强，膜厚为 1.46 μm

在镀膜机抽到预定的真空度后，加入适当氩气，使氮气流量为零，经加电起弧放电，就可以在玻璃基体表面溅射反射膜，其厚度要求为 150 μm，如果厚度增加，不仅不会降低发射率，而且会增加膜层的内应力，减少膜层的使用寿命。膜层厚度可用膜层测厚仪测量。

5.3.2 吸收膜的制作工艺

太阳能吸收膜层是镀在红外反射层之上，由一层或多层膜组成，厚度为 150 nm 的膜层，所谓选择性吸收就是相对太阳光谱在 0.3～ 30 μm 内对赤、橙、黄、绿、青、蓝、紫可见光部分能有效地吸收。膜层为渐变的不同折射率金属化合物组成的陶瓷型金属介质膜，膜层中的金属原子从发射率膜层向表面方向逐渐减少。制作时，逐步增加氮气流量，吸收层的颜色由浅逐渐变深。

吸收层的厚度控制在 150 nm 左右时，其对可见光部分吸收率大，且对红外区热辐射小，则红外光透过。多层膜制备比较容易，一层不行两层，逐渐增加，但厚度增加会使涂层发射率提高。减少涂层厚度固然发射率可降低,但制备就不容易了。根据多年生产实践经验,吸收层的层数最多可至7～8层,最好在5层为宜。

涂层的制作工艺和涂层的光谱辐射特性具有密切的关系。不同的制作工艺方法,可以生产出光谱辐射特性差别很大的涂层,如图5-6所示。

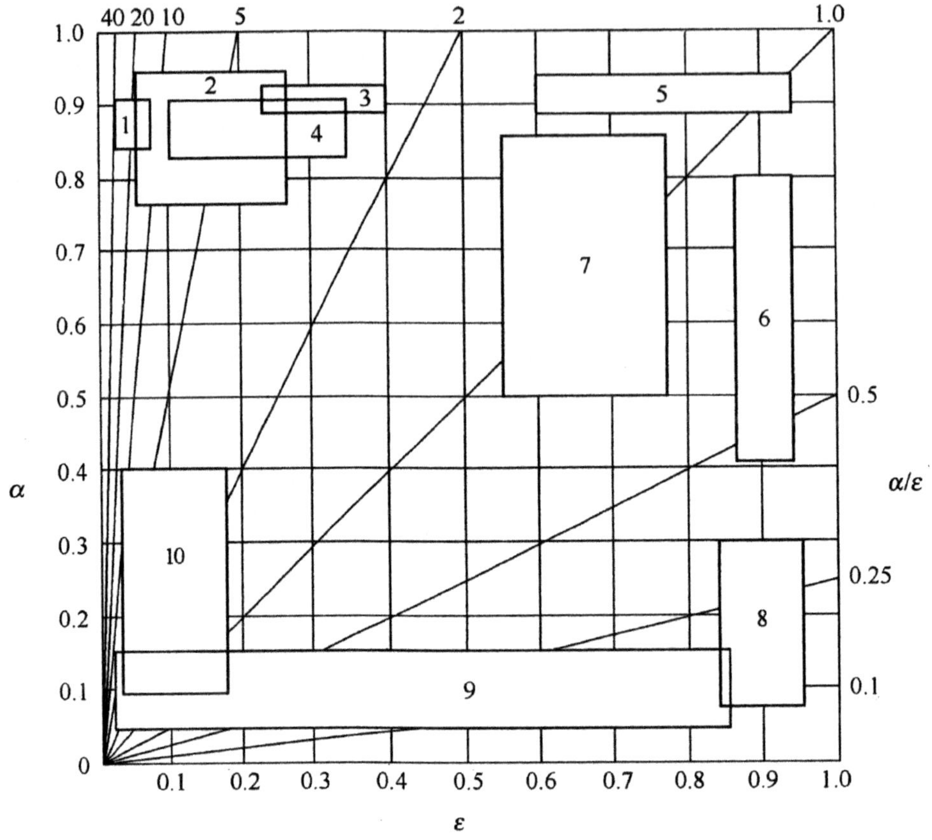

图 5-6 不同制作方法可能生产的光谱选择性表面的辐射特性大致范围

1—磁控溅射选择性吸收涂层;2—电化学沉积选择性吸收涂层;3—选择性吸收涂层;
4—化学转换着色选择性吸收涂层;5—涂刷黑漆涂料;6—涂刷灰色涂料;
7—涂刷白色涂料;8—高温喷枪化合物涂层;9—薄膜反光涂层;10—电化学沉积金属涂层

根据制备工艺的不同,选择性吸收涂层的制备方法主要有真空沉积法、喷涂法、化学转换与电化学沉积法、涂刷工艺、化学蒸发沉积法、等离子喷涂法、熔烧法等。不同的制作工艺方法可以生产出光谱辐射特性差别很大的涂层。涂层制备工艺在不断进步、完善之中。例如,集热器涂层工艺就经历了涂料涂层、电化学涂层、真空镀膜涂层三个阶段。

其中,涂料涂层是由粘结剂和金属氧化物颗粒组成。一般采用涂刷和喷涂的制备方法,主要优点是工艺简单、成本低廉,缺点是在使用过程中容易老化从而引起性能下降。涂料涂层是早期太阳能热利用技术中经常采用的工艺,现在已较少采用。

5.3.3　阳极氧化法和电化学沉积法

1. 阳极氧化法

常用的电化学涂层有铝阳极氧化涂层和钢阳极氧化涂层等。阳极氧化法制备工艺的基本过程：将铝片(或铜铝复合芯片)在稀磷酸溶液中阳极氧化至铝表面形成多孔氧化膜，然后在硫酸镍或硫酸亚锡溶液中交流电解，镍(锡)离子还原沉积于氧化的孔隙中，形成具有光谱选择的表面。其吸收比 $\alpha = 0.89 \sim 0.91$，发射率 $\varepsilon = 0.13 \sim 0.15$。这个方法的缺点是在生产过程中的废液排放易造成环境污染，涂层的发射率较高。

2. 电化学沉积法

电化学沉积法即常规电镀法。将被加工部件置于含有所沉积元素的离子溶液中，溶液极板为正极，所镀金属部件为负极。薄膜的生成速度决定于电镀溶液的组成、溶液温度和电流密度，最后由控制电镀时间控制薄膜生成厚度，由控制部件表面电场分布的均匀性控制薄膜生成厚度的均匀度。电镀法一般只能制作中等吸收-发射比的涂层。

将被加工的制品置于含有所沉积元素(金属或金属化合物)的离子溶液中，并和直流电源的负极相连，使该元素逐渐在制品表面形成涂层的方法称为电镀法，常见的有电镀钢、电镀黑镍和电镀黑铬。其中，黑镍和黑铬涂层是太阳能热利用中常见的两种涂层，如电镀黑镍(NiS—ZnS)就是应用最早的一种，这种涂层的吸收比 $\alpha = 0.92 \sim 0.94$，发射率 $\varepsilon = 0.08 \sim 0.10$。然而这种吸收涂层的最大缺点是抗潮湿、抗高温性能差，虽然经过钝化处理后会有所改善，抗湿热稳定性有一定提高，但黑镍本身的抗高温、抗潮湿性能差决定了该涂层无法在中、高温太阳集热器中使用。

为了克服黑镍的这些不足，人们研究出电镀黑铬。黑铬具有优异的性能，其 $\alpha = 0.95 \sim 0.96$，$\varepsilon = 0.10 \sim 0.12$；而且黑铬在抗高温、耐腐蚀方面优于黑镍。黑铬涂层的结构如图5-7所示。

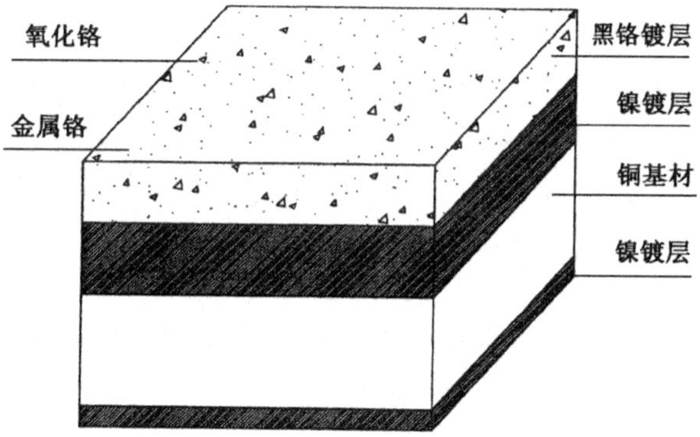

图 5-7　黑铬涂层的结构

电镀法的优点：电镀材料可以有多种选择，工艺成熟，生产效率高，成本低廉，可做大工件电镀层，可进行连续生产；缺点：无法在介电质材料上沉积涂层，个别工艺需用剧毒药品。

无论是阳极氧化法还是电镀法，都具有工艺复杂、手工操作多，成膜厚度监控不容易自动化的缺点，不适用于对膜层厚度有精确要求的选择性吸收薄膜的制备。另外，上述方法的生产过程中的废液处理易造成环境污染，随着环保要求的提高，一些国家已经明令禁止采用污染严重的电化学方法生产吸收涂层。

(1) 涂层厚度与光谱选择性能

实验表明，在同一工艺条件下，电镀时间与电流密度的乘积为定值时，涂层的阳光吸收率和红外辐射率基本保持不变，如图 5-8 所示。

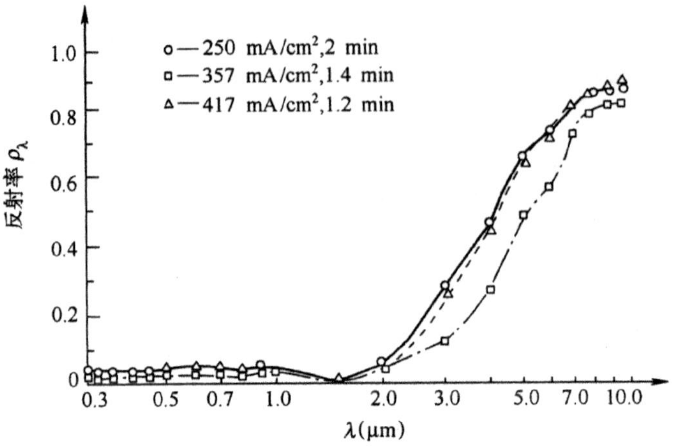

图 5-8　时间与电流密度乘积为 500 min · mA/cm² 时，基体表面镀良镍的黑铬涂层的光谱反射率曲线

(2) 基底表面状况与涂层光谱选择性能

电镀黑铬可以在很多基底材料的表面上沉积。但从涂层的耐腐蚀性、耐久性和耐热性上考虑，通常都需要在基底表面首先镀上一层 1～10 μm 厚的亮镍。

5.3.4　化学转换着色法

化学转换着色法是采用化学方法，在待加工部件表面生成很薄的光谱选择性涂层。它们通常是金属氧化物和硫化物，可以采用浸渍处理或喷涂处理来制备。

这种方法制作的涂层，其颜色随溶液 pH 的不同而变化很大，pH 为 6 时，着色表面为淡黄色；中等 pH 时，着色表面为褐色；pH 较高时，着色表面为黑色。处理时间的长短对涂层颜色的影响较小，处理时间一般不超过 10 min。化学转换着色法只能制作中下等级的吸收-发射比涂层。

化学转换着色法的优点：工艺设备简单，操作方便，生产效率高，成本低廉，可做大工件处理，可进行连续生产；缺点：涂层厚度有时不够均匀，个别工艺需用剧毒药品。

5.3.5　涂刷法

涂刷法是借助喷涂设备将制成的选择性涂料均匀地涂布在太阳辐射接收器表面的一种方法。

涂刷法的优点是，工艺极为简单，可大面积涂布，易于推广，成本低廉；缺点是，涂层与基底材料结合性差，涂刷难以做到十分均匀。

其工作原理基础是，通过色素对太阳辐射具有的良好的吸收率和粘结剂在太阳光谱区内良好的透过率，使涂层获得良好的选择性吸收性能。由实验可知，涂层的吸收性能主要取决于涂料自身的光谱选择性吸收特性和涂层厚度。

目前，平板型集热器中常用的太阳能吸收涂料有黑板漆以及专用太阳能涂料。黑板漆的吸收率很高，约为 0.95～0.98，但辐射率也很高，约为 0.89～0.97。不难看出，黑板漆基本上没有选择性，因此只能在低温太阳能设备中使用，如无盖板太阳能空气加热器。

太阳能吸收涂料由色素和粘结剂调配而成，其中原料的选择对其性能具有明显的影响。

色素的选择原则是，在可见光区色素为黑色，红外区为透明颜色。常用的色素有黑色氧化铁、氧化铜、硫化汞、铬黑、硫化铅、硫化铜、碲化镉、铁镍尖晶石等。一般都是将其研磨成很细的粉末来使用。

通常使用的黏结剂有两类，一类是有机黏结剂，如硅氧烷环氧树脂、丙烯酸等；另一类是无机黏结剂，如硅酸钾、硅酸钠、硅酸锂、硅胶、磷酸盐、锆酸盐等。通常的黏结剂在红外区有较强的吸收作用，故其辐射率也较大，这影响涂料的选择性吸收性能。

实验表明，涂料型吸收层的厚度对其光谱选择性能影响很大，当厚度为 0.5～ 1.5 μm 时，涂层的红外发射率为 0.2～0.35，如图 5-9 所示。所以，喷涂工艺的关键在控制涂层厚度，并力求喷涂均匀。

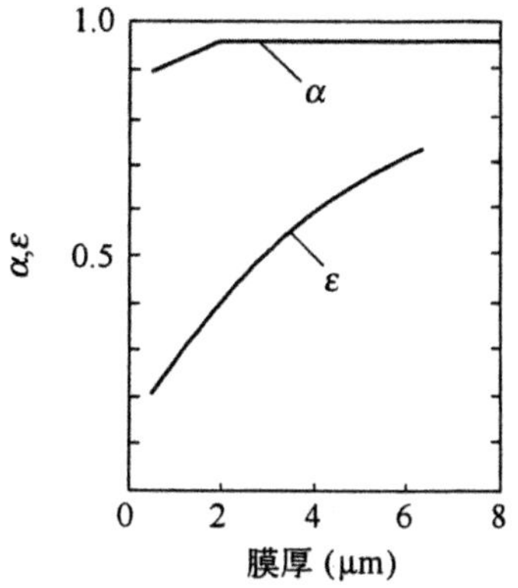

图 5-9　涂料型涂层的太阳辐射吸收率和红外辐射率随涂层厚度的变化关系

喷涂后的涂层表面，需要在 180℃的温度下烘烤15 min。

5.3.6　高频磁控溅射法

溅射镀膜指的是在真空室中，利用荷能粒子轰击靶材（膜材）表面，通过粒子动量传递打出靶材中的原子及其他粒子，并使其沉积在基体上形成薄膜的技术。溅射镀膜可实现大面积快速沉积，几乎所有金属、化合物、介质均可做靶，其镀膜密度高，附着性好。一般溅射装置形成薄膜是利用真空辉光放电，加速正离子使其轰击靶材表面而引起的溅射现象，使靶材表面放出粒子、原子、离子等沉积在基体表面上。

溅射法广泛应用于表面的镀膜、刻蚀、清洗和表面分析等方面。由于离子易于在电磁场中加速或偏转，所以荷能粒子一般为离子。当离子轰击表面时会产生许多效应，除了靶材的原子和分子最终成膜之外，其他效应对膜的生成也会产生很大的影响。

5.3.7　真空蒸发沉积法

真空蒸发沉积法是利用物质在真空室中加热蒸发的原理，将选定的物质沉积到需要制作涂层的表面的方法。物质的蒸发速度取决于加热温度和真空室的真空度。为了使蒸发出来的原子能够有效地沉积到需要制作涂层的表面上，原子的平均自由行程必须大于从蒸发源到该表面的距离。

真空蒸发沉积法的优点是，除去易分解物质，能将各种材料蒸发制成涂层，能制备高反射率或高吸收-发射比的涂层，并能准确地掌握工艺参数和涂层厚度；缺点是，工件尺寸受真空室大小的限制，只能间歇操作，制作成本高。

图 5-10 为一种常用电阻加热的蒸发镀膜装置示意图。钟罩式真空室用液压升降，蒸发源为箔状或丝状直热式，加热器可将工件加热至 100℃～400℃。直流辉光放电兼清洗装置电源的电压从数百伏至2 000 V可调。蒸镀前常以离子溅射清洗工件 15 min 左右。

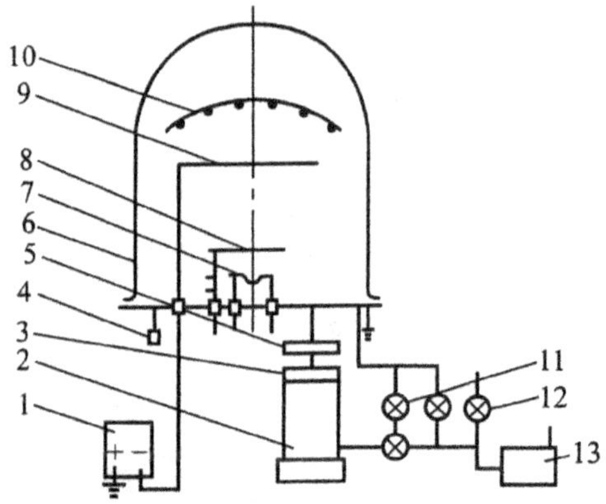

图 5-10　常用真空蒸发镀膜装置

1—直流辉光放电清洗电源；2—油扩散泵；3—水冷障板；4—规管；5—高真空冷门；6—真空室钟罩；7—蒸发源(加热体)；8—挡板；9—工件架；10—加热器；11、12—放气阀门；13—机械泵

5.3.8　等离子喷涂法(离子镀)

等离子喷涂法是一种高温喷涂方法，它能涂布于任何可熔但不会分解的材料，它的喷涂速度较快，但基底材料需要能够承受高温。制备的选择性吸收涂层的吸收-发射比不高，且均为漫反射表面。

离子镀是在真空条件下，利用气体放电使气体或被蒸发物质部分离化，在气体离子或被蒸发物质离子轰击作用的同时使蒸发物或其反应物沉积在基体上。离子镀把辉光放电、等离子体技术与真空蒸发镀膜技术结合在一起，它除了兼有真空蒸镀和真空溅射的优点外，还具有沉积速度快、膜层附着力强、绕射性好、可镀材料广泛等优点。它可以在金属和塑料、陶瓷等非金属上涂覆单金属、合金、化合物及各种复合材料，使表面获得耐磨、抗蚀、耐热及其他所需特殊性能，因而其应用十分广泛，发展非常迅速。离子镀原理见图 5-11。

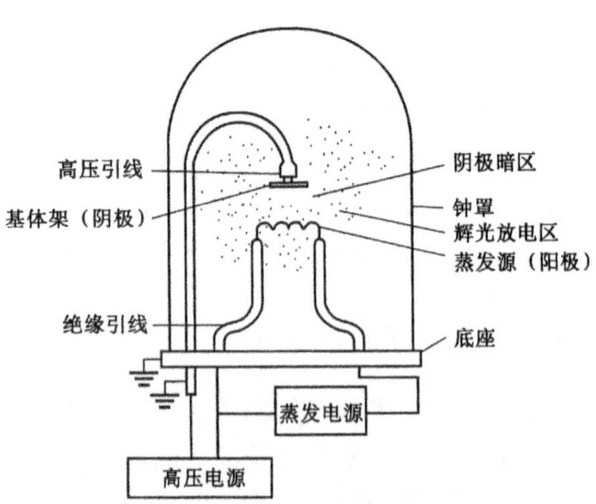

图 5-11　离子镀原理示意图

离子镀的类型较多，膜材的气化方式有电阻加热、电子束加热、等离子电子束加热、高频感应加热等。气化分子或原子的离化方式有辉光放电型、电子束型、热电子型、等离子电子束型以及各种类型的离子源等。

离子镀膜的种类还有射频放电离子镀、低压等离子镀、感应加热离子镀、簇团离子束镀、电弧放电型真空离子镀、溅射离子镀等。

5.4 真空集热管

5.4.1 真空集热管结构

全玻璃真空集热管是真空管太阳能集热器的核心部件，主要由两根同轴的玻璃管组成，采用单端开口设计，内、外玻璃管的一端熔封在一起形成开口端，另一端为密闭半球形圆头，内外玻璃管之间抽成 $10^{-3}\sim10^{-4}$ Pa 的状态。光谱选择性吸收涂层材料沉积在内玻璃管的外表面，形成吸热体。弹簧支架将内玻璃管圆头端支撑在外玻璃管圆头的内表面。点焊在弹簧支架上的消气剂通过高频感应加热蒸散，在集热管圆头端的内玻璃管外表面和外玻璃管内表面形成消气剂膜，用于吸收集热管在工作中玻璃、弹簧卡子、涂层等释放出来的气体以及通过内外玻璃管渗透到集热管真空夹层内的气体，维持内外玻璃管之间真空夹层的真空度，如图 5-12 所示。

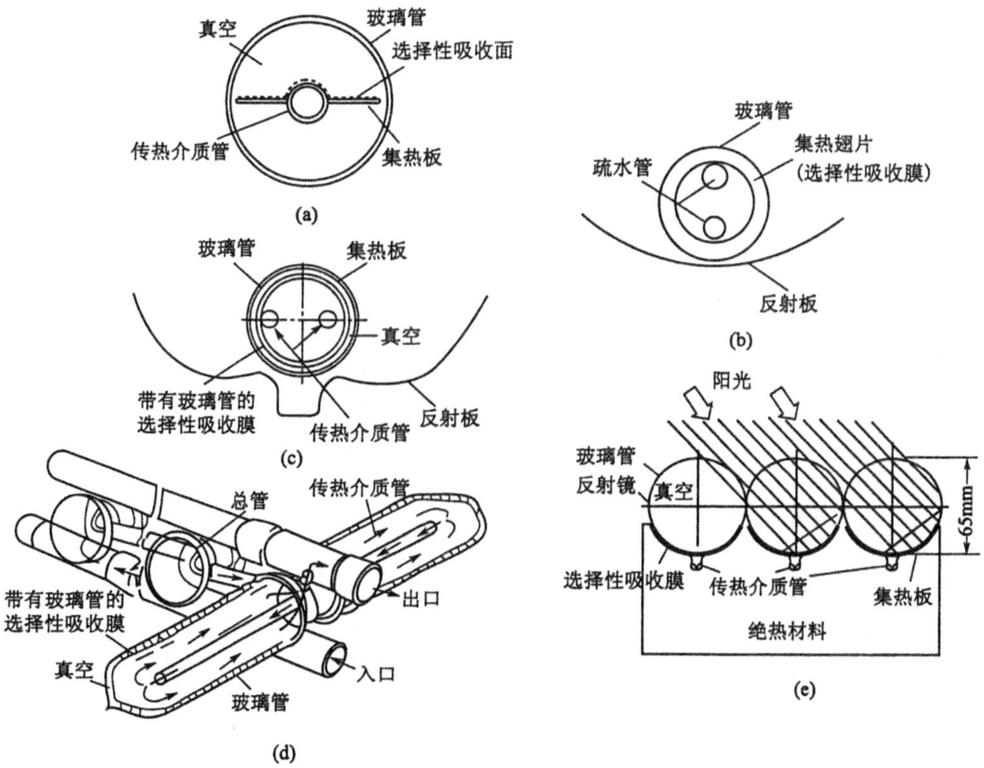

图 5-12 全玻璃真空集热管结构示意图

全玻璃真空集热管种类按内外管直径分为 ⌀37/⌀47、⌀47/⌀58、⌀58/⌀70 等不同类型;按长度分为 800、1 200、1 500、1 600、1 800、2 100 mm等不同类型。

1. 真空集热管用玻璃

真空集热管的内外玻璃管所使用的玻璃材料,应具有太阳投射比高、热稳定性好、热膨胀系数低、耐热冲击性能好、机械强度较高、抗化学侵蚀性较好、适合于加工等特点。

硼硅玻璃 3.3 是对膨胀系数为 3.3×10^{-6}(1/℃)的玻璃的标准命名,它是生产制造全玻璃真空集热管的首选材料。玻璃中的 Fe_2O_3 含量在 0.1%以下,太阳透过比达 0.90 以上,耐热温差大于 200℃,机械强度较高,完全可以满足全玻璃真空集热管的要求。

全玻璃真空集热管向外部散失热量的途径主要有 3 个,即传导、对流和辐射。当真空夹层的真空度高于 10^{-4} Pa 时,由真空夹层内的气体对流产生的热损失可以忽略不计,但还存在气体分子的导热。

2. 选择性吸收涂层

全玻璃真空管采用选择性吸收涂层作为吸热体的光热转换材料,要求选择性吸收涂层有尽可能高的太阳光能吸收比,尽可能低的发射率,同时要求有良好的适应真空的性能,即涂层在工作状态时对真空管的真空度没有影响,也不降低本体的耐热性能和光学性能。

3. 真空度

确保真空集热管的真空度符合要求是提高产品质量、保证产品使用年限的重要方法。集热管内的气体压强,用真空度来描述,管内气体压强越低,说明真空度越高。根据国家标准规定,集热管的真空度应小于或等于 5×10^{-2} Pa。

要使集热管内长期保持较高的真空度,必须在排气台排气时对玻璃真空集热管进行较高温度与较长时间的保温烘烤,以除去管内水汽及其他气体。此外,还要在真空集热管内放置钡-钛吸气剂,它蒸散在抽真空封口一端的管壳内表面上,像镜面一样,能在运行时吸收集热管内释放出的微量气体,以保持管内的真空度。一旦银白色的镜面消失,则说明该真空集热管的真空度受到损坏,管子也就报废了。

气体导热和真空度的关系可以分为以下 3 种情况。

(1) 黏滞流状态

低真空时($\lambda<l$,λ 为气体分子自由程,l 为内玻璃管外表面和外玻璃管内表面的垂直距离),空气的导热系数与真空度无关。

(2) 过渡流状态

过渡真空时($\lambda\approx l$),气体分子平均自由程与真空夹层的垂直距离相当,空气的热传导系数与真空度呈非线性关系,并随着真空夹层真空度的提高而下降。

(3) 分子流状态

中高真空时($\lambda>l$),气体分子在真空夹层空间不互相碰撞,仅直接与玻璃表面碰撞,空气的导热系数与真空度呈线性关系,并随着真空夹层真空度的提高,导热系数呈线性下降。

图 5-13 为全玻璃真空集热管排气曲线。全玻璃真空集热管在排气过程中有两个放气高峰,当温度达到 150℃时,出现第一个放气峰,此时在集热管真空夹层内出现大量的放气,

放气速率较高，放气峰曲线较高且突出；当温度升高到 380℃时，集热管真空夹层出现了第二个放气峰。当排气温度达到 450℃并开始长达 180 min 的保温时，集热管真空夹层的玻璃表面放气速率平稳，真空度保持稳定。因此，对于全玻璃真空集热管而言，必须在足够高的温度下保温足够长的时间，以保证集热管真空夹层玻璃吸附的气体得到充分解析，使集热管和真空排气系统分离后，真空夹层内的真空度能保持在较高的水平。

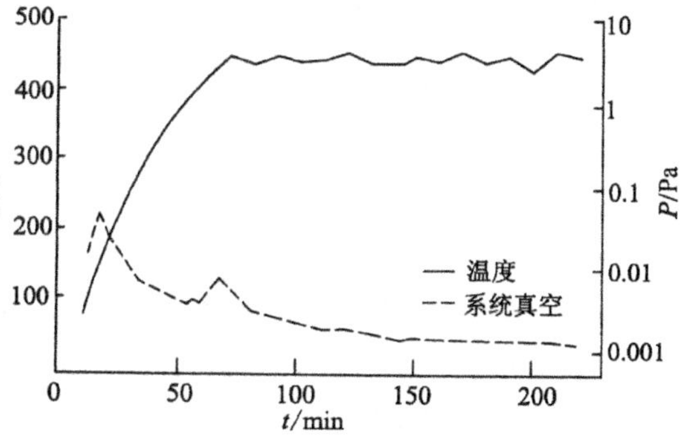

图 5-13　全玻璃真空管排气曲线

玻璃出气分为两部分：一是表面出气；二是内部扩散出气。全玻璃真空集热管高温排气工艺仅能使玻璃表面吸附的气体和部分内部扩散的气体解析出来，而不能把大部分玻璃内的吸附气体解析出来。在长期使用过程中，全玻璃真空集热管玻璃会不断地向真空夹层内解析气体，并且温度越高，解析速率越大，所以需要在真空夹层内安装消气剂，不断吸附由玻璃解析出来的气体。

4. 全玻璃真空集热管的生产工艺

全玻璃真空集热管的生产过程主要有圆底、清洗、烘干、镀膜、环封、排气、烤消、检验、包装等工序，如图 5-14 所示。

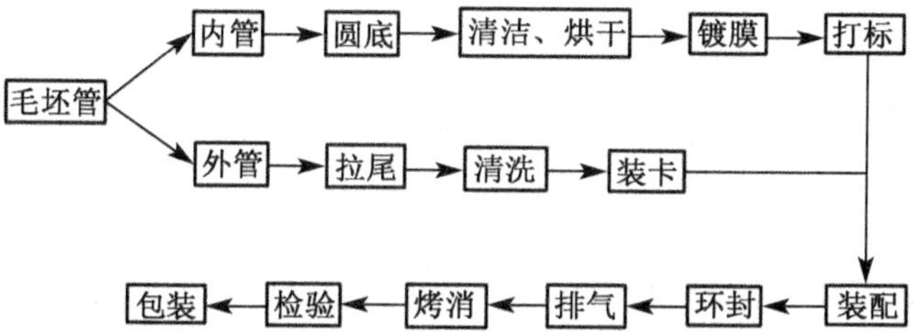

图 5-14　全玻璃真空集热管生产工艺流程图

① 圆底。内玻璃管一端拉圆底，外玻璃管一端拉圆底并接排气外管。

② 清洗、烘干。内外玻璃管表面清洗、烘干，保证玻璃管表面清洁，便于镀膜和保证真空集热管真空夹层的真空品质。

③ 镀膜。在内玻璃管的外表面制备时选择性吸收涂层。

④ 环封。将内玻璃管装配到带有弹簧支架的外玻璃管内，并将内外玻璃管的开口端熔封到一起。

⑤ 排气。对真空集热管进行高温烘烤，对真空夹层进行排气。

⑥ 烤消。对点焊在弹簧支架上的消气剂进行蒸散，在真空集热管的圆头端形成消气剂膜，以维持真空夹层的真空度。

⑦ 检验。对成品的全玻璃真空集热管质量和性能进行检验，确保其技术指标符合要求。

5.4.2 全玻璃真空集热管的热性能

如图 5-15 所示，假设投射到单支真空集热管上的太阳辐照能量为 Q_a，透过真空管外管壁，被管壁吸收和反射部分能量，剩余大部分将穿过内外管壁之间的真空夹层，到达内玻璃管壁外表面的吸收涂层，大部分为涂层所吸收，小部分向外玻璃管内壁反射。涂层吸收太阳辐射能后温度升高，热量经内玻璃管管壁传递给内玻璃管内的冷流体，通过管壁与流体之间的自然对流换热，被流体所吸收，成为有用能量收益 Q_u。由于两管之间的夹层为高真空状态，因此只存在辐射换热，它成为外玻璃管壁向环境的热损失 Q_l。

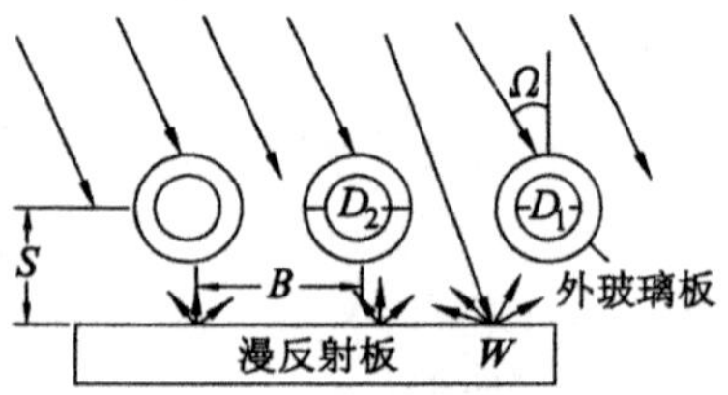

图 5-15 全玻璃真空管集热器示意图

根据能量守恒定律，在稳定工况下，真空集热管的能量平衡方程为

$$Q_a = Q_u + Q_l \tag{5-14}$$

投射到集热管上的总太阳辐照度 $G_{b,T}$ 包括以下 4 个部分。

(1) 集热管正面的直射太阳辐照度

从正面投射到集热管上的直射太阳辐照度 $G_{b,T}$ 为

$$G_{b,T} = G_{b,n}\cos i_t G(\Omega)(\tau\alpha)\theta_t \tag{5-15}$$

式中，$G_{b,n}$ 为法向直射辐照度，W/m^2。

式(5-15)中的 i_t 为直射辐射对集热管的入射角，即阳光入射线在集热管横截面上的投影与阳光入射线之间的夹角。

如果集热管为南北向放置，则有

$$\cos i_t = \{1-[\sin(\beta-\varphi)\cos\delta\cos\omega+\cos(\beta-\varphi)\sin\delta]^2\}^{\frac{1}{2}} \tag{5-16}$$

式中，β 为集热器漫反射板与水平面的夹角，即集热器安装倾角(°)；φ 为地理纬度(°)；δ 为太阳赤纬角；ω 为时角。

如果集热器为东西向放置，则有

$$\sin i_t = \cos\delta\cos\omega \tag{5-17}$$

式(5-15)中的 $G(\Omega)$ 是考虑相邻集热管之间对入射光线的遮挡影响而引入的无因次参数，称为遮挡系数。

$$\text{当}\ |\Omega| \leqslant |\Omega_0|\ \text{时},G(\Omega)=1 \tag{5-18}$$

$$\text{当}\ |\Omega| > |\Omega_0|\ \text{时},G(\Omega)=B\cos\Omega/D_1+(1-D_2/D_1)/2 \tag{5-19}$$

式中，Ω 为遮挡角，即阳光入射线在集热管横截面上的投影与集热器板法线方向的夹角，如图 5-15 所示，Ω 的计算与集热管的布置方式有关。

若集热管南北向布置时，有

$$\Omega=\cos^{-1}\left(\frac{\cos i_c}{\cos i_t}\right) \tag{5-20}$$

式中，i_c 为直射辐射对集热器板的入射角(°)

若集热管东西向放置时，有

$$\Omega=\left|\cos^{-1}\left(\frac{\cos i_c}{\cos i_t}\right)-\beta\right| \tag{5-21}$$

Ω_0 为相邻集热管之间不遮挡的最大遮挡角，即临界遮挡角 Ω_0，按式(5-18)、(5-19)计算

$$|\Omega_0|=\cos^{-1}\left(\frac{D_1+D_2}{2B}\right) \tag{5-22}$$

式中，D_1 为内玻璃管直径，m；D_2 为外玻璃管直径，m；B 为相邻两集热管的中心距，m。

当式(5-15)中的 $(\tau\alpha)\theta_t$ 为太阳入射角θ_t 时，集热管投射比和吸收比的有效乘积，无因次参数。具体计算时，取集热管玻璃平面法向透射比 $\tau_n=0.91$，选择性吸收涂层的法向吸收比 $\alpha_n=0.92$。外玻璃管表面太阳直射辐射入射角在 45°以内时，光线进入内玻璃管近似作直射处理；入射角在 45°～90°的光线，选择性吸收涂层的吸收比乘以 0.9 的减弱系数，即 $\alpha_t=0.9\times\alpha_n\approx 0.83$。

(2) 直射辐射从背面反射到集热管上的太阳辐照度

太阳直射辐射从管间隙入射到底面漫反射板上或地面上，再反射到集热管上的太阳辐照度 $G_{b,w}$ 为

$$G_{b,w}=G_{b,n}\cos i_c\rho F_{w-t}\frac{W}{D_2}(\tau\alpha)_{60^\circ} \tag{5-23}$$

式中，ρ 为漫反射板的反射比，$\rho=0.85$；F_{w-t} 为光带对集热管的辐射角系数，当 $B=2D_2$ 时，$F_{w-t}=0.6\sim 0.7$；$(\tau\alpha)_{60^\circ}$ 为散射辐射的平均入射角取 60° 时的$(\tau\alpha)$ 值；

W 为太阳直射辐射通过集热管间隙照射到反射板上或地面上的光带宽度。

W 的值按下式计算

$$W=B-\frac{D_2}{\cos\Omega} \tag{5-24}$$

(3) 集热管正面的散射太阳辐照度

集热管正面的散射太阳辐照度 $G_{d,T}$ 为

$$G_{d,T}=\pi G_{d,\theta}F_{t-s}(\tau\alpha)_{60^\circ} \tag{5-25}$$

式中，$G_{d,\theta}$ 为集热器板单位面积的散射辐射量，W/m²；F_{t-s} 为集热管的辐射角系数，当 $B=2D_2$ 时，$F_{t-s}\approx 0.43$。

(4) 散射辐射从背面反射到集热管上的太阳辐照度

太阳散射辐射从管间隙入射到底面漫反射板上或地面上，再反射到集热管上的太阳辐照度 $G_{d,w}$ 为

$$G_{d,w} = \pi G_{d,\theta}\rho F_{t-s} F_{d-t} (\tau\alpha)_{60°} \tag{5-26}$$

式中，F_{d-t} 为散射光带对集热管的辐射角系数，当 $B = 2D_2$ 时，$F_{d-t} \approx 0.34$。

投射到集热管上的总太阳辐照度为上述 4 部分太阳辐照度之和，即

$$\begin{aligned} G_{eff} &= G_{b,T} + G_{b,w} + G_{d,T} + G_{d,w} = G_{b,n}\cos i_t G(\Omega)(\tau\alpha)\theta_t + \\ &\left[G_{b,n}\cos i_c \rho F_{w-t}\frac{W}{D_2}(\tau\alpha)_{60°} + \pi G_{d,\theta}F_{t-s}(1+\rho F_{d-t})\right](\tau\alpha)_{60°} \end{aligned} \tag{5-27}$$

投射到单根集热管上的总太阳辐照能量 Q_a 为

$$Q_a = G_{b,T} D_1 L \tag{5-28}$$

式中，L 为集热管长度，m。

5.4.3 集热管的热损失

真空集热管的热损失主要是由集热管对环境的对流和辐射热交换造成的。

(1) 内外管之间的辐射换热量

假定内外管的表面均为灰体，其净辐射换热量为

$$Q_{1\sim 2} = \frac{A_1(T_1^4 - T_2^4)}{\dfrac{1}{\varepsilon_1} + \dfrac{1}{\varepsilon_2} - 1} \tag{5-29}$$

式中，A_1 为集热管内管外表面积，$A_1 = \pi D_1 L /m^2$；ε_1、ε_2 分别为内外管表面的发射率；T_1、T_2 分别为内管外表面温度与外管内表面温度。

(2) 外管向天空的对流及辐射热损失

由于外管向天空的对流及辐射热产生的损失为

$$Q_{2\sim a} = A_2 h(T_{2,0} - T_a) + A_2\varepsilon_2(T_{2,0}^4 - T_a^4) \tag{5-30}$$

式中，A_2 为外管的外表面积，$A_2 = \pi D_2 L$，m^2；h 为集热管对环境的对流换热系数，W/(m² · ℃)；$T_{2,0}$ 为外管外表面温度；T_a 为环境空气温度。

集热管热损失的一般表达式为

$$Q_l = U_1 A_1 (T_1 - T_a) \tag{5-31}$$

因此有

$$Q_1 = Q_{1\sim 2} = Q_{2\sim a} \tag{5-32}$$

式(5-30)、式(5-31)、式(5-32)为计算总热损失系数的方程组。若假定 $T_2 = T_{2,0}$，通过迭代法来解方程组，即可得到集热管的总损失系数 U_1。

5.4.4 集热管的有用能量

在稳定工况下，集热管的有用能量输出为

$$Q_u = Q_a - Q_1 = [G_{eff} - U_1\pi(T_1 - T_a)] D_1 L \tag{5-33}$$

全玻璃真空集热管的内管直接容水,内玻璃管外壁涂层吸收到的太阳辐射能通过管壁的导热直接传给管内的水,管壁传热热阻很小。尽管如此,全玻璃真空集热管在使用中仍存在如下缺陷:

① 管内存水较多,管内水温上升缓慢,启动性能较差;

② 用水时管内热水无法取出,致使系统的热水利用率降低;

③ 管内水的流动性较差,易结垢;

④ 吸热面为内管外壁面,有效吸热面积小;

⑤ 由于管内容水,在运行过程中若有一支管破损,整个系统就要停止工作。

为了弥补以上缺陷,在全玻璃真空集热管的基础上,出现了若干种改进形式,归纳起来主要有以下三个方面:

第一,采用异型玻璃管作为内管,以增大有效吸热面积,强化流体与内管内壁之间的对流换热。如图 5-16 所示,为一采用波纹状玻璃管作为内管的全玻璃真空集热管。

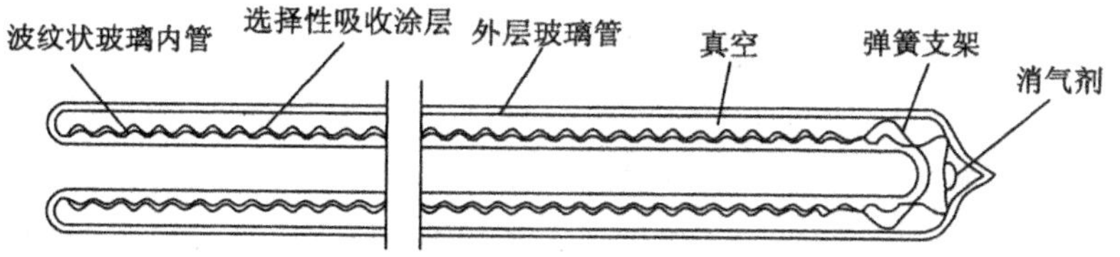

图 5-16　波纹内管全玻璃真空集热管

第二,采用 3 层同轴的全玻璃真空集热管,在内玻璃管的自由端再封接一根一端封死的内套玻璃管,内套玻璃管中也是真空,并与真空夹层连通。内套玻璃管的自由端用一个不锈钢卡子固定以减小环口处受力。这种真空集热管由于管内存水量减小,从而热启动较快,如图 5-17 所示。在实际应用中也有采用普通真空管内插两端封闭的玻璃管的方式,同样可以达到减小真空管内存水量的目的,如图 5-18 所示。

图 5-17　三层同轴全玻璃真空集热管

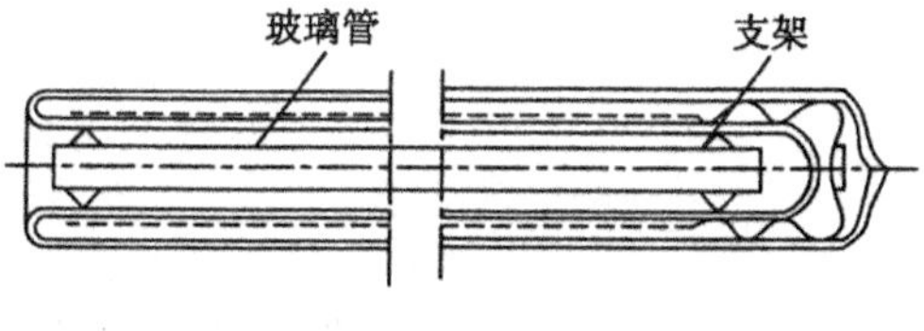

图 5-18　普通真空管内插玻璃管

第三,采用真空管内插 U 形管或热管结构,以克服真空管内直接存水所带来的诸多问题,如图 5-19(a)所示,将 U 形金属管包在圆柱形铝翼片内,插入全玻璃真空集热管中,使铝翼片紧靠在内装玻璃管的内表面,同时,将 U 形管的两端分别与两根进出口水管相连,组成内插 U 形管的全玻璃真空管集热器,使水在金属管内流动。图 5-19(b)为内插热管式真空管,将热管的蒸发段包在圆柱形铝翼片内,插入全玻璃真空集热管中,使铝翼片紧靠在内玻璃管的内表面,同时将热管的冷凝段插入集管内,组成内插热管的全玻璃真空管集热器;或将热管的冷凝段插入储水箱内,组成内插热管的全玻璃真空管热水器。这两种结构的全玻璃真空集热管，由于管内不直接容水，不会发生因一支真空管破损而影响系统运行的情况，提高了系统运行的可靠性，尤其是它还可适用于承压的封闭系统，因而被广泛应用于太阳能热水系统及其他多种太阳能热利用系统中。

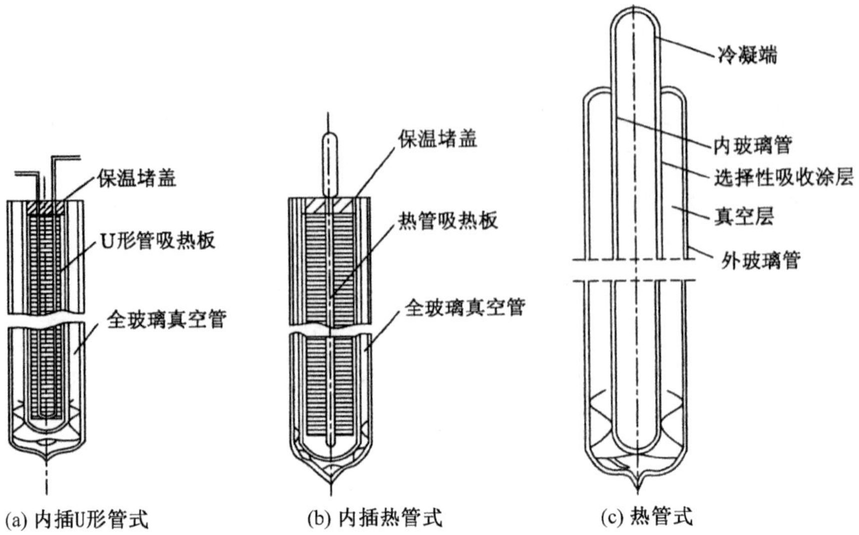

图 5-19　改进型全玻璃真空集热管

此外，还有一种是在普通的全玻璃真空集热管的基础上，增加了和内管外径相同的冷凝端，将由冷凝端和内管一起组成的空腔抽成真空，同时灌注适量的工质，构成全玻璃热管，如图 5-19(c)所示。当选择性吸收涂层接受光照产生热量时，内管空腔内的介质液体蒸发汽化，蒸气在微小的压差下流向冷凝端，放出热量凝结成液体，液体再沿内管内壁因重力的作用流回蒸发段。如此循环不断，热量由集热管内部传至冷凝端再至水箱。

5.5　热管

5.5.1　热管原理

热管是一种具有高导热性的传热元件。它依靠自身内部液体工质的相变传输热量，无须外加动力，具有传热效率高、等温性能好、热流密度可以自动调节、热流方向可逆、热二极管和热开关特性、结构可以按需要灵活调节及高可靠性等特点，因其独特的结构和传热特征，它在工程中已得到了广泛的应用和研究。

典型的热管结构由管壳、吸液芯和端盖构成(见图 5-20)。管内抽成压力为 $1.3\times10^{-4}\sim1.3\times10^{-1}$ Pa 后，充以适量的工作液体，使紧贴管内壁的吸液芯毛细多孔材料中充满液体后加以密封。管的一端为加热段(管内为蒸发段)，另一端为冷却段(管外为冷凝段)。根据应用需要可在加热段和冷却段中间布置绝热段。热管的工作原理(见图 5-21)：将沸腾传热和凝结传热巧妙地封闭在一个压力很小的管道中，即可传递大量的热量。热管不仅热效率极高，同时还具有体积小、质量轻、无噪声、无活动部件的特点。

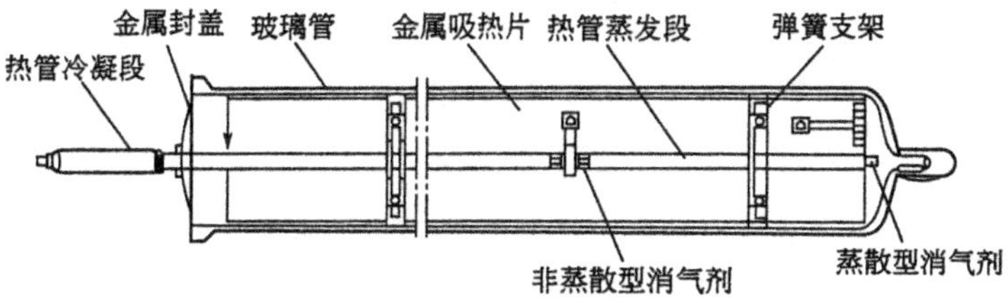

图 5-20　热管式真空集热器结构示意

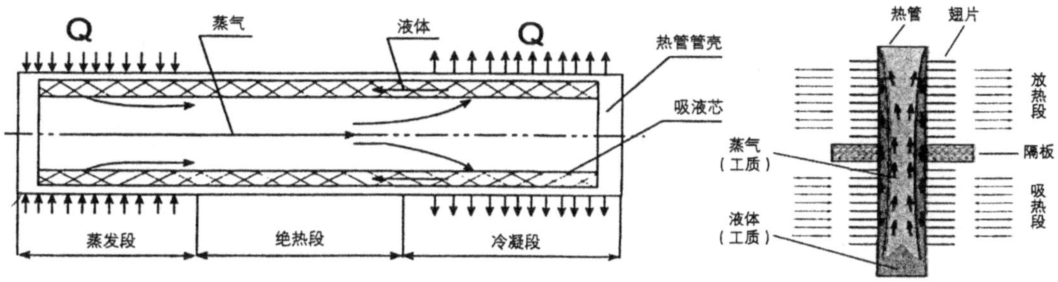

图 5-21　热管工作原理图

当热管蒸发段受热时，工作液吸热后蒸发，蒸气在压差的作用下流向热管另一端(冷凝段)，蒸气在冷凝段凝结放出潜热，热量通过冷凝段浸满工作液的吸液芯和管壁传出，完成热量从高温向低温的传递，凝结液在吸液芯毛细抽吸力的作用下流回蒸发段。如此反复循环，就能不断地让热量从高温向低温传递。

5.5.2　热管分类

(1) 热管的种类

① 按热管管内工作温度分为低温热管(≤0℃)、常温热管(0℃～250℃)、中温热管(250℃～450℃)、高温热管(≥450℃)；

② 按热管工作液体回流动力分为吸液芯热管、重力热管、重力辅助热管、旋转热管等；

③ 按管壳和相容的工作液体组合分为铜-水热管、碳钢-水热管、铝-丙酮热管、不锈钢-钠热管等。

目前，工业中广泛使用的热管为重力热管(两相闭式热虹吸管)，同图 5-24 的普通热管相比，重力热管无吸液芯，热管内工质在冷凝段由蒸气冷却为液体后，靠自身重力流回热管的蒸发段，而不是靠吸液芯的毛细力，因此，重力热管的蒸发段必须置于冷凝段的下方。重力热管结构简单、制造方便、成本低廉、工作可靠，已在许多行业中发挥了巨大作用，在太阳能热利用中也已取得了优异成绩。

(2) 热管式真空集热管分类

根据热管式真空集热管使用温度的不同，可分为低温热管式真空集热管(≤100℃)、中温热管式真空集热管(100℃～200℃)和高温热管式真空集热管(≥200℃)。

① 低温热管式真空集热管：其中的热管一般采用铜-水热管，主要应用于太阳能热水器行业，可解决普通太阳能热水器中的全玻璃真空集热管冬天爆管等问题。金属封盖与玻璃管之间可采用熔封联接。

② 中温热管式真空集热管：可用于太阳能空调、太阳能海水淡化等行业。金属封盖与玻璃管之间可采用熔封联接。

③ 高温热管式真空集热管：可用于太阳能热发电、太阳能空调、太阳能海水淡化等行业。金属封盖与玻璃管之间必须采用熔封联接。

(3) 热管式真空集热管的优点

① 热效率高：玻璃管内处于真空状态，保护了选择性吸收涂层，杜绝了玻璃管内外的对流换热，减少了热损失。

② 启动性能好：热管管内处于真空状态，在较低的温度下管内工质开始工作。

③ 承压能力强：冷却段与系统工作介质接触，耐冰冻，耐热冲击、承压能力强。即使在40℃环境中也能工作，可应用于低温场合，也可应用于高温、有压力的工作场合，适用于太阳能热发电 DSG 技术。

④ 安全性能好：即使出现一支或多支热管冷却段损坏的情况，系统仍能正常工作。

⑤ 保温性能好：具有热管的"热二极管"特性，热量只能从下部传到上部，而不能从上部传递到下部，保温性能好。

上述性能决定了热管式真空集热管在太阳能热利用中的特殊地位，尤其是耐热冲击、承压能力强的特点，使热管式真空集热管在太阳能高温热利用方面拥有一席之地。

(4) 玻璃-金属封接技术

由于金属和玻璃的热膨胀系数差别很大，所以存在玻璃与金属之间如何实现气密封接的技术难题。

玻璃-金属封接技术大体可分为两种：一种是熔封，也称为火封，它是借助一种热膨胀系数介于金属和玻璃之间的过渡材料，利用火焰将玻璃熔化后和金属封接在一起；另一种是热压封，也称为固态封接，它是利用一种塑性较好的金属作为焊料，在加热、加压的条件下将金属封盖和玻璃管封接在一起。

目前国内玻璃-金属封接大都采用热压封技术，热压封使用的焊料有铅、铝等。

与传统的火封技术相比，热压封技术具有以下几个优点。

① 封接温度低，封接在玻璃的应变温度以下进行，封接后不需要经过退火；

② 封接速度快，在几分钟内完成封接过程，明显提高了生产效率；

③ 封接材料匹配要求低，对金属封盖和玻璃管之间热膨胀系数的差别要求降低，比较容易找到替代材料。

(5) 真空度与消气剂

由于热管式真空集热管采用金属吸热片，因而在制造过程中的真空排气工艺不同于全玻璃真空集热管，有其自身独特的真空排气规律。

为了使真空集热管长期保持良好的真空性能，热管式真空集热管内一般应同时放置蒸散型消气剂和非蒸散型消气剂。蒸散型消气剂在高温激活后被蒸散在玻璃管的内表面上，像镜面一样，其主要作用是提高真空集热管的初始真空度，这种镜面还可用来鉴别管内的真空度,若镜面消失说明管子已漏气,无法再使用,必须更换。非蒸散型消气剂是一种常温激活的长效消气剂,其主要作用是保持真空集热管的长期真空度。

5.5.3　热管的性能特点

热管具有许多优良的性能,正是这些优良性能使热管得到了发展和应用。

(1) 极好的导热性能

热管利用了两个换热能力极强的相变传热过程(蒸发和凝结)和一个阻力极小的流动过程,因而具有极好的导热性能。相变传热只需要极小的温差,而传递的是潜热。一般潜热传递的热量比显热传递的热量大几个数量级。因此,在极小的温差下热管可以传输极大的热量。其具有如下特性:①良好的均温性;②热流方向可逆;③热流密度可变。

在热管稳定工作时,由于热管本身不发热、不蓄热、不耗热,所以加热段吸收的热量应等于冷却段放出的热量。只要改变换热面积,即可改变热管两工作段的热流密度。

(2) 热管的传热极限

热管虽然是一种较好的传热元件,但是其传热能力也受其内部各物理过程自身规律的限制。对于典型有芯热管,其输热能力受到的限制如下:

① 毛细极限　热管内凝结液的回流靠毛细力,但热管工作时不但蒸气流动有阻力,凝结液、回流液流动也有阻力,当传热量增加到一定程度时,上述两阻力可能超过毛细力,此时凝结液将无法回流,热管亦不能正常工作。因此,吸液芯最大毛细力所能达到的传热量就称为毛细极限。

② 声速极限　随着热管传热量的增大,管内蒸气流动的速度也相应增加,当蒸气流速达到当地声速时,将产生流动阻塞,此时热管的正常工作被破坏。因此,蒸发段出口截面蒸气流速达到当地声速时所对应的传热量称为声速极限。

③ 携带极限　热管内蒸气和回流液体是反向运动的,随着传热量增加,两流体的相对速度也增大,由于剪切力的作用,流动蒸气会将部分回流液滴携带至凝结段,当这种携带量增加到一定程度时,凝结液的回流将受阻,使热管不能正常工作,这时的传热量就是热管的携带极限。

④ 沸腾极限　随着传热量增加,蒸发段工作液的蒸发量也将增加。当传热量增加到沸腾的临界热负荷时,蒸发段将无法正常工作,这时最大的热负荷就是热管的沸腾极限。

上述四个极限可定性地用图 5-22 表示,从此图中看出,热管工作温度低时,容易达到声速极限和携带极限;工作温度高时,需提防达到毛细极限和沸腾极限,只有在包络线 1—2—3—4—5—1 以下热管才能正常工作。

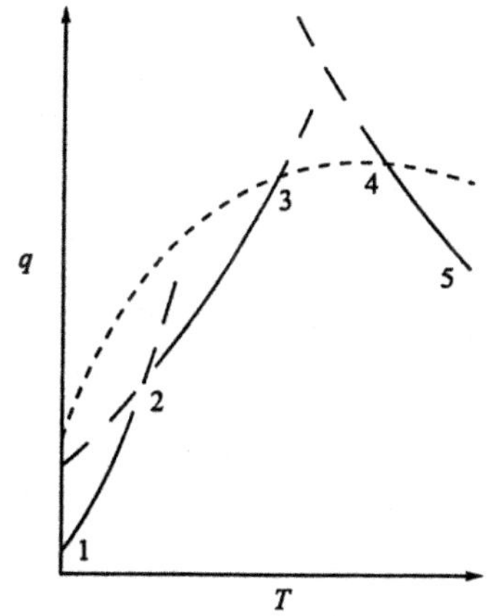

图 5-22　热管的传热极限

1-2—声速极限;2-3—携带极限;3-4—毛细极限;4-5—沸腾极限

(3) 热管换热器及其应用

将若干热管组装起来,就成了热管换热器,典型的热管换热器如图 5-27 所示。

热管换热器的传热效率高,结构紧凑,重量轻,工作可靠。因此在工业部门,特别是在锅炉、窑炉及各种工业炉中得到了应用。

在动力工程和余热回收中应用最广泛的热管换热器是热管空气预热器、热管省煤器、热管锅炉和热管蒸发器。

5.5.4 热管式真空集热管

热管式真空集热管属于金属吸热体真空管的一种,是太阳能应用领域新型真空集热管的新秀。传统的全玻璃太阳能真空管承压耐冻能力差,耐冲击能力弱,在寒冷地区和易受震动地区容易冻裂、破损,而且只要其中有一支管子停止运转,整个系统都会停止工作。热管式真空集热管同时运用了真空技术和热管技术,被加热工质不必直接流经真空管,因而具有热损失小、安全性能高、工作范围宽、维护简单等优点,克服了全玻璃真空集热管的缺点,在寒冷地区得到广泛的应用。

太阳光透过玻璃管投射在吸热板上,高吸收率的选择性吸收涂层将太阳辐射能转化为热能。热管从吸热板中心穿过,紧密结合,使热阻降至最小。吸热板吸收热量加热热管内工质并使其汽化后上升至冷凝段并放热凝结为液体,最后凝结液依靠自身的重力流回蒸发段。在重力热管中为了保证汽化的工质迅速上升到冷凝段,并保证冷凝后能依靠凝结液自身重力迅速流回蒸发段,真空管工作时与地面的倾角应大于10°。热管式真空集热管除了热效率高,还有启动性能好、耐冰冻、耐热冲击、承压能力强、高低温均可应用、安全性能好、保温性能好等优良性能。以上优点,决定了其适合在酷寒地区使用,即使环境温度很低,热管也能够启动。

使用热管的接收器,多采用金属中质量最轻的碱金属。

热管主要依靠工作液体的相变传递热量,工作液体的各种性质对热管的工作性能有着重要影响。选用热管工质时一般考虑以下原则:①工质适应热管工作区域温度,有合适的饱和蒸汽压;②工质与壳体、吸液芯相容,具有良好的热稳定性;③工质应具有良好的综合热物理性能,即传输系数;④无毒性、环保、经济性好等。

热管的导热是依靠饱和工质的汽化和凝结换热实现的,这种相变换热方式具有很高的传热能力,与铜、铝等金属相比,单位质量的热管可多传递几个数量级的热量,这是热管具有高效传热性的原因。热管正常工作时,管内蒸汽处于饱和状态,饱和蒸汽从蒸发段流向冷凝段只产生极小的压差。蒸发段和冷凝段之间温差亦极小,这是热管具有优良等温性的原因。

高温热管工作在400℃~20 000℃的范围内,通常选用钠、钾、锂等碱金属为工质,其常温下通常为固态,故高温热管存在冷冻启动极限。

5.5.5 用于表面温度检定的热管

1. 表面温度检定热管的工作原理

在接触式表面温度计检定装置及非接触检定装置黑体炉方面,近年来,采用热管作为发热平板和空腔有了较大发展。由于热管具有导热性优良、惯性小及热管中温差很小等特点,因而可提高检定装置的温度均匀性,而且热管的温度可控。因此可以方便快速地获得不同的温度值。表面温度检定用热管,是一种比较成熟的热管,对热管原理的认识有参考作用。

此类热管是一个封闭的容器，容器中有毛细芯结构及少量的工作液体，利用工作液的不断沸腾→冷凝→返回→再沸腾循环以传递热量。在热量输入端(称蒸发端)，液体工质蒸发，放出热量在工质冷凝端(称冷凝端)，冷凝液被毛细泵力泵回蒸发端。这样，工质由液态变为气态，由气态冷凝回液态，通过相变潜热的传递而传热。

由于蒸发端与冷凝端间的压差很小，沸腾-冷凝循环基本上是等温过程。另外，热源与蒸汽以及蒸汽与冷端的温差可以设计得很小，而传递的热量却很大。

热管传递的是蒸发汽化潜热，在相同的温差下，它传递的热量比一般对流传热的显热要大几个数量级。

为使工作液体从冷凝端泵回蒸发端，毛细泵力必须足以克服粘性阻力和动力损失；在垂直工作的热管中，工作液体还应克服重力而完成循环。

2. 重力热管

重力热管是热管中最简单的一种，由于它的冷凝液靠重力回流，因此，它必须使冷凝段在蒸发段之上，并以与水平面成一倾角的方式安装和运行。

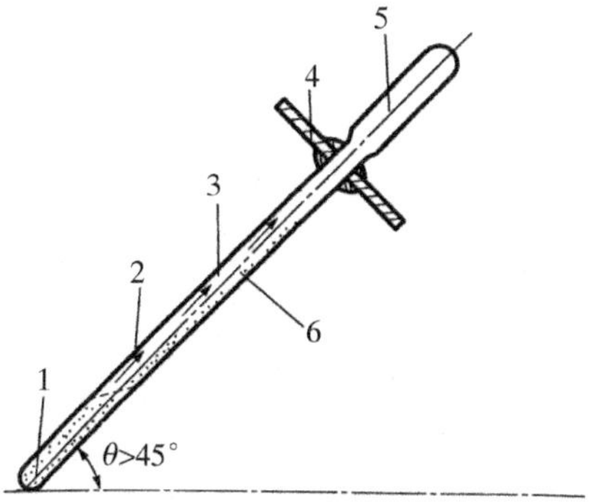

图 5-22 重力热管示意图

1—工质液池；2—蒸发段；3—蒸汽流；4—水箱内座；5—冷凝段；6—回流液

简单的重力热管的工作原理如图 5-22 所示，当热管的蒸发段吸收外界热量，如来自太阳辐射的热量，加热液池中的工质(该工质一般沸点温度都比较低)使之达到沸点后，工质迅速蒸发为蒸汽，由于蒸汽的密度小，它会沿热管内腔上升至冷凝段，受到冷凝段外部的水或空气，冷却放热并冷凝为液体。由于液体的密度大，且热管的内壁面浸润性好，故工质沿壁面下流返回液池，又可再次蒸发，如此不断循环，将热量从一端传到另外一端。

由此可见，重力热管的传热过程可以由以下环节构成：外界热源传热给热管蒸发端$\xrightarrow{\text{蒸发传热}}$冷凝端$\xrightarrow{\text{冷凝传热}}$加热水箱中的水。

根据有关数据统计分析，重力热管最大轴向热流量与倾角的关系如图 5-23 所示。

由图可见，重力热管的最佳倾角为 30°～60°，既不能水平安置，也不能垂直放置。

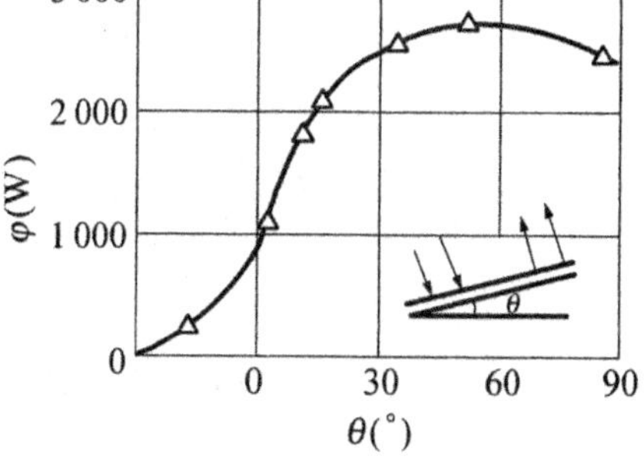

图 5-23 重力热管最大轴向热流量与倾角的关系

3. 热管换热器

热管换热器是利用热管导热能力强、传热量大的特点，以多根热管作为中间传热元件实现冷、热流体之间换热的设备。

按照热流体和冷流体的状态，热管换热器可分为气-气式、气-液式、液-液式、液-气式等。按照热管换热器结构形式，可分为整体式、分离式、回转式和组合式等。

热管换热器的特点如下：

① 结构简单，换热效率高，在传递相同热量的条件下，热管换热器的金属耗量少于其他类型的换热器。

② 换热流体通过换热器时的压力损失比其他换热器小，因而动力消耗也小。

③ 由于冷、热流体是通过热管换热器不同部位换热的，而热管元件相互又是独立的，所以即使有某根热管失效、穿孔，也不会对冷、热流体间的隔离和换热有多少影响。

④ 热管换热器可以方便地调整冷热侧换热面积比，从而可有效地避免腐蚀性气体产生的露点腐蚀。

⑤ 热阻小，传热能力强。热管将沸腾和凝结两种相变换热过程巧妙地结合在一起，热管内部主要由工作液体的气、液相变传热，热阻很小，因此具有很高的导热能力。计算表明，一根内、外径分别为 21 mm 和 25 mm，加热段、冷凝段长度都为 1 m 的钢-水重力热管的热阻(管外对流换热热阻除外)是直径相同、长度为 2 m 的紫铜棒导热热阻的 1/1 500，即这种热管的传热能力是紫铜棒的 1 500 倍。

⑥ 两端温差小。蒸发段与冷凝段的压力差非常小，所以蒸发和凝结几乎是在相同的温度下进行的，这为微小温差下的热量传递创造了条件。

⑦ 适应温度范围广，工作温度可调。通过选择不同的热管工质和与之相容的管壳材料，可以使热管适应在－200℃～2 000℃温度范围内工作。

⑧ 热流方向可变。热管的蒸发段与冷凝段的内部结构相同，热管水平布置时，任一受热端即成为蒸发段，另一端就成为冷凝段。

⑨ 热流密度可调。热管蒸发段和冷凝段的热流密度可以通过改变蒸发段和冷凝段的长度和管外传热面积进行调节。热管可以单独改变蒸发段或冷凝段的加热面积，即以较小的加热面积输入热量。而以较大的冷却面积输出热量，或者热管可以较大的传热面积输入热量，而以较小的冷却面积输出热量，这样就可以改变热流密度，解决一些其他方法难以解决的传热难题。

⑩ 热二极管与热开关性能。热管可做成热二极管或热开关。所谓热二极管就是，只允许热流向一个方向流动，而不允许向相反的方向流动；热开关则是，当热源温度高于某一温度时热管才开始工作，当热源温度低于这一温度时热管就不传热了。

在已经建成的太阳能槽式热发电站中，集热器一般采用直通式真空集热管。与直通式相比，热管式在承压能力等方面具有一定优势。热管式相当于“二次换热”，换热介质只与热管冷凝段发生换热，热管启动快、相变传热的方式使其具有高效率。

在 DSG 技术中采用热管式真空集热管，可有效解决承压问题。相对于直通式真空集热管的全程承压要求，热管式真空集热管只有冷凝段需要承压，即使由于承压造成某一根集热管损坏，系统仍然处于密封状态，不会影响系统的运行。维护简单，模式系统中球面反光镜较旋转抛物面反光镜容易制造，且聚光温度更高，热管式真空集热管的优势将更明显。

现在人们正致力于设计适用于槽式系统以及碟式系统的热管式真空集热管。东南大学、南京工业大学等都在开发新型热管式真空集热管。

4. 金属吸热体真空管集热器

金属吸热体真空管由于吸热体采用金属材料，而且真空管之间也都用金属件连接，所以用这些真空管组成的集热器具有以下共同优点：

① 运行温度高。由其组成的集热器运行温度可达 100℃以上，有的甚至可高达 300℃～400℃，它是太阳能中高温利用技术中必不可少的集热部件。

② 承压能力强。由于介质在金属流道内流动，真空管及其系统都可承压运行，多数集热器还可用于会产生 10^6 Pa 以上的热水甚至高压蒸气的环境。

③ 耐热冲击性能好。真空管及其系统能承受急剧的冷热变化，即使用户偶然误操作，对空晒的集热器系统注入冷水，真空管也不会因此而炸裂。

金属吸热体真空管的出现扩大了太阳能的应用范围，满足了不同场合对太阳能的需求，已成为真空管集热器发展的重要方向。

这种集热管主要分为两种类型，一种是热管式单玻璃集热管，是由带平板镀膜肋片的热管蒸发段封接在单层真空玻璃管内组成的，其冷凝段以紧配合方式插入导热块内或插入联箱，并将所获太阳热能传给水箱中的水，如图 5-24 所示。

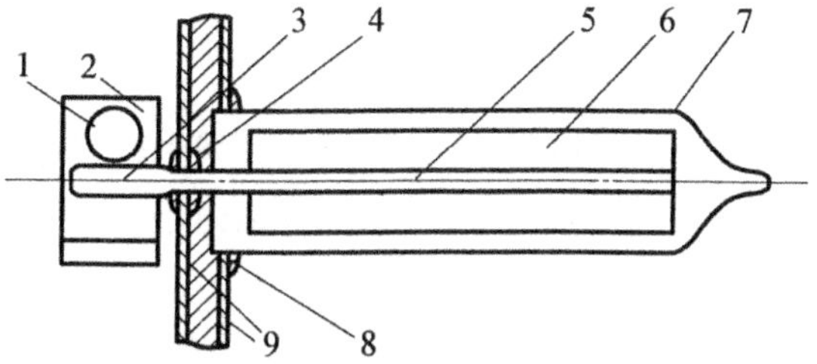

图 5-24　热管式单玻璃真空集热管

1—循环管；2—导热块；3—热管冷凝端；4—硅胶密封圈；5—热管蒸发段；6—热管肋片；7—单层真空管；8—挡风圈；9—联箱内外壳

优点：这种集热管长度和直径比较大，一根管传热量也大，集热器可不装反射板，抗风雪袭击能力强，在风雪大的寒冷地区使用比较可靠。一根管坏了不会造成系统漏水而影响正常使用。缺点：一是，冷凝段的面积相对蒸发段的蒸发面积小；二是，平板肋片对太阳能的吸收较圆筒形少；三是，一旦一根玻璃管破损，则热管真空管需拆换，要泄水，不经济。

第二种热管式真空管为双玻璃真空集热管。该集热管是将一种热管的蒸发段以紧配合方式插入双玻璃真空集热管内的弹性金属肋片中，并将之处于阳光照射强烈的部位，而扩大直径后的冷凝段是通过密封圈插入联箱或水箱中，将太阳热能传给水，如图 5-25 所示。

这种集热管的最大尺寸目前受到限制。单管传热量较单玻璃集热管小，但它弥补了热管式单玻璃真空管的缺点，其一，该热管的冷凝段与蒸发段面积的配比做到了优选，热效率很高；其二，这种集热管的弹性肋片为圆柱形，该肋片由弹性张力的作用紧贴双玻璃真空管镀膜内管的内壁，因而它也具有圆柱体吸热面对阳光准跟踪的优点；其三，当某支玻璃真空管被打破后，可就地拆换，不必泄水，也不必换热管，这样维修简便、经济；其四，由于其结构

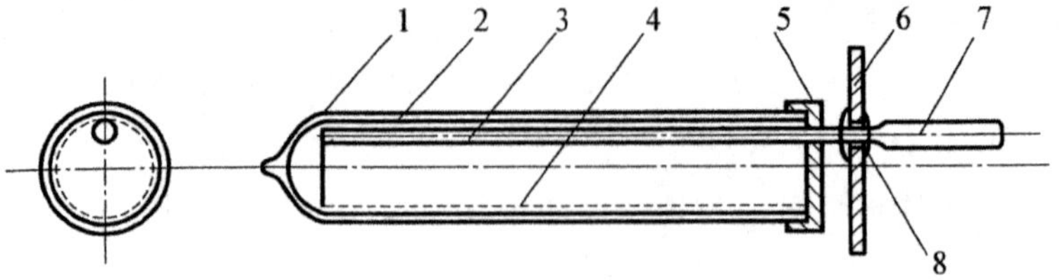

1—真空管外管；2—真空管内管；3—热管蒸发段；4—吸热板；
5—胶木帽；6—水箱内壁；7—热管冷凝段；8—密封圈

图 5-25　热管式双玻璃真空集热管

简单，故成本低廉。但是，这种热管式真空管当安装反射板后，抗大风雪的能力差，在风雪寒冷地区使用时，应选用不带反射板的。

5.6　热管的相关工艺

5.6.1　热管材料的相容性

热管的工作寿命与其外壳、毛细芯、焊接或钎焊材料及工质的相容性有关。在作为温度计检定装置时，必须考虑其工作寿命，否则会使系统由于工质的分解及壳体与毛细芯材料被腐蚀而引起损坏。

热管相容性之间存在的问题列于表 5-3。

表 5-3　热管相容性(匹配)存在的问题

效应	原因
热管导热系数减小	1. 不凝性气体反应物； 2. 容器、壁漏气； 3. 工质分解产生非导气体
热管传输热容量减小	1. 毛细芯被固体沉淀颗粒堵塞； 2. 工质在毛细芯中被气泡堵塞； 3. 化学反应，毛细芯湿润性下降； 4. 液体中析出反应物，使表面张力减小； 5. 液体析出反应物，使黏度变大； 6. 毛细芯分解，影响工质的传递
热管容器壁失效	1. 容器壁溶解于工作介质中； 2. 容器壁的电腐蚀

5.6.2　选择壳体的直径、厚度、长度，并进行强度校核

热管最高承受的工作温度 t、工作压力 p、内径 d_n、管壁厚度 b(mm) 与管壳材料的许用应力[δ] 之间的关系为：

$$b = p d_n / 2[\delta] (\text{mm}) \tag{5-34}$$

例如，热管工作温度为 180℃，则 $p = 10$ kgf/cm²，紫铜的许可应力 $[\delta] = 19 \div 3 = 633$ (kgf/cm²)。内径选 $d_n = 12$ mm，代入式(5-34)得

$$b = 10 \times 1.2 / (2 \times 633) = 0.1 (\text{mm})$$

但是，在考虑管材制作的壁厚温差、热管封口焊接产生许用应力降低等因素时，往往要加大壁厚，如选用 $b = 0.5$ mm 的管壁。

5.6.3 热管制作的工艺流程

热管制造的工艺流程如图 5-26 所示。

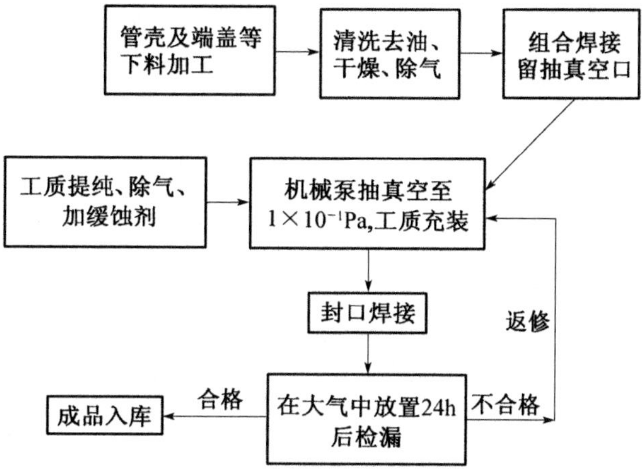

图 5-26 热管制造的工艺流程

在制造过程中，热管式真空集热管的真空排气工艺不同于全玻璃真空集热管，它具有以下特点：

① 真空集热管内空间容积大，金属部件多，加热烘烤时出气量大，必须采用抽气速率大且极限真空度高的扩散泵机组。

② 在集热管真空排气前，必须对放气量较大的金属部件或材料进行高温预除气。

③ 为了使真空集热管长期保持良好的真空性能，必须在管内同时放置两种消气剂，即蒸散型消气剂和非蒸散型消气剂。蒸散型消气剂在高频激活后被蒸散在玻璃管的内表面上，其主要作用是提高真空集热管的初始真空度；非蒸散型消气剂是一种宽温度范围激活的长效消气剂，其主要作用是吸收管内各部件工作时释放的残余气体，保持真空集热管的长期真空度。

第 6 章　太阳能电池

6.1　半导体与太阳能电池分类

太阳能电池是利用光伏效应(Photovoltaic, PV)进行太阳能光伏发电的核心部件，是利用太阳光与半导体材料相互作用直接产生电能的器材，故也称太阳能光伏电池。与常规电池的概念不同，太阳能电池本身并不具备贮存电能(蓄能)功能。但太阳光可以被认为是源源不断照射，太阳能电池也可以连续运转实现光电转换。

太阳能电池是一种大有前途的新型电源，具有永久性、清洁性和灵活性三大优点。太阳能电池寿命长，只要太阳存在，就可以一次性投资而长期使用；与火力发电、核能发电相比，太阳能电池不会引起环境污染，不增加大气中 CO_2 含量和发热量；太阳能电池的输出功率设计灵活，从数十兆瓦级的中型电站到微瓦级的光伏家电，均能够很好地匹配，具有其他电源无法比拟的优势。

太阳能电池产业已经成为一个欣欣向荣的产业，其产品已实现井喷式的高速增长，应用于世界各地甚至宇宙太空一切有阳光照射的角落。

真正意义上的光伏时代源于 1954 年发明的单晶硅材料太阳能电池，这是 20 世纪材料、能源、信息革命的里程碑。至今为止，虽然生产工艺、产品性能焕然一新，但太阳能电池主要的基本结构和基本机理没有发生革命性的改变。

6.1.1　太阳能电池原理

光生伏特效应(简称“光伏”)是当某种结构的半导体器件受到阳光照射时将产生直流电压(或电流)，当光照停止后，电压(或电流)则立即消失的现象。太阳能电池就是利用光伏效应产生电力输出的半导体器件，其中一种最简单的结构示意图如图 6-1(a)所示。

太阳能电池实际上就是一个大面积平台的 p-n 结二极管，在无光照时具有常规二极管的特性，而当施加从 P 区到 N 区的电压时，电子流从 P 区流向 N 区，可用肖特基二极管模型来表示。

$$I_0 = I_s\left[\exp\left(\frac{qU}{KT} - 1\right)\right] \tag{6-1}$$

式中：I_0 为二极管工作电流；I_s 为二极管饱和电流；q 为电子电量；U 为施加电压；K 为玻尔兹曼常数；T 为绝对温度。

它是在一个低掺杂浓度的 n 型层上，通过硼(B)扩散形成浅结的 p^+ 发射层，再在该层上制备一定疏密程度的金属收集栅极与减反射膜，以有效收集电流并增加进入电池基区的入射光能量。图 6-1(b)为该 p-n 结的空间电荷示意图，在 p^+ 区和 n^- 区相接触处，由于两边自由载流子的浓度差异，各区的自由载流子将在其浓度梯度的驱使下向对方扩散，这些自由载流子扩散离去之后，就会在原地留下不能运动的掺杂离子，形成空间电荷。由自由载流子的扩散运动而产生的电动势将阻碍其继续扩散，最后达到动态平衡，从而在 p-n 接触处形成空间电荷区，该区由可动电荷离去后掺杂离子构成，称为耗尽层，产生一个由 n 区指向 p 区的内建电场 E_{bi}。

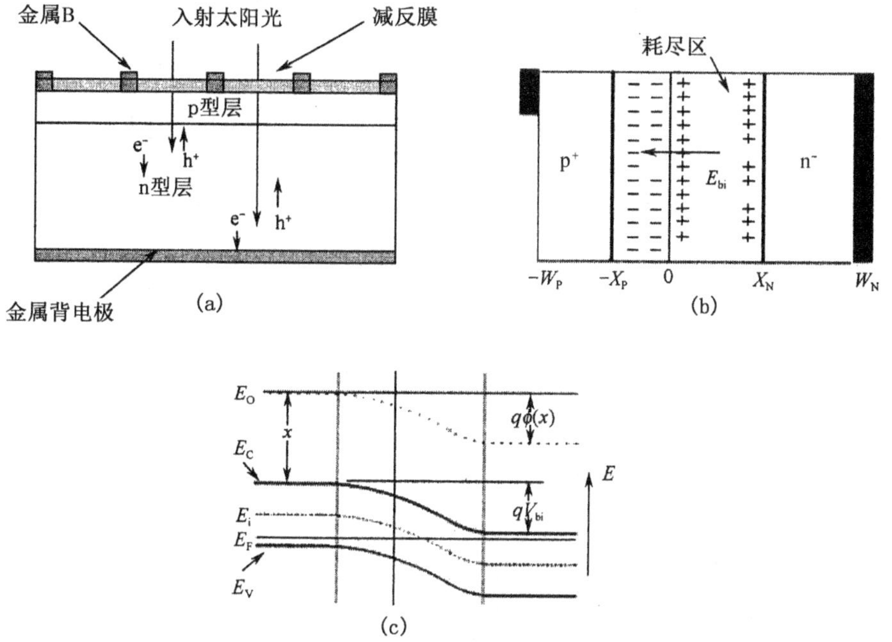

图 6-1　晶硅太阳能电池的结构示意图(a)、p-n 结(b)与能带图(c)

一般的太阳能电池都是由分别称为 n 型和 p 型的半导体组合而成的，由二者形成 p-n 结，再分别在 n 型半导体和 p 型半导体的外表面形成金属电极，这便构成了太阳能电池。为便于太阳光经过入射一侧的电极(表面电极)进入半导体之内，一般将入射一侧的表面电极做成梳状。若由这种太阳能电池的电极连接成回路，则由太阳能电池发出的电将流经外电路。

半导体受光照射，具有发生电子和空穴的独特性能。所谓空穴是半导体中的电子被拔脱出而形成的电荷“空洞”，带有正电荷，与之相反，电子带有负电荷。n 型、p 型半导体的差别正是由这种电子和空穴的数量不同而决定的：在 n 型半导体中存在多量的电子；相反，在 p 型半导体中存在多量的空穴。

当太阳能电池受光照射时，由光产生的电子和空穴分别受到 p-n 结处 n 型和 p 型半导体的排斥，使这些电子和空穴各自向对应的电极处集结，当电极接有外部回路时，电流将流经外电路。像这样，太阳能电池直接将光变成电，工作中完全不产生破坏自然环境的有害气体等，因此它作为一种完全清洁的能源而广受关注。

太阳能电池的特性依所使用材料的禁带宽度不同而有很大变化。由理论分析得知，一般太阳能电池最常用的半导体材料的带隙宽度在1～2 eV之间，而宽度在1.4 eV左右可获得最高的光电转化效率。半导体材料分为直接带隙材料和间接带隙材料。直接带隙半导体材料的光吸收系数大，间接带隙半导体材料的光吸收系数小，即吸收相同多的太阳光，间接带隙半导体材料的厚度要求比直接带隙半导体材料厚得多。例如，直接带隙的半导体砷化镓吸收全部太阳光仅需要微米级的厚度，间接带隙半导体材料晶体硅的厚度必须在100 μm以上。

理想的太阳能电池材料应具有如下特点：具有直接带隙，带隙宽度在1.1～1.7 eV之间；无毒，地球储量丰富；具有较好的力学性能，便于加工；具有较高的光电转换效率；性能稳定，耐候性好，具有较长的使用寿命；便于制备，特别适合大面积、薄膜化生产。

硅属间接带隙材料，带隙宽度为1.12 eV，严格来说，不是最理想的太阳能电池材料。但是，硅在地壳表层储量丰富，无毒，易于开采提炼，特别是借助于半导体器件工业的发展，晶体硅生长、加工技术日益成熟，这使晶体硅成了太阳能电池的主要材料。尽管如此，人类一直没有放弃寻找和合成更合理、更价廉的材料。

有机分子具有成本低、重量轻和分子水平上的可设计性等优点，具有很强的竞争力，有机太阳能电池因而成为现阶段的研究热点。但有机太阳能电池的效率仍然很低，稳定性问题也没有得到解决，距离真正的实际生产还有很长的路要走。

图6-2是Shockley和Queisser等发表的电池极限和材料带隙的关系图。它的获得建立在双能级模型的基础上，认为载流子产生与发射之间平衡。此处的关键在于两个基本条件：第一是，光生载流子的产生与无辐射复合的分离；第二是，有良好的无损电接触收集。只要达到这两个条件的器件都具有光伏转换能力，而且可以得到很高的转换效率。

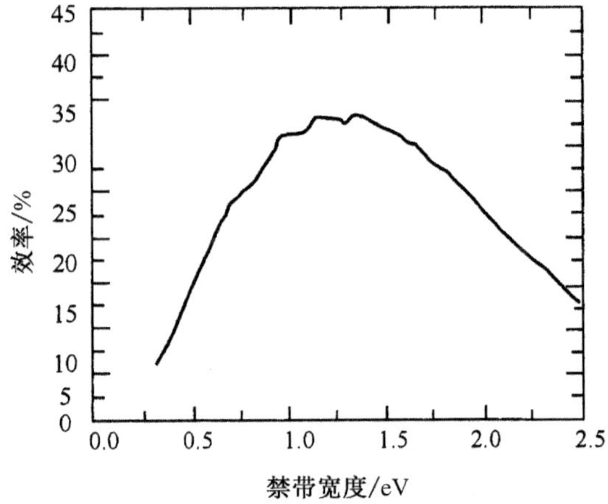

图6-2　电池效率极限与材料带隙关系图

总之，在光伏材料方面，热门话题是，打破材料门类框框，寻找各类光电效应最佳的材料；开发有利吸收太阳光并能有效收集光生载流子的不同电池结构；借鉴其他成熟技术，降低工艺成本，提高效率和产率，努力使光伏成为优势产业。

6.1.2　太阳能电池分类

自20世纪50年代发明单晶硅太阳能电池以来，人们为太阳能电池的研究、开发与产业化做出了很大努力，新材料、新结构、新工艺层出不穷，研制成功的太阳能电池已达100多种。从电池结构上看，有p-n同质结、p-n异质结、MS结构和MIS结构等，这些结构在微电子工业中已经得到了广泛应用，因此，太阳能电池结构的发展明显得益于微电子工业的技术进步。从材料方面来看，涉及几乎所有半导体材料，包括单晶硅、多晶硅、非晶硅、微晶硅、化合物半导体和有机半导体等。20世纪50年代的硅电池、60年代的砷化镓电池、70年代的非晶硅电池、80年代的铸造多晶硅电池和90年代Ⅱ-Ⅵ族化合物电池的开发和应用，构成了太阳能光电材料和器件发展的历史。

可用各种方法对太阳能电池进行分类，如按照结构的不同分类，按照材料的不同分类，按照用途的不同分类，按照工作方式的不同分类等。下面对按照结构和材料进行的分类加以介绍。

1）按照结构分类

（1）同质结太阳能电池。由同一种半导体材料所形成的p-n结或梯度结称为同质结。用同质结构成的太阳能电池称为同质结太阳能电池，如硅太阳能电池、砷化镓太阳能电池等。

（2）异质结太阳能电池。由两种禁带宽度不同的半导体材料形成的结称为异质结。用异质结构成的太阳能电池称为异质结太阳能电池，如氧化锡/硅太阳能电池、硫化亚铜/硫化镉太阳能电池、砷化镓/硅太阳能电池等。如果两种异质材料晶格结构相近，界面处的晶格匹配较好，则称为异质结太阳能电池，如砷化铝镓/砷化镓异质结太阳能电池。

（3）肖特基太阳能电池。利用金属-半导体界面的肖特基势垒而构成的太阳能电池，也称为MS太阳能电池，如铂/硅肖特基太阳能电池、铝/硅肖特基太阳能电池等。其原理是基于金属-半导体接触时，在一定条件下可产生整流接触的肖特基效应。目前已发展成为金属-氧化物-半导体（MOS）结构的太阳能电池和金属-绝缘体-半导体（MIS）结构的太阳能电池。这些又总称为导体-绝缘体-半导体（CIS）太阳能电池。

（4）多结太阳能电池。由多个p-n结形成的太阳能电池，又称复合结太阳能电池。如垂直多结太阳能电池、水平多结太阳能电池等。

（5）液结太阳能电池。用浸入电解质中的半导体构成的太阳能电池，也称光电化学电池。

2）按照材料分类

（1）硅太阳能电池。是指以硅为基体材料的太阳能电池，有单晶硅太阳能电池、多晶硅太阳能电池等。多晶硅太阳能电池又有片状多晶硅太阳能电池、铸锭多晶硅太阳能电池、筒状多晶硅太阳能电池、球状多晶硅太阳能电池等多种。

（2）化合物半导体太阳能电池。是指由两种或两种以上元素组成的具有半导体特性的化合物半导体材料制成的太阳能电池，如硫化镉太阳能电池、砷化镓太阳能电池、碲化镉太阳能电池、硒铟铜太阳能电池、磷化铟太阳能电池等。化合物半导体主要包括：①晶态无机化合物，如Ⅲ-Ⅴ族化合物半导体砷化镓、磷化镓、磷化铟、碲化铟等；②非晶态无机化合物，如玻璃半导体；③有机化合物，如有机半导体；④氧化物半导体，如MnO、Cr_2O_3、FeO、Fe_2O_3、Cu_2O等。

（3）有机半导体太阳能电池。是指用含有一定数量的碳-碳键且导电能力介于金属和绝缘体之间的半导体材料制成的太阳能电池。有机半导体可分为3类：①分子晶体，如萘、蒽、芘（嵌二萘）、酞菁铜等；②电荷转移络合物，如芳烃-卤素络合物、芳烃-金属卤化物等；③高聚物。

（4）薄膜太阳能电池。是指用单质元素、无机化合物或有机材料等制作的薄膜为基体材料的太阳能电池。这些薄膜通常用辉光放电、化学气相沉积、溅射、真空蒸镀等方法制得。目前主要有非晶硅薄膜太阳能电池、多晶硅薄膜太阳能电池、化合物半导体薄膜太阳阳能电池、纳米晶薄膜太阳能电池、微晶硅薄膜太阳能电池等。非晶硅薄膜太阳能电池是指用非晶硅材料及其合金制造的太阳能电池,也称为无定形硅薄膜太阳能电池,简称 α-Si 太阳能电池。目前主要有非晶硅薄膜太阳能电池、集成型非晶硅薄膜太阳能电池、叠层(级联)非晶硅薄膜太阳能电池等。

按照太阳能电池的结构来分类,其物理意义比较明确,因而,我国国家标准将其作为太阳能电池型号命名的依据。

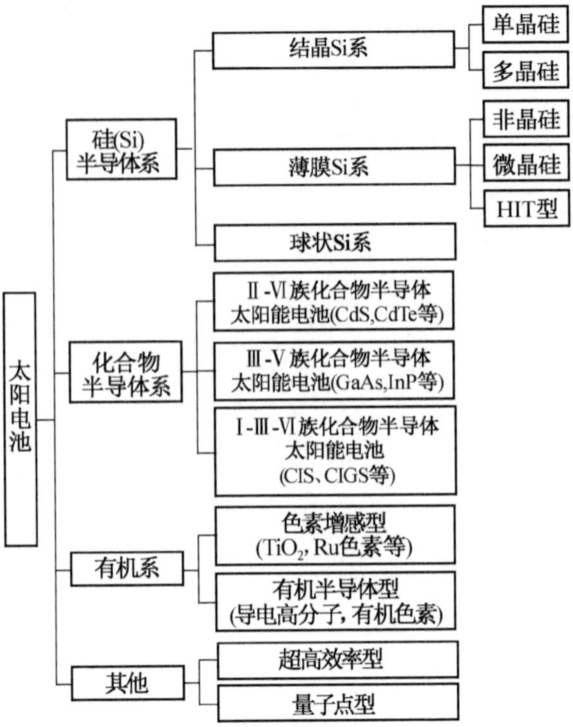

图 6-3 太阳能电池按材料体系的分类

此外,按照应用还可将太阳能电池分为空间用太阳能电池和地面用太阳能电池两大类。地面用太阳能电池又可分为电源用太阳能电池和消费品用太阳能电池两种。对太阳能电池的技术经济要求因应用而异:空间用太阳能电池的主要要求是耐辐照性好、可靠性高、光电转换效率高、功率面积比和功率质量比优等;地面电源用太阳能电池的主要要求是光电效率高、坚固可靠、寿命长、成本低等;地面消费品用太阳能电池的主要要求是薄小轻、美观耐用。

也有的学者将太阳能电池按材料体系进展分为 4 代,如图 6-3 中给出的是太阳能电池按世代的分类。

第一代,硅半导体系。其中包括:结晶 Si 系(单晶硅、多晶硅);薄膜 Si 系(非晶硅、微晶硅、HIT 型);球状 Si 系。

第二代,化合物半导体系。其中包括:Ⅱ-Ⅵ族化合物半导体太阳能电池(CdS、CdTe 等);Ⅲ-Ⅴ族化合物半导体太阳能电池(GaAs、InP 等);Ⅰ-Ⅲ-Ⅵ族化合物半导体太阳能电池(CIS、CIGS 等)。

第三代,有机系。其中包括:色素增感型(TiO_2、Ru 染料等);有机半导体型(导电高分子、有机色素)。

第四代,以超高效率型与量子点型为代表的其他新型太阳能电池。

6.2 太阳能电池的基本特性

6.2.1 太阳能电池的极性

硅太阳能电池一般制成 p^+/n 型结构或 n^+/p 型结构,如图 6-4 所示。

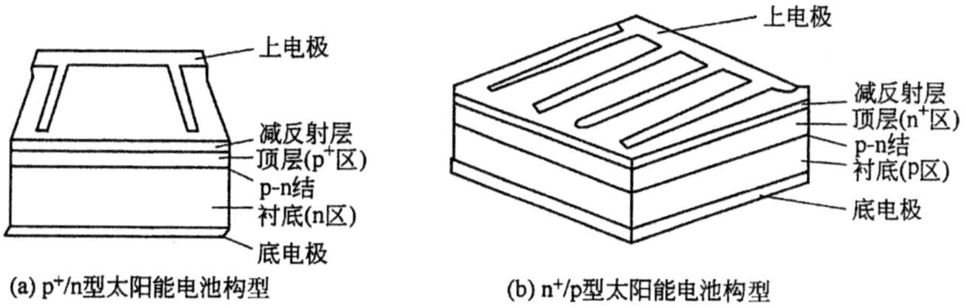

图 6-4　太阳能电池构型

其中，p^+ 和 n^+ 表示太阳能电池正面光照层半导体材料的导电类型；n 和 p 表示太阳能电池背面衬底半导体材料的导电类型。

太阳能电池的电性能与制造电池所用半导体材料的特性有关。在太阳光或其他光照射时，太阳能电池输出电压的极性，p 型一侧电极为正，n 型一侧电极为负。

当太阳能电池作为电源与外电路连接时，太阳能电池在正向状态下工作。当太阳能电池与其他电源联合使用时，如果外电路的正极与电池的 p 电极连接，负极与电池的 n 电极连接，则外电源向太阳能电池提供正向偏压；如果外电源的正极与电池的 n 电极连接，负极与电池的 p 电极连接，则外电源向太阳能电池提供反向偏压。

6.2.2　太阳能电池的电流-电压特性

太阳能电池的电路及等效电路如图 6-5 所示。其中，R_L 为电池的外负载电阻。当 $R_L = 0$ 时，所测的电流为电池的短路电流。所谓短路电流 I_{sc}，就是将太阳能电池置于标准光源的照射下，在输出端短路时，流过太阳能电池两端的电流。测量短路电流的方法，是用内阻小于 1 Ω 的电流表接在太阳能电池的两端。I_{sc} 值与太阳能电池的面积大小有关，面积越大，I_{sc} 值越大。一般来说，1 cm^2 硅太阳能电池的 I_{sc} 值为 16～30 mA。同一块太阳能电池，其 I_{sc} 与入射光的辐照度成正比；当环境温度升高时，I_{sc} 值略有上升，一般温度每升高 1℃，I_{sc} 值约上升 78 μA。当 $R_L \to \infty$ 时，所测得的电压为电池的开路电压。所谓开路电压 U_{oc}，就是将太阳能电池置于 100 mW/cm^2 的光源照射下，在两端开路时，太阳能电池的输出电压值。可用高内阻的直流毫伏计测量电池的开路电压。太阳能电池的开路电压，与光谱辐照度有关，与电池面积的大小无关。在 100 mW/cm^2 的光谱辐照度下，硅太阳能电池的开路电压为 450～600 mV，最高可达 690 mV。当入射光谱辐照度变化时，太阳能电池的开路电压值将下降，一般温度每上升 1℃，U_{oc} 值下降 2～3 mV。I_D（二极管电流）为通过 p-n 结的总扩散电流，其方向与 I_{sc} 相反。R_s 为串联电阻，它主要由电池的体电阻、表面电阻、电极导体电阻和电极与硅表面间接触电阻所组成。R_{sh} 为旁漏电阻，它是由硅片的边缘不清洁或体内的缺陷产生的。一个理想的太阳能电池，串联电阻 R_s 很小，而并联电阻 R_{sh} 很大。由于 R_s 和 R_{sh} 是分别串联和并联在电路中的，所以在进行理想的电路计算时，它们可以忽略不计。此时，流过负载的电流 I_L 为

$$I_L = I_{sc} - I_D \tag{6-2}$$

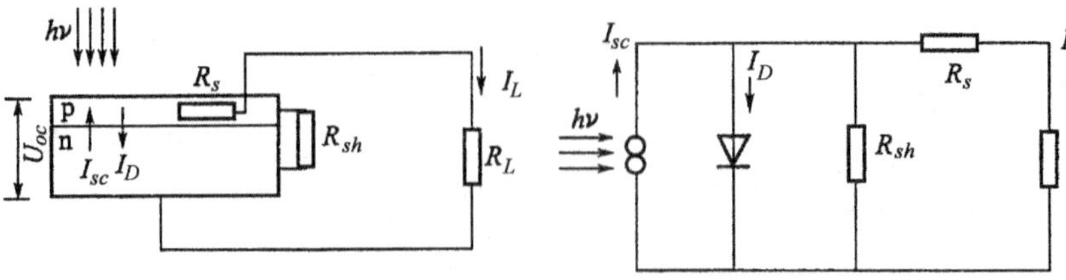

(a) 光照时太阳能电池的电路　　(b) 光照时太阳能电池的等效电路

图 6-5　太阳能电池的电路及等效电路

理想的 p-n 结特性曲线方程为

$$I_L = I_{sc} - I_D\left(e^{\frac{qU}{AKT}} - 1\right) \tag{6-3}$$

式中：q 为电子负荷，C；K 为玻尔兹曼常数；T 为绝对温度，K；A 为常数因子（正偏电压大时 A 值为 1，正偏电压小时 A 值为 2）。

当 $I_L = 0$，电压 U 即为 U_{oc}，可用下式表示：

$$U_{oc} = \frac{AKT}{q}\ln\left(\frac{I_{sc}}{I_D} + 1\right) \tag{6-4}$$

根据式(6-3)、(6-4)作图，可得到太阳能电池的电流-电压关系曲线，如图 6-6 所示。这个曲线可简称为 *I-U* 曲线，或伏-安曲线。

图 6-6 中，曲线 1 是二极管的暗伏-安关系曲线，即无光照时太阳能电池的 *I-U* 曲线；曲线 2 是电池接受光照后的 *I-U* 曲线，它可由无光照时 *I-U* 曲线向第四象限位移 I_{sc} 量得到。经过坐标交换，最后可得到常用的光照太阳能电池的电流-电压特性曲线，如图 6-7 所示。

I_{mp} 为受光照时的最大工作电流；U_{mp} 为受光照时的最大工作电压。

太阳能电池的电流-电压特性曲线显示了通过太阳能电池（组件）传送的电流 I_m 与电压 U_m 在特定的太阳辐照度下的关系。

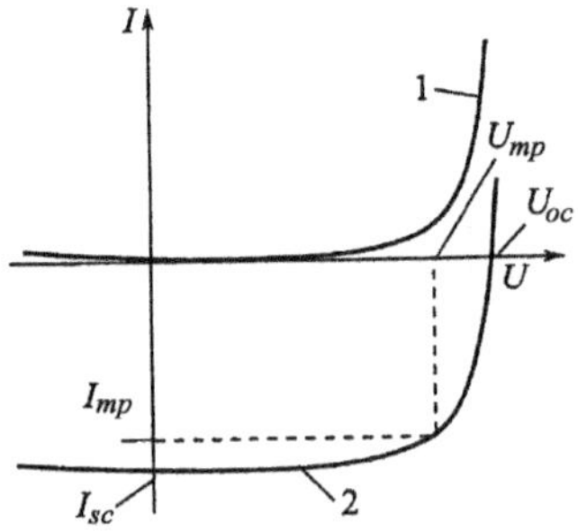

图 6-6　太阳能电池的电流-电压关系曲线

1—未受光照；2—受光照
I_{mp}—受光照时的最大工作电流；
U_{mp}—受光照时的最大工作电压

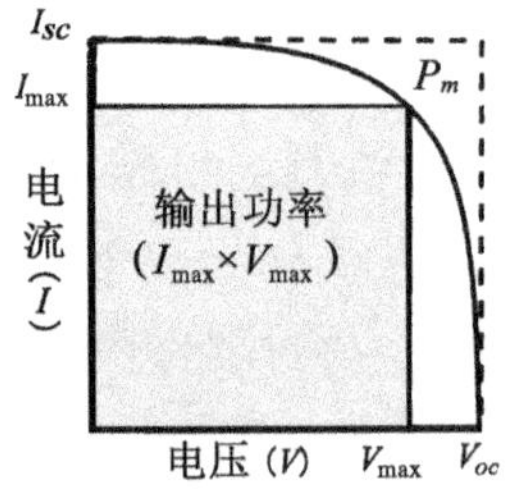

H：太阳能电池光电转换效率
J_{SC}：短路电流密度（mA/cm^2）
I_{SC}：短路电流（mA）
V_V：开路电压（V）
S：电池面积（cm^2）
P_{INJ}：入射光量（AM1.5，100 mW/cm^2）
FF：曲线因子（填充系数）

V_{max}：最大电压
I_{max}：最大电流

$$H = \frac{\text{太阳能电池的输出电功率}}{\text{输入太阳能电池的太阳能}} \times 100\%$$（H 为太阳能电池的光电转换效率）

$$H = \frac{J_{SC} \times V_{OC} \times FF}{P_{INJ}} \times 100\% = \frac{\frac{I_{SC}}{S} \times V_{OC} \times FF}{P_{INJ}} \times 100\%$$

$$FF = \frac{I_{max} \times V_{max}}{I_{SC} \times V_{OC}}$$

图 6-7　太阳能电池转换效率及各性能参数的定义

如果太阳能电池(组件)电路短路，即 $U = 0$，此时的电流为短路电流 I_{sc}；如果电路开路，即 $I = 0$，此时的电压为开路电压 U_{oc}。太阳能电池(组件)的输出功率等于流经该电池(组件)的电流与电压的乘积，即 $P = IU$。

当太阳能电池(组件)的电压上升时，例如，通过增加负载的电阻值或电池(组件)的电压从 0(短路条件下)开始增加时，电池(组件)的输出功率亦从 0 开始增加；当电压达到一定值时，功率可达到最大，这时当阻值继续增加时，功率将跃过最大点，逐渐减少至 0，即电压达到开路电压 U_{oc}。电池(组件)输出功率达到最大的点，称为最大功率点；该点所对应的电压，称为最大功率点电压 U_m，又称为最大工作电压；该点所对应的电流，称为最大功率点电流 I_m，又称为最大工作电流；该点的功率，则称为最大功率 P_m。

太阳能电池(组件)的输出功率取决于太阳辐照度、太阳光谱分布和太阳能电池(组件)的工作温度，因此太阳能电池(组件)的测量须在标准条件(STC)下进行，测量标准被欧洲委员会定义为 101 号标准，其条件是：光谱辐照度，1 000 W/m²；光谱，AM1.5；电池温度，25℃。在该条件下，太阳能电池(组件)所输出的最大功率被称为峰值功率，在以瓦为计算单位时称为峰瓦，用符号 W_p 表示。

在户外测量太阳能电池组件的峰值功率是很困难的，因为太阳能电池组件所接受到的实际太阳光谱辐照度取决于大气条件和太阳的位置；此外，在测量过程中太阳能电池组件的温度和光谱辐照度也不断变化。因而，在户外的测量误差会达到 10%以上。

6.2.3　太阳能电池的填充因子

填充因子又称曲线因子，系指太阳能电池最大功率与开路电压和短路电流乘积的比值，用符号 FF 表示，它是评价太阳能电池输出特性好坏的一个重要参数，它的值越高，表明太阳能电池输出特性越趋近于矩形，电池的光电转换效率越高。它与太阳能电池开路电压、短路电流和负载电压、负载电流的关系式为

$$FF = \frac{U_m I_m}{U_{oc} I_{sc}} = \frac{P_m}{U_{oc} I_{sc}} \tag{6-5}$$

串、并联电阻对填充因子有较大影响，如图 6-8 所示。串联电阻越大，短路电流下降越多，填充因子也随之减少得越多；并联电阻越小，这部分电流就越大，开路电压就下降得越多，填充因子随之也下降得越多。填充因子大于 0.7，说明组件的质量优良。

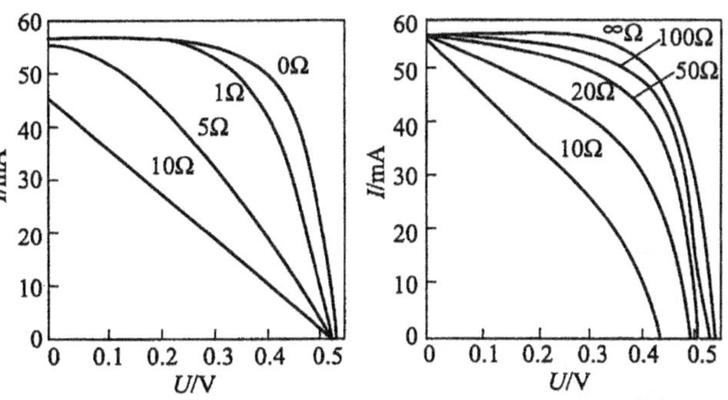

(a) 串联电阻的影响　　(b) 并联电阻的影响

图 6-8　串、并联电阻对填充因子的影响

6.2.4 太阳能电池的光谱响应

太阳光谱中,不同波长的光具有的能量是不同的,所含的光子的数目也是不同的。因此,太阳能电池接受光照射所产生的光子数目也就不同。为反映太阳能电池的这一特性,引入了光谱响应这一参量。

太阳能电池在入射光中每一种波长的光的作用下,所收集到的光电流与相对于入射到电池表面的该波长光子数之比,称为太阳能电池的光谱响应,也称为光谱灵敏度。光谱响应有绝对光谱响应和相对光谱响应之分。绝对光谱响应是指在某一波长下太阳能电池的短路电流除以入射光功率所得的商。由于测量与每个波长单色光相对应的光谱灵敏度的绝对值较为困难,所以常把光谱响应曲线的最大值定为1,并求出其他灵敏度对这一最大值的相对值,这样得到的曲线则称为相对光谱响应曲线。

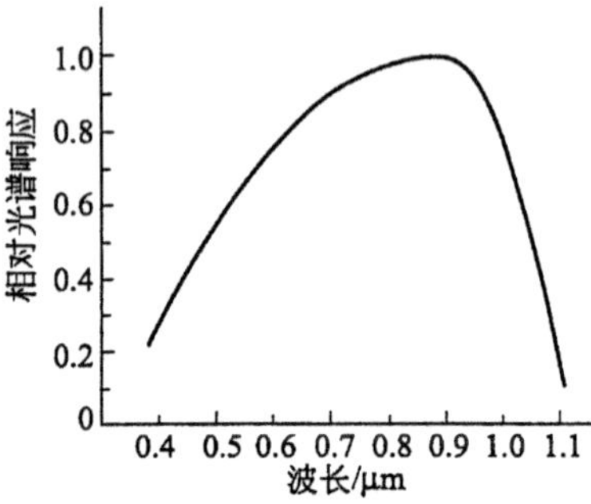

图 6-9 硅太阳能电池的相对光谱响应曲线

图 6-9 为硅太阳能电池的相对光谱响应曲线。一般来说,硅太阳能电池对于波长小于1.15 μm的红外光没有反应,其响应的峰值在 0.8～0.9 μm 范围内。通常把波长较长的区域称为长波光谱响应或红光响应,把波长较短的区域称为短波光谱响应或蓝光响应。从本质上说,长波光谱响应主要取决于基体中少子的寿命和扩散长度,短波光谱响应主要取决于少子在扩散层中的寿命和前表面复合速度。

6.2.5 太阳能电池的光电转换效率

太阳能电池的光电转换效率是指电池受光照时的最大输出功率 P_m 与照射到电池上的入射光的功率 P_{in} 的比值,用符号 η 表示,即

$$\eta = \frac{P_m}{P_{in}} \tag{6-6}$$

太阳能电池的光电转换效率是衡量电池质量和技术水平的重要参数,它与电池的结构、p-n 结特性、材料性质、工作温度、放射性粒子辐射损伤和环境变化等有关。其中它与制造电池半导体材料禁带宽度的关系最为直接。首先,禁带宽度直接影响最大光生电流即短路电流的大小。由于太阳光中光子能量有大有小,只有那些能量比禁带宽度大的光子才能在半导体中产生光生电子-空穴对,从而形成光生电流。所以,材料禁带宽度小,能量小于它的光子数量就多,获得的短路电流就大;反之,禁带宽度大,能量大于它的光子数量就少,获得的短路电流就小。但禁带宽度太小也不合适,因为能量大于禁带宽度的光子在激发出电子-空穴对后剩余的能量转变为热能,从而降低了光子能量的利用率。其次,禁带宽度又直接影响开路电压的大小,开路电压的大小和 p-n 结反向饱和电流的大小成反比,禁带宽度越大,反向饱和电流越小,开路电压越高。计算表明,在大气质量为 AM1.5 的条件下测试,目前硅太阳能电池的理论光电转换效率的上限值为 33%;目前商品单晶硅太阳能电池的光电转换效率一般为 16%～20%,商品多晶硅太阳能电池的光电转换效率一般为 15%～18%。

6.2.6　温度对太阳能电池输出性能的影响

温度的变化会显著改变太阳能电池的输出性能。由半导体物理理论可知，载流子的扩散系数随温度的升高而稍有增大，因此，光生电流 I_L 也随温度的升高有所增加。但 I_o 随温度的升高呈指数增大，因而 U_{oc} 随温度的升高急剧下降。当温度升高时，I-U 曲线形态改变，填充因子下降，故光电转换效率随温度的增加而下降。

研究和试验表明，太阳能电池工作温度的升高会引起短路电流的少量增加，并引起开路电压发生严重降低。温度变化对于开路电压的影响之所以大，是因为开路电压直接同制造电池的半导体材料的禁带宽度有关，而禁带宽度会随温度的变化而发生改变。对于硅材料来说，禁带宽度随温度的变化率约为－0.003 eV/℃，同时该变化导致的开路电压减少，在 20℃～100℃范围，大约每升高 1℃每片电池的光电流增加 1‰或 0.03 mA/(℃ · cm²)。总的来说，温度升高太阳能电池的功率下降，典型功率温度系数为－0.35(%/℃)，即太阳能电池温度每升高 1℃功率均减少 0.35%。图 6-10 展示了温度对光电压和光电流的影响。这里介绍的是温度对晶体硅太阳能电池性能的影响，而非晶硅太阳能电池则不同。根据美国 Uni-Solar 公司的报道，该公司三结非晶硅太阳能电池组件的功率温度系数只有－0.21(%/℃)。

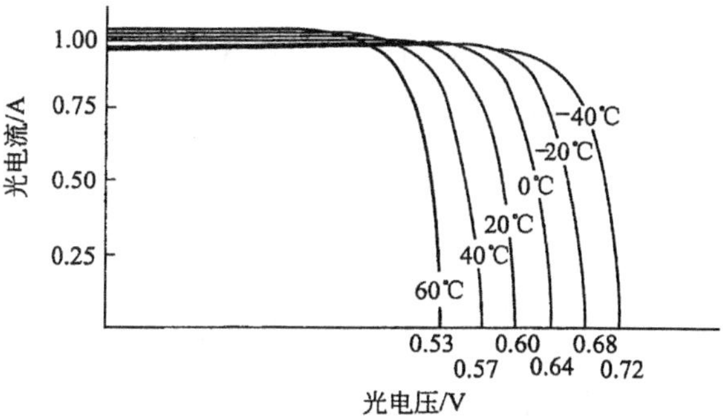

图 6-10　温度对光电压和光电流的影响

6.2.7　短路电流与禁带宽度的关系

由太阳能电池产生的电流，一般用电流强度除以太阳能电池的受光面积，即电流密度(单位：mA/cm²)来表示。硅的单晶太阳能电池的短路电流密度 J_{sc} = 40 mA/cm² 左右，10 cm 见方的一个太阳能电池，大致可以产生 4A 的电流。

太阳能电池的短路电流密度也同禁带宽度密切相关，如图 6-11(a)所示，短路电流密度随着禁带宽度的变窄而增加。因此，禁带宽度大的非晶硅太阳能电池的短路电流密度仅为禁带宽度小的晶体硅太阳能电池的短路电流密度的 1/2 以下。

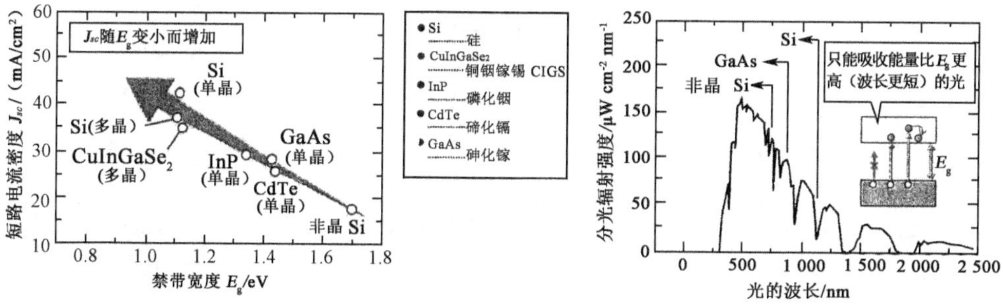

(a) 短路电流密度与禁带宽度的关系　　(b) 基准太阳光的光谱

图 6-11　短路电流与禁带宽度

短路电流密度与禁带宽度的关系，可以由半导体的光吸收特性来理解。半导体的光吸收是借由光的能量，处于价带的电子被激发至导带而引起的。但是，由于在禁带中不存在电子可进入的电子轨道，因此，所具有的能量比禁带宽度小的光，即使入射也不能使电子激发。因此，在这种情况下，光不能被吸收，而是单纯地从太阳能电池中透过。相反，所具有的能量比禁带宽度大的光入射时，会激发电子，产生电子和空穴。此时，借由过剩能量被激发的电子会放出能量，在导带底达到稳定状态。

基准太阳光在 500 nm 附近可见光区域具有最大值，波长越长，基准太阳光的分光发射强度越弱，如图 6-11(b)。光的能量 E 与光的波长 λ 成反比例，可通过 $E(\text{eV}) = 1\,240/\lambda(\text{nm})$ 求出。砷化镓(GaAs)的禁带宽度为 1.43 eV，与波长 867 nm 的光相对应，因此 GaAs 不能吸收比此波长更长的光，而硅晶体的禁带宽度小，因此直至波长 1 117 nm 的光都能吸收。如此，禁带宽度小时能吸收更宽波长范围的光，太阳能电池的电流密度因此就会增加。

6.2.8 开路电压与禁带宽度的关系

太阳能电池的开路电压(V_{oc})基本上与半导体的禁带宽度成正比。禁带宽度的单位一般用电子伏(eV)表示，它表示一个电子被 1 V 电压加速时所获得的能量。因此，开路电压与禁带宽度在数值上取同等的值。例如，单晶硅的禁带宽度为 1.11 eV，相应太阳能电池的开路电压大致在 0.7 V 左右。

即使同为硅太阳能电池，开路电压也会因相结构不同(单晶、多晶、非晶)而异。多晶硅太阳能电池相对于单晶硅来说，晶粒小，从而开路电压低，而非晶硅太阳能电池中原子随机排列构成非晶硅态结构，禁带宽度大，从而开路电压高 ($V_{oc} = 0.9$ V)。

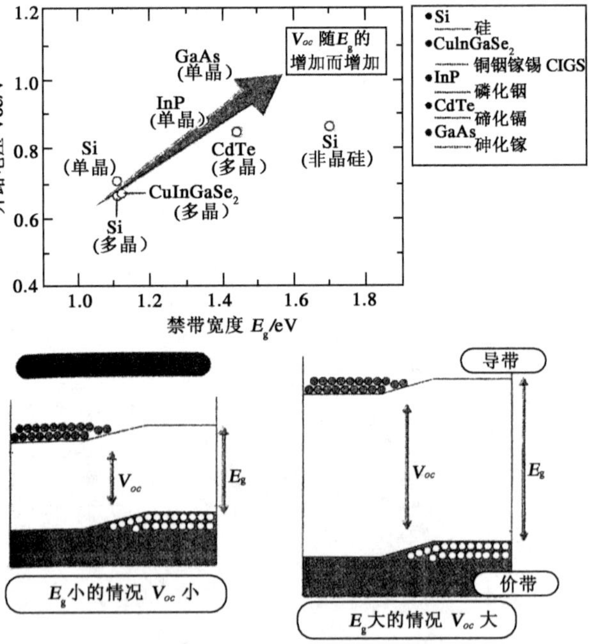

图 6-12 开路电压与禁带宽度的关系

太阳能电池中，除了由硅半导体制作的太阳能电池之外，还有由各种半导体材料制作的太阳能电池。像Ⅲ-Ⅴ族半导体(GaAs、InP 等)和Ⅱ-Ⅵ族半导体(CdTe)等由两种以上原子构成的化合物半导体也广泛应用于太阳能电池生产中。

开路电压与禁带宽度的关系，可由图 6-13 所示的能带图来说明。需要特别指出的是，开路电压是由 P 型层、N 型层的费米能级之差来表示的。因此，禁带宽度大的半导体开路电压也大。另外，一般来说，开路电压取比禁带宽度略小的值，这是因为，如果开路电压与禁带宽度正好相等，则 N 型层的电子会向 P 型层移动，与 P 型层的空穴发生复合（再结合）而消失。

6.2.9　太阳能电池组件的"热斑效应"

在一定的条件下，一串联支路中被遮挡的太阳能电池组件会发热，这就是"热斑效应"，这种效应能严重地破坏太阳能电池组件。有光照的电池组件所产生的部分能量或所有能量，都可能被遮蔽的电池组件所消耗。

图 6-13 所示为太阳能电池组件的串联回路，假定其中一块被部分遮挡，调节负载电阻 R，可使太阳能电池组件的工作状态由开路转变为短路。

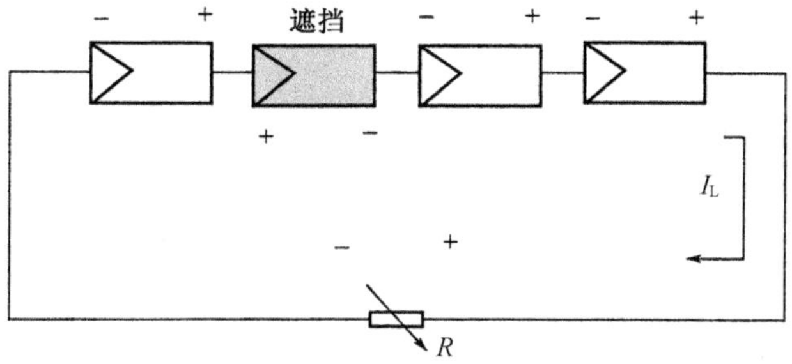

图 6-13　串联回路太阳能电池组件受遮挡示意图

图 6-14 所示为串联回路受遮挡电池组件的"热斑效应"分析。受遮挡电池组件定义为 2 号，用 *I-U* 曲线 2 表示；其余电池组件合起来定义为 1 号，用 *I-U* 曲线 1 表示；两者的串联方阵为组（G），用 *I-U* 曲线 G 表示。

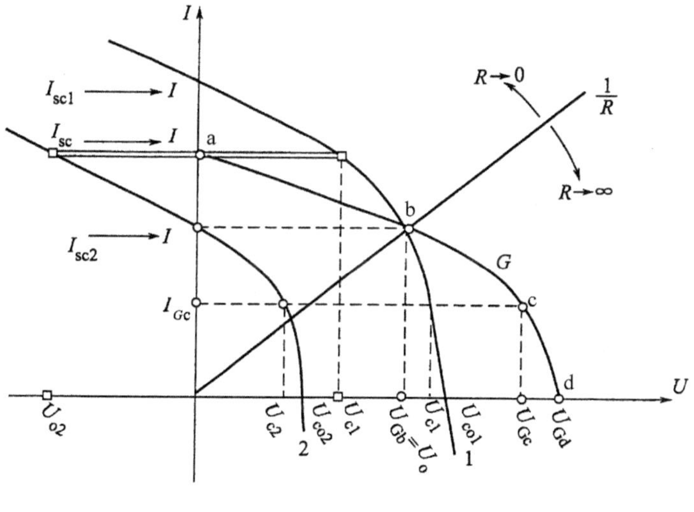

图 6-14　串联回路受遮挡太阳能电池组件的"热斑效应"分析

现对 d、c、b、a 四种工作状态进行分析：

（1）调整太阳能电池组的输出阻抗，使其工作状态为开路（d 点），此时工作电流为 0 A，组开路电压 U_{Gd} 等于电池组件 1 和电池组件 2 的开路电压之和。

（2）当调整阻抗使电池组工作在 c 点，电池组件 1 和电池组件 2 都有正的功率输出。

(3) 当电池组工作在 b 点，此时电池组件 1 仍然在工作有正功率输出，而受遮挡的电池组件 2 已经工作在短路状态，没有功率输出，但还没有成为电池组件 1 的负载。

(4) 当电池组工作在短路状态(a 点)，此时电池组件 1 仍然有正功率输出，而电池组件 2 上的电压已经反向，电池组件 2 成为电池组件 1 的负载，不考虑回路中串联电阻的话，此时电池组件 1 的功率全部加到了电池组件 2 上，如果这种状态持续时间很长或电池组件 1 的功率很大，就会在被遮挡的电池组件 2 上造成热斑损伤。

(5) 应当注意到，并不是仅在电池组处于短路状态才会发生“热斑效应”，从 b 点到 a 点的工作区间，电池组件 2 都处于接收功率的状态，这种情况在实际工作中会经常发生，如旁路型控制器在蓄电池充满时将通过旁路开关使太阳能电池组件短路，此时就很容易形成热斑。

图 6-15 为并联回路受遮挡电池组件的“热斑效应”分析。受遮挡电池组件定义为 2 号，用 *I-U* 曲线 2 表示；其余电池组件合起来定义为 1 号，由 *I-U* 曲线 1 表示；两者的串联方阵为组(G)，用 *I-U* 曲线 *G* 表示。

现对 a、b、c、d 四种工作状态进行分析：

(1) 调整太阳能电池组的输出阻抗，使其工作状态为短路(a 点)，此时电池组的工作电压为 0 V，组短路电流 I_{sc} 等于电池组件 1 和电池组件 2 的短路电流之和。

(2) 当调整阻抗使电池组工作在 b 点，电池组件 1 和电池组件 2 都有正功率输出。

(3) 当电池组工作在 c 点，此时电池组件 1 仍然工作有正功率输出，而受遮挡的电池组件 2 已经工作在开路状态，没有功率输出，但还没有成为功率的接收体，还没有成为电池组件 1 的负载。

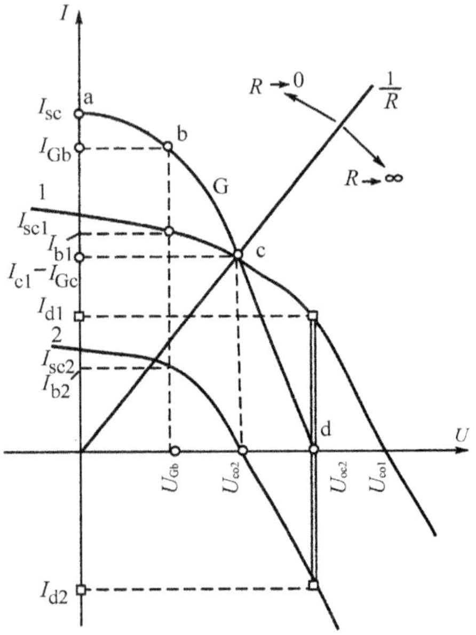

图 6-15　并联回路受遮挡电池组件的“热斑效应”分析

(4) 当电池组工作在开路状态 d 点，此时电池组件 1 仍然有正功率输出，而电池组件 2 上的电流已经反向，电池组件 2 成为电池组件 1 的负载，不考虑回路中其他旁路电流的话，此时电池组件 1 的功率全部加到了电池组件 2 上，使电池组件的功率很大，因此也会对被遮挡的电池组件 2 造成热斑损伤。

(5) 应当注意到，从 c 点到 d 点的工作区间，电池组件 2 都处于接收功率的状态。并联电池组处于开路或接近开路状态，这在实际工作中也有可能发生，对脉宽调制控制器，要求只有一个输入端，当系统功率较大，太阳能电池组件会采用多组并联，在蓄电池接近充满时，脉冲宽度变窄，开关晶体管处于临近截止状态，太阳能电池组件的工作电向开路方向移动，如果没有在各并联支路上加装阻断二极管，发生热斑效率的概率就会很大。

为防止太阳能电池组件由于热斑效应而被破坏，如图 6-16 所示，需要在太阳能电池组件的正负极间并联一个旁路二极管，以避免串联回路中由光照组件所产生的能量被遮蔽的组件所吸收，串接二极管在独立光伏发电系统中可同时起到防止蓄电池在夜间反充电的作用。

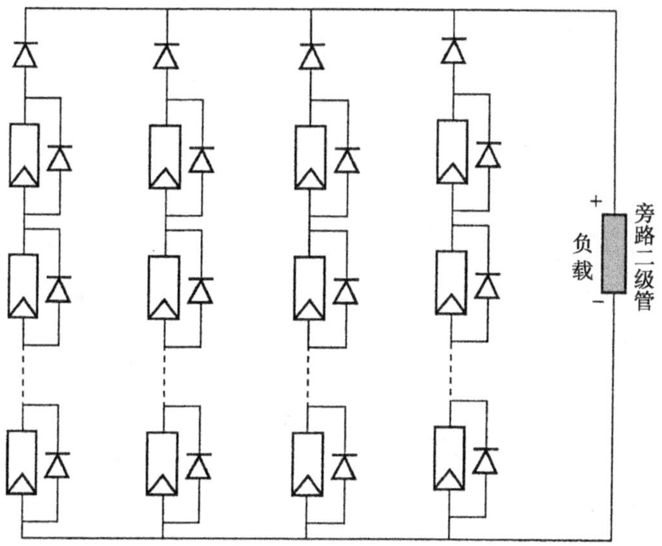

图 6-16　太阳能电池组件“热斑效应”的防护

6.2.10　太阳能电池中代表性材料的光吸收系数

太阳能电池中代表性材料的光吸收系数与光子能量密切相关,但各不相同。光吸收系数小的材料由于吸收有限,无足够厚度,即使有再强的太阳光照射,也不能高效率地将光能转变为电能。

光吸收系数大(透射少)的 $CuInSe_2$ CdTe 等,仅几微米厚的薄膜就可以充分吸收太阳光,这大大有助于节省材料;而光吸收系数小(透射多)的单晶 Si、多晶 Si 则至少需要 200～300 μm 厚的膜才能有效吸收太阳光,因此需要的硅材料多。

太阳光表面反射的多少,可通过表面绒毛化来改变,但光吸收系数的大小是由材料本身决定的,难以改变。

6.2.11　太阳能电池的转换效率

对于太阳能电池来说,最为重要的是,在不使照射光逃逸的条件下,高效率地吸收入射光。为此,表面要覆以防反射膜,并故意制成规则的凹凸,即绒毛化,这样做是使入射光几乎不被反射,而被全部封闭在太阳能电池内部,被封闭的光在太阳能电池中被称作半导体的材料所吸收,光子的能量转移给电子。

如图 6-17 所示,转换效率的理论极限值(理论极限效率)基本上由半导体的禁带宽度(能隙)决定。这可借由同样取决于禁带宽度的开路电压和短路电流密度的变化来说明。禁带宽度小时,光吸收在宽广的波长范围内发生,从而短路电流密度增加,但开路电压随着 P 型层与 N 型层之间费米能级差别的变小而降低。相反,在禁带宽度大的情况下,尽管开路电压增加,但由于光吸收小,短路电流减少。在禁带宽度为 1.4 eV 附近时转换效率最高。

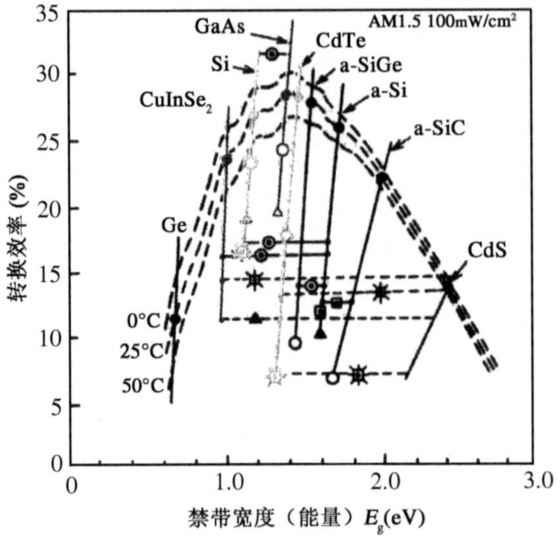

图中符号代表的意义：
●——理论上可达到的效率；
○——研究阶段的最高效率；
△——大批量生产的最高效率
对于跨越两种半导体材料的太阳能电池：
⊙——多串结(堆叠)型太阳能电池；
✳——异质结太阳能电池；
⊡——多晶太阳能电池的效率

图 6-17　理论极限转换效率与禁带宽度的关系

如图 6-18 所示，造成转换效率低下的原因各式各样，但其中因光的反射、透射引起的损失及光能量的损失影响最大，扣除这些损失后，理论极限效率至多剩下 30%。由于存在光能损失，无论光的能量有多强，只有与禁带宽度相当的能量才能转换为电能。而且，为抑制光反射，通常要在太阳能电池的受光面上形成防反射膜。

如果半导体内存在缺陷(一般都存在)，则电子和空穴有可能在缺陷处发生复合，从而造成转换效率低下。电子和空穴的复合也可能在半导体的表面和背面发生，因此在有些情况下还要设置减少这种复合的抑制层。在太阳能电池中，为防止由上述原因导致的转换效率低下的出现，需要采取各种各样的措施。为了获得更高的转换效率，需要将不同禁带宽度的多个太阳能电池叠层组合，组合的方法是从表面到内部，禁带宽度依次减少，用以增加太阳光的吸收和转换效率。

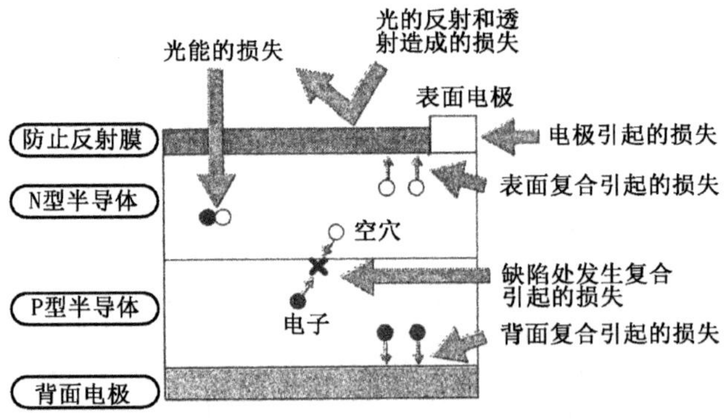

图 6-18　影响转化效率因素

6.2.12 太阳能电池转换效率与材料禁带宽度的关系

半导体材料可吸收光的波长 λ(nm)与其禁带宽 E_g(eV)的关系可表示为

$$\lambda \leqslant 1\,240 / E_g \tag{6-7}$$

非晶硅的禁带宽度大约为 1.7 eV，因此可吸收的波长限于 700 nm 以下。从光谱图可见，在波长大约 700 nm 时，光谱还拖着一个长长的尾巴。非晶硅不能吸收波长大于700 nm 的可见光及红外光等，本质上讲其转换效率不可能很高。

由太阳能电池转换效率与材料禁带宽的关系可知：①禁带宽度不同的各种材料的转换效率明显不同。②同一种材料，单晶、多晶及非晶状态下，转换效率各不相同。③禁带宽度为 1.5 eV 左右材料的转换效率最高；就太阳能电池而言，理论的、研究水平的和量产水平的，太阳能电池板、组件、发电装置，其转换效率有很大差异。⑤采用异质结、多串结等结构，可明显提高太阳能电池的转换效率。

6.3　晶体硅太阳能电池的生产制造

近年来，全世界生产应用最多的太阳能电池是由单晶硅和多晶硅太阳能电池构成的晶体硅太阳能电池，其产量占到当前世界太阳能电池总产量的 90%左右。此种电池工艺技术成熟，性能稳定可靠，光电转换效率高，使用寿命长，已进入工业化大规模生产时代。本节对地面用晶体硅的一般生产制造工艺进行介绍。

6.3.1　硅材料的制备

1. 高纯多晶硅的制备

硅是地壳中分布最广的元素，其含量占比达 25.8%。自然界中的硅，主要以石英砂的形式存在，主要存在方式是硅氧化物。生产制造硅太阳能电池用的高纯多晶硅材料，是用石英砂冶炼出来的，把石英砂放在电炉中，用碳还原的方法炼得工业硅，也称为冶金硅(MG-Si)，其反应式为：

$$SiO_2 + 2C = Si + 2CO$$

较好的工业硅，是纯度为 98%～99%的多晶体。工业硅所含杂质，因原材料和制法而异。一般来说，铁、铝占 0.1%～0.5%，钙占 0.1%～0.2%，铬、锰、镍、钛、锆占 0.05%～0.1%，硼、铜、镁、磷、钒等均在 0.01%以下。工业硅大量用于一般工业领域，仅有少量用于电子信息工业领域。

工业硅与氯气或氯化氢反应，得到三氯氢硅($SiHCl_3$)或四氯化硅($SiCl_4$)。经过精馏，使三氯氢硅或四氯化硅的纯度提高，然后通过还原剂(通常用氢气)还原为元素硅。在还原过程中，沉积的微小硅粒形成很多晶核，并且不断增多长大，最后长成棒状(或针状、块状)多晶体。习惯上把这种还原沉积出的高纯硅棒叫作高纯多晶硅，它的纯度可达 99.999 99 %至 99.999 999 9 %以上。通常，把 9 N 以上的高纯多晶硅称为电子级硅(EG-Si)，把 7N 以上的高纯多晶硅称为太阳能级硅(SG-Si)。

由硅砂制备高纯多晶硅的方法有多种，目前，工业化生产广泛应用的主要为三氯氢硅法(西门子法)和硅烷法等。由三氯氢硅法制备高纯多晶硅，其工艺流程和生产：

$$\text{硅砂}\xrightarrow[\text{电炉}]{\text{焦炭}}\text{硅铁(冶金硅)}\longrightarrow\begin{array}{c}\text{三氯氢硅}\\\text{(或四氯化硅)}\end{array}\xrightarrow{\text{纯化}}\text{精馏除杂}\xrightarrow[\text{还原}]{H_2}\text{多晶硅}$$

目前,国内做得比较好的金属硅厂通常可以稳定生产2202的金属硅。随着太阳能电池生产的公司越来越多,金属硅的要求不断提高,不少厂家开始生产1101的金属硅,同时,可以生产出一定比例的3N的金属硅。冶炼金属硅的炉子容量越大,效率越高。目前国内以5 000 kV·A到12 000 kV·A规模的炉子为多,国际上已有30 000 kV·A的炉子。(2202的含义为金属硅中铁铝钙杂质的含量分别为0.2%、0.2%、0.02%,1101的含义与其类同)

改良西门子方法的优点是,节能降耗效果显著、成本低、质量好,采用综合利用技术,对环境不产生污染,具有明显的竞争优势。使用改良西门子工艺法生产多晶硅所用的设备主要有氯化氢合成炉,三氯氢硅粗馏、精馏塔提出系统,硅芯炉、节电还原炉、磷检测装置、硅棒切断机,清洗、干燥、包装系统装置,还原尾气干法回收装置;其他包括分析、检测仪器,控制仪表,热能转换站,压缩空气站,循环水站,变配电站,净化厂房等。

(1) 石英砂在电弧炉中冶炼提纯到98%并生成工业硅,其化学反应为 $SiO_2 + C \longrightarrow Si + CO_2\uparrow$ 。

(2) 为了满足高纯度的需要,必须进一步提纯,把工业硅粉碎并用无水氯化氢(HCl)与之反应。在一个流化床反应器中,生成拟溶解的三氯氢硅($SiHCl_3$),其化学反应为 $Si + 3HCl \longrightarrow SiHCl_3 + H_2\uparrow$。

(3) 上述步骤中产生的气态混合物还需要进一步提纯,需要分解过滤硅粉,冷凝 $SiHCl_3$、$SiCl_4$。

(4) 净化后的三氯氢硅采用高温还原工艺,以高纯的 $SiHCl_3$ 与 H_2 进行反应,借由化学气相沉积法还原沉积而生成多晶硅,其化学反应为 $SiHCl_3 + H_2 \longrightarrow Si + 3HCl$。

多晶硅的反应容器为密封的,用电加热硅芯棒(直径5～10 mm,长度1.5～2 m,数量80根),温度为1 050℃～1 100℃时棒上生长多晶硅,直径可达到150～200 mm。

这样大约有三分之一的三氯氢硅发生反应,并产生多晶硅。剩余部分同 H_2、HCl、$SiHCl_3$、$SiCl_4$ 从反应容器中分离。对这些混合物进行低温分离,或再利用,或返回到整个反应中。气态混合物的分离是复杂的、耗能量大的,因此,从某种程度上决定了制作多晶硅的成本和该工艺的竞争力。

2. 太阳能级硅

对于"太阳能级硅"现尚无精确的定义。冶金级硅的杂质含量太高,影响电池的光电转换效率,若设法将其用简单的化学或物理方法提纯,使之能够用于制造太阳能电池,则将大大降低制作电池的成本。一般认为,能够制造出光电转换效率在15%以上电池的硅材料,方可称为"太阳能级硅"。而能用于制造集成电路的硅,则称为"电子级硅"。

根据已公开发表的材料,在目前已被广泛使用的太阳能电池中,单晶硅太阳能电池具有最高的转换效率,转换效率可达20%,其耐久性也好,可靠性也高。在硅系太阳能电池中,有一半左右是单晶硅太阳能电池,但是,高纯度单晶硅晶圆的价格很高。

多晶硅太阳能电池的转换效率比单晶硅的要低约10%,但其适合大批量生产,截至2011年,已占据太阳能电池生产量的38%,而且将继续增加。与单晶硅相同,多晶硅也很硬,要切割成板状硅片,由硅片形成p-n结以及组件进行使用。

6.3.2 硅片的加工

硅片加工的一般工艺流程,如图6-19所示。这一流程也包括了太阳能电池制造阶段硅片的表面处理工序，在连续生产中可以归并。

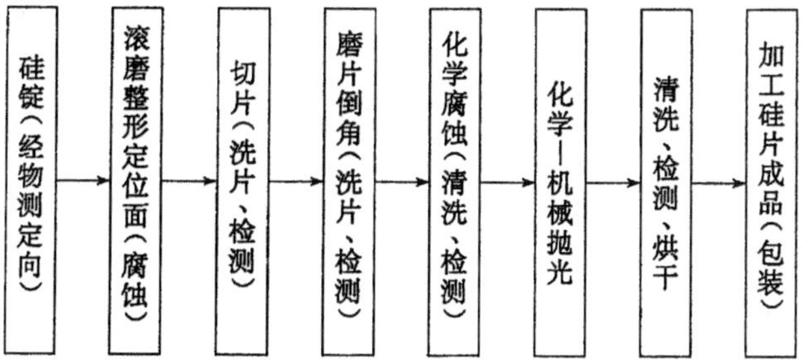

图 6-19　硅片加工工艺流程

硅片切割有内圆切割和线切割两种工艺。内圆切割有 0.3～0.35 mm 的厚度损失，硅利用率为40%～50%。

采用线切割机切片是当前最为先进的切片方法，更适合大规模工业化生产。它的工作原理是用钢丝携带研磨微粒完成切割工作，即将 100 km 左右钢丝卷置于固定架上，经过滚动碳化硅磨料切割硅片。此法具有切片质量高、速度快、产量大、成品率高及成本低等特点，适宜于大规模自动化生产。典型瑞士线切割机的生产能力为加工 4 组125 mm× 125 mm×520 mm 的硅锭，用时约 3.15 h，可切片 4 160 片，切片的厚度为 180～325 μm（可更薄），切割刃口窄，损耗硅材料比一般内圆式切割机减少 25%（图 6-20）。

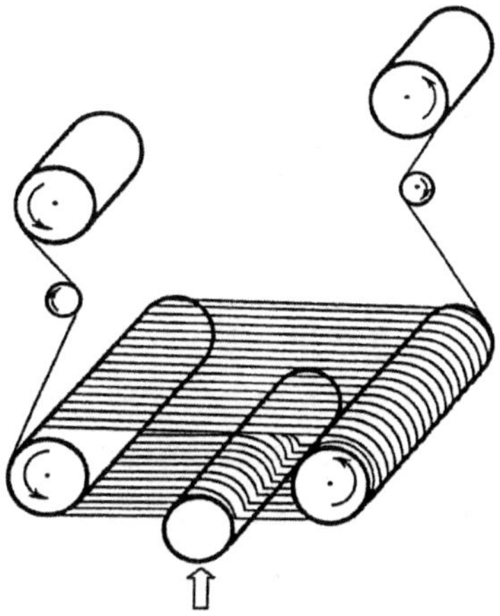

图 6-20　硅片线切割图示

6.3.3　晶体硅太阳能电池的制造工艺

制造晶体硅太阳能电池包括绒面制备、扩散制结、制作电极和制备蒸镀减反射膜等主要工序。太阳能电池与其他半导体器件的主要区别是，需要一个大面积的浅结以实现能量转换。电极用来输出电能。绒面及减反射膜的作用是使电池的输出功率进一步提高。为使电池成为有用的器件，在电池的制造工艺中还包括去除背结和腐蚀周边两个辅助工序。一般来说，p-n 结特性是影响电池光电转换效率的主要因素，电极除影响电池的电性能外还关乎电池的可靠性和寿命的长短。常规晶体硅太阳能电池的一般生产制造工艺流程如图 6-21所示。

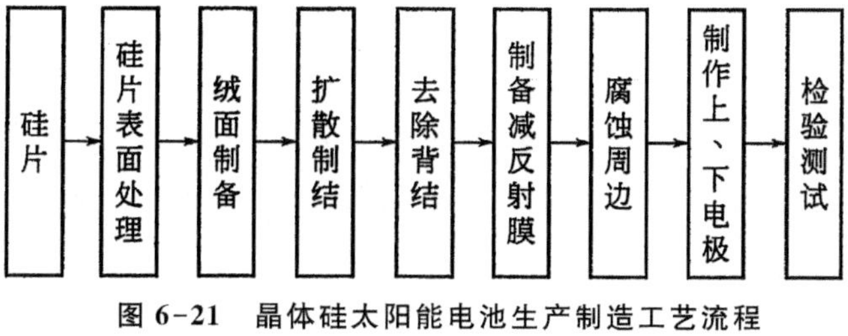

图 6-21　晶体硅太阳能电池生产制造工艺流程

1. 硅片的选择

硅片是制造晶体硅太阳能电池的基本材料，它可以由纯度很高的硅棒、硅锭或硅带切割而成。硅材料的性质在很大程度上决定了成品电池的性能。选择硅片时，要考虑硅材料的导电类型、电阻率、晶向、位错、寿命等。通常将硅片加工成方形、长方形、圆形或半圆形，厚度为 0.18～0.4 mm。

2. 硅片的表面处理

切好的硅片，表面脏且不平，因此在制造电池之前要先进行硅片的表面处理，包括硅片的化学清洗和硅片的表面腐蚀。化学清洗是为了除去玷污在硅片上的各种杂质；表面腐蚀的目的是除去硅片表面的切割损伤，获得适合制结要求的硅表面。制结前硅片表面的性能和状态直接影响结的特性，从而影响成品电池的性能，因此硅片的表面准备十分重要，这是电池生产制造工艺流程的重要工序。

在硅基片表面进行凹凸加工后，接着就是用扩散法控制 pn 结的环节。pn 结的形式分两种：一种是使 p 型硅片形成 n 型层结构；另一种是相反的，使 n 型硅片形成 p 型结构。对于 p 型硅片而言，n 型化就是在表面层添加磷元素，但是对 n 型硅片来说，添加硼元素以形成 p 型层的 p 型化法用得较多。在这些添加硼或磷杂质的方法中加工成本较低的热扩散法得到了广泛应用。

在完成化学清洗和表面腐蚀之后，要用高纯度的去离子水冲洗硅片。

3. 绒面制备

有效的绒面结构有助于提高电池的性能。由于入射光在硅片表面的多次反射和折射，增加了光的吸收，因此其反射率很低，这主要体现在短路电流的提高。所谓绒面结构的制备，即利用氢氧化钠稀释液、乙二胺和邻苯二酚水溶液、乙醇胺水溶液等化学腐蚀剂对硅片表面进行绒面处理。如果以(100)面作为电池表面，经过这些腐蚀液的处理后，硅片表面会出现(111)面形成的正方锥。这些正方锥像金字一样密布于硅片的表面，这种现象又称为表面积构化，如图6-22所示。经过绒面处理后，增加了入射光投射到硅片表面的机会，第一次没有被吸收的光被折射后投射到硅片表面的一晶面时仍然可能被吸收，这样可使入射光的反射率减少到 10%以内，如果镀上一层减反射膜，反射率还可进一步降低。

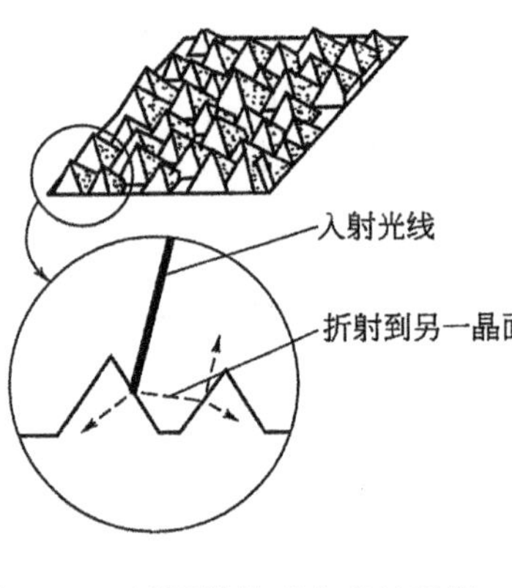

图 6-22 绒面结构减少光的反射

4. 扩散制结

p-n 结是晶体硅太阳能电池的核心部分，没有 p-n 结便不能产生光电流，也就不能称其为太阳能电池。因此，p-n 结是最主要的供需。制结过程就是在一块基体材料上生成导电类型不同的扩散层。可用多种方法制备晶体硅太阳能电池的 p-n 结，如热扩散法、离子注入法、薄膜生长法、合金法、激光法和高频电注入法等。通常多采用热扩散法制结，此法又有涂布源扩散、液态源扩散和固态源扩散之分，其中氮化硼固态源扩散，设备简单，操作方便，扩散硅片表面状态好，p-n 结面平整，均匀性和重复性优于液态源扩散，适合于工业化生产。

它通常采用片状氮化硼作源，在氮气保护下进行扩散，扩散前，氮化硼片先在扩散温度下通氧 30 min，使其表面的三氧化二硼与硅发生反应，形成硼硅玻璃沉积在硅表面，获得适合于太阳能电池 p-n 结需要的结深和扩散层方块电阻。常规晶体硅太阳能电池的结深一般控制在 0.3～0.5 μm，方块电阻为 20～100 Ω。

化学腐蚀法和磨片法对 n^+ /p 型和 p^+ /n 型电池制造工艺均适用。蒸铝或丝网印刷铝浆烧结法则仅适用于 n^+ /p 型电池制造工艺，此法是在扩散硅片表面真空蒸镀或丝网印刷一层铝，加热或烧结到铝-硅共熔点(577℃)以上使它们成为合金，经过合金化以后，随着降温，液相中的硅将重新凝固出来，形成含有少量铝的再结晶层，它实际上是一个对硅掺杂的过程，在具备足够的铝量和合金温度条件下，背面甚至能形成与前结方向相同的电场，目前该法已被用于工业化生产，提高了电池的开路电压和短路电流，并减小了电极的接触电阻。

5. 去除背结

硅片太阳能电池的背面在扩散后也会生成高浓度的，与硅片表面有相同导电型的杂质，从而形成背面电场，这样利于提高电池的转换效率。但是，要形成电力用太阳能电池的背面电场层，就要用铝浆印刷烧结法来单独完成。

6. 制备减反射膜

为减少硅表面对光的反射，可采用真空镀膜法、气象生长法等方法，在已制好的电池正面蒸镀上一层或多层二氧化硅或二氧化钛或五氧化二钽或五氧化二铌减反射膜、氮化硅膜等。减反射膜的膜厚因膜材料的折射率不同而异，折射率为 2.0 时，膜厚约为 70 nm。减反射膜不但具有减少光反射的作用，而且对电池表面还可起到钝化和保护的作用。对减反射膜的要求：膜对入射光波长范围的吸收率要小，膜的物理和化学稳定性要好，膜层与硅能形成牢固的粘接，膜对潮湿空气即酸碱气氛有一定的抵抗能力，并且制作工艺简单，价格低廉。其中二氧化硅膜，工艺成熟，制作简便，为目前生产上所采用。膜可提高太阳能电池的光能利用率，增加电池的电能输出。镀上一层减反射膜可将入射光的反射率减少到 10%左右，而镀上两层则可将反射率减少到 4%以下。

7. 腐蚀周边

在扩散过程中，硅片的周边表面也有扩散层形成。硅片周边表面的扩散层会使电池上下电极形成短路环，必须将其去除。周边上存在微小的局部短路，都会使电池并联电阻下降，成为废品。去边的方法主要有腐蚀法和挤压法。腐蚀法是将硅片两面掩好，在硝酸、氢氟酸组成的腐蚀液中腐蚀 30 s 左右；挤压法则是用大小与硅片相同而略带弹性的耐酸橡胶或塑料，将硅片整齐地隔开，施加一定压力阻止腐蚀液渗入缝隙，以取得遮蔽。

8. 制作上、下电极

为输出电池光电转换所获得的电能，必须在电池上制作正、负两个电极。所谓电极，就是与电池 P-N 结形成紧密欧姆接触的导电材料。通常对电极的要求：①接触电阻小；②收集效率高；③遮蔽面积小；④能与硅形成牢固的接触；⑤稳定性好；⑥宜于加工；⑦成本低；⑧易于引线，可焊性强；⑨体电阻小；⑩污染小。制作方法主要有真空蒸镀法、化学镀镍法、银/铝浆印刷烧结法等。在半导体器件的电极形成时，一般采用布线图案法，即通过真空蒸镀法形成金属薄膜之后，再用光刻技术将金属薄膜制成所希望的形状。在制作低成本的太阳能电池时，丝网印刷形成电极的方法被广泛使用。

所用金属材料，主要有铝、钛、银、镍等。习惯上，把制作在电池光照面的电极称为上电极，把制作在电池背面的电极称为下电极或背电极。上电极通常制成窄细的栅线状，这有利于对光生电流的收集，以减小电池的串联电阻。n^+/p 型电池上电极是负极，下电极是正极；p^+/n 型电池则正好相反，上电极是正极，下电极是负极。

铝浆印刷烧结法是目前晶体硅太阳能电池商品化生产时广泛采用的方法。其工艺：把硅片置于真空镀机的钟罩内，当真空度抽到足够高时，便凝结成一层铝薄膜，其厚度控制在30～100 nm；然后，再在铝薄膜上蒸镀一层银，厚度为 2～5 μm；为便于电池的组合装配，电极上还需钎焊一层锡-铝-银合金焊料；此外，为得到栅线状的上电极，在蒸镀铝和银时，硅表面需放置一定形状的金属掩膜。上电极栅线密度一般为 2～4 条/cm，多的可达 10～19 条/cm，最多的可达 60 条/cm。

用丝网印刷金属制作上电极，既可降低成本，又便于自动化连续生产。所谓丝网印刷，是用涤纶薄膜等制成所需电极图形的掩膜，贴在丝网上，然后套在硅片上，用银浆、铝浆印刷出所需电极的图形，在真空和保护气氛中烧结，形成牢固的接触电极。

金属电极与硅基体粘接的牢固程度，是体现太阳能电池性能的主要指标之一。电极脱落是电池失效的重要原因，在电极的制作中应注意粘接的牢固性。

9. 检验测试

经过上述工艺所得的电池，在作为成品电池入库前，需要进行测试，以检验其质量是否合格。在生产中主要测试的是电池的电流-电压特性曲线，从中可以得知电池的短路电流、开路电压、最大输出功率以及串联电阻等参数。

以上是通用的晶体硅太阳能电池的生产工艺流程。近年来，晶体硅太阳能电池的光电转换效率不断提高，有许多新结构、新工艺相继应用于工业化生产。

6.4 太阳能电池组件的封装

6.4.1 太阳能电池组件的封装

单体太阳能电池的输出电压、电流和功率都很小。一般来说，输出电压只有 0.5 V 左右，输出功率只有 1～2 W，不能满足作为电源应用的需求。为提高输出功率，需将多个单体电池合理地连接起来，并封装成组件。在需要更大功率的场合，则需要将多个组件连接成为方阵，以向负载提供数值更大的电流、电压。太阳能电池的单体、组件和方阵，如图6-23所示。

为保证组件在室外条件下使用 20～25 年以上，必须要有良好的封装，以满足在使用中对防风、防尘、防湿、防腐蚀等条件的要求。研究实验表明，导致电池失效的问题往往出在组件的封装上：由于封装材料与电池分离，使光接触变坏，因而电池效率下降；由于密封不好，造成湿气进入组件；由于连接单体电池之间的导电带焊接工艺不当，造成焊接不牢或者助焊剂变色等。所以，组件封装是太阳能电池生产制造的重要工艺，其成本约占总成本的

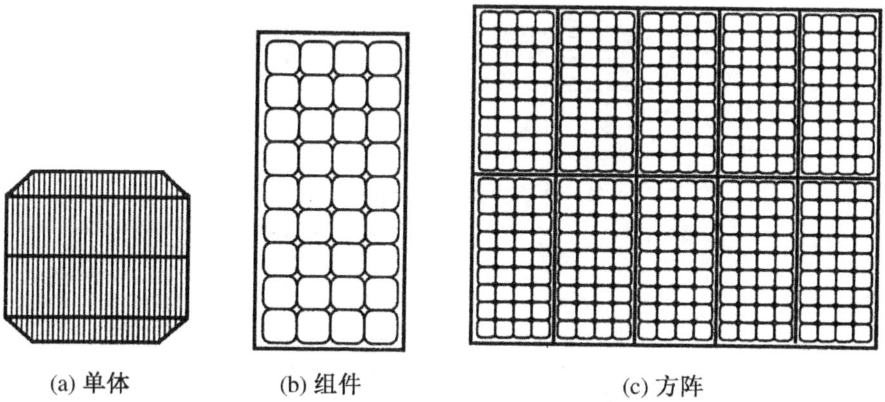

图 6-23　太阳能电池的单体、组件和方阵

1/3左右。对地面用硅太阳能电池组件的一般要求:①工作寿命长,应在 20～25 年以上;②有良好的封装和电绝缘性能;③有足够的机械强度,能经受运输和使用中发生的振动、冲击和热应力;④紫外辐照下的稳定性好;⑤因组合引起的效率损失小;⑥可靠性高、单体电池及互连条失效率小;⑦封装成本低。

1. 组件单体电池的连接方式

连接单体电池主要有串联和并联两种方式,也可以同时采用串、并联混合连接,如图 6-24 所示。

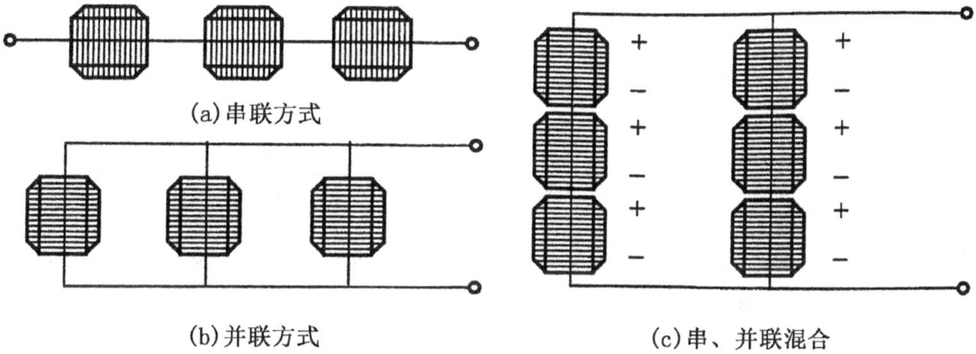

图 6-24　太阳能电池的连接方式

如果每个单体电池的性能是一致的,多个单体电池串联连接,可在不改变输出电流的情况下,使输出电压成比例增加;使用并联连接方式,则可在不改变输出电压的情况下,使输出电流成比例增加;而串、并联混合连接方式,则既可增加组件的输出电压,又可增加组件的输出电流。

2. 组件的封装结构

常见的晶体硅太阳能电池组件的封装结构有玻璃壳体式(图 6-25)、底盒式(图 6-26)、平板式、全胶密封式等多种(如图 6-27～图 6-30 所示)。

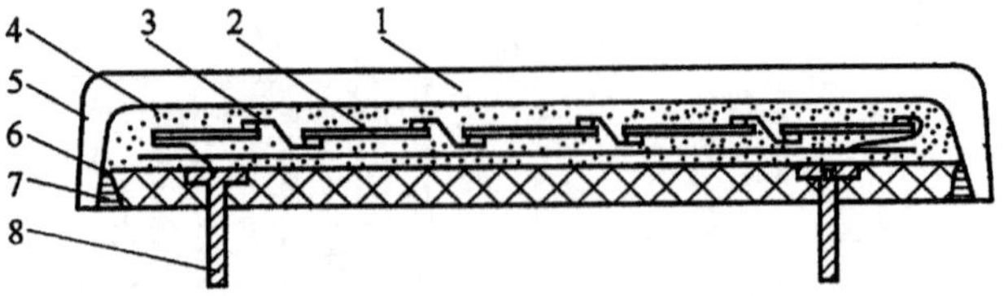

图 6-25　玻璃壳体式太阳能电池组件示意图

1—玻璃壳体；2—硅太阳能电池；3—互连条；4—黏结剂；5—衬底；
6—下底板；7—边框胶；8—电极接线柱

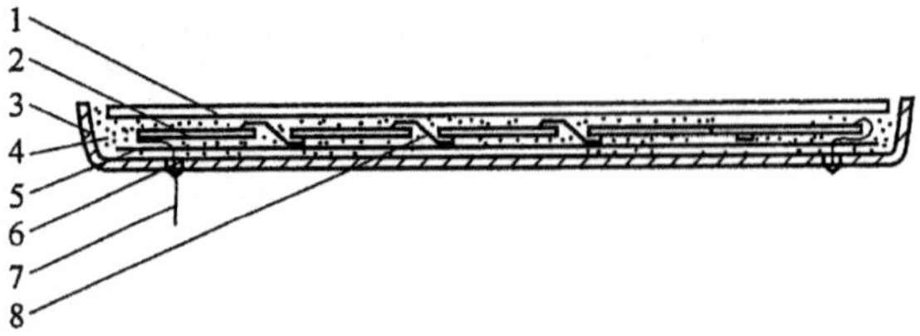

图 6-26　底盒式太阳能电池组件示意图

1—玻璃盖板；2—硅太阳能电池；3—盒式下底板；4—黏结剂；
5—衬底；6—固定绝缘胶；7—电极引线；8—互连条

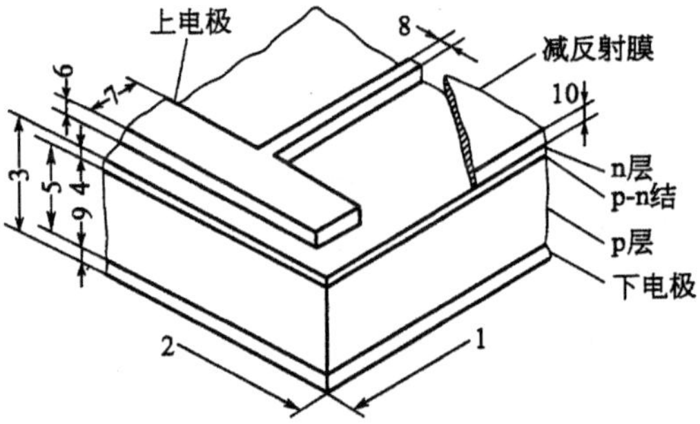

图 6-27　n^+/p 型太阳能电池基本结构示意图

1—电池长度；2—电池宽度；3—电池厚度；
4—扩散层厚度；5—基体厚度；6—上电极厚度；
7—上电极母线宽度；8—上电极栅线宽度；
9—下电极厚度；10—减反射膜厚度

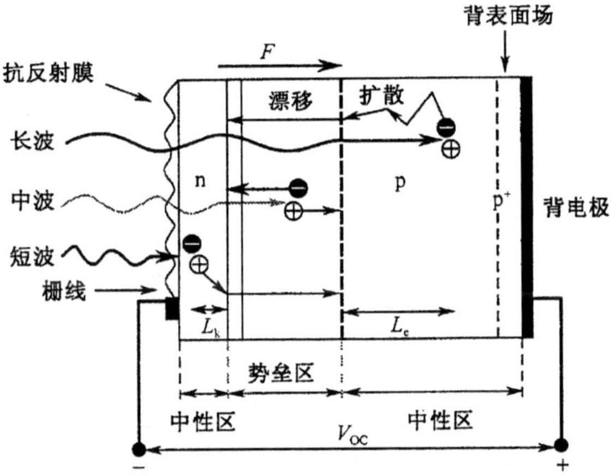

图 6-28　太阳能电池几何结构示意图

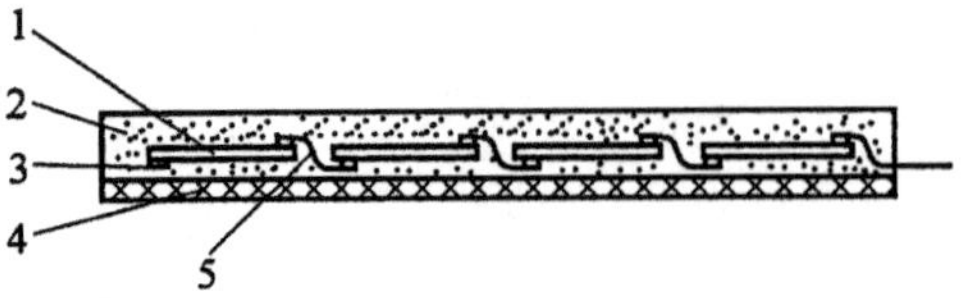

图 6-29　全胶密封式太阳能电池组件示意图

1—硅太阳能电池；2—黏结剂；3—电极引线；
4—下底板；5—互连条

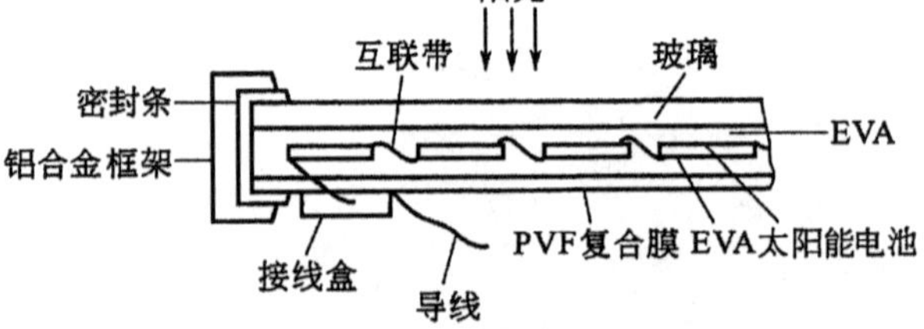

图 6-30　太阳能电池组件结构剖面图

实用的太阳能电池组件,一般还要装配上边框和接线盒等。

3. 组件的封装材料

太阳能电池组件工作寿命的长短,与封装材料和封装工艺有很大关系。封装材料的寿命是决定组件寿命的重要因素。

(1) 上盖板(前罩) 覆盖在电池的正面,构成组件的最外层,既要透光率高,又要坚固、耐风霜雨雪、能经受砂砾冰雹的冲击,起到长期保护电池的作用。前罩一般采用能确保90%以上透光率且具有高抗冲击力的约3 mm厚的经过无色透明热处理后的玻璃。

(2) 黏结剂 它是固定电池和保证上、下盖板密合的关键材料,对它的要求:①在可见光范围内具有高透光性,并抗紫外线老化;②具有一定的弹性,可缓冲不同材料间的热胀冷缩;③具有良好的电绝缘性能和化学稳定性,不产生对电池有害的气体和液体;④具有优良的气密性,能阻止外界湿气和其他有害气体对电池的侵蚀;⑤适合用于自动化的组件封装。主要类型有室温固化硅橡胶、聚氟乙烯(PVF)、聚乙烯醇缩丁醛(PVB)和乙烯-乙酸乙烯共聚物(EVA)等。

(3) 底板 它对电池既有保护作用又有支撑作用,对底板的一般要求:①具有良好的耐气候性能,能隔绝从背面进来的潮气和其他有害气体;②在层压温度下不起任何变化;③与黏结材料结合牢固。一般所用的材料为玻璃、铝合金、有机玻璃以及PVF复合膜等,目前生产上较多应用的是PVF复合膜。

(4) 边框 平板式组件应有边框,以保护组件和便于组件与方阵支架的连接固定。边框与黏结剂构成对组件边缘的密封。边框材料主要有不锈钢、铝合金、橡胶以及塑料等。

(5) 安装孔 为了将太阳能电池组件安装在支架上,在每个长边框架上打3～4个直径为6.0～9.7 mm的安装孔。此外,还有直径为4.0～6.5 mm的用于安装地线或者固定布线的孔。

(6) 端子箱 在端子箱中,太阳能电池组件输出端子的结线方式有螺丝固定方式和输出引线方式。输出引线的末端多配有连接器。

① 极性表示有在端子箱上表示的场合和在输出引线连接的连接器上表示的场合。除用正(+)、负(−)的记号外,有时也用颜色表示。目前,极性和红、白、黑等颜色还没有统一的对应关系,所以必须注意国外颜色(包括基准颜色)表示的内容。

② 在组件中部分太阳能电池单元上形成背阴时,该部分的发电量就降低,同时该部分变成二极管的反接而引起电阻发热,为防止产生这种情况,在端子箱内装置旁路二极管。因此,每一个太阳能电池单元都具有旁路二极管功能,以防止产生背阴时输出功率降低现象。

4. 组件封装的工艺流程

不同结构的组件有不同的封装工艺。平板式硅太阳能电池组件的封装工艺流程,如图6-31所示。

可将这一工艺流程概述为,组件的中间是通过金属导电带焊接在一起的单体电池,电池上下两侧均为EVA膜,最上面是低铁钢化白玻璃,背面是PVF复合膜。将各层材料按顺序叠好后,放入真空层压机内进行热压封装。最上层的玻璃为低铁钢化白玻璃,透光率高,而且经紫外线长期照射也不会变色。EVA膜中加有抗紫外剂和固化剂,在热压处理过程中固化能形成具有一定弹性的保护层,并保证电池与钢化玻璃紧密接触。PVF复合膜具

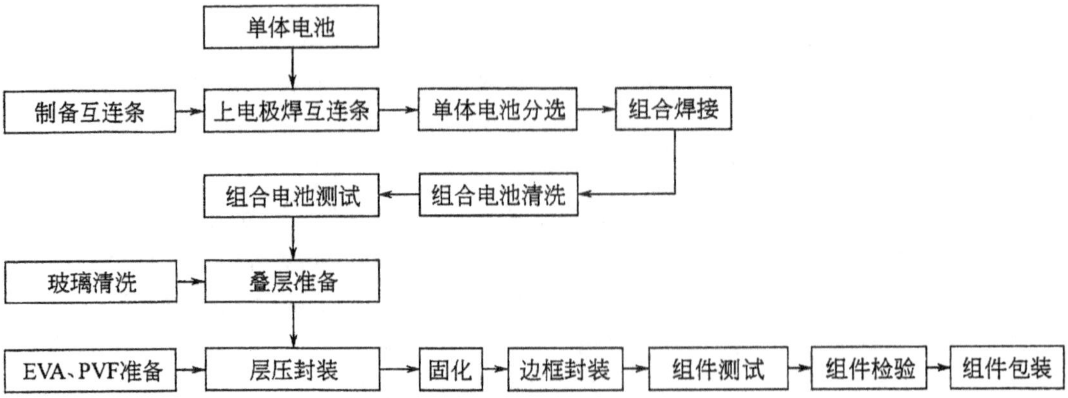

图 6-31 平板式硅太阳能电池组件封装工艺流程图

有良好的耐光、防潮、防腐蚀性能。经层压封装后,在其四周加上密封条,装上经过阳极氧化的铝合金边框以及接线盒,即成为成品组件。最后,要对成品组件进行检验测试,测试内容主要包括开路电压、短路电流、填充因子以及最大输出功率等。

6.4.2 单晶硅和多晶硅太阳能电池

由于单晶硅一般使用钢化玻璃以及防水树脂进行封装,因此其坚固耐用,使用寿命一般可达 25 年,最高可达 30 年。主要优点如下:

① 光电转换效率高,可靠性高;

② 先进的扩散技术,保证片内各处转换效率的均匀性;

③ 运用各种先进的成膜技术,颜色均匀美观;

④ 应用高质量的金属浆料制作背场和电极,确保良好的导电性、可靠的附着力和很好的电极可焊性;

⑤ 高精度的丝网印刷图形和高平整度,使得电池易于自动焊接和激光切割;

⑥ 国内组件的层压技术已经达到世界先进水平。

单晶硅电池的主要缺点是产能较高,硅熔融炉温度约 1 500℃,厚度为 300 μm,能耗回收期达 19.3 年。

多晶硅太阳能电池的制作工艺与单晶硅太阳能电池类似,但其光电转换效率则更低。从制作成本上来讲,比单晶硅太阳能电池要便宜一些,制造简便,降低能耗,总的生产成本较低,因此得到发展。此外,多晶硅太阳能电池的使用寿命要比单晶硅太阳能电池稍短。但从性价比来讲,多晶硅太阳能电池组件从制造工艺、材料成本以及规模化生产方面要优于单晶硅电池组件。主要优点如下:

① 具有稳定高效的光电转换效率;

② 表面除了传统的深蓝色,也可制成高效的纯黑色,还可制成各种颜色,以满足不同电站的需求,主要用于 BIPV 和 BAPV 等领域;

③ 高质量的银和银铝浆料,确保良好的导电性、可靠的附着力和很好的电极可焊性;

④ 高精度的丝网印刷图形和高平整度,使得电池易于自动焊接和激光切割。

多晶硅电池的产能为 1 000 kW · h/m^2，铸型温度为 1 000℃，能耗回收期为 14 年。

6.4.3 几类高效率、低成本硅太阳能电池

1. 发射极钝化及表面局部扩散太阳能电池(PERL)

电池正反两面都进行氧钝化，并采用光刻技术将电池表面的氧化硅层制成倒金字塔形。两面的金属接触面都进行缩小处理，其接触点掺杂了硼和磷。用此法制备的单晶硅电池效率已达 24.7%，多晶硅电池效率已达 20.3%。

2. 埋栅太阳能电池(BCSC)

采用激光刻槽或机械刻槽。激光在硅片表面刻出宽度为 20 μm 左右的槽，然后化学镀铜，以形成电极。它的主要特征：①形成随机绒面，降低了表面反射率；②形成选择性发射极，获得了最佳的光谱响应及最小的接触电阻；③激光刻槽埋栅电极(LGBC)，得到了最小的遮光率。这种电池的批量生产效率已达 17%，因此已达到工业化生产的水平。目前我国这种电池的实验效率为 19.55%。

3. 高效背表面反射器太阳能电池(BSR)

在这类电池中，太阳能电池的背面和背面之间用真空蒸镀的方法沉积一层高反射率的金属表面(一般为铝)，能被电池吸收并转换为电能的光谱波长，对硅电池来说，约为 1 150 nm，比它更长的任何辐射波都容易透过半导体材料进入背表面反射器。电池的厚度越薄，背反射器的作用越明显。所谓背反射器，就是将电池背面做成反射面，它能反射透过电池基体到达背表面的光，从而增加光的利用率。这样，可增加电池对长波光的吸收，使短路电流增加。而且它还能把到达背面的波长大于电池光谱响应截止波长的红光反射出去，从而降低电池的吸收系数。在测试表面，普通硅电池太阳吸收系数(α_S)为 0.781±0.020，而此电池为 0.740±0.020。这就减轻了其有害影响，因为这部分光不能产生光生载流子，而能产生热效应，使电池温度升高，导致效率下降。

光学损失是阻碍晶体硅太阳能电池效率提高的重要阻碍之一，要减小电池表面的光反射，可通过两条途径：一条是利用减反射薄膜；另一条是利用减反射结构。减反射结构包括倒金字塔、V 型槽和正向随机金字塔等绒面结构。在电池表面形成绒面结构，不仅可降低电池表面的反射率，并可在电池的内部形成光陷阱，从而显著提高电池的效率。正向随机金字塔是当前工业中制造单晶硅高效电池中应用较普遍的减反射结构，具有良好的减反射性能，它是利用廉价的碱腐蚀工艺实现的。

4. 高效低阻硅太阳能电池(RESC)

这种结构的电池，减少了表面密度，抑制了表面复合速度。其扩散结较深，约为 0.7 μm，在保持较高短路电流密度(39.2 mA/cm^2)的同时，具有相当高的开路电压(670 mV)和较高的填充因子(82.1%)。该电池在 AM1.5、100 mW/cm^2、25℃±2℃的条件下测试，其转换效率可达 21.6%。

6.5 薄膜太阳能电池

薄膜太阳能电池由沉积在玻璃、不锈钢、塑料、陶瓷衬底或薄膜上的几微米或几十微米

厚的半导体膜构成。由于其半导体层很薄，可大大节省电池材料，降低生产成本，因而是最有前景的新型太阳能电池。

6.5.1 非晶硅(α-Si)薄膜太阳能电池

非晶硅薄膜太阳能电池诞生于 1976 年，是用非晶硅半导体材料制备的一种薄膜电池。非晶硅半导体材料的最基本特征是，组成原子的排列为长程无序、短程有序，原子间的键合类似晶体硅，形成一种共价无规网状原子结构，即对一个单独的硅原子来说，其周围与单晶硅中原子一样，由 4 个硅原子组成共价键，在其邻近的原子也有规则的排列，但更远一些的原子，其排列则没有规律。这种结构，不是无规理想的网络模型，其中含有一定量的结构缺陷，如悬挂键、断键和空洞等。非晶硅电池的工作原理与单晶硅电池类似，都是利用半导体的光生伏特效应实现光电转换。与单晶硅电池不同的是，由于非晶硅结构中的长程无序和无规网络引起的极强散射作用，非晶硅电池光生载流子只有漂移运动而无扩散运动，使载流子的扩散长度很短。如果在光生载流子的产生处或附近没有电场存在，则光生载流子受扩散长度的限制，将会很快复合而不能吸收。为能有效地收集光生载流子，将电池设计成为 pin 型，其中 p 层是入射光层，i 层是本征吸收层，处在 p 和 n 产生的内建电场中。当入射光通过 p^+ 层进入 i 层后，产生电子-空穴对，光生载流子一旦产生后就由内建电场分开，空穴漂移到 p^+ 边，电子漂移到 n 边，形成光生电流和光生电压。

非晶硅薄膜电池可以用玻璃、不锈钢、特种塑料、陶瓷等为衬底，图 6-32 为非晶硅薄膜电池结构的示意图。玻璃衬底的非晶硅电池，光从玻璃面入射，电池的电流从透明导电膜(TCO)和铝电极引出。不锈钢衬底的非晶硅电池与单晶硅电池类似，在透明导电膜上制备梳状银电极，电池的电流从银电极和不锈钢引出。双叠层的结构有两种：一种是两层结构使用相同的非晶硅材料；另一种是上层使用非晶硅合金，下层使用非晶硅锗合金，以增加对长波光的吸收。上层使用宽能隙的非晶硅合金做本征层，以吸收蓝光光子；中间层用含锗约 15%的中等带隙的非晶硅锗合金，吸收红光。三叠层的结构与双叠层的结构类似。

非晶硅材料是由气相沉积法形成的。根据离解和沉积方法的不同，可分为辉光放电分解法、溅射法、真空蒸发法、光化学气相沉积法和热丝法等多种。其中等离子增强光化学气相沉积法(PECVD)是已被普遍采用的方法，在 PECVD 沉积非晶硅的方法中，PECVD 的原料气一般采用 SiH_4 和 H_2，制备叠层电池时用 SiH_4 和 GeH_4，加入 B_2H_6 和 PH_5 可同时实现掺杂。SiH_4 和 GeH_4 在低温等离子体的作用下分解产生 α-Si 或 α-SiGe 薄膜。此法适合于大规模生产。

一般来说，以玻璃为衬底的 pin 层集成型非晶硅电池的制造工序为，清洗并烘干玻璃衬底→生长 TCO 膜→激光切割 TCO 膜→生成 pin 非晶硅膜→激光切割 α-Si 膜→蒸发溅射 AI 电极→激光切割 AI 电极(或掩膜蒸发 AI 电极)。非晶硅电池具有如下优点：

(1) 制造成本低。这是因为：①半导体层光吸收系数比晶体硅大一个数量级，电池厚度只需 1 μm 左右，约为晶体硅电池的 1/200，可节省大量硅材料；②可直接沉积出薄膜，没有切片损失；③可采用集成技术在电池制备过程中一次完成组件，工艺过程简单；④电池的 pin 结是在 200℃左右的温度下制造的，比晶体硅电池的 800℃～1 000℃的高温低得多，能源消耗小；⑤电池的单片面积可达到 0.7～1.0 m^2，组装方便，易于实现大规模生产。

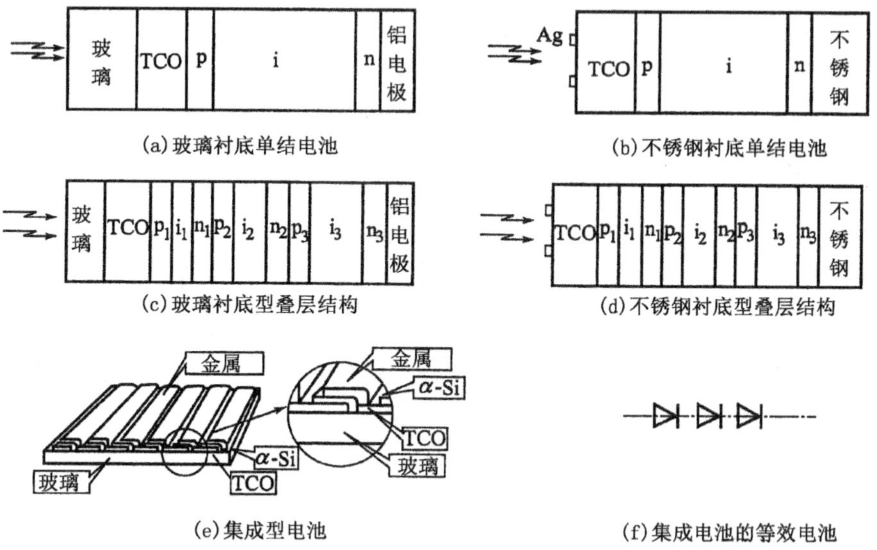

(a) 玻璃衬底单结电池　(b) 不锈钢衬底单结电池

(c) 玻璃衬底型叠层结构　(d) 不锈钢衬底型叠层结构

(e) 集成型电池　(f) 集成电池的等效电池

图 6-32　非晶硅薄膜太阳能电池结构示意图

(2) 能源消耗的回收期短。每平方米非晶硅电池的生产能耗为 100 kW · h 左右，能源回收期为 1 年左右，比晶体硅低得多。

(3) 发电量多。据测试，在相同条件下，非晶硅电池的发电量较单晶硅电池高 8%左右，较多晶硅电池高 13%左右。

(4) 售价低。目前约比晶体硅电池的售价低 1/3～1/2。

关于非晶硅电池的衰减问题，许多科研人员已进行多年的研究实验，并还在继续进行，主要研究内容：①高质量本征非晶硅材料的研究（包括晶化技术），减少光生亚稳态密度，提高稳定性；②高质量 N 型和 P 型非晶硅材料的研究，改善薄膜完整性，提高掺杂效率，增强内建电场，提高电池的稳定性；③改善非晶硅电池内部界面，降低界面态，减小界面复合，提高输送效率、转换效率和电池的稳定性；④优质 α-Si:Ge 合金材料的研究，进一步完善双结、三结、多带隙非晶硅电池，提高效率和电池的稳定性。

6.5.2　多晶硅薄膜太阳能电池

多晶硅（poly-Si）薄膜是由许多大小不等和具有不同晶面取向的小晶粒构成的，其晶粒尺寸一般约在几十至几百 nm 级，大颗粒尺寸可达 μm 级。高质量的半导体多晶硅薄膜的许多性能参数，都可用单晶硅薄膜和非晶硅氢合金（α-Si∶H）薄膜的参数来代替。多晶硅薄膜在长波段具有高光敏性，对可见光能有效吸收，又具有与晶体硅一样的光照稳定性，因此被公认为是高效、低耗的理想光伏器件材料。

近年来，制备多晶硅薄膜材料的工艺技术有很大发展。用多晶硅薄膜代替 α-SiGe 作为底部电池，在进一步提高硅基薄膜太阳能电池性能方面显示出许多优势：①其带隙可做到 1.12 eV，与 α-Si/α-SiGe/α-SiGe 薄膜电池相比，α-Si/poly-Si 薄膜电池能吸收更小能量的太阳光子，具有更高的转换效率极限；②poly-Si 薄膜没有光致衰退效应。理论计算结果表明，α-Si/poly-Si 叠层电池的效率可达 28%。

多晶硅薄膜电池既具有节省硅原料用量和简化硅片制造工艺的特点，又具有晶体硅电池转换效率高和稳定性能好的优点，它只有晶体硅电池厚度的3%左右。因此，要得到同样的转换效率，对薄膜材料的质量(少数载流子的扩散长度)要求仅是对硅片要求的1/30。在制造工艺上，多晶硅薄膜电池集电池和组件一体，从而大大降低了生产成本。

多晶硅薄膜电池具有上述的效率高、性能稳定及成本低的优点，有效降低太阳能电池成本，但目前尚存在如下问题：①多晶硅薄膜低温沉积质量差，薄膜晶粒尺寸小，电池效率低；②多晶硅薄膜高温沉积能耗高，尚缺少适于生长优质而廉价的衬底材料。因而今后应注重研发如下技术和材料：①大面积、大晶粒薄膜的生长技术；②进一步提高薄膜的生长速率；③薄膜缺陷的控制技术；④优质、价廉的衬底材料；⑤电池优良设计、表面结构技术及背反射技术等。

6.5.3 微晶硅薄膜太阳能电池

由于微晶硅可以采用与非晶硅相兼容的技术制备，具有接近单晶硅的光学带隙1.12 eV等优点，可将光谱响应范围扩展到红外区域，并且几乎没有光致衰退效应，目前已成为世界薄膜太阳能电池的研发热点，是新一代硅基薄膜太阳能电池的主流技术，被世界光伏界所公认。

微晶硅是介于非晶硅和单晶硅之间的一种由纳米晶粒、晶粒间界、空洞和非晶硅成分共存的混合相无序半导体材料，它掺杂效率高，与非晶硅材料相比，长波响应好，稳定性好，几乎不存在光致衰退效应。它既具有非晶硅的高吸收系数，同时又具有单晶硅稳定的光学性质，并且可以在廉价的衬底材料上制备，具有与非晶硅(α-Si)相同的低温制备工艺。

以微晶硅为底电池、非晶硅为顶电池制备非晶硅/微晶硅叠层薄膜太阳能电池，是微晶硅材料应用的重要发展方向。这种叠层电池，既结合了非晶硅及其制备的优点，又结合了微晶硅光谱长波段响应好及稳定性好的优点。它可以制备在柔性不透明的不锈钢或聚合物塑料衬底上，这样就可采用卷对卷的制备技术，适合于大面积、连续化、自动化生产，使生产成本大大降低。这种叠层电池以微晶硅为底电池，可提高电池的光谱响应范围，从而大大提高电池的光电转换效率。

微晶硅是由非常微小的结晶硅构成的，其晶粒尺寸为10～100 nm，与多晶硅的粒径相比，仅为其1/100 000。其光学特性与结晶硅基本相同，吸收波长范围可达1 100 nm的近红外区域。

6.5.4 非晶硅及微晶硅的结构

薄膜硅可分为非晶硅和微晶硅两种。非晶硅的“非晶”有“非晶态”之意，尽管同属硅，由于与结晶硅的结构不同，两种物质的性质有很大的差异。非晶硅的禁带宽度大约为1.7 eV，比结晶硅的1.1 eV要大得多。因此，非晶硅可吸收的光的波长限于700 μm以下。在太阳光谱中波长大于700 μm的光有一个长长的“尾巴”，但这些能量不能被非晶硅吸收而转变为电能，因此非晶硅薄膜太阳能电池的转换效率低是由其本性导致的。非晶硅还存在光致劣化的问题，所谓光致劣化，是指非晶硅太阳能电池受光持续照射，由于缺陷增加致使电池转换效率下降的现象。通常，光致劣化可引起电池转换效率下降两成，但经加热效率还会恢复到初始值。

6.5.5　薄膜硅等离子体增强化学气相沉积法工艺

制作薄膜硅的代表性方法是等离子体增强化学气相沉积法。在与真空泵相连接的反应容器内，导入硅烷(SiH_4)和氢气(H_2)，在对向布置的两个平行平板电极之间产生等离子体，为生成等离子体，通常采用 13～100 MHz 的射频电源，借由匹配器向单侧电极(负极)供电，另一侧设置基板的电极(正极)接地，基板通常被加热至 200℃ 左右。在等离子体中，SiH_4 气体分子与电子碰撞而被分解为 SiH_3(活性基)，这种活性基在向基板输运的过程中生长成为非晶硅膜层。若用氢气将 SiH_4 气体逐渐稀释，则相对于等离子体中的 SiH_3 活性基来说，原子状氢的比例不断增大，当该比例达到某一阈值以上时，便生长成微晶硅。通常以 10～30 倍以上的氢气将 SiH_4 气体稀释后，便可获得微晶硅。

利用以上的制作方法，可以获得电气本征型薄膜硅，其电阻很高，但通过掺杂Ⅲ族及Ⅴ族元素，膜层电阻率可大幅度降低。在制膜时，SiH_4 气体若按0.1%～1%的比例混入乙硼烷(B_2H_6)及磷化氢(PH_3)，则可分别获得 P 型和 N 型薄膜硅。另外，借由混入甲烷(CH_4)及氢化锗(GeH_4)等含硅以外Ⅳ族元素的气体，还可获得碳化硅(SiC)及硅锗(SiGe)等合金薄膜。

6.5.6　薄膜硅太阳能电池的制作方法

薄膜硅太阳能电池的基本结构分两大类，一类是从基板侧受光的上衬底型，另一类是从膜表面受光的下衬底型。相对而言，前者的构造可采用激光等加工，容易实现大面积、集成化、模组化目标，后者可采用轻量薄型，甚至挠性基板，如不锈钢基板、塑料基板等。无论哪种形式，都采用 i 型层(光吸收层)被 P 型层和 N 型层相夹的 pin 结作为基本结构，利用 i 型层中产生的内建电场，将光照激发的电荷(电子和空穴)高效率地从电极取出。表面电极采用光投射性好的透明导电氧化物(TCO)，一般选用掺二氧化锡的氧化铟(InO)或氧化锌(ZnO)等。背面电极一般采用 TCO/金属(Ag 或 Al)的两层结构，并以此实现硅与背面电极界面对光产生高反射率目标。

在薄膜硅太阳能电池中，为获得高的光电流，需要将从受光面入射的光及从背面电极反射的光封闭在 i 型层中，这种光封闭技术极为重要。为实现光封闭，通常使表面形成亚微米级凹凸(又称为表面绒毛化)，并用被 TCO 包覆的基板，借由 TCO/Si 界面对光的散射，使光路长度比 i 型层的厚度更长，以使光充分发挥激光效果。

6.5.7　串联型薄膜太阳能电池

由于非晶硅的能带间隙为 1.7 eV，对于波长 700 nm 以上的红外区并无感度。而微晶硅的禁带宽度为 1.1 eV，对波长直到 1 100 nm 的红外光都可以吸收。因此，微晶硅太阳能电池可取出的最大电流(短路电流密度)比非晶硅的大。但从另一方面讲，若以太阳能电池可取出的最大电压(开路电压)做比较，禁带宽度大的非晶硅可取出的电压要比微晶硅的大。由于太阳能电池的转换效率是由电流和电压的乘积决定的，根据理论研究结果，其最大转换效率都停留在 10%左右。但是，将两个以上能带间隙的不同太阳能电池串接在一起，就可以提高转换效率。

非晶硅和微晶硅串结相联的串结型太阳能电池，将非晶硅设置在顶部，而微晶硅设置在底部，前者称为顶部电池，后者称为底部电池。太阳光的可见光部分被顶部电池吸收，而投射的红外光被底部电池吸收，两部分的发电相结合，输出电压为两个电池的电压之和，故输出电力(转换效率)增加。对于串结型太阳能电池来说，在设计中考虑顶部电池与底部电池的输出电流平衡极为重要，因此，一般吸收红外光的微晶硅的厚度与吸收可见光的非晶硅的厚度之比为 1∶10 至 1∶15。

对于串结型太阳能电池的生产来说，提高微晶硅的制膜速度就成为非常重要的问题。由于技术的进步，目前可在 10 min 左右的时间内完成。为了抑制非晶硅的光致劣化，顶部电池的厚度要设计得尽量厚，要借由在顶部电池与底部电池之间插入透明的中间反射层，开发出成功控制电流平衡的技术。

6.5.8 HIT 太阳能电池

HIT(Heterojunction with Intrinsic Thin-layer)太阳能电池是在 Si 系太阳能电池中将高电压的非晶硅(a-Si∶H)太阳能电池的要素，与高电流的单晶硅(c-Si)太阳能电池的要素进行“杂化”而得到的。HIT 是通过在单晶硅与 p 型掺杂的或 n 型掺杂的 a-Si∶H 层之间，插入不掺杂的本征性薄的 a-Si∶H 层(i 型 a-Si∶H)而形成具有高转换效率的杂化结构。

由于可获得高的转换效率，近年来，HIT 太阳能电池受到广泛关注。在 N 型单晶硅的表面和背面，由等离子体 CVD 法分别沉积极薄的非晶硅层(按需要进行控制，以形成 P 型及N 型、i 型层等)，再在两面分别形成透明导电膜(InO 膜)和梳状银电极。与单晶硅太阳能电池的制程温度 900℃ 相比，HIT 太阳能电池的制程温度可在 200℃ 下进行，因此，制造过程中不容易发生宏观变形，同仅采用单晶硅的情况相比，还具有容易实现薄膜化的优点。

关于转换效率，100 cm^2 的电池元件达到 21.3%(AM1.5，100 mW/cm^2)，商品级的模块可达 17.0%，转换效率是相当高的。由于在极薄的非晶态层中插入了薄的 i 型层，减少了界面上发生的复合(再结合)，从而开路电压提高。同时，进一步利用单晶硅表面的随机纹理化提高光封闭效果。这些技术的联合采用，使 HIT 太阳能电池已达到相当高的转换效率。

太阳能电池一般在户外使用，有时模块温度会达到 80℃。高温时特性小意味着实际的发电量多，同时，由于表、背两面都形成透明透光膜(ITO)和梳状银电极，可充分利用反射光，基于此，调整户外设置的角度，可使发电量大幅度提高。

6.6 叠层电池

6.6.1 叠层电池的原理

1. 太阳的光谱曲线，涵盖了从 0.3 μm 的紫外区到 4 μm 以上的红外区的光谱范围。

任何一种半导体材料，限于其固定（对单晶体）或有限可调范围（如多元化合物合金，氢化硅基薄膜）的带隙，它的吸收光谱响应绝不可能覆盖太阳光那么宽的光谱区间。就太阳光能量吸收限而言，单结电池的能量损失很大。那么如何尽可能多地利用太阳光谱，提供一个拓展光谱响应的空间？早在 30 年前 Wolf 引入了叠层概念，为提高电池效率开辟了新途径，叠层电池的研究随之展开。从叠层电池效率与顶、底电池带隙关系的计算曲线中，可以看到，当选用带隙为 1.4 eV 的材料作顶电池，选 0.7 eV 的窄带隙材料与之构成叠层电池，其最高理论效率可达到 59.9%，有早期在Ⅲ-Ⅴ族化合物半导体电池方面的研究为证。纵观电池效率增长趋势，随着 GaAs 多结电池于 20 世纪 80 年代后期出现，Ⅲ-Ⅴ族电池的效率得以迅速增长，$Ga_{0.44}In_{0.56}P/Ga_{0.92}In_{0.08}As/Ge$ 结构的三结聚光电池效率正向 45%不断靠近。

在此概念的启发下，提高效率的各种技术纷纷被提出，其中硅基薄膜电池作为第二代太阳能电池，也由单结非晶硅电池向非晶硅/非晶硅（锗）三结叠层电池发展。当仅用非晶硅材料作为有源层时，它的光谱吸收限在 700 nm 左右。倘若采用非晶硅/微晶硅（锗）双结叠层结构，乃至非晶硅/非晶硅（锗）叠层/微晶硅三结叠层之后，其光谱响应可从700 nm拓宽到1 000 nm。

2. 叠层电池的原理是，用具有不同带隙 E_{gi} 的材料作为多个子太阳能电池，然后把它们按 E_g 的大小从宽至窄顺序摞叠起来，组成一个串接式多结太阳能电池；其中第 i 个子电池只吸收和转换太阳光谱中与其带隙宽度 E_{gi} 相匹配的波段的光子，也就是说，每个子电池吸收和转换太阳光谱中不同波段的光，而叠层电池对太阳光谱的吸收和转换等于每个子电池的吸收和转换的总和。因此，叠层电池比单结电池更能充分地吸收和转换太阳光，从而提高太阳能电池的转换效率。以三结叠层电池为例来说明叠层电池的工作原理：选取三种半导体材料，它们的带隙分别为 E_{g1}、E_{g2} 和 E_{g3}，其中 $E_{g1}>E_{g2}>E_{g3}$，按顺序以串联的方式将这三种材料连续制备出 3 个子电池。带隙 E_{g1} 子电池在最上面（称为顶电池），带隙为 E_{g2} 的子电池在中间（称为中电池），带隙为 E_{g3} 的子电池在最下面（称为底电池）；顶电池吸收和转换太阳光谱中 $h_\upsilon \geqslant E_{g1}$ 部分的光子，中电池吸收和转换太阳光谱中 $E_{g1} \geqslant h_\upsilon \geqslant E_{g2}$ 部分的光子，而底电池吸收和转换太阳光谱中 $E_{g2} \geqslant h_\upsilon \geqslant E_{g3}$ 部分的光子，也就是说，太阳光谱被分为 3 段，分别被 3 个子电池吸收并转换为电能。很显然，这种三结叠层电池对太阳光的吸收和转换比任何一个带隙为 E_{g1} 或 E_{g2} 或 E_{g3} 的单结电池有效得多，因而它可大幅度地提高太阳能电池的转换效率。

3. 根据叠层电池的原理，构成叠层电池的子电池的数目愈多，叠层电池达到的效率愈高。有人对叠层电池的效率与子电池的数目的关系进行了理论计算：在地面光谱 1 个光强的条件下，计算出了 1 个、2 个、3 个和 36 个子电池组成的单结和多结叠层电池的极限效率分别为 37%、50%、56%和 72%。从计算结果可以看出，两结叠层电池比单结电池的极限效率要高很多，而且子电池的数目继续增加时，效率提高的幅度变缓，三结叠层电池比两结叠层电池的极限效率只提高了 6%，而 36 结叠层电池的极限效率比三结叠层电池的极限效率只提高了 16%。另外，从实验的角度考虑，制备四结，五结以上的叠层电池十分困难，各子电池材料的选择和生长工艺都非常复杂，这势必影响到材料和器件的质量，给太阳能电池的性能造成不利影响，这样反而降低了太阳能电池的转换效率。实际上，目前三结叠层电池获得的效率最高，由于工艺的复杂性，四结、五结和六结叠层电池的效率都比三结叠层电池获得的效率低一些。

6.6.2 并联式叠层结构

并联叠层电池受光面的带隙最宽，往里带隙逐渐减小，鉴于能带由表及里逐渐减小，多结电池体内存在着一个连续的内建电池，而不像串接式叠层电池中每个子电池内都有一个内建电场，且每个电场是不连续的。每个子电池通过隧穿结连接起来，该隧穿结质量将对光生载流子输运与收集存在明显影响。但在并联式叠层结构中，在统一的同向电场的作用下，对光生电子-空穴对的分离、抽取作用产生逐层的加速影响，使得输运畅通。当载流子加速到一定程度甚至可以产生雪崩效应时，进一步新增载流子可增大光生电流。另外，杂质光伏以及中间带的光伏效应均易在并联叠层电池中产生。红外光部分，即低能光子是在电池深部被吸收的。两个红外光子的结合能够产生一个 e-h 对，它们又很容易被梯度的内场所分离、加速、收集到外电路。

叠层电池按输出结构可分为两端器件、三端器件和四端器件。以两结叠层电池为例来说明这几种结构的区别。两端器件是指叠层电池只有上、下两个输出端，即只有上电极和下电极，与单结电池的输出方式相同，如图 6-33(a)所示；三端器件的意思是除了上、下两级外，在两个子电池之间还有一个中间电极，如图 6-33(b)所示，中间电极既是顶电池的下电极，也是底电池的上电极，顶电池通过上电极和中电极向外输出电能，而底电池通过中电极和底电极向外输出电能；四端器件的意思是顶电池和底电池各有自己的上、下两个电极，分别向外输出电能，互不影响，如图 6-33(c)所示。两端器件中的两个子电池在光学和电学意义上都是串联的，而三端器件和四端器件中的两个子电池在光学意义上是串联的，而在电学意义上是相互独立的。三端器件和四端器件中的两个子电池的极性，可以不同(如顶电池为 p/n 结构，而底电池可以为 p/n 结构，也可以是 n/p 结构)；此外，三端器件和四端器件对两个子电池的电流和电压没有限制，计算叠层电池的效率时，先分别计算两个子电池的效率，然后把两个效率相加，便得到了叠层电池的总效率。

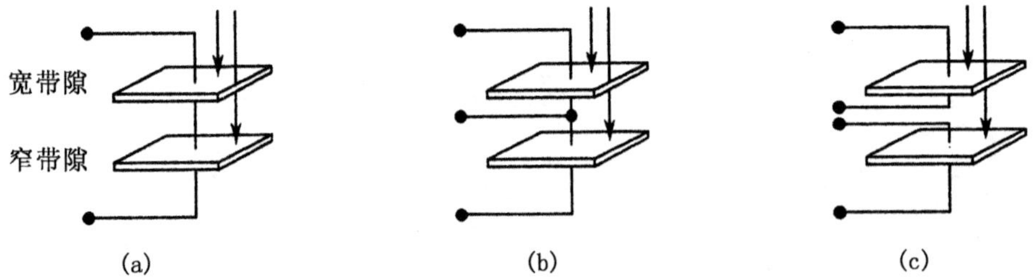

图 6-33　器件叠层电池原理图

两端器件中的两个子电池属于串联连接，对其有许多限制。首先要求两个子电池的极性相同，即都是 p/n 结构或都是 n/p 结构；此外，要求两个子电池的短路电流尽可能接近，这样整个叠层电池才能获得最大的短路电流，否则，短路电流将受子电池最小的的限制，这就将影响叠层电池效率的提高。因为在串联的两端器件结构中，叠层电池的开路电压 V_{oc} 等于各子电池的开路电压 V_{oci} 之和，如下式所示：

$$V_{oc} = \sum V_{oci} \tag{6-9}$$

而叠层电池的短路电流 I_{sc} 必须满足电流连续性原理，即

$$I_{sc} = I_{sc1} = I_{sc2} = \cdots = I_{sci} \tag{6-10}$$

很显然，I_{sc} 受最小的光生电流 I_{sci} 的限制，可近似认为 $I_{sci} = I_{\min}$。

两端叠层电池器件，即单片多结叠层电池，虽然受上述的一些限制，使它的制备工艺过程比单结电池复杂得多，但因为它能大幅度地提高太阳能电池效率，而且它组成太阳能电池组件的工艺过程简单，与单结太阳能电池组成太阳能电池组件的工艺过程几乎相同，因而受到广泛重视，成为Ⅲ-Ⅴ族太阳能电池研究和应用的主流。三端和四端的叠层电池器件，虽然对子电流的限制较少，转化效率高，但因器件制备工艺复杂，在实际应用中需要复杂的外电路，通过各种串、并联实现电压和电流的匹配，因此实用价值较差。

6.6.3　硅叠层电池

在二串结型太阳能电池的基础上，通过再重叠(积层)一个电池，还可开发出三串结(triple tantem)型太阳能电池。据报道，采用 a-Si/a-SiGe/μc-Si 结构的电池，其初期转换效率超过 15%。目前，正在研究三串结型太阳能电池的高效率转化技术和生产技术(图 6-34、图6-35)。

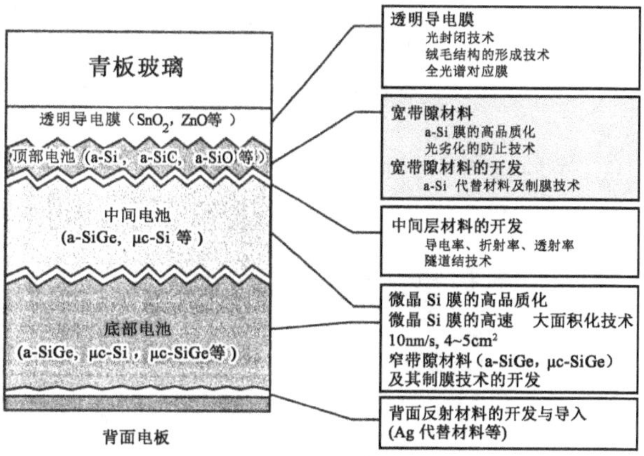

图 6-34　硅薄膜太阳能电池结构及转换效率的技术

硅薄膜太阳能电池的性能，通过多串结技术的成功运用，已得到明显改善。如果发电效率能进一步提高，同时借由高速制膜技术能使生产成本进一步降低，则薄膜硅太阳能电池就可以与结晶 Si 太阳能电池在市场上一争高下。

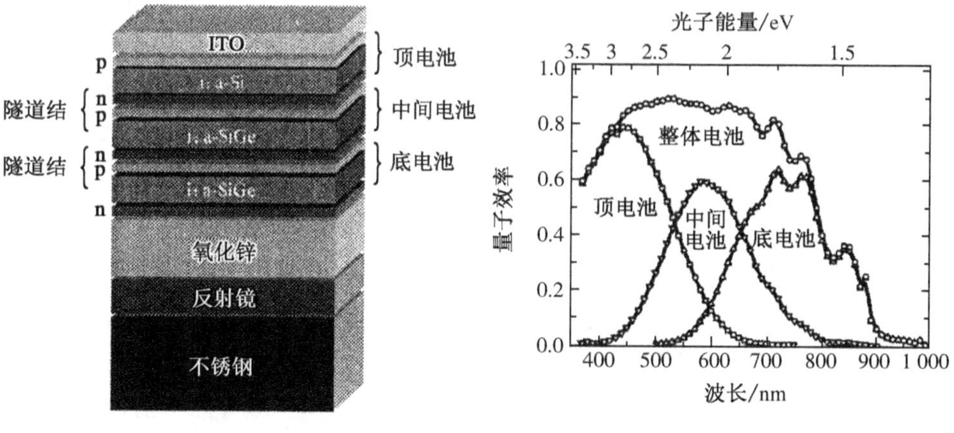

(a) 典型的非晶硅基薄膜　　(b) 三叠层电池量子效率曲线

图 6-35　非晶硅薄膜 NP 结三叠层结构示意图

多结叠层电池的关键在于不同带隙宽度的组合，可以采用不同材料实现带隙宽度的变化，也可以采用能带工程、用量子阱超晶格结构来实现带隙宽度的调制。量子阱结构能级是量子化的，当势垒层厚度足够薄，相邻量子阱中量子化能级形成共有化的子能带，或称微带。在每一个超晶格结构中，通过调制阱宽可实现不同的量子限制效应，改变能级分裂的距离，实现导带中微带和价带中微带能量差的调节，形成不同带隙宽度。因此，原则上多能带结构可通过多量子阱超晶格来实现。如图 6-36 所示的量子阱超晶格的叠层结构。

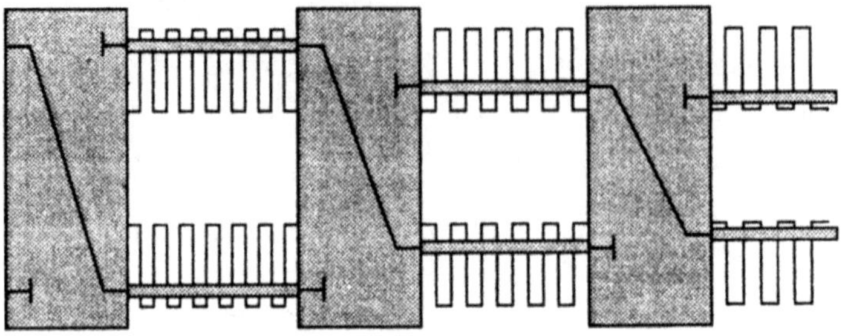

图 6-36 建立在量子阱超晶格概念基础上的叠层电池示意图

实验上可由采用不同生长周期的 Si/SiO_2 或 Si/SiN 超晶格量子阱结构，若能更好地借鉴不同类型叠层电池的经验，硅薄膜电池的效率能够大于 18%。

6.6.4 叠层电池的光学运筹

1. 电池的优化

要求对太阳光能的吸收最大化和光反射损失的最小化。所谓光学运筹，实际上是对通过光谱分配有关的光学系统的设计，将不同波段的太阳光按子电池逐层吸收，从而拓展光谱响应。

对于单晶硅电池，表面的绒面（黑化）处理是重要步骤，对于薄膜电池，光学设计空间（受光面和背面）比体电池更宽。其中绒面电极结构的设计及利用更引起有关研制人员的重视，绒面透明导电膜已开发出双重绒面，即在顶、底子电池之间插入中间反射层。该层应具有低的折射率，即一定的导电性。将它插入具有高折射率的顶、底硅基薄膜电池之间，调节合适即可形成起增反作用的宽带 DBR 结构。它的反射率可表示如下：

$$R_d = \left[\frac{n_t - \left(\frac{n_{\text{int}}}{n_b}\right)^{2s} n_b}{n_t + \left(\frac{n_{\text{int}}}{n_b}\right) n_b}\right]^2 \tag{6-11}$$

式中：n_b、n_{int}分别是 DBR 材料系的底电池（p^+层）和中间层的折射率，s 为 DBR 的周期数。若没有中间层，对同质异性的顶、底电池（n^+/p^+）的界面，两者折射率几乎相当，故中间部分的反射为 0；但是，如果将一个折射率低的薄层插在两子电池的中间，则相当于降低了底电池的折射率[由原来的 n_b 变成 $(n_{\text{int}}/n_b)^2 n_b$]，如此顶、底电池界面处的反射得以加强。

2. 绒面背电极结构

背反射层要利用其绒面结构，达到加强散射、增强反射的目的，在光谱吸收限之内尚未被电池吸收完全的光子，经陷光结构再反射回其体内予以二次吸收。对不透明的体电池，背部无法制造陷光效果。背反射层给薄膜电池起到了可分担陷光效益的作用。

图 6-37 清晰地给出了光学管理设计应考虑的方面，很有实践意义。

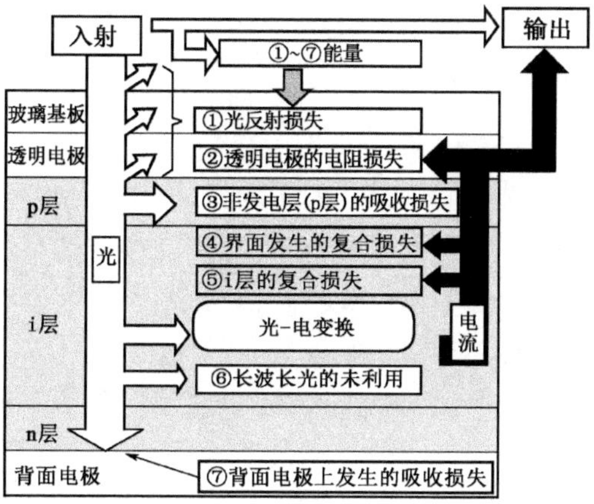

图 6-37　非晶硅太阳能电池中的代表性能量损失

6.7　Ⅲ-Ⅴ族化合物太阳能电池

元素周期表中由Ⅲ族元素与Ⅴ族元素形成的化合物简称Ⅲ-Ⅴ族化合物。Ⅲ-Ⅴ化合物是继 Ge 和 Si 材料以后出现的半导体材料。Ⅲ族元素与Ⅴ族元素相互之间有多种组合，因而Ⅲ-Ⅴ族化合物材料种类繁多。其中最主要的是砷化镓(GaAs)及其相关化合物(GaAs 基系Ⅲ-Ⅴ族化合物)，其次是磷化铟(InP)及其相关化合物(InP 基系Ⅲ-Ⅴ族化合物)。近年来，人们使用 3 元和 4 元的Ⅲ-Ⅴ族化合物作为各叠层电池子电池材料，如 GaInP、AeGaInP、InGaAs、GaInNAs 等 GaAs 和 InP 两个基系。

6.7.1　Ⅲ-Ⅴ族化合物太阳能电池特点及制造

在Ⅲ-Ⅴ族化合物半导体材料中最具代表性的是 GaAs 材料。GaAs 材料的研究始于 20 世纪 50 年代，60 年代初，人们发现 GaAs 具有独特的发光特性，并研制出了 GaAs 红外激光器，60 年代末，国外开始了对 GaAs 太阳能电池的研究。由于 GaAs 材料具有许多优良的特性，GaAs 太阳能电池的效率提高很快，迅速超过了其他各种材料制备的太阳能电池的效率。几十年来，随着光电子技术产业的迅速发展，GaAs 材料和器件的研究已日益成熟。

GaAs 是一种典型的Ⅲ-Ⅴ族化合物半导体材料，与 Si 材料相比较，GaAs 材料具有以下优点：

(1) GaAs 具有直接带隙能带结构，其带隙宽度 $E_g = 1.42$ eV(300 K)，处于太阳能电池所要求的最佳带隙宽度范围。目前，GaAs 单结太阳能电池以及与其他相关材料组成的叠层电池所获得的效率是所有类型太阳能电池中最高的，无论是 GaAs 单结电池，还是 GaInP/GaAs 两结叠层电池，以及 GaInP/GaAs/Ge 三结叠层电池的效率都是所有种类太阳能电池中最高的。GaInP/GaAs 两结叠层电池 GaInP/GaAs/Ge 三结叠层电池的效率都超过了 30%，聚光 GaInP/GaAs/Ge 三结叠层电池的效率达到了 40.7%，而锑化镓叠层电池效率达到了 44.5%。

（2）由于 GaAs 材料具有直接带隙结构，因而它的光吸收系数大。GaAs 的光吸收系数，在光子能量超过其带隙宽度后，急剧上升，GaAs 太阳能电池的有源区厚度多选取在 3 μm左右，这一点与具有间接能带隙的 Si 材料不同。Si 的光吸收系数在光子能量大于其带隙宽度 ($E_g = 1.12$ eV) 后是缓慢上升的，在太阳光谱很强的可见光区域里它的吸收系数都比 GaAs 的小一个数量级以上。因此，Si 材料需要厚达数十甚至上百微米才能充分吸收太阳光，而 GaAs 太阳能电池的有源层厚度只需 3～5 μm。

（3）GaAs 基系太阳能电池具有较强的抗辐照性能。辐照实验结果表明，经过 1 MeV 高能电子辐照，即使其剂量达到 $1\times10^{15}\,cm^{-2}$ 之后，GaAs 基系太阳能电池的能量转换效率仍能保持原值的 75%以上，而先进的高效空间 Si 太阳能电池在经受同样辐照后，其转换效率只能保持其原值的 66%。对于高能质子辐照的情形，两者的差异尤为明显，以低地球轨道的商业卫星发射为例，对于初期效率（BOL 效率）分别为 18%和 13.8%的 GaAs 电池和 Si 电池，其初始效率之比为 1.3。然而，经低地球轨道运行的质子辐照后，其终期效率（EOL 效率）将分别下降为 14.9%和 10.0%，此时，GaAs 电池的 EOL 效率为 Si 电池的 1.5 倍，大多数Ⅲ-Ⅴ族化合物太阳能电池的抗辐照性能都好于 Si 太阳能电池，抗辐照性能最好的是 InP 太阳能电池。但Ⅱ-Ⅵ族化合物太阳能电池，如 CuInSe 太阳能电池的抗辐照性能超过了 InP 太阳能电池，是抗辐照性能最好的太阳能电池。

（4）GaAs 太阳能电池的温度系数较小，能在较高的温度下正常工作。太阳能电池的效率随温度的升高而下降，这主要是由于电池的开路电压 V_{oc} 随温度升高而下降；而电路的短路电流 I_{sc} 随温度升高还略有增加。在较宽的温度范围内，电流效率与温度的关系近似是线性关系，GaAs 电池效率的温度系数约为−0.23%/℃，而 Si 电池效率的温度系数约为−0.48%/℃。随温度升高 GaAs 电池效率的降低比较缓慢，因而可以在更高的温度范围工作。

GaAs 基系太阳能电池的上述优点正好符合空间环境对太阳能电池的要求：效率高、抗辐照性能好、耐高温、可靠性好。因此，在空间科学领域 GaAs 基系太阳能电池正逐渐取代 Si 太阳能电池，成为空间能源的重要组成部分。

GaAs 基系太阳能电池也有其缺点，主要有以下几方面：①GaAs 材料的密度较大（5.32 g/cm³），为 Si 材料密度（2.33 g/cm³）的两倍多；②GaAs 材料的机械强度较弱，易碎；③GaAs 材料价格昂贵，约为 Si 材料价格的 10 倍。所以，GaAs 基系太阳能电池的效率尽管很高，但因有这些缺点，多年来一直得不到广泛应用。

InP 基系太阳能电池的抗辐照性能比 GaAs 基系太阳能电池还好，但转换效率略低，而且 InP 材料的价格比 GaAs 材料更贵。所以，长期以来对单结 InP 太阳能电池的研究和应用较少。但在开展叠层电池的研究以后，InP 基系材料得到了广泛的应用。用 InGaP 三元化合物制备的电池与 GaAs 电池相结合，具有特殊的优越性，可作为两结和三结叠层电池的顶电池。GaInP/GaInAs/Ge 三结叠层聚光电池已获得了高达 40.7%的效率，并在空间能源领域获得了日益广泛的应用。

6.7.2　Ⅲ-Ⅴ族化合物太阳能电池的制造技术

Ⅲ-Ⅴ族化合物太阳能电池的制造技术有液相外延(LPE)技术、金属有机化学气相沉积(MOCVD)技术，其又称金属有机气相外延技术。其中，LPE技术设备及生长工艺相对简单、安全、毒性较小，但无法胜任多层复杂的生长，尤其是异质结构的生长，厚度不能精确控制。MOCVD技术设备与气源材料价格昂贵，技术复杂。AsH_3、PH_3均为剧毒气体，但制品表面光洁、厚度均一、浓度可控、成品率高。分子束外延技术(MBE)原理与真空蒸发镀膜技术相似。

MBE技术的特点：①生长温度低、速度慢，可以生长出极薄的单晶层，甚至可以实现单原子层生长；②MBE技术很容易在异质衬底上生长外延层，实现异质结构的生长；③MBE技术可严格控制外延层的厚度、组分和掺杂浓度；④MBE生长出的外延片的表面形貌好，平整光洁。

MBE技术在量子阱激光器材料制作、超晶格材料制作、二维电子气制作等领域获得了巨大成功，但在太阳能电池研究领域的应用比MOCVD技术要少得多；MBE制备的太阳能电池的效率也不如MOVCD制备的效率高，这可能与MBE的生长机制是非平衡过程有关。另外，MBE的设备复杂，价格昂贵，而且生长速率太慢，不易产业化，也影响了它在太阳能电池研究领域的发展。但近些年来，随着量子阱、量子点太阳能电池研究的增多，MBE技术在太阳能电池研究领域的应用已愈来愈多。

6.7.3　GaAs太阳能电池

GaAs太阳能电池是众多Ⅲ-Ⅴ族太阳能电池中研究得最深入、最多的一种，是Ⅲ-Ⅴ族太阳能电池的典型代表。

GaAs的带隙宽度处于高效电池范围。鉴于直接带隙的特征是载流子从价带跃迁到导带，无须声子的参与就能满足能量守恒与动量守恒，因此吸收系数很高。这也是人们乐于选用GaAs电池的重要原因。采用非常精细的MOCVD技术，获得高纯、高完整的晶格结构，将使制备效率更高，加上其耐辐射的特点适合于空间应用，现在已成为航空、航天器能源的主要来源。

$CuInSe_2$(CIS)及CdTe等直接带隙的化合物薄膜材料电池，属于高效电池材料之列，它们随GaAs化合物的出现而被研究者所重视。

1990年以后，MOCVD技术逐渐被应用到GaAs太阳能电池的研制和生产中。MOCVD技术生产的外延片表面平整，各层的厚度和浓度均匀并可准确控制，因而用MOCVD技术制备的GaAs太阳能电池的性能得到明显改进，效率得到进一步提高，最高效率已超过25%。

GaAs太阳能电池的器件工艺主要包括光刻、蒸发、合金、退火、选择腐蚀等，器件工艺的优化对电池效率的提高具有重要意义。

6.7.4　硒铟铜(CIS)薄膜太阳能电池

CIS薄膜是一种Ⅰ-Ⅲ-Ⅵ族化合物半导体，具有黄铜矿、内锌矿两个同素异形的晶体结构，掺入镓(Ga)即形成四元化合物。CIS(硒铟铜)和 CIGS(硒镓铟铜)的制备方法很多，归纳起来大致有物理方法和化学方法两种。经过多年的研发，$CdS/CuInSe_2$ 电池组件的效率已达 11%，$CdS/CuInGaSe_2$ 电池组件的效率已达 19.5%，并已建立起了效率达 18%以上的工业化生产线，该电池的主要优点：具有较高的光吸收率，比非晶硅电池效率高，可达 20%左右；生产成本低，仅为晶体硅电池的 1/3～1/2。今后应在提高电池的稳定性和改进与完善工业化生产工艺技术等方面进一步开展研究。这种电池能否成为可以广泛生产应用的光伏器件，最为关键的问题是铟的资源保证问题，因为世界范围内铟的资源十分有限。同时，镉的污染问题也是应被关注的问题。

铜铟硒薄膜太阳能电池是以多晶 $CuInSe_2$(CIS)半导体薄膜为吸收层的非硅系太阳能电池，当金属镓元素部分取代铟时，又称为铜铟镓硒(CIGS)薄膜太阳能电池。CIGS 材料属于Ⅰ-Ⅲ-Ⅳ族四元化合物半导体，具有黄铜矿的晶体结构。CIGS 薄膜太阳能电池自 20 世纪 70 年代出现以来，迅速发展，目前已经成为国际光伏界的研究热点，并将逐步实现产业化。

GIGS 由 $Cu(In1-xGax)Se_2$ 表示，即是由Ⅰ族的 Cu，Ⅲ族的 In、Ga，Ⅵ族的 Se 所构成的Ⅰ-Ⅲ-$Ⅵ_2$系化合物半导体的一种。由于Ⅰ-Ⅲ-$Ⅵ_2$系化合物半导体是由Ⅱ-Ⅵ族化合物半导体衍生出来的，基于Ⅰ族和Ⅲ族元素的原子排列的有序性，其晶体结构类似于 2 个闪锌矿晶胞的叠层。

现在，含 Ga 的 GIGS 太阳能电池使用最多。而 CIS 是 GIGS 中 Ga 的成分为零的特殊情况。GIGS 中 Ga 的成分 x 若从 0 变化到 1，其禁带宽度从 1.0 eV 到 1.7 eV 之间均是可控制的，从而可选择作为太阳能电池的最佳禁带宽度(见表 6-1)。

表 6-1　各系太阳能电池材料、禁带宽度及其特征

名称	材料	禁带宽度/eV	特征
CdTe 系	CdTe	1.48	制作容易，但元素 Cd 有害
CIGS 系	$Cu(In, Ga)Se_2$	1.0($CuInSe_2$)～1.8($CuGaSe_2$)	适合大批量生产
Ⅲ-V 系	GaAs、InP 等	1.42(GaAs)、1.34(InP)	宇宙中使用的高效率太阳能电池
CZTS 系	Cu_2ZnSnS_4	1.5	不使用稀有元素，不受资源制约
其他硫化物系	SnS、FeS_2 等	1.3(SnS)、1.0(FeS_2)	较为简单的二元化合物
氧化物系	Cu_2O、NiO 等	2.4(Cu_2O)、3.7(NiO)	便宜，在空气中的耐久性高

多元蒸镀法是沉积 CIGS 薄膜使用最广泛和最成功的方法，用这种方法能成功制备最高效的 CIGS 薄膜电池。原子吸收光谱(AAS)和电子碰撞散射谱(EEIS)等可用来实时监测薄膜成分及蒸发源的蒸发速率等参数，对薄膜生长进行精确监控。

20 多年前，人们就发现以 CaO、Na_2O 玻璃为衬底的 CIS 薄膜太阳能电池的性能远优于其他衬底。研究表明，这是因为玻璃衬底中的 Na 进入 CIS 中起到了优化作用。只要 Na 在 CIGS 薄膜中占 0.01%～0.1%(原子比)，就能明显提高太阳能电池的转换效率。可以认为，Na 是高效率 CIGS 薄膜太阳能电池中必不可少的成分。

挠性 CIGS 薄膜太阳能电池由透明封装材料、氧化锌薄膜、硫化镉薄膜、CIS 薄膜、钼电极和不锈钢，钛箔、聚酰亚胺等衬底组成。除了衬底和 CIGS 吸收层工艺略有不同之外，其他各层与玻璃衬底 CIGS 电池工艺基本相同。

挠性 CIGS 薄膜电池具有优异性能：高质量比功率；CIGS 电池耐高能电子和质子辐照的能力更强，适合于在一体化建筑以及不平的屋顶上使用；生产成本低，适合用于大规模生产的卷到卷(roll to roll)工艺和单片集成。

常用的挠性 CIGS 薄膜太阳能电池根据村底可以分为挠性金属衬底 CIGS 太阳能电池和挠性聚合物衬底 CIGS 薄膜太阳能电池等。挠性金属衬底 CIGS 太阳能电池中的金属衬底主要指不锈钢、钼、钛、铝和铜等金属箔材料。而挠性聚合物衬底 CIGS 薄膜太阳能电池与金属衬底的相比，聚合物衬底质量更轻，适合用在大规模生产的卷到卷工艺中，是挠性太阳能电池研究的热点。目前，在聚合物衬底 CICS 薄膜电池研究领域，聚酰亚胺是唯一成功的衬底材料，这主要是由于这种聚合物衬底具有相对较强的耐高温能力和低的热膨胀系数。

6.7.5　CdTe 太阳能电池

碲化镉(CdTe)太阳能电池，相对于太阳光光谱的太阳能电池其半导体的禁带宽度约为 1.44 eV，理论转换效率接近于最佳值。与晶体硅不同，半导体 CdTe 的光吸收为直接跃迁型，光吸收系数大，这为太阳能电池的薄膜化提供了可能性。而且，还能在玻璃基板上较低温度下形成优良的多晶薄膜。因此，它作为低价格、高效率的太阳能电池而备受期待。

如此，CdS/CdTe 薄膜太阳能电池采用各种不同制作方法均可获得相当高的转换效率。其中，特别应指出的是丝网印刷法。由于 CdS、CdTe、添加少量铜的碳电极、银＋铟电极等全部都可由丝网印刷法制膜，不需要采用真空制程，所以很容易实现低价格、大面积批量化生产的目的。在制作成本和转换效率上都有较大优势。

CdS/CdTe 薄膜太阳能电池由于采用毒性相当大的镉(Cd)在日本未能普及。但制作时对环境造成的负担较轻，因此在欧美的部分国家和地区正逐步运用。

后期的研发重点：①减薄碲化镉的厚度，力争小于 2 μm；②降低沉积温度；③寻求新的背接触层；④提高转换效率；⑤完善生产工艺，形成产业化生产技术，进一步降低成本。该电池如果成为大规模生产与应用的光伏器件，最值得关注的是环境污染问题。Cd 是重金属，有剧毒，Cd 的化合物与 Cd 一样，也是有毒的。其主要影响，一是含有 Cd 的尘埃通过呼吸道会对人类和其他动物造成危害；二是生产废水、废物排放所造成的污染。因此，对破损的玻璃片上的 Cd 和 Te 应去除并回收，对损坏和废弃的组件应进行妥善处理，对生产中排放的废水、废物应进行处理使其符合环保标准。

6.7.6　薄膜叠层电池

以 GaAs 太阳能电池为代表的Ⅲ-Ⅴ族太阳能电池有一个共同的缺点，即材料密度大，重量重。它们的效率尽管很高，但功率质量比并不高，比非晶硅(a-Si)、CdTe、CuInSe 等薄膜太阳能电池的功率质量比要低许多。GaAs 太阳能电池的功率质量比大于 300 W/kg，而生长在柔性衬底上的 a-Si 的功率质量比可高于 1 000 W/kg。GaAs 太阳能电池的这一缺点限制了它的空间应用范围，为了克服这一缺点，从20世纪80年代开始科学家们开始研制薄膜型(超薄型)GaAs太阳能电池，采用的技术多为剥离技术。这一技术的特点：在太阳能电池制备完成后，把它的正面粘贴到玻璃或塑料膜上，然后采用选择腐蚀方法把GaAs衬底剥离掉，只将约3 μm厚的电池有源层转移到金属膜上，这样一来便获得了柔性薄膜型(超薄型)GaAs太阳能电池。剥离下来的GaAs衬底可重复使用。

在GaAs单结太阳能电池的研究过程中，以AlGaAs作为GaAs太阳能电池的窗口层材料，对GaAs单结太阳能电池效率的提高起到了重要作用。因而在开始研究叠层电池时，自然会想到以AlxGa1-xAs作为与GaAs太阳能电池相匹配的顶电池材料，固而AlGaAs/GaAs系列结构是最早被研发的叠层电池结构。

由于在Si底层上生成GaAs存在诸多困难，人们的目光开始转向晶格，以热膨胀系数与GaAs相近的Ge作为底层。Ge衬底成本低于GaAs，同时机械牢固度更佳。多晶GaAs/Ge电池的研制成功，为在玻璃衬底上研制GaAs电池打下了基础，为廉价的GaAs多晶太阳能电池的发展开辟了一条新路。

MOVPE-GaAs/Ge电池在空间发射中已获得广泛的应用。

效率高达28.5%(AM1.5)的柔性薄膜型(超薄型)GainP/GaAs两结叠层电池，其功率质量比为2 631 W/kg，是迄今为止获得的最高功率质量比的太阳能电池。而且，这种超薄型太阳能电池的抗辐照性能好，背面金属膜可增加光反射，使电池有源层减薄到1 μm。这一成果将为扩大Ⅲ-Ⅴ族太阳能电池的空间应用范围和降低成本开辟有效途径。

在GaAs衬底上用反向生长和剥离技术研制出的超薄型GaInP/GaAs/GaInAs三结叠层电池，其中，上、中、下三个子电池的带隙宽度分别为1.9 eV、1.4 eV和1.0 eV，近似于理想值。

GaAs/GaSb机械叠层电池是另一类叠层电池，这种电池由GaAs电池和GaSb电池用机械的方法相叠合而成。GaAs顶电池和GaSb底电池在光学上是串联的，而在电学上又是相互独立的，用外电路的串并联实现了子电池的电压匹配。但这类机械叠层电池的器件工艺复杂，顶电池的下电极需做成梳状电极，而且必须与底电池的上电极图形相同，并严格对准，才能让未被顶电池吸收的红外光透过顶电池，进入底电池。在实际应用时，需通过复杂的电路进行串并联，实现电压匹配。机械叠层电池存在上述的缺点使它们不太适于空间应用，也许将来可应用于地面聚光电池领域。

6.8 有机太阳能电池

6.8.1 有机太阳能电池的概念

(1) 随着对有机化学材料的研究，在光伏领域，一种被称为“有机光伏”(OPV)或“聚合物太阳能电池”(PSC)的有机类电池逐渐进入人们的视野。它属于“HOMO” “LUMO”能级描述的有机半导体“类p-n结”的电池结构。

(2) 在有机太阳能电池中，通常将P型材料称为“给体材料”(D)，把N型材料称为“受体材料”(A)。其工作原理也是p-n结的光伏效应，但当光照射到聚合物电池材料时，光子被吸收后产生的是激发子(电子-空穴对),而并非直接产生载流子。激子扩散到给体-受体的界面后才分离为自由电子和空穴,在内电场驱动下自由电子通过受体材料通道迁移至阳极,空穴通过给体材料通道迁移至阳极,从而产生光致电流。有机太阳能电池以其独特优势:密度小、韧性好;可化学设计和合成,无资源限制;制备简单,成本低廉;易制备大面积器件等,受到各方的密切关注。

非晶硅顶电池有较大的能隙宽度,中间电池和底电池采用锗硅合金,通过改变锗硅合金中的 Ge 含量能调节电池的能隙宽度。

有机太阳能电池材料为小分子材料。小分子光伏材料有纯度高、易合成等优点,是研究光伏器件基本原理的理想材料。材料可用热蒸镀方法制备器件,可溶性小分子也可采用溶液旋转甩膜法、喷涂法、自组装法、推膜法和丝网印刷法等方法制备。小分子光伏材料主要有:酞菁、液晶、稠环芳香化合物、噻吩寡聚物和三苯胺及其衍生物等五类。应用于有机太阳能电池的聚合物中一般含有双键或多环芳烃。聚合物材料的“据轨道”与“最低空轨道”的能级大小,直接决定了太阳能电池的光伏性能。2000 年,为调控给体材料能级,合成了一批光伏性能优良的聚合物材料,大致有三类:聚苯乙烯(PPV)及其衍生物材料、聚噻吩衍生物材料和 D-A 型共聚物材料。这使太阳能电池实验室最高转换效率提高到 6.77%。

(3) 2003 年,《自然》杂志报道了一种新结构的染料敏化太阳能电池。它具有多层结构,可使内光电转换效率达到 10%。

除上述电池材料外,为提高能量转换效率,在器件上还有如下四个渠道可以利用:①在有机功能层中引入微纳结构。激子扩散长度为 10 纳米左右,因此有机功能层中电子给体和受体的间隔,如果达到几十纳米,就能将电子和空穴有效分开,避免激子的复合。②对有机功能层进行有效掺杂。③在有机太阳能电池膜层结构中,加入阳极缓冲层或者阴极缓冲层,可以平衡载流子浓度,提高光伏性能。④有机太阳能器件阳极的优化处理等(如图 6-38)。

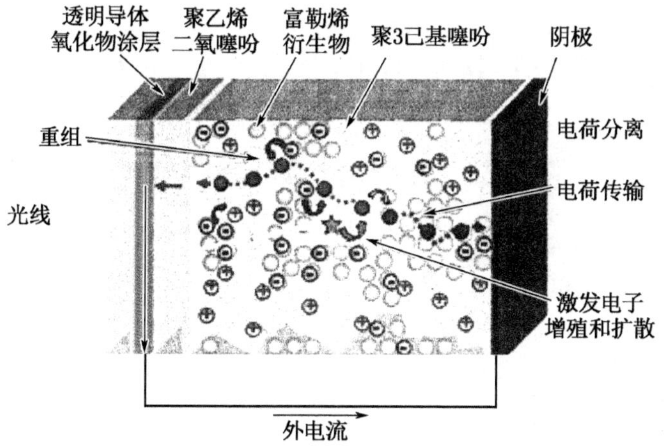

图 6-38　有机太阳能电池的示意图

(4) 有机薄膜电池可以采用"级联"结构,即像硅基薄膜叠层电池中的那样,将两种带隙宽度不同的 OPV 串联叠加起来,以便更有效地利用太阳光的各种波长。更具有意义的是,在有机电池中还仿照硅基薄膜叠层电池在顶、底电池之间插入中间层的方式,插入一层钛氧化物(TiO_x),以有效加强对透过顶电池的部分光的反射,增加光程,提高效率(由原来的 5%提高到 6.5%),几乎为当前已报道的 OPV 数据的两倍。这种情况就像 20 世纪 80 年代非晶硅电池发明以来的应用示例那样,标志了一种新型电池的诞生并显示出其光明的前景。

6.8.2 有机半导体薄膜太阳能电池的工作原理

有机半导体薄膜太阳能电池的工作原理:当阳光从阳极层(P 型有机半导体)照射时,有机分子吸收光产生激子,激子向电子给体和电子受体的界面移动,在界面处通过光诱导解离分解成自由电子和自由空穴,自由电子和自由空穴各自向电极两端迁移,最后注入两端电极输向外电路。

有机半导体薄膜太阳能电池主要由 P-N 异质结、基板、金属电极、透明电极构成。根据分子结构单元的重复性,有机半导体材料可分为小分子型和高分子型两大类。小分子型有机半导体材料的分子中没有呈链状交替存在的结构片段,通常只由一个比较大的共轭体系构成。

要构成太阳能电池,p 型半导体和 N 型半导体必不可少,对于有机薄膜太阳能电池来说,作为 P 型的有机半导体,可使用导电性聚合物;而对于 N 型有机半导体来说,迄今为止仍未发现比较满意的材料,具有足球形结构的分子而闻名于世的富勒烯(C_{60}足球烯)是目前最合适的材料。

将上述两种不同种类的有机半导体混合溶解,将得到的溶液在带有电极的基板上涂敷、干燥,形成薄膜,在有机薄膜上能形成电极,这种极为简便的方法就可以制作太阳能电池(图 6-39、图 6-40)。

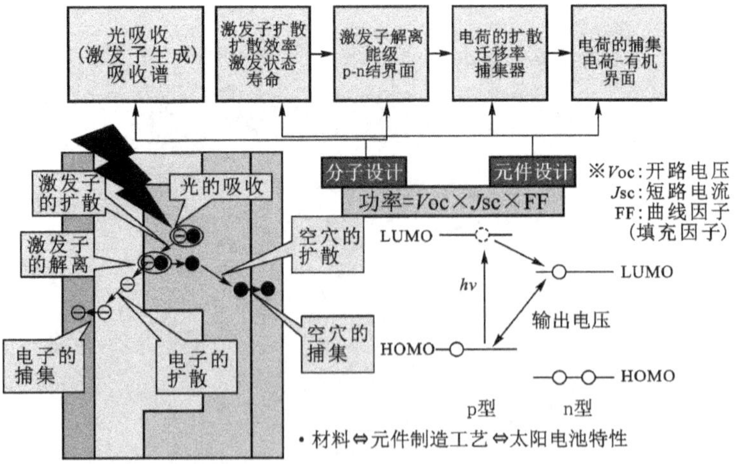

图 6-39 有机半导体薄膜太阳能电池的工作原理

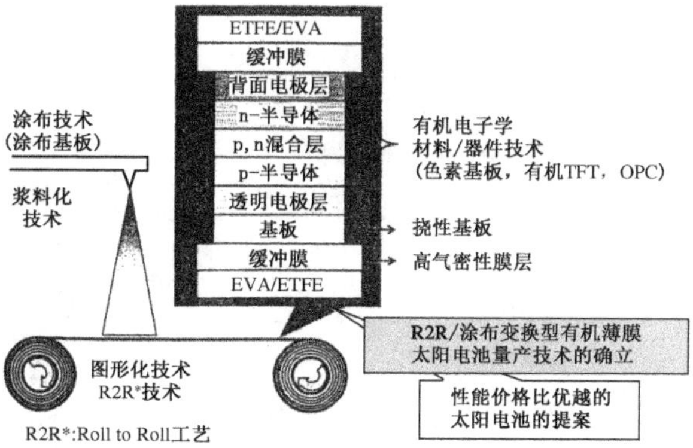

(a) 有机半导体薄膜太阳能电池的层构成实例和制作工艺示意

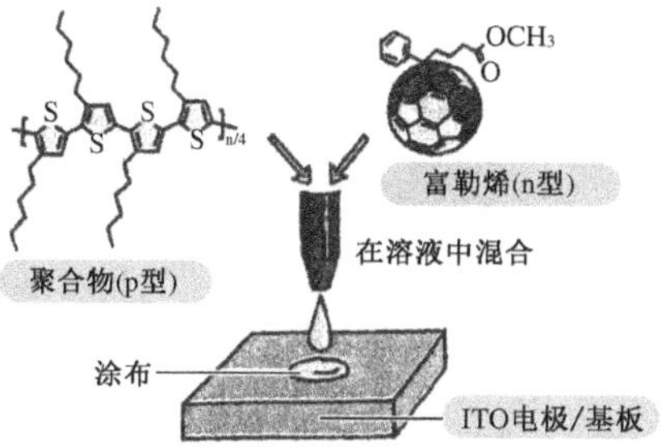

(b) 有机半导体薄膜太阳能电池的制作方法

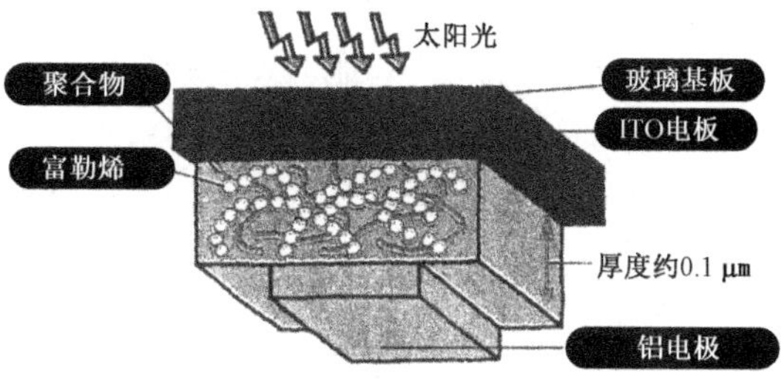

(c) 有机半导体薄膜太阳能电池的构造

图 6-40　有机半导体薄膜太阳能电池的制作工艺及构造

目前，有机太阳能电池仍处于研发阶段，还不具备进入太阳能电力市场与硅材料电池一争高下的实力。尽管一般认为，有机非晶小分子或有机聚合物太阳能电池主体材料，其载流子传输性能不如无机材料，但它也有自身的优势：有机分子易于修饰；可通过热蒸镀、甩膜和喷涂等简便方法制备器件，工艺优势大；易于得到大面积的柔韧光伏器件；价格便宜等。可以预期：在不久的将来，有机太阳能电池的能量转换效率终将达到实用性要求，有机光伏器件的应用前景是光明的。

6.8.3　染料敏化(色素增感)太阳能电池

染料敏化太阳能电池广义上是有机系太阳能电池的一种，但其与包括有机薄膜(半导体)太阳能电池在内的“固体半导体结”太阳能电池在原理上有差异。染料敏化太阳能电池的工作原理(图6-41)如下：①染料敏化太阳能电池发电的第一步是太阳光透过透明电极到达有机色素。在有机色素中接收太阳光能量的是处于低能轨道的电子。电子接收光能之后，跃迁到高能轨道成为激发电子。② TiO_2 的最高能量轨道低于有机色素的最高能量轨道，因此有机色素的激发电子转移至 TiO_2 的轨道，转移至 TiO_2 的电子，从作为阴极的透明电极出发，经导线到达作为反对侧阳极的白金电极。③与白金电极相接触的是电解液中的碘，碘在电解液中电离，被分为 I^+ 和 I^-。电子会转移到 I^+。一个碘分子便形成两个 I^-，造成电子过剩，这样，借由电解液中的碘就可把一个 I^- 中的电子转移到有机色素的阳离子。

电子从有机色素出发，经由 TiO_2 和电解液中的碘，又返回到原来的有机色素而发生复合。其中，电子的移动自然与电流相当。与同是基于化学反应而工作的干电池、电容器、二次电池等一样，DSSC 采用的也是“正极/电解液/负极”这种固-液结合型结构。

DSSC 的优点和缺点都源于电化学反应，即源于采用了电解液。作为光吸收材料采用了分子状的色素，这在太阳能电池中是比较独特的，主要参照的是照相感光材料的方法（敏化或增感意味着感度的提升）。

2012 年 5 月，德国开发出了一款转换效率为 10.7%的有机薄膜太阳能电池，这一转换效率达到了当年全球最高水平。图 6-42、图 6-43 显示了有机薄膜电池的发电机制和电池断面，图6-44是与传统太阳能电池发电机制的对比。

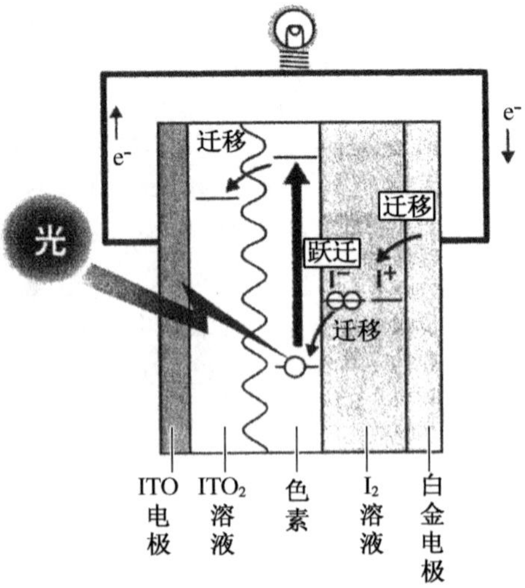

图 6-41 染料敏化太阳能电池的工作原理示意图

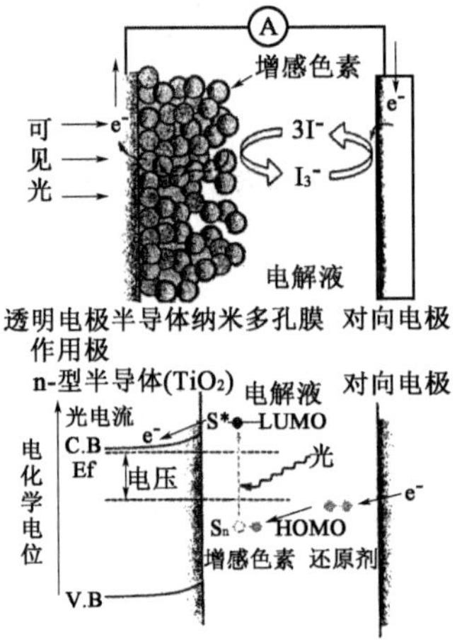

图 6-42 染料敏化太阳能电池的构造和光伏发电机制图

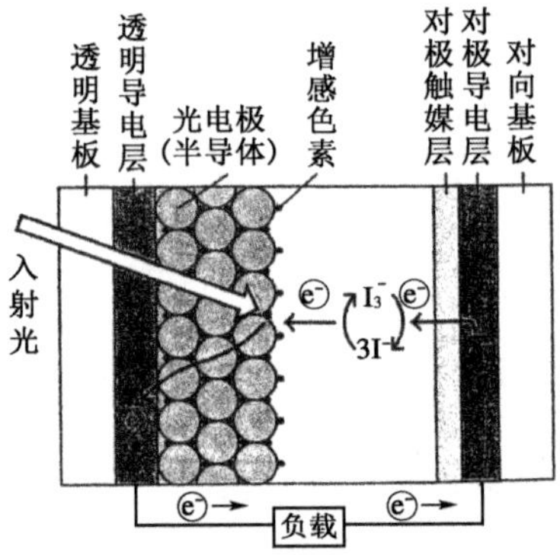

图 6-43 染料敏化太阳能电池的断面图与电子移动图

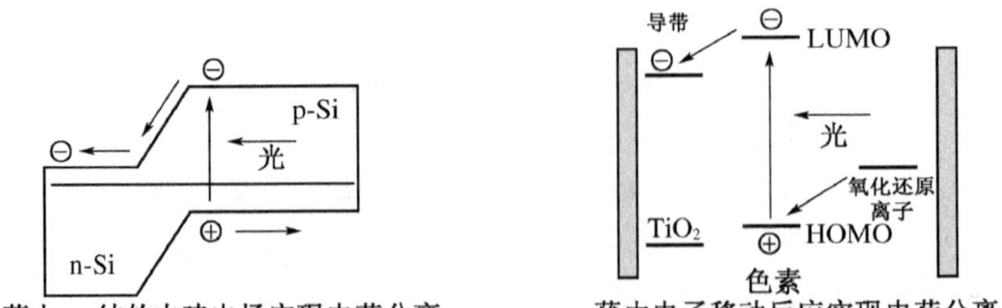

藉由p-n结的内建电场实现电荷分离
（a）传统型太阳电池

藉由电子移动反应实现电荷分离
（b）染料敏化太阳电池

图 6-44 染料敏化太阳能电池盒与传统太阳能电池发电机制比较

新型钙钛矿太阳能电池是由染料敏化太阳能电池(DSSC)发展而来的,最初为液态染料敏化电池,后来发展成为固态染料敏化电池。

6.8.4　钙钛矿太阳能电池

钙钛矿是一类陶瓷氧化物,其分子式为 ABO_3,由钙钛矿石中的钛酸钙($CaTiO_3$)化合物而得名。按照分子式中各元素的比例常被简称作 113 结构,属于立方晶系,最早用于稀土元素的提纯。

其中 A 一般选用稀土或碱土元素离子,B 选用过渡元素离子,A 和 B 均可由半径相近的其他金属离子部分取代而保证其晶体结构不变,因此可以合成各种复合氧化物组成的钙钛矿结构。

A 选用稀土或碱土元素离子的原因在于,这两种金属元素的离子半径较大,A 处于 ABO_3 结构的中心,起到支撑作用,整个晶体结构会随着 A 离子半径的变化而呈现塌陷或膨胀的不同状态。对半导体吸收层来说,保持整个晶体结构横平竖直最好,因此要尽量采用半径大的阳离子。目前在效率最高的钙钛矿电池中,A 甚至用的是有机基团(图 6-45)。

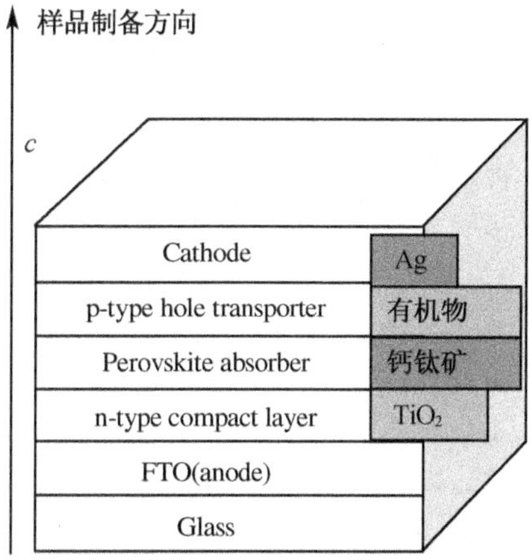

图 6-45　电池结构示意(*c* 为电池制备方向)

钙钛矿电池具有以下三个特点:①能量转换效率高,几年之内便达到 15%,这应该还不是极限效率。②制作简单、价格低廉。价格由能耗(和能量返还时间)以及原材料是否易得等因素决定。低温制造工序不使用稀缺元素,并且降低了整个电池制造的能量需求。只有铅元素可能受到一些限制,但铅还有用 Sn 取代的可能,因此这不会成为阻碍其应用于工业的主要问题。③性能稳定。有研究证明电池可稳定工作 500 h 以上。

近几年才开始研究钙钛矿电池,其效率却迅速达到 20.4%。光吸收剂 $CH_3NH_3PbI_3$ 是能达20.4%的一种,实验证实它确实具有较高的载流子迁移率。高迁移率很重要,因为如果具有较高的载流寿命,光生电子和空穴就有机会移动足够长的距离而形成电流。

6.9　量子点太阳能电池

所谓量子点,顾名思义,是指将电子三维封闭于其中的小箱体。由于电子被封闭于各边长为 10 nm 左右的箱体中,从而可充分利用电子作为量子力学的波的性质。通过有效利用这种性质,人们已经看到(图 6-46)中所示全新太阳能电池的可能性。

量子点的大小可变。因尺寸不同所吸收光的波长也会发生变化,此为量子尺寸效应。因此,可以使小尺寸的量子点吸收短波长的光(如蓝光),而大尺寸的量子点吸收长波长的光(如红光)。换句话说,量子点是在固体中由人工制作的原子量级的“元件”。

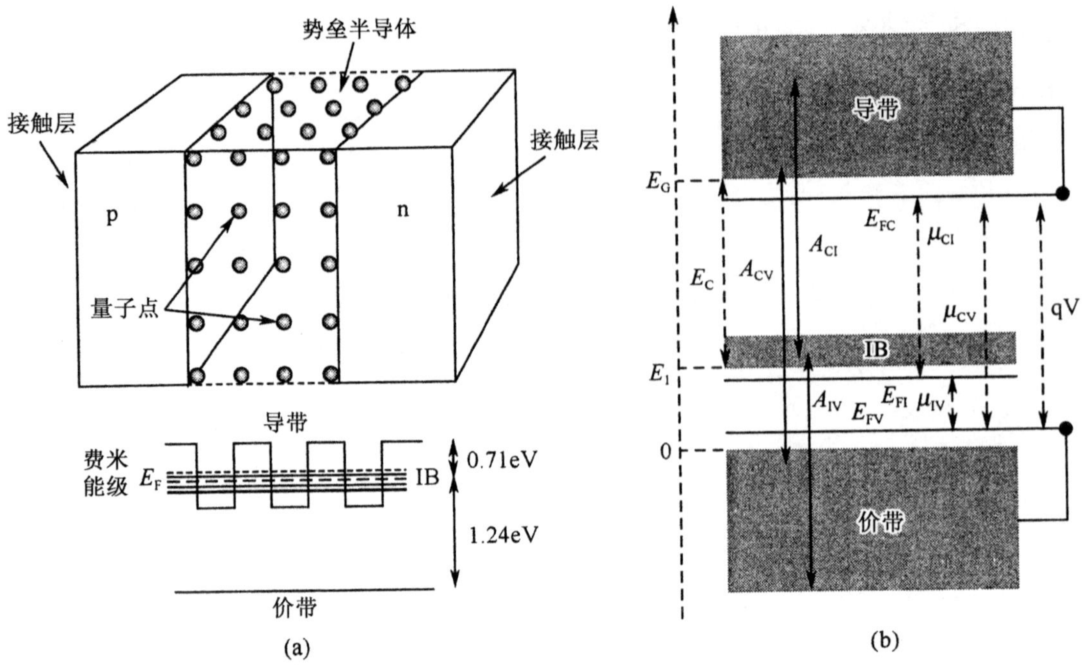

图 6-46　量子点电池结构及其中间带(a)和中间带的能带示意图(b)

大量地制作量子点,并使其按规则排列,当它们彼此间靠得很近时,量子点相互间会相互作用,从而形成新的吸收带。利用这种相互作用,可使对光的吸收波长范围加宽,进而可覆盖太阳光谱的全谱范围。其结果,至少从理论上讲,可以实现非常高的转换效率。

使用量子点的太阳能电池的开发工作已经开始,但到目前为止仍未获得足够高的转换效率。为了最大程度地发挥量子点效应,需要形成大小均一的量子点,必须按三维规则排列,而且要高密度地排列,可以想象其难度之高。总之,为实现这种新型的太阳能电池,还存在大量的难题需要解决。

M. Green 提出了第三代电池的定义。他认为,第三代电池应该是满足"绿色、环保、新概念、高效"要求的太阳能电池,其中新概念是最为重要的,因为经过半个世纪的努力,效率增长的速度似乎达到了极限,探索、寻找新概念电池是当务之急。

1. 宽带隙——量子点

由于至今尚未开发出带隙位于紫外光范围的合适的半导体光伏材料,针对短波段太阳能的利用问题,M. Green 借助超晶格"量子限制效应"概念,提出硅氧化物或氮化物介质中硅量子点的宽带隙材料的概念。他采用 15～20 层 3 nm 的 n^+(掺 P)的 SiO_x($x=0.7$)和 2 nm SiO_2 的超晶格结构得到 1.7 eV 的宽带隙材料,但用此材料与 P 型单晶硅构成的多结电池,其效率达 10.58%。

2. 对可见光部分能量利用的新概念

(1) 光生量子效率大于 1 的电池结构

当前所有的光激发产生电子-空穴对的效率,不是 0(光子能量小于 E_g),就是 1(光子能量大于 E_g)。那些高于 E_g 的能量都被热化弛豫损失了。图 6-47(a)～(c)分别示出无机量子点、染料敏化电池和有机聚合物电池产生的光子能量高于 E_g 的电子-空穴对，同时激发出另一对电子-空穴对，这就可以成倍地增加光生载流子的产生率，这被称为多激子产生(Multiple Exciton Generation, MEG)效应。无机纳米半导体，如球状量子点、量子棒或者量子线都有可能通过 MEG 效应来改善半导体电池的效率。

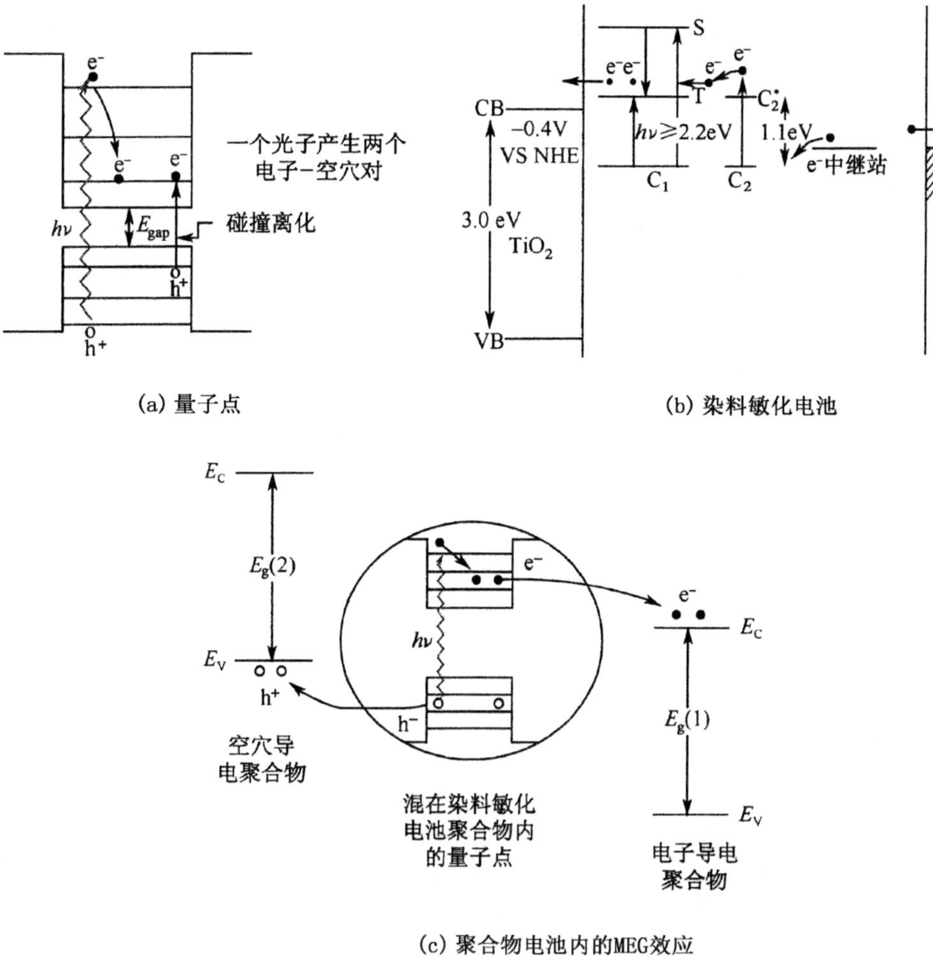

(a) 量子点　(b) 染料敏化电池　(c) 聚合物电池内的MEG效应

图 6-47　多激子倍增(MEG)电池结构示意图

(2) 表面等离子极元

金属表面存在着大量的自由电子，光照射到金属表面，当条件合适，表面大量的电子受光波作用会发生集体共振，金属表面电子的等离子振荡的振子称为“表面等离子极元”(SPP)，这种共振将产生表面等离子波(SP)。SP 的振荡频率 ω_p 与电子数相关，$\omega_p = \sqrt{\frac{4\pi ne^2}{m}}$，其中 n 为电子数目，m 为金属中电子的有效质量。对于连续金属薄膜，电子浓度很高，所以 ω_p 非常大，达到了10^{16} Hz，因此一般很难利用。但是，如果将金属做成纳米颗粒，大量减少电子数目，其振荡频率可降至可见光范围。

3. 红外部分能量的利用

(1) 中间带电池

中间带电池是指采用某些特殊方法，在主要成分材料的带隙中，形成一个中间带隙的电池结构。这种电池内的光吸收不仅有基质内的“带-带”间的吸收，还可引入这些中间带的吸收，因为这些中间带是插在带隙内的，引入了窄带隙的吸收，有利于红外光的吸收，拓宽了电池的光谱响应，从而提高了效率。这个中间带隙，可通过量子点、超晶格结构，或者高度适配的合金材料产生。

(2) 量子点中间带

当在基质“垒”材料薄层中插入“阱”材料的量子点，会产生量子限制效应，形成微带结构从而成为中间带。

4. Ⅲ-Ⅴ族量子点太阳能电池

V. Aroutionian 等首先提出了 InAs/GaAs 量子点太阳能电池的概念。随后，国外的许多科学家也开始了对Ⅲ-Ⅴ族量子点太阳能电池的研究。近两年来，量子点太阳能电池已成为下一代Ⅲ-Ⅴ族太阳能电池的研究热点。

Ⅲ-Ⅴ族量子点太阳能电池的原理与Ⅲ-Ⅴ族量子阱太阳能电池的原理是相似的。量子阱太阳能电池是在 p-i-n 型太阳能电池的 i 层(本体层)中植入多个量子点层，形成基质材料/量子点材料的周期结构。由于量子点的量子尺寸限制效应，有效带隙 E_{eff} 由量子限制效应的量子化能级的基态决定。因此，可通过改变量子点的尺寸和密度对量子点材料层的带隙进行调整，相邻量子点层的量子点之间存在很强的耦合，使得光生电子和空穴可通过共振隧穿效应穿过垒层，从而提高了光生载流子的收集效率，也就提高了太阳能电池的内量子效率 QE，进而提高了太阳能电池的短路电流密度 J_{sc}。另外，量子点太阳能电池的开路电压 V_{oc} 有所降低，但不明显。因而，量子点太阳能电池的理论效率比 p-i-n 型太阳能电池的效率要高。

6.10 太阳能电池的研发热点

6.10.1 太阳能电池的研发方向

太阳辐射能转换成电能的卡诺循环效率可达 95%，而目前太阳能电池理论效率的上限仅为 33%，这说明太阳能电池的光电转换效率应该还有提高的潜力。研究表明，造成太阳能电池能量损失的主要因素：①热损失，光生载流子对能很快地将能带多余的能量以热的形式损失掉；②电子-空穴对引起的损失；③由 p-n 结的接触电压损失引起的。为减少热损失，可设法让通过电池的光子能量恰好大于能带能量，使光子的能量激发出的光生载流子无多余的能量可损失。为减少电子-空穴结合所造成的损失，可设法延长光生载流子寿命。减少 p-n 结的接触电压损失，可通过聚集太阳光以加大光子密度来实现。

基于以上分析，为进一步提高太阳能电池的光电转换效率，学者们正积极开展超高效(>50%)太阳能电池的理论研究工作和科学实验工作。研究的重点是如何充分收集由价带跃迁到高层导带的载流子。

目前已开展研究实验的电池主要有超晶格电池、热载流子电池、新型叠层电池、热光伏电池、多量子阱电池、Si /Ge 薄膜电池和纳米复合 Si 薄膜电池等。

6.10.2 热载流子太阳能电池

光生热电子在很短的时间内会与晶格相互作用，发射声子，ΔE_e 能量和 ΔE_h 能量的损失是显而易见的。采用不同带隙的电池组合来抽取不同能量的光生载流子以获得最大的电压输出是减少能量损失的一种方案。另一个新思路是，热载流子的直接输出，以充分利用热载流子能量，获得高的电压输出，这要求热载流子在其冷却之前就被电极收集。实际上这是载流子的热化时间与抽出时间的竞争，载流子有可能仍处在较高能态时就被抽出，因此可能产生较高的开路电压。还有一个可能性就是，较高能量的热载流子与晶格碰撞，产生量子效率大于 1 的离化结果，输出较大的电流。

选择性接触有潜在的应用价值。需要注意的是，过程中要求载流子的抽出效率要快、但又要慢于载流子之间的散射效率，以保证载流子之间的平衡状态不受载流子抽出的影响。

6.10.3 碰撞电离太阳能电池

碰撞电离是热载流子提供高转换效率的另一物理过程。与我们熟悉的，在外电场作用下碰撞电离引起的载流子倍增效应不同。热载流子碰撞电离是指光激发的高能粒子碰撞晶格原子，使其离化产生第二个电子-空穴对，以增加光生载流子密度，提高电池的电流输出。光激载流子倍增现象在 Si、Ge、InSb 等 p-n 结中已观察到，但学界目前对它的研究和了解还较少。Deb 和 Saha 在 1972 年提出高能量光子的量子效率可能大于 1 的设想。1993 年，Landsberg 等和 Kolodinski 等又重新提出，如果一个入射光子的能量大于 mE_g (m>2)，原则上可能产生 $m>1$ 的电子-空穴对，产生载流子的倍增效应。

碰撞电离是俄歇复合的逆过程，俄歇复合是半导体中的基本复合过程之一。俄歇复合是指，电子-空穴将复合过程中释放的能量交给第二个电子使其被激发到较高的能态。碰撞电离是指处于高能态的一个电子激发出第二个电子-空穴对，而该高能电子释放出能量后回落到较低的能态。吸收一个光子后产生第一个电子-空穴对(电子 1，空穴 1)，处于高能态的能量为 E_{e_1} 动量为 K_{e_1} 的电子 1 与晶格碰撞电离产生第二个电子-空穴对，能量为 E_{e_2} 动量为 K_{e_2} 的电子 2 与能量为 E_{h_2} 动量为 K_{h_2} 的空穴 2，电子 1 的能量与动量分别为 E'_{e_1} 和 K'_{e_1}，这个过程要求能量及动量的守恒。

$$E_{e_1} = E_{e_2} + E_{h_2} + E'_{e_1}$$
$$K_{e_1} = K_{e_2} + K_{h_2} + E'_{e_1}$$

满足上述方程要求的碰撞电离，就有可能使光子的量子效率大于 1。

吸收一个光子产生第一个电子-空穴对，(e_1 /h_1)高能态电子与晶格碰撞电离产生第二个电子-空穴对(e_2 /h_2)，电子 e_1 弛豫到带底，实现量子效率大于 1。

6.10.4 热光伏电池

热光伏(TPV)电池是太阳能电池在红外条件下的一种特殊应用类型。在无电的边远地区,白天人们采用太阳能电池来发电,而在没有太阳光的夜间,人们可利用 TPV,采用燃气、燃煤等取暖炉发出的红外线来发电;也可把 TPV 安置在锅炉或发动机的周围,利用锅炉或发动机散发的热能来发电。热光伏电池绿色环保,因此属于第三代电池的范畴。

TPV 由 Ge 或 GsSb 等窄禁带半导体材料组成,电池结构与电结Ⅲ-Ⅴ组电池类似。制备技术可采用扩散技术,也可采用液相外延技术。一个 GaSb-TPV 电池是用液相外延技术和扩散技术相结合制备的,其中的 N-GaSb 层是用液相外延技术制备的,而 P^+-GaSb 则是用 Zn 扩散技术制备的。但因为 GaSb 的带隙太窄 ($E_g = 0.726\,\text{eV}$, 300 K),普通的扩散技术容易造成边缘短路,所以必须采用扩散方法,顶部的 SiO_2 部分是用来在扩散中作掩膜的。

近年来,又发展了一种太阳能发电和热光伏发电的混合系统,称为"STPV 系统"。这种 STPV 系统的原理是白天采用高倍聚光系统加热钨丝,使钨丝发光并照射到 TPV 电池上,TPV 电池吸收钨丝发光并把它转换为电能;夜间 TPV 电池被移动到锅炉旁,吸收锅炉发射出的热能(红外线)来发电。图 6-48 为 STPV 系统的原理图。入射的阳光经菲涅耳透镜和二次透镜聚光后将钨丝加热发光,经过滤波片后照射到热光伏电池上发电。钨丝侧面有反射镜,而电池背面有反射器,可以增强光的利用和吸收。电池背面有散热系统,以保持电池不过热。该图左侧为夜晚备用照明系统,以维持 TPV 系统的发电。

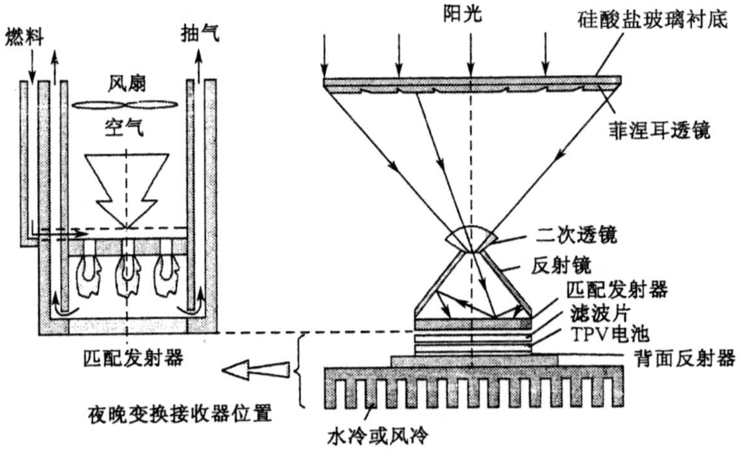

图 6-48 STPV 系统的原理示意图

6.10.5 挠性(可弯曲、折叠)太阳能电池

挠性太阳能电池是在塑料薄片上制成的,故称其为"挠性太阳能电池",它是可弯曲的。由于它不采用重的玻璃板,所以既薄又轻,其重量仅为目前普通太阳能电池的 10%左右。

目前,由于工厂及体育馆等建筑物的屋顶面积太大,因强度不够而不能安装太阳能电池的情况非常普遍。若采用薄而轻的太阳能电池,即使在屋顶强度较弱的情况下也能简单地安装。挠性太阳能电池的普及意义非凡,是当前各国开发重点。

在高分子有机材料中，耐热温度达300℃(即在较短时间内经历300℃的温度材料性能不发生显著变化)的塑料膜片是可以找到的。如果把塑料片变成金属箔(sheet)，还可以在更高的温度下制作太阳能电池。这样，就有可能制作比非晶硅转化效率更高的化合物半导体挠性太阳能电池。不过，这种太阳能电池制作成本较高。

实际上，最近采用CuInGaSn(铜铟镓锡，CIGS)靶，借由溅镀方法，已在塑料膜片上制成了这种高转换效率的化合物半导体挠性太阳能电池。

挠性太阳能电池可以折叠，方便收纳，因此，亦可应用于应急及移动通信资源，同时适用于人造卫星。

6.10.6　中间带隙太阳能电池

计算结果表明，带隙为1.95 eV的材料中，引入一个很窄的中间带后，如果中间带的费米能级距导带边的距离为0.71 eV，可得到聚光电池的极限效率为63.2%。这一效率高于两结叠层电池(带宽分别为1.54 eV和0.8 eV)的聚光极限效率54.5%。作为中间带引入的材料包括某些稀土材料、过渡金属材料、Ⅲ-Ⅴ-Ⅳb材料等，将过渡金属Ti掺入$CuGaS_2$中形成$Cu_4TiGa_3S_8$合金，都有可能产生中间带结构。

在某些Ⅲ-Ⅴ族和Ⅱ-Ⅵ族半导体材料中掺入少量负电性很不相同的元素，如O或N等，可以形成高度适配合金(HMA)材料。由于O或N引起的局域态与基质材料中电子的扩展态相互作用，会导致导带分裂出一个子带，形成中间带隙。

由于中间带隙的形成，太阳能电池的光吸收将向长波方向扩展，因而短路电流J_{sc}将会显著提高。虽然太阳能电池的开路电压V_{oc}会有所降低，但这种中间带隙材料太阳能电池会获得比多结叠层电池更高的效率，预计可高达50%以上。而且这种中间带隙材料太阳能电池是单结太阳能电池，没有晶格匹配问题，因而它应该比多结叠层电池的工艺简单，价格便宜。

中间带隙材料太阳能电池的研究目前还处于理论研究和材料研究阶段，还未见此类太阳能电池的实验结果报道。采用离子注入技术在获得高掺杂的同时，也产生了大量的晶格缺陷，而晶格缺陷多为陷阱或复合中心，它们势必会俘获和复合掉许多光生载流子，进而减少光生电流，这就抵消了由于长波吸收的扩展而带来的短路电流增加的优点。另外，中间带隙的形成将会使太阳能电池的开路电压V_{oc}降低，而降低幅度是一个不容忽视的重要问题。

6.10.7　聚光型太阳能电池和球状硅太阳能电池

(1) 聚光型太阳能电池

为使太阳能电池更高效运行，需要有更多的光照射，为此，需要将大面积的光聚焦于太阳能电池。正如用聚光镜将太阳光聚焦可使棉花或纸张点燃那样，这种使太阳光能量集中的方式也可以用于太阳能电池。

这种聚光型发电装置既可以用凸透镜，也可以用菲涅耳透镜，将其置于太阳能电池上方即可。

聚光型太阳能电池的弱点之一是随着温度上升发电效率下降。温度从20℃上升至80℃，转换效率降低到70%。若采用聚光的方法，所集中的不只是光，还有热，那么发电效率就会下降。因此，聚光型太阳能电池中必须设置冷却装置。

冷却水带走热量后会变成热水,这种热水作为热源也可以利用。这便是光和热同时利用的系统。

也有将本身吸收残余而投射的光再利用的系统。即通过将金属的表面进行镜面处理,使透过半导体层的光反射,再度返回到半导体中。或者,正负电极都采用透明电极,在电池的下方设置反射镜,也可达到同样的效果。

(2) 球状硅太阳能电池

在球状硅太阳能电池中所采用的"碗形"反射镜,既有聚光作用又有利用透射光的作用。

在球状硅太阳能电池所利用的是1 mm左右的小球,这种电池具有下述特点:①硅的使用量只有片状硅太阳能电池的1/5;②由于采用的是晶硅,故可期待高的转换效率和高可靠性;③有可能实现挠性化和透明化。但是,球状硅太阳能电池具有制作工艺难、价格高等缺点。

(3) 分光谱太阳能电池

分光谱太阳能电池的原理如图6-49所示,入射的太阳光经聚光镜聚光后,投射到一个双色半反镜上,波长较短的光被半反镜反射,入射到一个带隙较窄的两结叠层电池,这两个电池分别吸收太阳光谱中不同波段的光,产生电能。

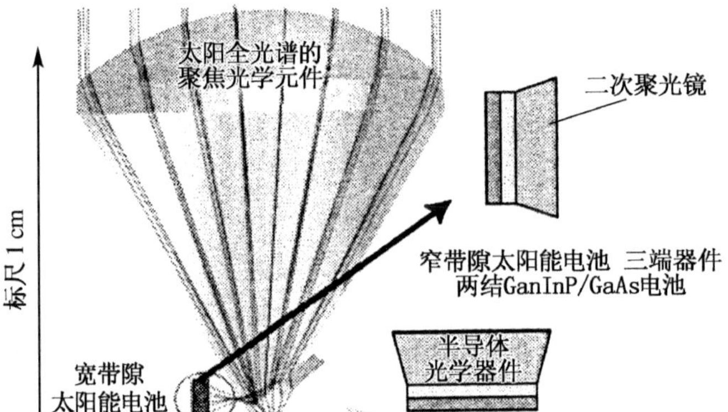

图6-49 分光谱太阳能电池原理示意图

6.10.8 透明(半透明)太阳能电池

在透明型太阳能电池中,通常使用的是薄膜硅型太阳能电池,这种太阳能电池是由在玻璃板上沉积0.3～3 μm厚度的非晶硅及微晶硅薄膜制成的。透明太阳能电池(见图6-63)是由透明氧化物半导体制作的,可见光和红外线可以穿过,将吸收的紫外线转换为电能。由这种电池做成的玻璃窗,既透明又可以阻隔有害的紫外线,还可以给整套住宅供电。此外,这种太阳能电池还能通过控制穿过玻璃的紫外线,给住宅加温或降温。

透明型太阳能电池不仅可以发电,还具有省电节能的功效,可以说是"一箭双雕"式太阳能电池。最近还出现了透明型太阳能电池与发光二极管相结合的复合式太阳能电池，白天将太阳光导入室内发电，夜间再由太阳能电池产生的电使二极管灯(LED)发光。

图 6-63　透明太阳能电池

2018 年 4 月，瑞士一团队设计出一种染料与能够传导空位的分子结构。在 TiO_2 颗粒上形成几乎没有缺陷的涂层，使空位只需运行较短距离就能到达负极，这样一来，染料敏化太阳能电池对散射光的利用效率就提高到了 32%，接近最大理论值。这一发展，使我们距离实现无须电线、插头和外部电源即可为各类电器持续充电的目标更近了一步。

第7章　非聚光集热器

7.1　太阳能集热器的分类

1. 按吸收太阳能的工质不同分类

(1) 工质为液体(水)

工质为液体的太阳能集热器称为液态集热器,太阳能热水器大部分集热器均以水为工质,也有部分集热器采用耐低温防冻介质。

(2) 工质为气体

工质为气体的太阳能集热器被称为空气集热器,是太阳能干燥装置的重要部件,其干燥温度范围一般为40℃～70℃。

2. 按收集太阳辐射的方法分类

(1) 聚光型集热器

聚光型集热器是利用反射器、透镜或其他光学器件,将进入采光口的太阳辐射改变方向并汇聚到吸热体上的太阳能集热器。

(2) 非聚光型集热器

非聚光型集热器是进入采光口的太阳辐射不改变方向也不集中射到吸热体上的太阳能集热器,其采光面积与吸热面积相等。

3. 按集热器是否跟踪太阳分类

(1) 跟踪集热器

跟踪集热器是以绕单轴或双轴旋转全天跟踪太阳视运动的太阳能集热器。

(2) 非跟踪集热器

非跟踪集热器是全天都不跟踪太阳视运动的太阳能集热器。一般是不仅可以接收直接辐射,还可以接收散射辐射的平板型集热器。

4. 按集热器内是否有真空空间分类

(1) 平板型集热器

平板型集热器是吸热体表面基本上为平板形状的非聚光型集热器。

(2) 真空管集热器

真空管集热器是采用透明管(通常为玻璃管),并在管壁和吸热体之间有真空空间的太阳能集热器。其中,吸热体可以由一个内玻璃管组成,也可以由另一种用于转移热能的元件组成。

5. 按集热器的工作温度范围分类

(1) 低温集热器

低温集热器是工作温度在100℃以下的太阳能集热器。

(2) 中温集热器

中温集热器是工作温度在100℃～200℃的太阳能集热器。

(3) 高温集热器

高温集热器是工作温度在200℃以上的太阳能集热器。

以上太阳能集热器还可以进一步细分,且有不同的细分方法。下面仅以聚光型集热器为例进行细分。

(1) 按聚光是否成像可分为成像集热器和非成像集热器。

(2) 按聚焦的形式可分为线聚焦集热器和点聚焦集热器。

点聚焦集热器是使太阳辐射基本上汇聚到一个焦点(或焦斑)的聚光型集热器。

(3) 按反射器的类型可分为槽形抛物面集热器和旋转抛物面集热器。

(4) 其他聚光型集热器,如

① 复合抛物面集热器。

② 多反射平面集热器。

③ 菲涅耳集热器。

6. 按集热器吸收热体的不同结构分类

(1) 平板集热器

平板集热器是用金属或非金属做成的吸热板集热器,其集热温度一般为中温或低温,即环境温度为$\theta_0+(20\sim40)$℃或环境温度为$\theta_0+(10\sim20)$℃,特种平板集热器温度可达$\theta_0+(40\sim70)$℃中高温。

(2) 全玻璃真空管集热器

全玻璃真空管集热器是用全玻璃真空集热管组合而成的,其集热温度范围为中高温或高温,即$\theta_0+(40\sim70)$℃或$\theta_0+(70\sim120)$℃。当然,中低温也可以应用,但不能充分发挥其特性。

平板集热器和真空管集热器还可以以管内是否为真空来做进一步区分。

(3) 热管真空管集热器

热管真空管集热器是由热管真空管组合而成的,其集热管温度在中温$\theta_0+(20\sim40)$℃或中高温$\theta_0+(40\sim70)$℃。

7.2 平板集热器

平板型太阳集热器(以下简称"平板集热器")是一种接收太阳辐射并向其传热工质传递热量的非聚光型部件,其中吸热体结构基本为平板形状。平板集热器是太阳能低温热利用的基本部件,是世界太阳能市场的主导产品。平板集热器已广泛应用于生活用水加热、游泳池加热、工业用水加热、建筑物采暖与空调等诸多领域,是我国热带、亚热带地区,也是世界太阳能市场,尤其是欧美太阳能市场的主导产品。

7.2.1 平板集热器的基本结构

平板集热器主要由吸热板、透明盖板、隔热体和壳体等几部分组成,如图7-1所示。当平板集热器工作时，太阳辐射穿过透明盖板后，投射在吸热板上，被吸热板吸收并转换成热能，然后热量传递给吸热板内的传热工质，使传热工质的温度升高，作为集热器的有用能量输出；与此同时，温度升高后的吸热板不可避免地要以传导、对流和辐射等方式向四周散热，造成集热器的热量损失。

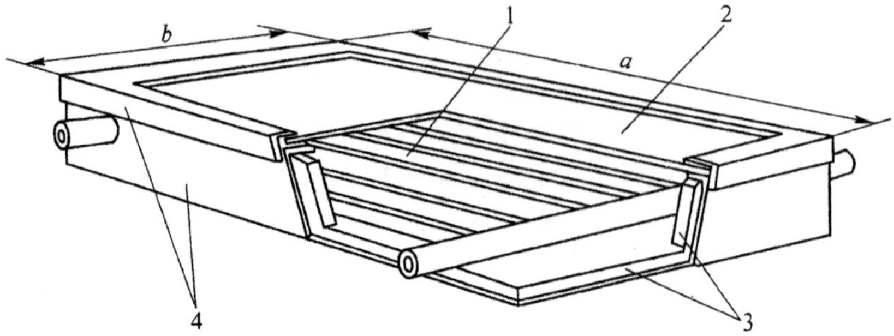

图 7-1　平板集热器(管板式)结构示意图

1—吸热板；2—透明盖板；3—隔热体；4—壳体

7.2.2　平板集热器的吸热板

吸热板是平板集热器内吸收太阳辐射能并向传热工质传递热量的部件，其基本上是平板形状。

1. 吸热板的技术要求

根据吸热板的功能及工程应用需求，对吸热板主要有以下技术要求：

(1) 太阳吸收比高。吸热板可以最大限度地吸收太阳辐射能，同时能最大限度地传递给吸热工质的热量。

(2) 吸热板与工质的相容性能好，不会被传热工质腐蚀。

(3) 承压性能好。由于集热系统温度升高而要求吸热板具有较高的耐压性能。

(4) 吸热部件加工工艺简单，便于批量生产和推广。

2. 材料类型

吸热体材料的物理性能(常温)见表 7-1。

表 7-1　吸热体材料的物理性能(常温)

材料	物理性质					
	比重	线膨胀系数($\times10^6$)(20℃～200℃)	导热系数[J/(cm·s·K)]	比热[J/(kg·K)]	熔点(℃)	弹性系数(kg/mm^2)
纯铜	8.9	17.7	0.81	0.376 8	1 065～1 083	12 000～12 500
铝(99.0%)	2.7	23.6	0.52	0.921 1	616～652	7 000
软钢	7.8	11.7	0.12	0.418 7	1 470～1 490	21 150
SUS304	7.9	17.3	0.039	0.502 4	1 427～1 510	19 700

吸热部件一般采用铜、铝合金、铜铝复合材料、不锈钢以及镀锌钢等，同时考虑载热介质流道与流体工质的相容性，吸热体材料多采用金属材料。吸热部件的背面和侧面材料一般采用发泡塑料、橡胶等保温材料。

3. 吸热板上的涂层

要使吸热板可最大限度地吸收太阳辐射能并将其转换成热能，在吸热板上应覆盖有深色的涂层，这种涂层被称为太阳能吸收涂层。太阳能吸收涂层可分为两大类：非选择性吸收涂层和选择性吸收涂层。非选择性吸收涂层是指其光学特性与辐射波长无关的吸收涂层；选择性吸收涂层则是指其光学特性随辐射波长不同有显著变化的吸收涂层。

选择性吸收涂层可以用多种方法来制备，如喷涂方法、化学方法、电化学方法、真空蒸发方法、磁控溅射方法等。采用这些方法制备的绝大多数选择性吸收涂层的太阳辐射吸收比都可达 9.0 以上，但它们可达到的发射率范围却有明显的区别，见表 7-2。

表 7-2　不同方法制备的选择性吸收涂层的发射率 ε

制备方法	涂层材料举例	发射率 ε
喷涂方法	硫化铅、氧化钴、氧化铁、铁锰铜氧化物	0.3～0.5
化学方法	氧化铜、氧化铁	0.18～0.32
电化学方法	黑铬、黑镍、黑钴、铝阳极氧化	0.08～0.2
真空蒸发方法	黑铬 /铝、硫化铅 /铝	0.05～0.12
磁控溅射方法	铝-氮 /铝-氮-氧 /铝、铝-碳-氧 /铝、不锈钢-碳 /铝	0.04～0.09

由表 7-2 可见，单从发射率的性能角度看，上述各种方法的优劣排列顺序应是磁控溅射方法、真空蒸发方法、电化学方法、化学方法、喷涂方法。当然，每种方法的发射率值都有一定的范围，某种涂层的实际发射率值取决于制备该涂层工艺优化的程度。

在通常的温度下，一般来说，金属对光的吸收能力低于非金属，这是因为金属的反射率高于非金属。为了降低金属表面的反射率提高吸收率，需要在金属吸热体表面涂上一层黑色涂层，这种涂层叫作“吸热体的表面涂层”。有了这层涂层，金属的光吸收率可以提高到 90%以上，从而改善集热器的吸热效果。

选择性涂层是一种对光的短波辐射[$(0.3\sim3)\times10^{-6}$ m]具有高吸收率(>0.90)，而对光的长波辐射(>3×10^{-6} m)则具有低发射率(<0.3)的涂层。这也就是说，选择性涂层几乎能吸收全部太阳辐射，而发射出的能量却非常少。非选择性涂层是一种表面呈黑色的吸光涂层，它对光不具备选择性，亦即吸收的能量多，发射的能量也多。例如黑板漆，它虽然具有高吸收率(>0.90)，但发射率也很高，通常在 0.50～0.90 之间。

高温太阳能集热器一般选用选择性涂层。低温太阳能集热器为了降低成本，通常可选用非选择性涂层。

无论是管板式、扁盒式，还是其他类型的吸热板，基本上都可分为外循环(四出口)和内循环(三出口)两大类，如图 7-2(a)、(b)所示。

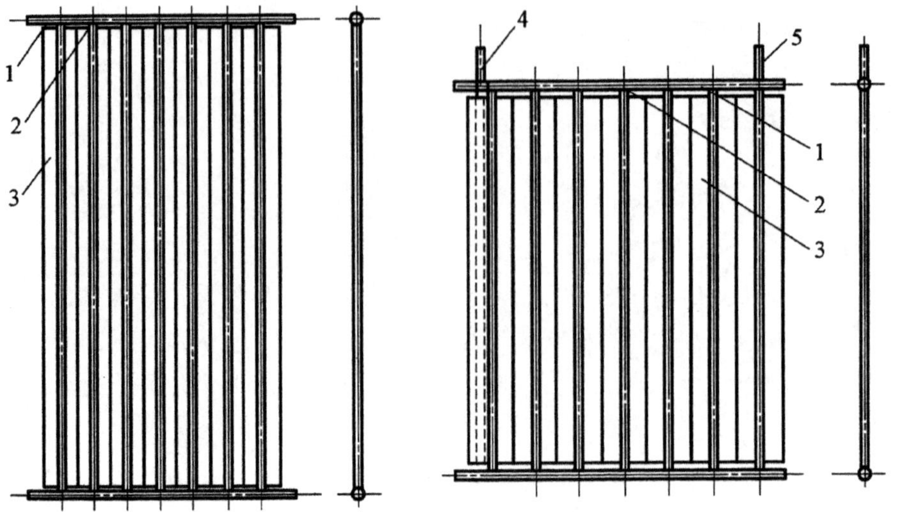

(a) 四出口吸热板结构　　(b) 三出口吸热板结构

图 7-2　吸热板结构

1—集管；2—连接管；3—条带；4—下循环管；5—上循环管

4. 结构形式

吸热部件的结构形式按照吸热面板和载热介质流道之间的结合方式不同，可以分为管板式、翼管式、扁盒式、蛇管式和滑流式。

7.2.3　透明盖板

透明盖板是平板集热器中覆盖吸热板，并由透明(或半透明)材料组成的板状部件。它的功能主要有三个：一是透过太阳辐射，使其投射在吸热板上；二是保护吸热板，使其不受灰尘及雨雪的侵蚀；三是形成温室效应，阻止吸热板在温度升高后通过对流和辐射向周围环境散热。

1. 透明盖板的技术要求

(1) 一般透过率应在 0.8 以上。

(2) 太阳透射比高。透明盖板可以透过尽可能多的太阳辐射能。

(3) 红外透射比低。透明盖板可以阻止吸热板在温度升高后的热辐射。

(4) 导热系数小。透明盖板可以减少集热器内热空气向周围环境的散热。

(5) 冲击强度高。透明盖板在受到冰雹、碎石等外力撞击下不会破损。

(6) 耐候性能好。透明盖板经各种气候条件(紫外线、雨雪、冰雹、酸雾)长期侵蚀后性能无明显变化。

2. 透明盖板的材料

用于透明盖板的材料主要有两大类：平板玻璃和玻璃钢板。但两者相比，目前国内外使用更广泛的还是平板玻璃。

(1) 平板玻璃：具有红外透射比低，导热系数小，耐热性能好等优点。Fe_2O_3 含量越高，波长 2 μm 以内的单色透射比就越低(见图 7-3)。国标规定:透明盖板的投射比应不低于 0.78 (Fe_2O_3 含量小于 0.1%)。

(2) 玻璃钢板:透射比高,一般在 0.88 以上,导热系数小,冲击强度高。

集热器在温度高,或气温低的地区宜使用双层盖板。但层数过多,会降低有效太阳透射比。根据自然对流换热的机理,盖板与吸热板之间的最佳距离不大于 20 mm。

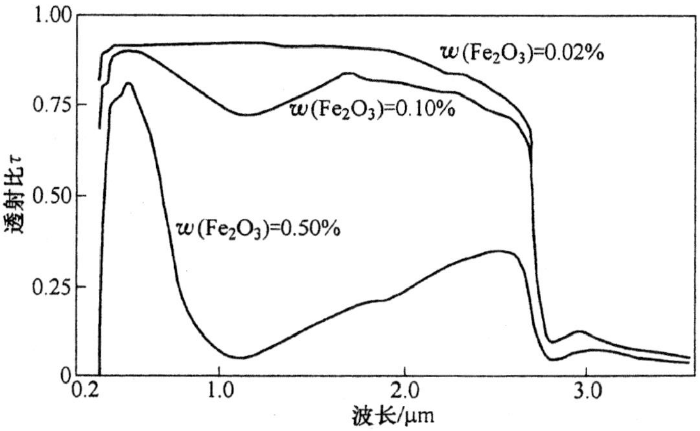

图 7-3　不同 Fe_2O_3 含量,厚度 6 mm 的玻璃单色透射比与波长的关系

目前常用的透射玻璃盖板材料是厚度为 3～5 mm 的平板玻璃,超白低铁钢化玻璃或超白低铁布纹钢化玻璃,透过率高,能够抗冰雹,抗击打,安全可靠。常用玻璃厚度有 3.2 mm 和 4.0 mm 两种。

除以上两种材料外,目前许多厂家采用高键能树脂和高性能纤维复合而成的太阳能板作为盖板材料。太阳能板表面覆有一层特殊保护膜,具有耐热、耐老化、高透光、重量轻、强度高等特点。这类新型的盖板材料主要分为高强耐热玻璃(HSG)、甲基丙烯酸甲酯板(MMA)、玻璃纤维增强塑料板(FRP)三种。它们的综合性能比较见表7-3。需要注意的是,此类有机透明材料的抗老化性能仍然不及钢化玻璃等传统的无机透明材料。

表 7-3　三种盖板材料综合性能比较

材料	全光透过率	冲击强度	耐热性	绝热性	耐老化性能	密度	可加工性	成本
HSG	高	中	优	良	优	高	差	高
MMA	高	低	差	优	良	低	良	高
FRP	高	高	良	优	良	中	优	中

3. 盖板与集热器效率

透明盖板与集热板的空间距离应大于 20 mm,一般是 20～40 mm。空间距离过大会造成四周壳体投在集热板上的阴影增大而影响集热器的运行效率;过低的空间距离会增大通过透明盖板的热损失。研究表明,透明盖板与集热板的空间距离存在两个最佳值,一是

20 mm左右，此时的空气夹层中只存在导热和辐射损失；二是40～50 mm，此时空气夹层导热阻力更大，但已存在自然对流。

平板集热器工作时热量通过顶部、底部和边框散失到空气中，而通过顶部的热损失要占到整个热损失的60%以上。因此，有效地降低集热器通过顶部的热损失是提高其热效率的主要方案。平板太阳能集热器顶部热损失主要是由吸热体温度高于透明盖板温度而产生的自然对流引起的，为减少自然对流热损失，应合理选择太阳能平板集热器吸热体与透明盖板之间的距离，这对提高集热器的热效率具有重要意义。通过模拟计算吸热体在不同温度下、集热器与水平面不同倾角时的自然对流热损失与吸热体及透明盖板之间距离的关系，得出如下结论：当平板太阳能集热器与水平面之间的夹角增加时，吸热体与透明盖板之间的最佳间距在减小。

4. 流道

有人对传统集热器进口和出口的流道进行了改进，用多入口和带隔板的出口流道，使空气均匀流过吸热板，这样就大大地减少了集热器内部的流动死区，增加了吸热板与空气的有效换热面积，在相同条件下，热效率可提高20%左右。同时，利用CFD模拟软件对传统平板太阳能空气集热器的流道进行改进研究，结果表明：改进后的集热器内部流场和温度场分布均匀，集热器出口流体温度明显提高。

7.2.4 保温层和外壳

1. 保温层

保温层是集热器中用来抑制集热板通过热传导向周围环境散热，减小集热板底部和四周边的热损失的。其作用要求保温层具有导热系数小、耐高温、不易变形、不易挥发等特点。

(1) 保温层的材料

保温层的作用是减少集热器的环境散热，以提高其工作效率，对保温层的要求是保温性好，不易变形、挥发，不产生有毒气体，不能吸水。根据《平板型太阳集热器》(GB/T 6424—2007)的规定，保温层材料的导热系数应不大于0.055 W/(m·K)。常用的保温层材料有岩棉、矿棉、玻璃棉、聚氨酯、聚苯乙烯等。聚苯乙烯在温度高于70℃时会收缩变形，使用时需在它与集热板之间放置一层涂有聚氨酯的膜，以降低其使用温度。泡沫聚氨酯、泡沫聚苯乙烯等可耐100℃左右的温度；玻璃棉耐温达400℃；高硅氧棉耐温达800℃，适用于较高工作温度的集热器。目前，用聚氨酯注入发泡或蜂窝状结构的保温层正逐渐增多，这些材料不仅能起保温作用，还能增加整个集热器的刚性，具有构造体的作用，并能降低集热器的成本。对于使用空间受限的场合，也可考虑使用导热系数更低的保温材料，如真空绝热板。

(2) 保温层的厚度

保温层的厚度应根据选用的材料种类、集热器的工作温度、使用地区的气候条件等因素，同时兼顾投资效益来确定。一般而言，集热器底部保温层厚度为30～50 mm，侧面保温层厚度与之大致相同。集热器底部保温材料的最小厚度，可用下式进行计算：

$$\delta \geqslant \frac{k_{100}}{1.45}$$

式中：k_{100} 为保温材料在 100℃时所测得的导热系数，W/(m·K)；δ 为保温材料厚度，mm。

2. 外壳

外壳是使集热器形成温室效应的围护部件，它的作用是将集热板、透明盖板，保温层等组成一个有机的整体，并具有一定的刚度和强度。

(1) 外壳的材料。集热器的外壳一般采用钢、不锈钢、铝合金玻璃钢、塑料等材料。自制集热器的外壳也可以用木材、砖石、泥沙等砌成。钢板由于价廉且强度大，故使用较多。

(2) 呼吸孔。集热器内温度的剧烈变化势必会引起集热器内的压力在较大范围内变化进而引起集热器的"呼吸"。集热器的呼吸，一方面会吸入灰尘污染集热器内集热板和透明盖板的内侧，另一方面会在集热器内造成严重的水蒸气凝结。从这个角度讲，集热器需要适度不严密。因此，在设计集热器时，应合理设置集热器的呼吸孔，为防止集热器"呼吸"带入灰尘，呼吸孔应当安装过滤材料。

(3) 热管真空管集热器。它是由热管真空管组合而成，其集热管温度范围为中温或中高温，即 $\theta_0 + (20 \sim 40)$℃ 或 $\theta_0 + (40 \sim 70)$℃。

7.2.5 平板集热器技术要求(见表 7-4)

表 7-4　平板集热器技术要求

部件分类	试验项目	技术要求	备注
平板集热器	热性能	$F_R(\tau\alpha)$不低于 0.68；$F_R U_L$ 不高于 6.0 W/(m²·K)；F_R 为热转移因子(小于 1)；τ 为透明盖板的太阳能透射比；α 为吸热体的太阳能吸热比；U_L 为总热损系数	试验方法均参照《平板型太阳集热器》(GB/T 6424—2007)
	空晒	应无变形、无开裂或其他损坏	
	闷晒	应无明显变形等	
	内通水热冲击	应无变形、无破裂或其他损坏	
	外淋水热冲击	应无明显变形及其他损坏，集热器进水后，对热性能不产生严重影响	
	淋雨	应无渗水或破坏	
	强度	应无损坏及明显变形，塑料透明盖板应不与吸热体接触	
	刚度	应无损坏及过度永久性变形等	
	结构	使用中没有明显噪声及振动(应充分考虑积雪、结冰的状况)	
	零部件	可以更换，易于维护和检查	
	紧固件	容易固定在台架或建筑物上	
吸热体	耐压	传热工质无泄漏	
	材料	材料与工质接触部位不产生出有害人体健康的物质，符合国家标准	
	焊接	应符合国家焊接质量标准要求	
	涂层	应无剥落、反光和发白现象，吸收比不低于 0.92	
	外观	吸热体在壳体内安装平整，间隙均匀	

（续表）

部件分类	试验项目	技术要求	备注
透明盖板	透射比	不低于 0.78	试验方法均参照《平板型太阳集热器》(GB/T 6424—2007)
	防雹(耐冲击)	应无划痕、翘曲、裂纹、破裂、断裂或穿孔	
	材料	普通平板玻璃、钢化玻璃或聚酯玻璃钢要符合国家标准	
	结构	允许拼接,但必须密封、不渗漏	
	外观	与壳体密封接触,但应考虑热胀情况,有预防措施,无扭曲、无明显划痕	
壳体(含密封件)	涂层	应无剥落,有一定的光泽度	
	外观	外表面应平直无扭曲、无破裂,并采取充分的防腐措施	
聚隔热体	导热系数	不大于 0.055 W/(m·℃)	
	材料	聚氨酯泡沫材料、岩棉或聚苯乙烯泡沫材料要符合国家标准	
	外观	应填塞严实,不应有明显萎缩或膨胀隆起,不允许有发霉、变质或释放污染物的现象	

7.2.6 平板集热器的结构实例

1. 常用平板型集热器

图 7-4 所示为几种代表性的平板型集热器结构,其中(a)是单层玻璃并带有黑色涂层的集热器;(b)是表面涂层为选择性吸收膜的集热器;(c)是盖板采用塑料薄膜的集热器,它质量轻、耐冲击,但抗老化性能差些;(d)是在盖板和吸热体之间放入垂直蜂窝透明材料以减少热损失的集热器;(e)和(f)均为适宜在寒冷地区使用的集热器。

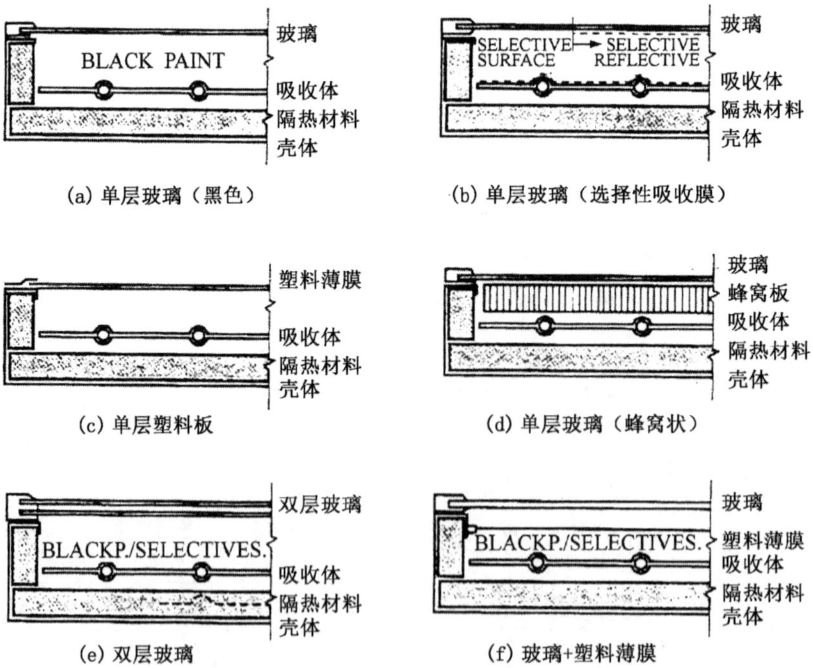

图 7-4 常用平板型集热器结构

2. 特殊用途平板集热器

当平板集热器用于中高温集热时，则必须做成选择性涂层并加入透明的绝热材料，以减少热损来提高集热温度，如图 7-5 所示。其中，(a)、(b)、(c)三种结构是为了减少盖板一侧的热损；而(d)结构则是为了减少集热器背板热损，同时也是为了减轻质量。

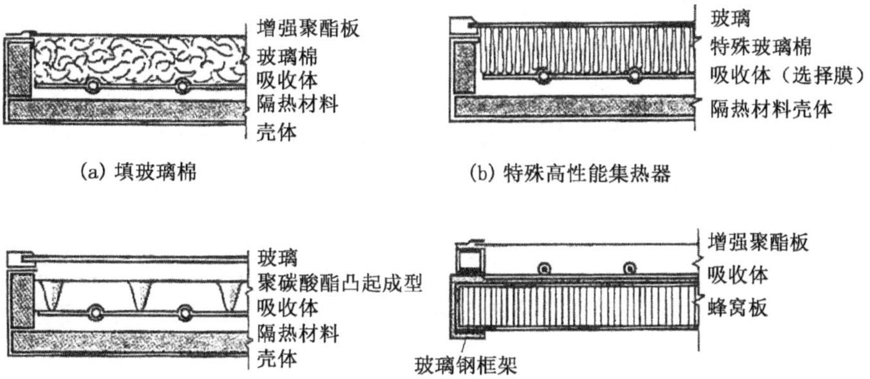

(a) 填玻璃棉　(b) 特殊高性能集热器

(c) 塑料成型薄膜　(d) 蜂窝板型集热器

图 7-5　特殊用途平板集热器结构

3. 与建筑屋顶做成一体的平板集热器

图 7-6 所示是与建筑结构结合成一体的平板集热器，其中(a)和(b)是两种结构简单、价格便宜的集热器，一般用于温度不超过 40℃的场合，可用于预热工厂的锅炉用水，或作为热泵的热源；(c)和(d)常用于瓦楞屋顶上，其中的玻璃棉网是为了分散水流，但玻璃盖板的安装比较麻烦，应采用搭接式安装为宜；(e)应在混凝土平屋顶上铺上塑料吸热体，最好再盖上一层透明塑料膜；(f)是在地下埋设聚乙烯塑料管，其作用是给水预热或作热泵的热源。

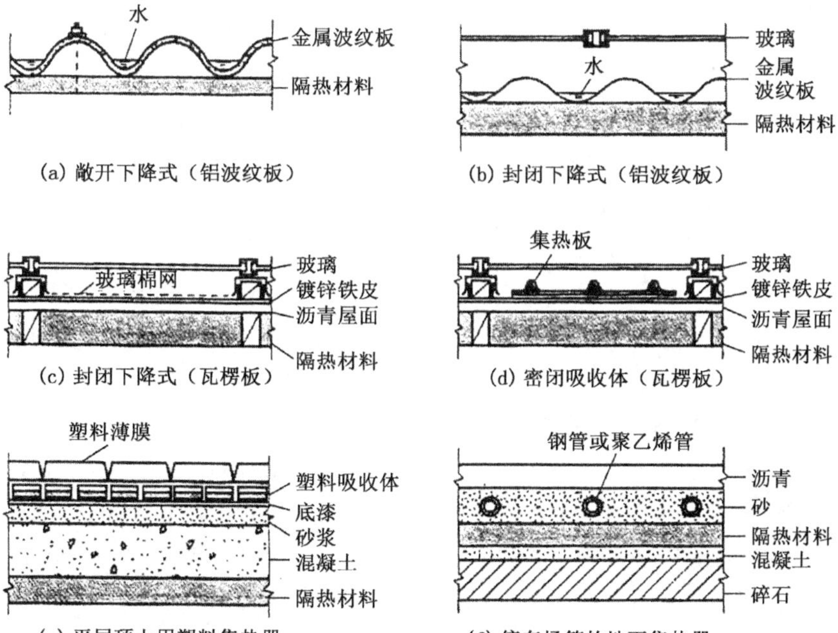

(a) 敞开下降式（铝波纹板）　(b) 封闭下降式（铝波纹板）

(c) 封闭下降式（瓦楞板）　(d) 密闭吸收体（瓦楞板）

(e) 平屋顶上用塑料集热器　(f) 停车场等的地下集热器

图 7-6　与建筑结构结合成一体的平板集热器

4. 平板集热器的优缺点

太阳能集热器是太阳能热利用的基本形式之一，按承压能力可分为非承压集热器和承压集热器。承压集热器按结构形式又可分为热管集热器和U型管集热器。我国使用的太阳能集热器多以U型管式为主，约占太阳能真空管集热器总数的70%～80%，主要原因是它的价格较低，效率较高，加工制造较容易。

(1) 优点：平板太阳能集热器经过了几十年的发展，技术日趋成熟和完善，并具备了其他类型太阳能设备所不具备的优点。一是特别符合与建筑一体化的要求。平板太阳能集热器由于其平面结构的特性，在太阳能的建筑一体化应用中，形态结构灵活随意，设计时不受形态或尺寸的约束，易于实现与建筑构件的结合。再加上它的集热板为金属材质，方便采用丝结、焊接等连接方式，为安装、维护和使用提供了便利。二是具有较高的热效率。因为真空管太阳能集热器是由若干根真空管组成的，管子之间存在着间隙，在被太阳光照射时，有一部分太阳能没有被集热器所接受。平板太阳能集热器却是一个连续的平面，整个集热器表面都可以接受太阳光。所以，在相同的采光面积和日照强度下，平板太阳能集热器的日平均效率一般要高于真空管太阳能热水器日平均效率6%以上。三是具有良好的承压性能。由于平板太阳能集热器的吸热板是由金属材料制成的，集热器与贮水箱的连接也采用金属零件，因此，可承受来自自来水和循环泵的压力。城市用水一般都采用集中供水系统，自来水压力较高，这就要求从太阳能集热器出来的热水要有一定的压力，从而减小集热器出水口与自来水出水口之间的压差，为用户使用提供方便。四是组成大系统时性能稳定。对于一些大型的场所，如宾馆、游泳馆、工厂等地方，在使用太阳能热水器时，往往需要用到很多块太阳能集热器组成大规模的供水系统。如果采用平板太阳能集热器，在集热器与系统之间用金属连接，就可以保证整个系统的稳定性。因此，在建立大规模太阳能热水系统的时候，往往采用平板太阳能集热器。此外，由于平板太阳能集热器结构简单、加工方便和易于规模化生产，它还具有制造成本低、安装费用低和使用寿命长等特点。

(2) 缺点：它比较适合不结冰地区使用，否则冬季还是会有冻的问题。目前已经解决了冬季不能使用的问题，那就是采用二次加热。由于平板太阳能的版心不是真空的，虽采用隔热材料填充，但是隔热效果依然不好。相较于真空管太阳能集热器，在冬天室外温度较低的时候散热快，水温度低。采用二次加热，虽然解决了冬季不能使用的问题，但同时增加了中间环节，会有一定的热损。我国北方冬季夜间的最低温度在－10℃～－40℃，平板式太阳能集热器中的存水会冻结，导致集热板胀裂破损。过去的做法是，入冬后将水排空，停止使用，这样做不但造成太阳能利用率低，而且还会加速材料的腐蚀，缩短集热器的使用寿命。

5. 几种常见的集热器防冻措施

(1) 自动补热。在平板集热器的下联箱内，装一根绝缘良好的电热丝，并设置温度敏感元件。当水温降到0℃时，敏感元件发出信号，通过放大器合上电热丝电路上的开关，使它对水加热。这根电热丝的功率可以很小，只要能保证集热器中的水不结冰即可。对于1 m^2的集热器，要在－15℃的环境下保持不结冰，所需电热丝的功率仅为1.2 W。当水温超过1℃或2℃时，温控装置便会发出信号切断电源。这种方法要消耗少量电能，一般适用于气温不太低的地区。

(2) 落水式强迫循环系统。这种系统将集热器放在贮水箱上方，贮水箱有通大气的开口，系统最高点设有通气阀，由温度差起动器控制系统中的循环水泵的运行及通气阀的动作。

① 当水箱底部和集热板间的温差超过规定的上限位时（水箱温度 $+\Delta t_{上}<$ 集热板温度），通气阀闭合，水泵起动。

② 当温差低于规定的下限值时（水箱温度 $>\Delta t_{下}+$ 集热板温度），水泵停止，通气阀打开，集热器中的水靠重力作用全部迅速返回水箱。一般的大型太阳能热水器系统常常采用这种方式防冻。

(3) 采用防冻液的复合回路系统。这种系统有两个回路，一个回路由集热器和换热器所组成，此回路中使用不冻结的传热介质，它可将集热器收集到的太阳能通过换热器传递给水箱中的水，这一回路一般采用强迫循环，对于一些小型系统，也采用自然循环方式；另一个回路是供热水回路，通过这样的方式达到防冻的目的。

常用的防冻传热介质的种类很多，如乙醇、乙二醇、丙三醇等醇类水溶液，以及硅油、芳香族和烃油等有机油类。选用防冻液时，除了考虑冻结温度外，还应考虑防冻介质的毒性及成本，与集热器、换热器材料是否发生腐蚀，以及防冻介质的热物性能等。在自然循环的防冻介质回路中，换热器、集热器及循环管内的阻力与热容大小要适当。

7.3 真空管太阳能集热器

7.3.1 真空管太阳能集热器概述

真空管太阳能集热器就是将吸热体与透明盖层之间抽成真空的太阳能集热器，分为全玻璃真空管集热器和金属吸热体真空管集热器。

普通平板型太阳能集热器在把所吸收的太阳辐射能转变成热能的同时，也存在较大的热损失。在实际应用中，当运行温度升高时，集热器效率下降较快，最终导致使用温度难以提高，只能提供低温热水。在冬季，环境温度较低，要达到与夏季同样的运行温度就会有更大的热损失，甚至由于热损失大而达不到所需温度，在无日照的时候和夜晚，集热器还可能被冻坏。因而在寒冷地区，平板型集热器不能全年运行，其应用范围也受到许多限制。

为了降低集热板的热损失，提高应用温度和扩大应用领域，将吸热板与盖板之间抽成真空是很自然的想法。问题是如何密封集热器，同时实现平板玻璃承受巨大的大气压力，大气压力约为 9.8×10^4 N/m^2。在 1 m^2 的面积上承受的大气压力为 10 000 kgf(1 kgf＝9.806 65 N，下同)，玻璃是无法承受这么大压力的，因此不可能实际生产应用。从真空工艺技术考虑，真空密封的玻璃外罩以圆形管为宜。将吸热板(管)封在圆柱形玻璃管内并把吸热板与玻璃管(盖)之间抽成真空，这就是真空太阳能集热管。

真空管是构成这种集热器的核心部件，它主要由内部的吸热体和外层的玻璃管所组成。吸热体与玻璃管之间的夹层保持高真空度，可有效地抑制真空管内空气的传导和对流热的损失，吸热体表面的选择性吸收涂层具有低红外发射率，可明显地降低吸热板的辐射热损失。这些都使真空管集热器可以最大程度地利用太阳能，即使在高或低环境温度的条件下仍具有优良的热性能。

全玻璃真空太阳能集热管良好的真空绝热性能和选择性吸收涂层的低发射比特性，保证了全玻璃真空太阳能集热管的热损系数低，有利于全玻璃真空太阳能集热管的保温，降低热量的损失。一般全玻璃真空太阳能集热管热损系数不大于 0.85 W/(m^2/℃)。全玻璃真空太阳能集热管优良的低热损性能，使其可以在冬季寒冷与太阳辐照不强的地区工作，可为寒冷地带四季提供生活热水，也可用于高温消毒、工业用热、除湿、干燥、空调、制冷、暖房种植、养殖与海水淡化等领域。

全玻璃真空太阳能集热管是真空太阳能集热管的核心集热元件，其吸热体为典型的圆柱状结构，如图 7-7 所示。对于平板太阳集热器，只有在正午时，投影面积才是其真实尺寸面积。因此，全玻璃真空太阳能集热管集热器具有更优良的全日集热效率。采用全玻璃真空太阳能集热管组成全玻璃真空太阳集热器时，从集热器的集热性能考虑，没必要将全玻璃真空太阳能集热管进行完全密排，合理间隙可以充分发挥全玻璃真空太阳能集热管管状吸热体的特点。在保证最佳的集热性能条件下，减少了真空太阳能集热器的热损，同时也有利于全玻璃真空太阳能集热管的安装、调试和维护。为提高真空太阳能集热器的集热温度，也可在全玻璃真空太阳能集热管的背面增加反射板，以获取更高的集热温度，使全玻璃真空太阳能集热管及其集热器的使用范围更为广泛。

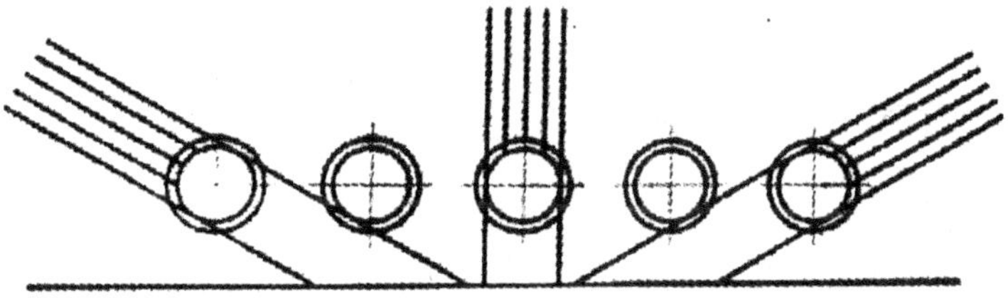

图 7-7 不同太阳光入射角时全玻璃真空太阳能集热管吸热体投影示意图

按吸热体的材料分类，真空管太阳能集热器有玻璃吸热体真空管(或称全玻璃真空管)和金属吸热体真空管(或称玻璃-金属真空管)两大类。

7.3.2 全玻璃真空管集热器

1. 全玻璃真空管集热器基本结构

全玻璃真空管集热器的组成包括(见图 7-8)：内玻璃管、外玻璃管、选择性吸收涂层、弹簧支架、消气剂等，外形像细长的暖水瓶胆。其采用一端开口，将内玻璃管和外玻璃管的一端管口进行环状熔封；另一端都密封成半球形的圆头，内玻璃管采用弹簧支架支撑，且可以自由伸缩，对其热胀冷缩引起的应力起到缓冲作用；要把内外玻璃管的夹层抽成高真空。内玻璃管的外表面涂有选择性涂层。弹簧支架上装有消气剂，它在蒸散以后用于吸收真空集热管运行时产生的气体，保持管内真空度。

(1) 玻璃。硼硅玻璃 3.3 是制造内外玻璃的主要材料，其热膨胀系数为 3.3×10^{-6}，玻璃中Fe_2O_3含量在 0.1%以下，耐热温度高于 200℃，机械强度高。

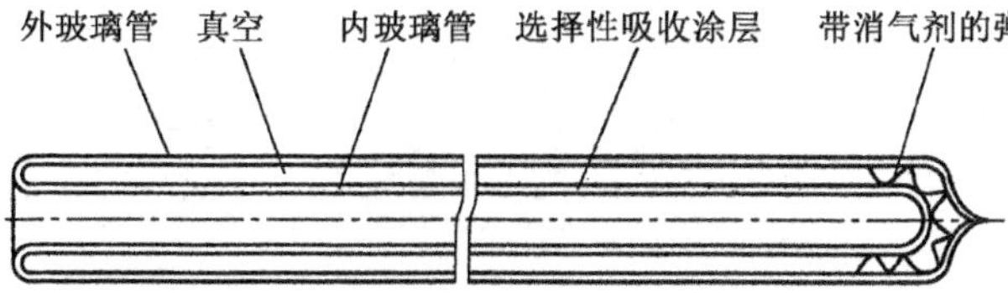

图 7-8　全玻璃真空集热管结构

(2) 真空度。玻璃管内真空度是保证产品质量和使用寿命的重要指标。真空管中的钡-钛消气剂沉积在抽空的外玻璃表面,看上去像镜面一样,能够在集热管运行时吸收集热管内释放的气体。一旦银色镜面消失,说明真空集热管的真空度已受破坏。

(3) 选择性吸收涂层。选择性吸收涂层具有较高的太阳能吸收比、较低的发射率,可极大程度地吸收太阳辐射,抑制吸收体的辐射热损失。此外,其还具有良好的真空性能、耐热性能、光学性能。

采用真空磁控溅射工艺,可以将铝-氮/铝或不锈钢-碳/铝选择性吸收涂层镀在玻璃罐外表面上,此玻璃管作为真空套管的内管可以有效地吸收太阳能。由于高真空度的缘故,玻璃内管的热损很小。

2. 全玻璃真空管的技术要求

对全玻璃真空管集热器的主要技术要求如下:

(1) 材料应采用硼硅玻璃 3.3,太阳投射比 $\tau \geqslant 0.89$;

(2) 选择性吸收涂层太阳能吸收比 $\alpha \geqslant 0.86$,半球发射率 $\varepsilon_h \leqslant 0.09$;

(3) 空晒性能参数 $Y \geqslant 175\,(\mathrm{m^2 \cdot ℃})/\mathrm{kW}$(当太阳辐照度 $I \geqslant 800\ \mathrm{W/m^2}$,环境温度 t_a 为 8℃ ~ 30℃);

(4) 闷晒太阳曝辐量 $H \leqslant 3.8\ \mathrm{MJ/m^2}$(当太阳辐照度 $I \geqslant 800\ \mathrm{W/m^2}$,环境温度 t_a 为 30℃);

(5) 平均热损系数 $U_{LT} \leqslant 0.90\ W/(\mathrm{m^2 \cdot ℃})$;

(6) 真空夹层的压强 $p \leqslant 5 \times 10^{-2}\ \mathrm{Pa}$;

(7) 耐热冲击性能好,能承受 25℃以下或 90℃以上热水交替反复冲击 3 次无损坏;

(8) 耐压性能好,其可以承受 0.6 MPa 的压力;

(9) 抗冰雹性能好,其可抗击直径不大于 25 mm 冰雹的袭击。

国家标准只规定了玻璃管外形尺寸:外玻璃管直径为 47 mm、内玻璃管直径为37 mm的一种规格,长度为 1 200 mm 和 1 500 mm 两种规格。目前市场上也出现了外径 58 mm、70 mm、90 mm 等规格,因此国家标准也应考虑针对此类外径的全玻璃真空管太阳能集热器做适当的调整。

7.3.3　联集管、阵列

全玻璃真空太阳能集热器构造如图 7-9 所示。它由两根同心圆玻璃管组成,内外圆管间抽成真空,太阳光能选择性吸收表面(涂层、膜系)沉积在内管的外表面,将太阳光能转换为热能构成吸热体,加热内玻璃管内的传热流体。全玻璃真空集热管采用单端开口设置,将内外管口予以环行熔封，由弹簧卡支撑内外管，可以自由伸缩，并装有消气剂，以保持管内真空度。

根据集热管的安装走向，可分为南北向放置和东西向放置。无论何种放置，集热器平面与地面均有一个倾角。

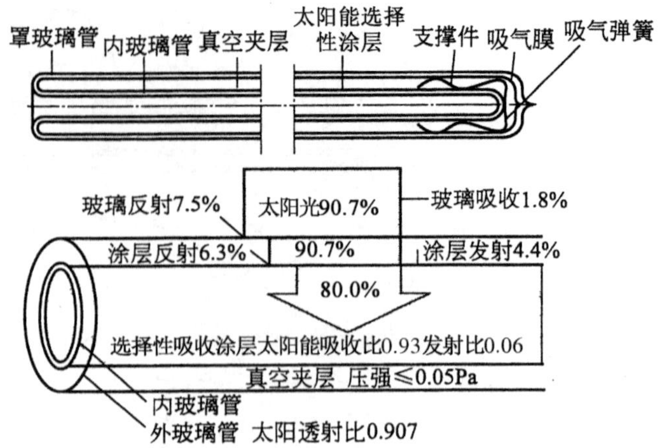

图 7-9 全玻璃真空太阳能集热管结构及组成部件

从外形上看，集热器都由集热管、反射板、联集管、尾座等几部分组成。在太阳能集热器应用中，为了尽可能减小热损失并利用真空太阳能集热管对太阳的准跟踪性，对面积不大（如 2 m^2 左右）的集热器，将南北放置的集热器的联集管省去，将真空管直接插入储热水箱，就构成了一个水箱与联集管合一的自然循环真空管家用热水器。其结构简单、紧凑、防冻能力较强，目前许多真空管家用热水器就采用这种结构，其缺点是，用顶水方式取不出管内的热水。东西向放置的真空管集热器用于热水系统时，采用自然循环或强制循环的方式，不仅可用顶水式取水，还可从联集管下端排水或排污。

1. 联集管

联集管是连接真空集热管阵列的重要部件。联集管要根据应用系统的取热方式和运行方式进行设计。早期的联集管较为复杂，只能用于强制循环。经研究实验，对于全玻璃真空集热管，其联集管可采用一种最简单的结构，即将联集管做成方形或圆形管，两端焊上进出水管，周围有保温材料和金属保护罩，真空管开口端通过密封胶圈直接插入联集管，如图 7-10 所示。对于 U 型管式的真空管，可采用串联真空管的方式设计联集管，强制循环运行。若为直通管，则类似平板型集热器两端联结，热管式真空集热管则和热交换器（冷凝器）联结。有的真空集热管可直接将冷凝端插入水箱构成热水器。

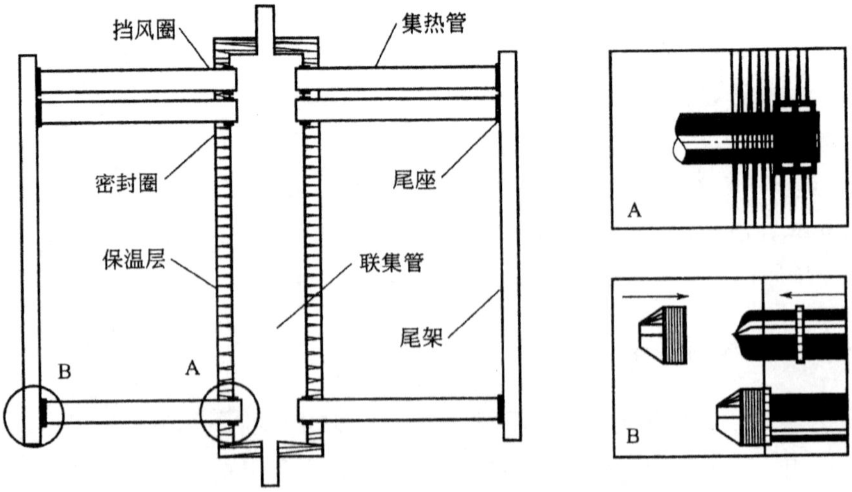

图 7-10 联集管与真空管联结

2. 真空管太阳能集热器阵列与反射器的设计

真空管太阳能集热器阵列是太阳能热水器集热与传热的重要部分，设计得好坏将对热水器的热效率、产水量、生产成本产生直接影响。由于真空集热管成本较高，若采用密排方式，不仅单位面积成本太高，而且与联集管的连接也存在技术上的困难，背向太阳的吸热面也得不到利用。因此，一般采用间隔一定距离排列，背面设置反射器以利用管间空隙进入的阳光。反射器的设计在于使吸热管尽可能多地吸收反射光线，因此产生了各种各样的设计，见图 7-12。

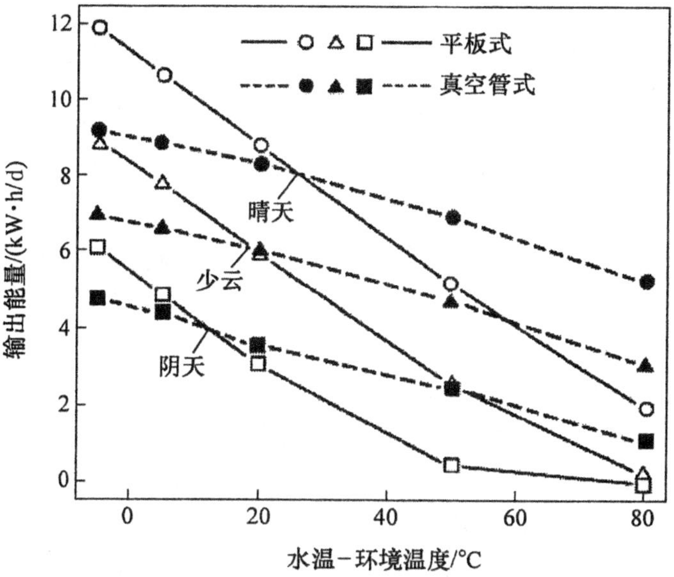

（引自维基百科上 William Ferguson 的报告）

图 7-11　平板式集热器和真空管式集热器的性能比较

由图 7-11 可以看出，对于晴天且 $T_p - T_a$ 较低时，平板太阳能热水器系统明显优于真空管太阳能热水器系统，这是因为其面积比 F 值较高。对于多云天气且 $T_p - T_a$ 较高时，则真空管太阳能热水器系统更好，这是因为其没有对流热损和传导热损。另外，由于没有在空气中需要稳定的要求，其可采用高性能的选择性吸收涂层，由此其辐射损耗可忽略不计。对于真空管太阳能热水器系统，所需考虑的热损仅是水箱的热损。

7.3.4　金属吸热体真空管集热器

金属吸热体真空管有多种不同的形式，但无论哪种形式，由于吸热体采用金属材料，而且真空管之间也都用金属件连接，因此用这些真空管组成的集热器具有以下共同的优点：

(1) 工作温度高。最高运行温度超过 100℃，有的甚至可高达 300℃～400℃，使之成为太阳能中、高温利用必不可少的集热部件。

(2) 承压能力大。真空管及其系统都能承受自来水或循环泵的压力，多数集热器还可用于能产生10^6 Pa 以上的热水甚至高压蒸汽。

(3) 耐热冲击性能好。即使用户偶然误操作，对空晒的集热器系统立即注入冷水，真空管也不会因此而炸裂。

正由于金属吸热体真空管具有其他真空管无可比拟的诸多优点,世界各国科学家竞相研制出各种形式的真空管,以满足不同场合的需求,扩大了太阳能的应用范围,成为当今世界真空管集热器发展的重要方向。

1. 热管式真空管

热管式真空管(见图 7-12)是金属吸热体真空管集热管器的一种。热管式真空管主要由热管、吸热板、玻璃管等几部分组成。

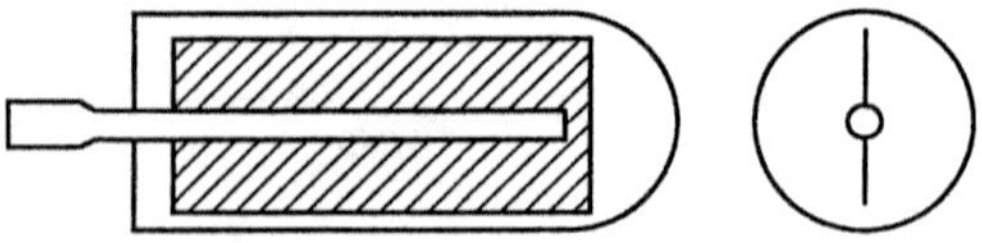

图 7-12 热管式真空管

其工作原理为太阳光穿过玻璃管投射在吸热板上,吸热板吸收太阳辐射能并将其转换为热能,加热热管内的工质,使其汽化并将热量传送到热管的顶端,加热传热介质(通常是水),同时使工质凝结,流回热管的下端(加热端),如此不断循环。安装时,真空管与地面应呈 10°以上的倾角。热管式真空管除了具有工作温度高、承压能力大和耐热冲击性能好等金属吸热体真空管共同的优点外,还有其显著的特点。

(1) 耐冰冻。热管由特殊的材料和工艺制成,即使在冬季长时间无晴天及夜间的严寒情况下,真空管也不会冻裂。

(2) 启动快。热管的热容量很小,受热后立即启动,因而在瞬变的太阳辐射条件下能提高集热器的输出能量,而且在多云间晴的低日照天气条件下也能将水加热。

(3) 保温好。热管具有单向传热的特点,即白天由太阳能转换的热量可沿热管向上传输去加热水,而夜间被加热水的热量不会沿热管向下散发到周围环境,这一特性称为热管的“热二极管效应”。

2. 同心套管式真空管

同心套管式真空管(或称“直流式真空管”)的外形跟热管式真空管较为相似,只是热管的位置被两根内外相套的金属管代替(见图 7-13)。工作时,冷水从内管进入真空管,被吸热板加热后,热水通过外管流出。

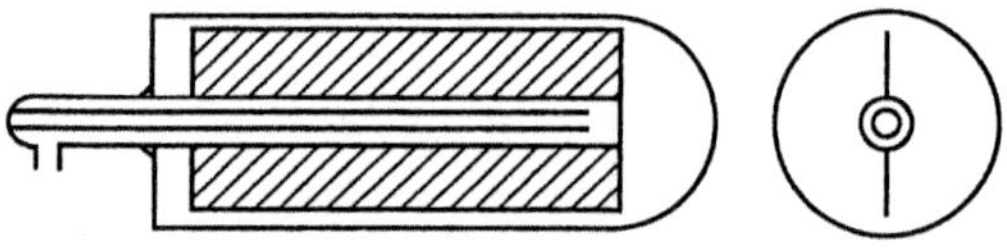

图 7-13 同心管式真空管

这种真空管的主要特点:

(1) 热效率高。传热介质进入真空管,被吸热板直接加热,减少了中间环节的传导热损失。

(2) 可水平安装。在有些场合下,可将真空管水平安装在屋顶上,通过转动真空管而将吸热板与水平方向的夹角调整到所需要的数值,这样既可简化集热器支架,又可避免集热器影响建筑外观。

目前,德国 Prinz 公司和北京桑达公司都生产直流式真空管。Prinz 公司采用电镀黑铬涂层工艺,而桑达公司采用磁控溅射铝二氮二氧涂层工艺。另外,桑达真空管与集管之间的连接比较简单、可靠。

3. U 型管式真空管

国外有些文献将同心套管式真空管和 U 型管式真空管统称为“直流式真空管”,因为两者的工作原理完全一样，只是前者的冷热水从内外管进出，而后者的冷热水从两根平行管进出（见图 7-14）。

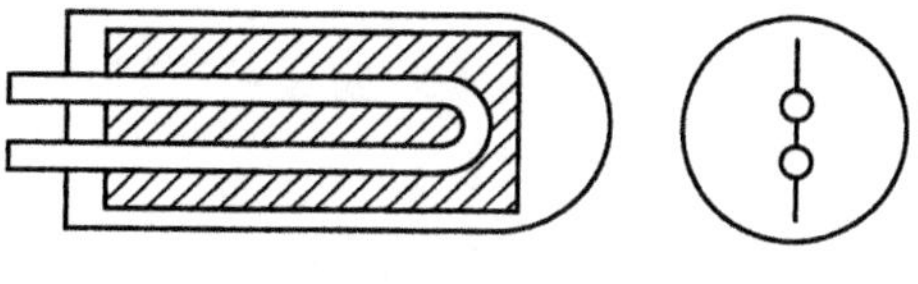

图 7-14　U 型管式真空管

这种真空管的主要特点除了热效率高、可水平安装之外，真空管与集管之间的连接还要比同心套管式简单。

我国、美国及日本很多公司都生产 U 型管式真空管，虽然它们的几何尺寸和所用材料各有不同，但基本结构却大同小异。

4. 储热式真空管

储热式真空管（见图 7-15）主要由吸热管、玻璃管和内插管等部件组成。

吸热管内贮存水，外表面有选择性吸收涂层。白天，太阳辐射能被吸热管转换成热能后，直接用于加热管内的水，使用时，冷水通过内插管渐渐注入，并将热水从吸热管顶出；夜间，由于有真空隔热，吸热管内的热水温降很慢。

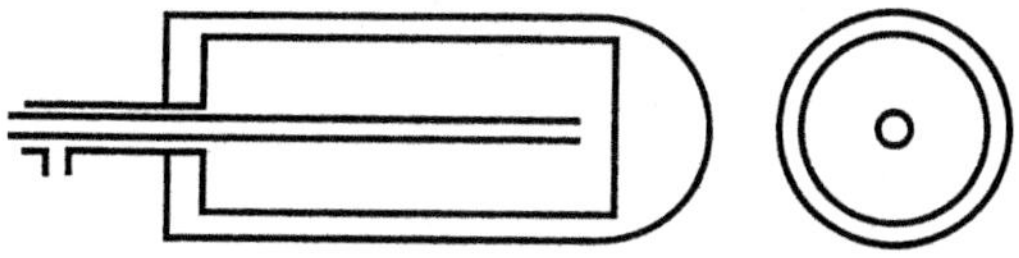

图 7-15　储热式真空管

储热式真空管组成的系统有以下特点：

(1) 不需要贮水箱。真空管本身既是集热器又是贮水箱，因而储热式真空管组成的热水器也可称为“真空闷晒式热水器”。

(2) 使用方便。打开自来水龙头后，热水可立即放出，所以特别适合于家用热水器。

5. 内聚光式真空管

这种真空管本身就是一种低聚光的聚焦型集热器，不过它的聚光反射镜是在真空管里面，故称为“内聚光式真空管”（见图 7-16）。国外有的文献将它称之为复合镜式真空管，它主要由复合抛物柱面反射镜、吸热体和玻璃管等几部分组成。吸热体通常是热管，也可是同心套管，其表面有高温选择性吸收涂层。平行的太阳光无论从什么方向穿过玻璃管，都能被复合抛物柱面镜反射到位于焦线处的吸热体上，然后按热管式真空管或同心套管式真空管的原理运行。

图 7-16　内聚光式真空管

内聚光式真空管的主要特点：

(1) 运行温度较高。复合抛物柱面反射镜的聚光比一般为 3～5，运行温度可达 150℃ 以上。

(2) 不需要跟踪系统。这是由复合抛物柱面反射镜的光学特征所决定的，避免了复杂的自动跟踪系统。

为了提高系统热性能，目前各厂家的产品多采用在集热管下设反射板（器）的做法，而且以平面漫反射板为最多。

6. 直通式真空管

直通式真空管（见图 7-17）主要由吸热管和玻璃管两部分组成。吸热管表面有高温选择性吸收涂层。传热介质由吸热管的一端流入，经太阳辐射能加热后，从另一端流出，故为直通式。由于金属吸热管和玻璃管之间的两端都需要封接，因而必须借助波纹管过渡，以补偿金属吸热管的热胀冷缩。

图 7-17　直通式真空管

直通式真空管的主要特点：

(1) 运行温度高。真空管与聚光反射镜结合组成聚焦型太阳能集热器，能达到很高的运行温度(300℃～400℃)。

(2) 易于组装。由于传热介质从两端分别进出，因而便于真空管串联连接。

世界上最著名的直通式真空管制造者是以色列 Luz 公司，经几代发展，目前每根真空管长 4 m。将 24 根真空管串联在一起，与口径为 5 176 mm 的抛物柱面反射镜组成总长为 96 m 的聚焦型集热器，聚光比为 82，单轴跟踪阳光，工作温度高达 391℃，可用于太阳能热发电。

直通式真空集热管主要由吸热管、玻璃管以及膨胀波纹管组成，如图 7-18 所示。

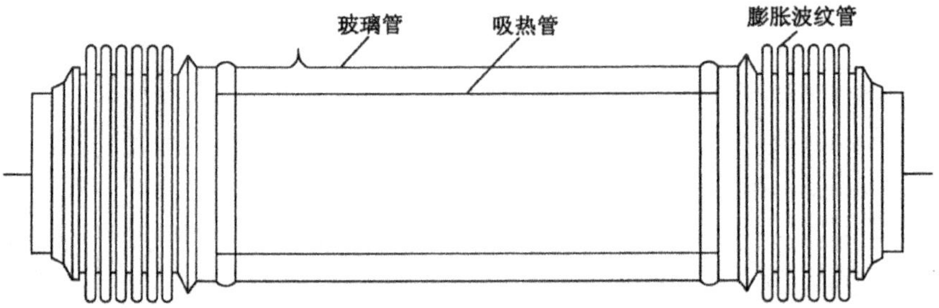

图 7-18　直通式真空集热管示意图

7.3.5　热管式太阳能集热器

热管式真空管太阳能集热器通常由热管式真空集热管、联集管、导热块、隔热材料、保温盒、套管、支架等几部分组成。其中，热管式集热管的作用是将太阳辐射能转换为热能，导热块的作用是使热管冷凝段的热量迅速有效地传递到联集管里的传热工质中。为了使集热器经受长时间高温烘烤，达到理想的使用效果，采用硅酸棉与聚氨酯复合保温，整体发泡的方式制作保温材料，用来填充保温盒，以有效地控制在运行过程中的热量损失。保温盒以铝合金为主要材料，采用表面喷塑的工艺。

(1) 热管式真空管太阳能集热器的基本工作原理：太阳光透过集热管，照射在集热管内管的选择性吸收膜上，膜层将太阳光能转化为热能；热能通过铝翼传至内置热管上，迅速将热管蒸发段内的工质加热汽化；汽化工质上升至热管冷凝段，从而使冷凝段快速升温，并通过冷凝套管将能量传导，汇集至通过流道管的介质(水、乙二醇等)中。热管工质放出汽化潜热后，冷凝成液体，在重力作用下流回至热管蒸发段，接受集热管的热量后，再次上升汽化，再次冷凝回流，循环往复工作。热管式集热器通过热管内工质的汽-液相变循环过程，连续不断地吸收太阳辐射能为系统提供热能。

南京工业大学徐吉富、朱跃钊等人针对热管式真空集热管的结构进行了分析，假定了合理的边界条件，建立了二维数学模型，并利用 FLUENT 软件模拟了管内热量传递过程，分析了其温度场和流场的分布规律和影响因素，证明了导热油的引入是热管式真空集热管未来发展的一个方向。由热损失分析发现，90%以上的系统热损失都集中在涂层上，因而选择吸收率更高、反射率低的涂层材料是提高集热效率的一个重要发展方向。他们还将改进的导热油型热管式真空集热管制作成单轴跟踪槽式聚光太阳能集热器，并分析其热效率，结果表明：随着集热器聚光比和太阳光照强度的增加，集热效率先是急剧增加，然后逐渐趋于平缓；随着集热流体温度的增加，集热效率逐渐降低，聚光比和光照强度越大，降低的速度越缓慢。

真空管太阳能集热器主要用于直流式太阳能热水器，即水直接进入真空管，这种集热器的效率很高。但是，热水可能会被系统污染，并且压力直接来自地球引力。对于需要加压热水以及卫生条件要求严格的系统，需要采用热管式太阳能集热器。

(2) 热管式真空太阳能集热器系统，其结构如图 7-19 所示。它是在原有的铜铝复合板的基础上制作而成的，以热管取代普通平板集热器中的排管，选用特殊配方的不冻工质。热管的蒸发器端设有肋片，肋片上涂有选择性涂料，以吸收更多的太阳辐射能。

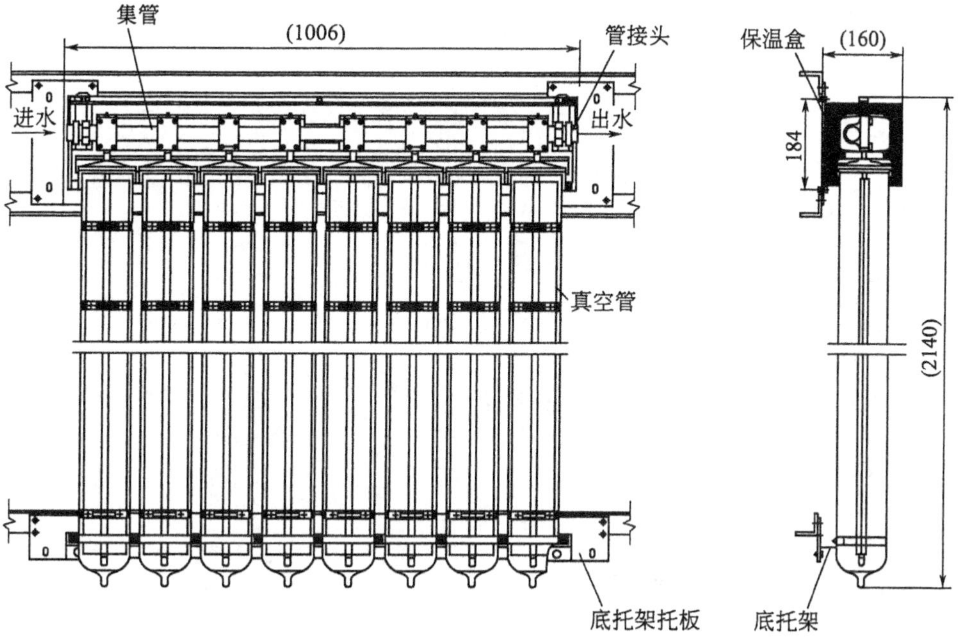

图 7-19　热管式真空集热器结构示意图(单位:mm)

(3) 封接材料匹配要求低。对金属封盖和玻璃管之间热能胀系数的差别要求降低，比较容易找到替代材料。

值得提一下的是，热管式真空集热管与连集管的连接是属于“干性连接”，即连集管与真空集热管之间是不相通的，因而特别适用于大中型太阳能热水系统，如图 7-20。

综上所述，热管式真空管集热器具有如下优点：

① 热管工质热容量小，启动快；② 真空集热管内没有水，耐冰冻；③ 真空集热管内没有水，耐热冲击；④ 热管和连集管是金属，承压能力强；⑤ 热管有热二极管效应，保温好；

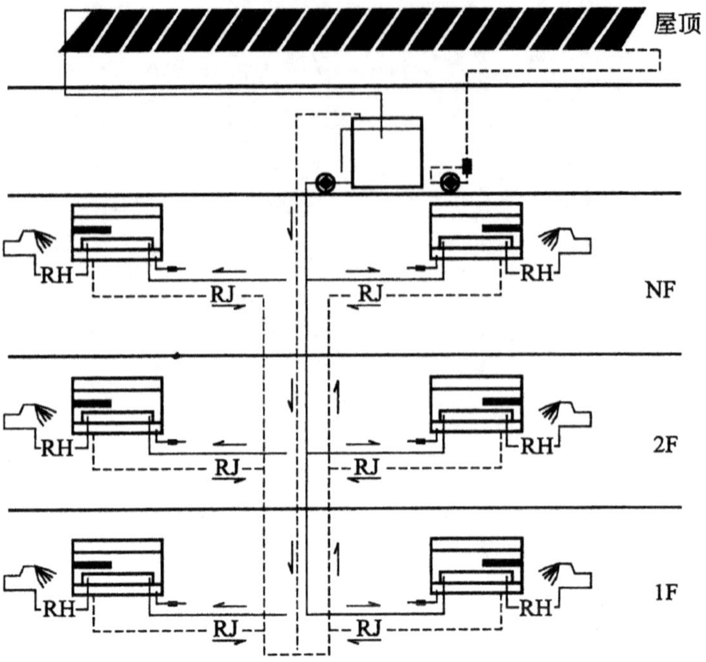

图 7-20　集中供热热管式太阳能集热器系统

⑥ 干性连接不漏水,运行安全可靠;⑦ 真空集热管的干性连接,易于安装维修。

7.4　空气集热器

7.4.1　太阳能空气集热器的特点及类型

1. 太阳能空气集热器的特点

(1) 优点:① 不存在冬季结冰问题;② 微小渗漏不致严重影响其工作和性能;③ 承受压力较小,可用较薄的金属板制造;④ 材料的防腐问题不突出;⑤ 热空气可直接向房间供暖,不需增设热交换设备;⑥ 集热时间短,启动快;

(2) 缺点:① 由于空气的导热率低,仅有水的 1/25～1/20,其对流换热系数远小于液体。因此,相同条件下空气集热器的效率比液体工质集热器的低。② 空气的密度比液体小很多,只有水的 1/300 左右,所以在加热量相同的情况下,需消耗较大的风机输送功率。③ 空气的比热容量很小,为了储存热能,需使用石块或鹅卵石等蓄热材料。

2. 空气集热器的类型

空气集热器可分为非渗透型和渗透型两种类型,不同类型又有不同的构造设计。

(1) 非渗透型空气集热器

非渗透型空气集热器亦称无孔吸热板型空气集热器,是指在空气集热器中的空气流不能穿过吸热板,而是在吸热板的正面和(或)背面流动,并与被太阳能加热的吸热板进行热交换。其优点是结构简单,成本低廉;缺点是空气流和吸热板之间不能进行充分换热,因而集热效率难以有较大改进。此外,为减少吸热板的辐射热损失,需采用选择性吸收涂层,这样会增加成本。

根据空气流动的情况,非渗透型空气集热器构造又可分为三种形式:空气只在吸热板正面流动;空气在吸热板的正、背两面流动;空气只在吸热板背面流动。较常见的设计为让空气在吸热板背面流动。图 7-21 为非渗透型空气集热器的构造设计。

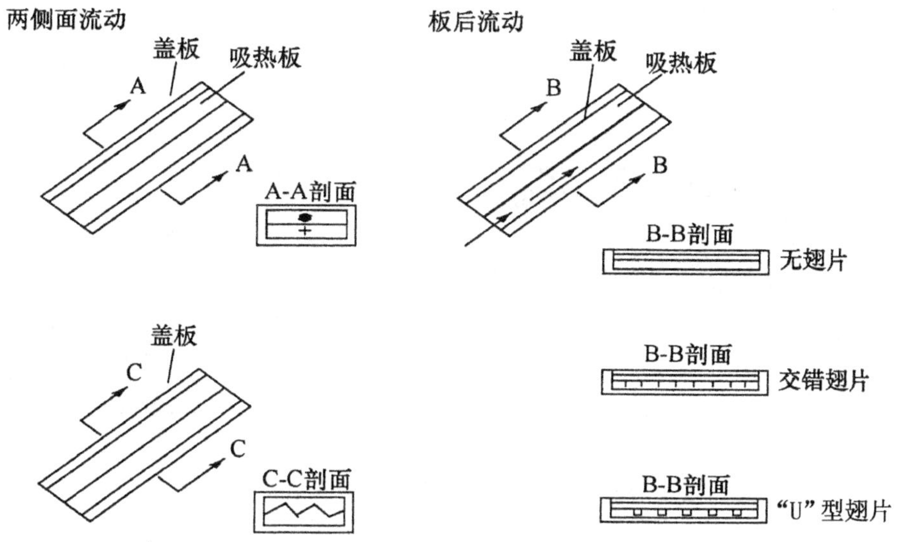

图 7-21　非渗透型空气集热器的构造设计示意图

吸热板有不同的构造形式:有翅片、无翅片、"V"型波纹板或其他形状波纹板等。

① 吸热板背面有翅片。翅片可改善空气流和吸热板之间的传热,但同时流动阻力也增加。因此,翅片高度和数量存在一个最佳值,超过最佳值则不能提高空气集热器的热性能,反而会增加所需风机的功率。

② 吸热板为 V 型波纹板。该波纹板可增加空气流有效传热面积和吸热板有效吸收比。若 V 型接收角保持在 55°时,则大部分太阳辐射能在经过 V 型波纹板两侧被多次反射后吸收。

(2) 渗透型空气集热器

渗透型空气集热器是针对非渗透型空气集热器缺点开发的改进型空气集热器,亦称多孔吸热板型空气集热器。其优点:① 太阳辐射可更深地穿透到多孔吸热板中,提高了吸热板的太阳能吸收比;同时,小孔增加了吸热板和空气流之间的接触面积,可更为有效地进行传热。② 表面上看,似乎多孔吸热板阻碍了空气流动,但实际上因为单位横截面上流通的空气量比非渗透型空气集热器低,其压力损失反而减小。

渗透型空气集热器可分为金属丝网式、狭缝/多孔网板式、重叠玻璃板式、碎玻璃多孔床式(图 7-22)和蜂窝结构式等不同形式。

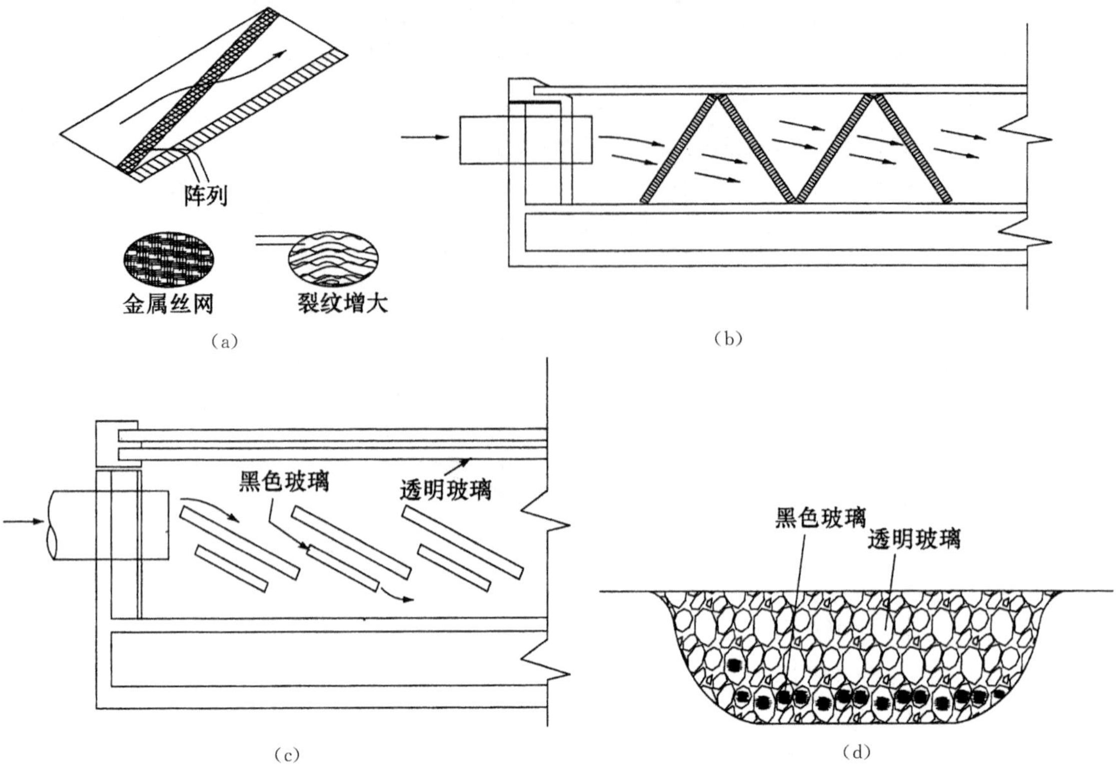

图 7-22　渗透型空气集热器示意图

此外,也有将蜂窝结构和多孔网板结合的设计形式,如图 7-23 所示。

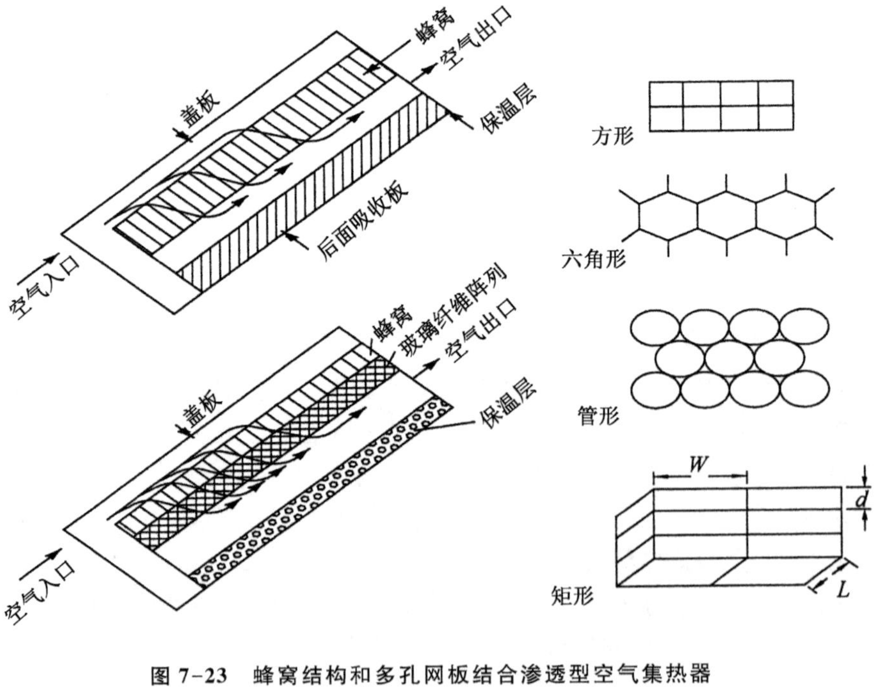

图 7-23　蜂窝结构和多孔网板结合渗透型空气集热器

非渗透型空气集热器有平板式、“V”型板式、波纹板式、整体拼装平板式、梯形交错波纹板式等;渗透型空气集热器有金属丝网式、金属刨花式、多孔翅片式、蜂窝结构式等。

提高空气集热器效率的重要途径:提高流经吸热板的空气流速,增强空气与吸热板的对流换热,以降低吸热板的平均温度。当然,在空气集热器的结构设计和连接方式方面,应注意尽量降低空气的流动阻力,以减少动力消耗。空气集热器的安装倾角应跟当地的地理纬度基本一致,集热器的进口和出口分别通过管道与干燥室连接。

风机的功能是将已经由空气集热器加热的热空气送入干燥室进行干燥作业。根据热空气是否重复使用,可将这种类型的太阳能干燥器分为直流式系统和循环式系统两种。在直流式系统中,干燥用的空气只通过干燥室一次,不再重复使用;在循环式系统中,部分干燥用的空气可不止一次地通过干燥室,循环多次使用。

为了弥补太阳辐射的间歇性和不稳定性,大型太阳能干燥器通常设有结构简单的蓄热器(如卵石蓄热器),以便在太阳辐射很强时储存多余的能量。

一些大型太阳能干燥器,有时还设有辅助加热系统,以便在太阳辐射不足时提供热量,保证物料可以连续地进行干燥。辅助加热系统既可以采用燃烧炉(如燃煤炉、木柴炉、沼气炉等),也可以采用红外加热炉。

7.4.2 空气集热器结构

现有的太阳能空气集热器主要分为带有集热板芯的平板型空气集热器和真空集热管式空气集热器两大类型。此外,还有一类为以直通吸热管作为主吸热体的平板型空气集热器,简称直通管式空气集热器。

1. 平板型空气集热器

平板型空气集热器与液态工质的平板集热器类似,主要包括边框、背板、保温层以及吸热板芯、风道、进出风口和透明盖板。其工作原理为,室内空气从集热器的进风口进入空气集热器内,吸收太阳能热量,从而温度升高,再流经空气集热器出风口重新进入室内,把热量带入室内。通过不停循环,室内的气温逐渐得到提升,室内采暖目的得以实现。

平板型空气集热器可根据吸热板的基本结构不同细分为

平板型集热器、带肋片的平板集热器、波纹状吸热板集热器、叠层玻璃型集热器和网板型集热器(见图 7-24～7-28)。

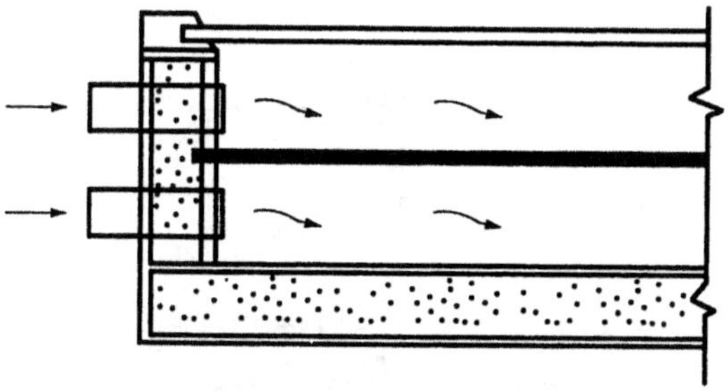

图 7-24 平板型集热器

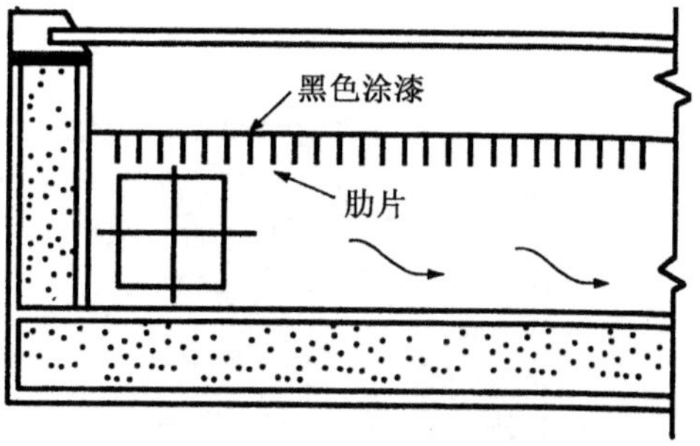

图 7-25 带肋片的平板集热器

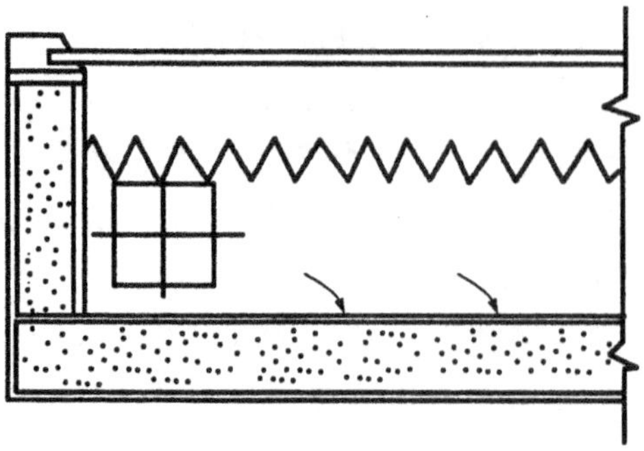

图 7-26 波纹状吸热板集热器

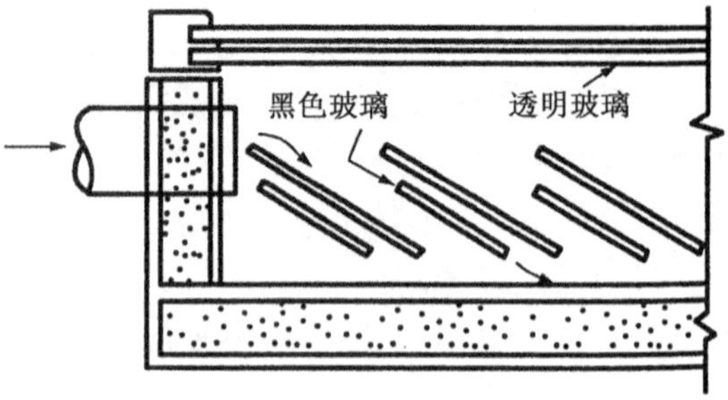

图 7-27 叠层玻璃型集热器

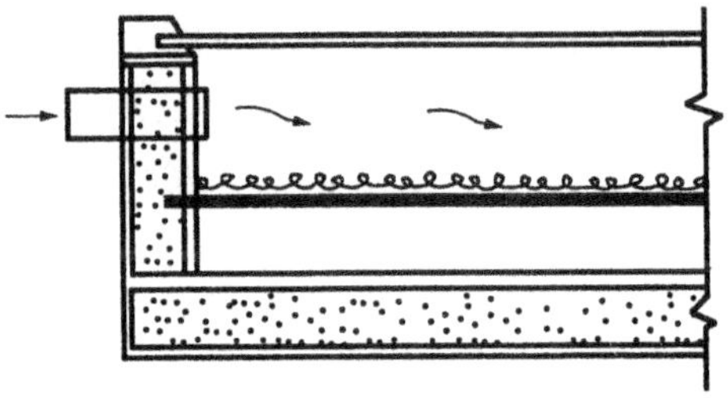

图 7-28 网板型集热器

渗透型吸热板一般是多孔状结构的，集热器中的空气可以从吸热板穿过，所以有较大的换热面积，可以使空气与吸热板的换热过程得到一定的强化，对提高集热效率有一定帮助。渗透型吸热板对太阳能的吸收效率取决于网孔的密度。冷空气从吸热板的上部进入，吸热后温度较高的空气自下部流出，故吸热板下部温度比上部高，这使传热效果得到改善，吸热板的热损失减小。多孔状渗透型吸热板按其结构的不同，又可分为

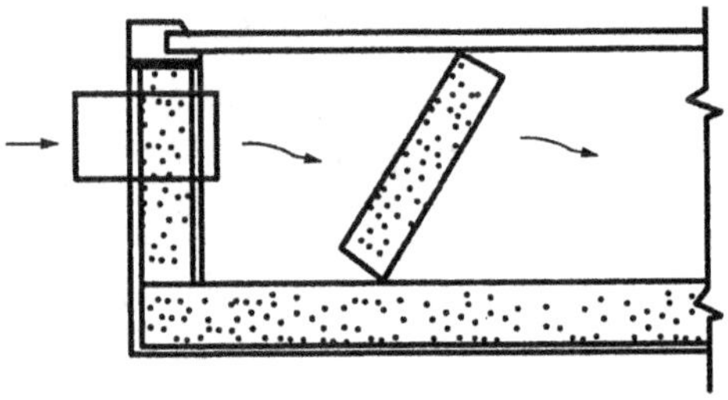

图 7-29 多孔吸热体型集热器

多孔吸热体型集热器、带小孔的波纹吸热板集热器和带小孔的平板吸热板集热器见图 7-29～图 7-31。

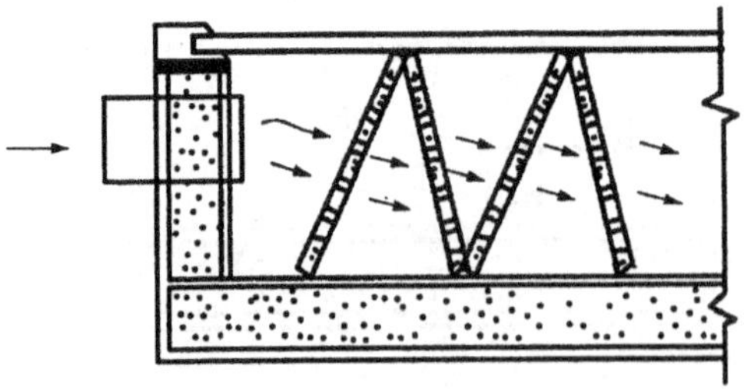

图 7-30 带小孔的波纹吸热板集热器

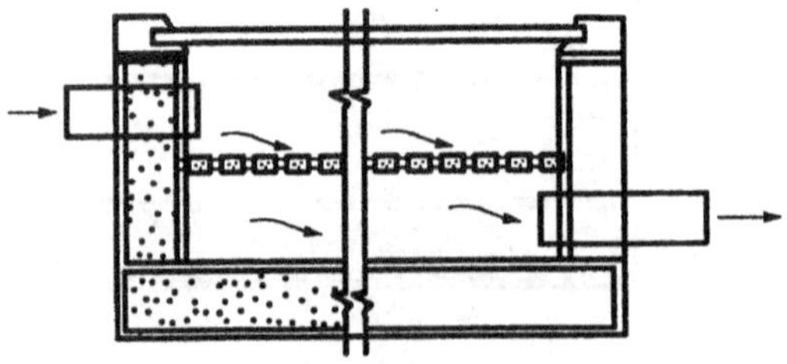

图 7-31 带小孔的平板吸热板集热器

2. 真空集热管式空气集热器

真空集热管式空气集热器主要结构见图 7-32(附图中没有表示出保温层和空气集热器联箱外壳)。

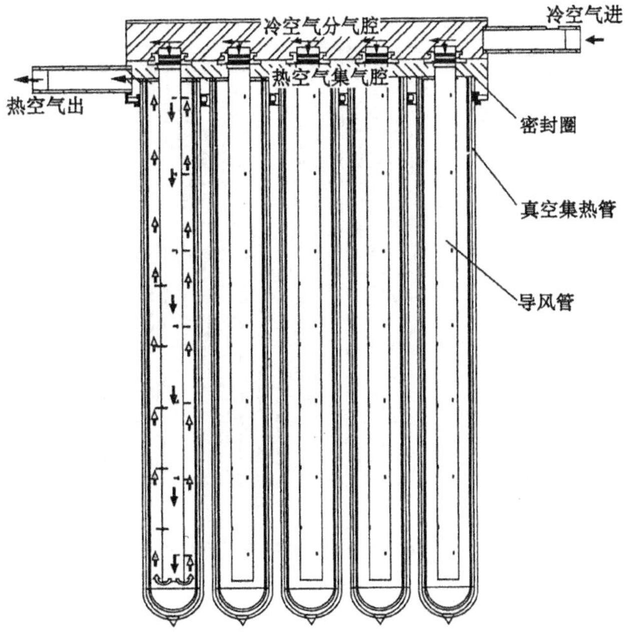

图 7-32　真空集热管式空气集热器示意图

真空集热管式空气集热器主要包括全玻璃真空太阳能集热管、集热管内插管、风道、保温层、集热器联箱外壳等部件。其主要工作原理:通过风机将室内空气送入空气集热器的真空管内导风管(经常被称为内插管)中,再进到真空管内,在流经真空管与导风管之间的夹层时被加温,后通过集热器出风口重新被送入室内,经过不断循环达到提高室温的目的。

真空集热管式空气集热器的优点在于真空集热管的保温效果好、集热器热效率较高。但由其结构决定此产品要有风机等强制循环设备驱动气流才能正常工作,同时由于气流的通路比较曲折,导致空气集热器的空气流动阻力较大,因而由此种空气集热器组成的采暖系统必须有驱动风机,而且风机的功率会远大于其他形式的空气集热器所组成的采暖系统的功率。对于真空集热管式空气集热器来说,其系统效率的主要影响因素包括安装倾角、空气流速、内插管长度等。相关研究表明,对于这些影响因素通常会设置一个适当的参数范围。当参数稳定在这个范围内,空气集热器的效率会比较高。但是,当空气集热器的效率达到一定数值后,不论如何改变参数,空气集热器的效率都不会再有明显的提高。

真空集热管式空气集热器通常采用强制循环的安装方式才能达到向室内供热的目的。

3. 直通管式空气集热器

直通管式空气集热器是一种新型空气集热器,其结构与平板空气集热器几乎是一样的,主要区别在于吸热体及空气在集热器内流动的方式不同。其吸热体并非板状,而是管状。

直通管式空气集热器主要结构见图 7-33 所示。

直通管式空气集热器的主要结构包括透明盖板、框体、底板、保温材料、直通管吸热体、反光背板、扰流片、进/出风口。在组成系统时还需要配置光伏驱动直流风机、光伏电池板和与室内相通的风道。

在直通管式空气集热器中,空气在表面有吸热涂层的直通管内流动,直通管内不存在死角,直通管与空气接触换热面积比平板的大,直通管表面吸收的多数/大部分热量被流经管中的空气带走,直通管内几乎没有多少热量残留,因此热量损失比平板型空气集热器的要小,其热效率相较于平板型空气集热器有所提高。此外,直通管式空气集热器还可以在集热器内部加装反光背板和扰流板,其作用是进一步提高集热器热性能。此种空气集热器

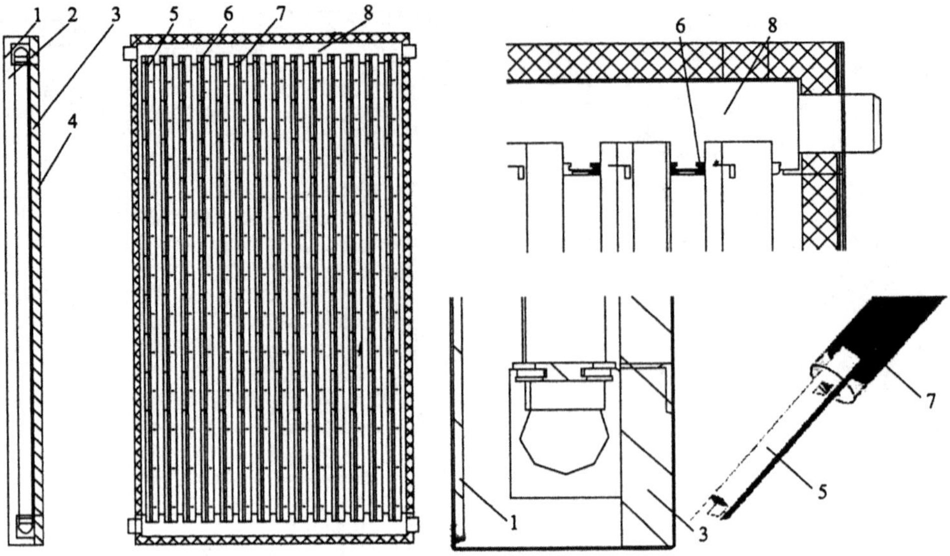

1—透明盖板；2—边框；3—保温层；4—底板；5—扰流板；6—密封圈；
7—直通吸热管；8—集热器联箱

图 7-33　直通管式空气集热器示意图

在运行时，空气流会进入带有吸热涂层的直通管内，向直通管上部流动而后形成气流。而管内的扰流板对气流的流动形成扰动，使其不能平滑地流动并会形成紊流，气流与直通管内壁的换热系数得以提高，气流在管内的时间及其与管壁的接触频次得以增加，从而热量的有效吸收率提高，使整个空气集热采暖系统的热性能相应提高。测试结果显示，其热效率可以达到 60%。

与平板型空气集热器一样，直通管式空气集热器也可以采用自然循环和强制循环的方式安装，为建筑内部供热。采用强制循环方式运行时，其热效率会有明显提高。

7.5　导热液

导热液亦可称换热液、储能液、防冻液、防冻换热介质等。导热液的基本功能是经过循环和交换将集热器中的热能输送，并保持整个系统稳定运行。导热液对集热器的使用效果和寿命有直接影响，必须具有导热、防腐和防垢等功能。高压真空管集热器产生的是高温(300℃以上)的油或高压(10～100 个大气压)的过热蒸汽，这对玻璃管的质量提出了很高的要求。

7.5.1　导热液的组分

1. 水

水是导热液中的重要组成部分，不仅因为水具有良好的导热性能，还因为二元醇防冻剂只有和水配成一定浓度的水溶液时才能充分发挥其防冻作用，并且水具有良好的流动性。我们日常使用的自来水、河水、泉水、井水中含有大量溶解性物质，如钙、镁、钾、钠、铁等金属离子，还有很多阴离子，如硫酸根、磷酸根、碳酸根和氟离子等。在加热条件下，这些阴阳离子会生成水垢堵塞管道而降低导热效率，影响导热液的质量，且氟离子和硫酸根离子达到一定浓度时，会严重加剧导热系统的腐蚀。因此，水质非常重要。导热液中所用的水必须是软化去离子水或者蒸馏水。

水的比热容较大，并且热传导速率快，因此水本身就是最好的导热介质。其实，在南方长年无霜冻地区，纯净水加上防腐剂就是理想的导热介质，既经济又能保证质量。

2. 防冻剂

防冻剂是指与水混合后能降低其冰点的物质，如一元醇、二元醇等。

一元醇包括甲醇和乙醇。甲醇和乙醇降低冰点的效果最好，但它们的沸点低、易挥发，同时闪点低，易燃，存在很多不安全因素。特别是甲醇毒性大，对生产和使用者的身心健康有一定危害，所以，不论汽车防冻液还是太阳能设备中的导热液都绝对禁止使用一元醇。

二元醇包括乙二醇和丙二醇。乙二醇具有优异的降低冰点的效果，同时具有沸点高、黏度适中、毒性低的特点。在汽车防冻液中使用时与人体接触不紧密，因而得以广泛应用。但是，用在与人体接触密切的太阳能设备中时，一旦循环管路发生泄漏将会对人体造成危害，存在一定隐患。乙二醇本身属低毒物质，但其代谢产物毒性高（如乙醛酸、草酸和乳酸），对人体肾脏和大脑损伤很大，沉积过量会危及生命。所以我们建议在分体太阳能导热液中应禁止使用乙二醇作为防冻剂，以防止隐患。

3. 添加剂

添加剂主要由缓蚀剂、缓冲剂、防垢剂、消泡剂和着色剂组成。导热系统的管路及水泵主要是由金属零件组成的，主要金属有铝、不锈钢、铸铁、紫铜、黄铜等。同种金属内部、不同金属之间的接触电位不同，在导热液组成的电解液中会产生电化学腐蚀。同时醇类在高温负荷运转条件下会氧化，金属元件也会促进醇类氧化生成酸类，这种混合溶液更会加剧对系统金属部件的腐蚀。试验表明，如不加添加剂，醇水混合溶液腐蚀速度比只使用水时还要快，因此导热液中一定要加入一定剂量的添加剂，含量一般不超过 3%。

(1) 缓蚀剂

缓蚀剂主要分为无机型和有机型两大类。

无机型缓蚀剂主要有磷酸盐型和硅酸盐型两种类型。磷酸盐和硅酸盐都是铝材质的特效保护剂，与硼酸盐、亚硝酸盐、BTA 等复配后，对铝、不锈钢、铸铁、紫铜、黄铜等金属具有很好的保护作用，在汽车防冻液中被广泛使用。但因这些无机物毒性大，对人体和环境影响很大，而且使用寿命较短，所以在与人体接触密切的太阳能导热液中不应使用。

有机型以脂肪酸为主要材料，由一元醇、二元醇、三元醇进行复配，对铝、不锈钢、铸铁、紫铜、黄铜等金属同样具有很好的保护作用，对人体和环境的影响相对于无机盐大幅度降低，而且消耗速度缓慢，使用寿命远远高于无机型配方。无机型和有机型缓蚀剂的缓蚀机制可以简单地描述为以下内容：无机盐在加入导热系统时，与导热系统金属表面发生反应生成钝化膜，具体过程如图 7-34 所示。

而有机型缓蚀剂在加入导热系统后，并不与导热系统金属发生反应，当导热系统中金

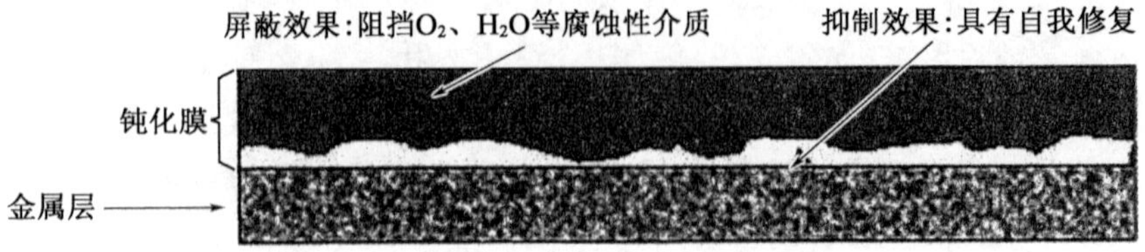

图 7-34　无机型和有机型缓蚀剂的缓蚀机制

属表面发生腐蚀、pH 降低、局部呈现微酸性环境时,有机羧酸就从导热液中游离出来,吸附在发生腐蚀的活性点处,防止腐蚀进一步发生。当腐蚀点处腐蚀被抑制,局部 pH 恢复到正常时,有机羧酸又重新变成离子溶入导热液中,由于不需要成膜,所以消耗量很少,使用寿命很长。

(2) 缓冲剂

金属腐蚀过程的本质是电化学过程,不仅与导热液中缓蚀剂有关,还与导热液的 pH 有关。金属在酸性环境中容易腐蚀,在弱碱环境中容易得到保护。通常导热液或防冻液的 pH 都控制在 7.5 到 11 之间,不同体系缓蚀剂配方 pH 也略有不同。由于在加热使用过程中,醇类都会分解产生酸性物质,使导热液 pH 降低,为了使导热液在使用过程中维持一定的 pH,防止酸化,通常在溶液中要加入缓冲剂,配成缓冲体系,使之具有一定的缓冲能力。常用的缓冲剂有磷酸盐、硼酸盐和各种有机酸。在太阳能导热液中避免使用无机类缓冲剂,应采用有机类缓冲剂。

(3) 防垢剂

在使用导热液过程中,金属表面经常会形成水垢,使循环管路变窄,继而影响导热效果,因此,导热液中还应该加入一定量的防垢剂,防止水垢生成或使已生成的水垢分散成细微颗粒悬浮在导热液中。通常使用的防垢剂有配合型和分散型。不同缓蚀剂配方体系选用的防垢剂也不同。在有机羧酸配方中应选用有机酸作为防垢剂。

(4) 消泡剂

导热液在循环管路中高速循环以及在水泵中高低压转换的过程中会产生大量气泡,不但影响导热效率,气泡破裂时也会产生气穴腐蚀。为了降低气泡产生的危害,导热液中通常还要加入一定量的消泡剂。

(5) 着色剂

导热液在使用的过程中,还需加入一定量的着色剂,使之有醒目的颜色,这样若导热系统发生渗漏,导热液进入水箱或其他水路管道时能及时被发现,避免造成更大的危害。

综上所述,添加剂并非一种单一的物质,而是由几种甚至几十种化学药品按照不同的比例复配得到的。作为导热液的核心技术,添加剂也是未来我们深入研究的方向。

7.5.2　导热液的选择

(1) 防冻

我国地域广阔,南北绵延数千公里,冬季南北方温差最高可达 60℃以上,根据工程所在地冬季的年平均温度和 60 年冬季最低温度,选择适合冰点的导热液是必需的。这样既有效地降低了成本，又能够保证导热液具有最佳的流动性。

(2) 防腐蚀

金属材料受外界影响发生的损坏称为金属腐蚀。一般包括电化学腐蚀和化学腐蚀。电化学腐蚀是指金属材料与电解液接触，通过阴阳极的电极反应而产生的腐蚀；化学腐蚀是指金属表面与周围环境发生化学反应所引起的腐蚀。作为活泼金属的铝非常容易被腐蚀，虽然可以依靠空气氧化形成致密的氧化铝薄膜，但是铝一般容易发生点蚀、均匀腐蚀和电化学腐蚀。铝以及氧化铝在酸碱环境下的不稳定性也加剧了它的腐蚀。不锈钢虽然具有优异的耐腐蚀能力，但是对于复杂的太阳能系统来说也存在着很大的风险。在碱性环境下，不锈钢非常容易发生局部腐蚀从而导致整片脱落。紫铜和黄铜因其优异的柔韧性和延展性被广泛应用于太阳能系统中。铜作为惰性金属通常不易发生腐蚀，但是在强酸强碱及裸露情况下也容易发生腐蚀。

7.6 太阳能集热器的面积定义及性能计算

7.6.1 面积定义

1. 真空管集热器

(1) 吸热体面积(A_A)

真空管集热器的吸热体面积是指吸热体的最大投影面积，单位为平方米(m^2)，见图 7-35。

$$A_A = N \times (L_3 \times W_3) + N \times W_4 \times (L_4 + L_5)$$

式中：N 为真空管数量；L_3 为吸热体长度；W_3 为吸热体直径或宽度；W_4，L_4，L_5 见图 7-34 所示。

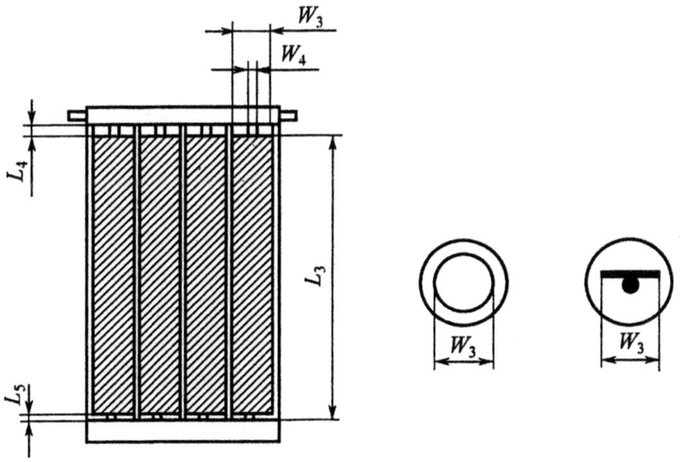

图 7-35　真空管集热器的吸热体面积

(2) 采光面积(Aa)

真空管集热器的采光面积是指非汇聚太阳辐射进入集热器的最大投影面积，单位为平方米(m^2)。

真空管集热器分为两种类型：一种是无反射器的真空管集热器，另一种是有反射器的真空集热器。

无反射器的真空管集热器的采光面积，见图 7-36。有反射器的真空管集热器的采光面积，见图 7-37。

$A_a = L_2 \times d \times N$

L_2 为真空管未被遮挡的平行和透明部分的长度；

d 为外玻璃管内径；N 为真空管数量

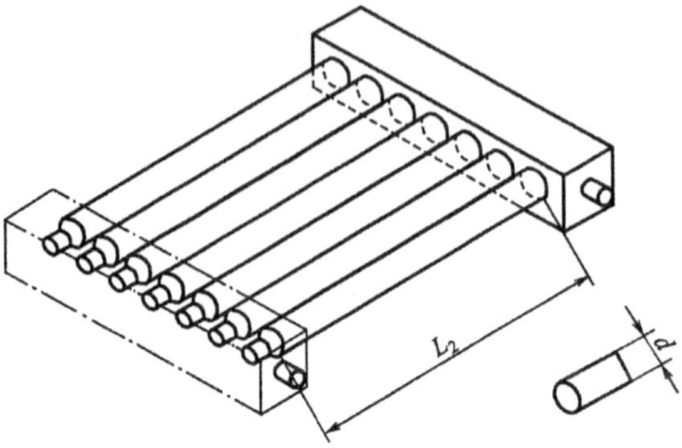

图 7-36　无反射器的真空管集热器的采光面积

$A_a = L_2 \times W_2$

L_2 为外露反射器长度；W_2 为外露反射器宽度

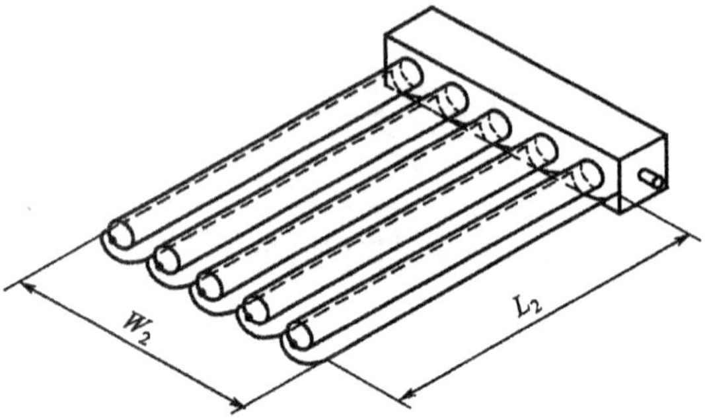

图 7-37　有反射器的真空管集热器的采光面积

(3) 总面积(A_G)

真空管集热器的总面积是指整个集热器的最大投影面积，不包括固定和连接传热工质管道的组成部分，见图 7-38。

2. 平板型集热器

(1) 吸热体面积(A_A)

平板型集热器的吸热体面积是吸热板的最大投影面积 A_A，如图 7-39 所示。

$$A_A = (Z \times L_3 \times W_3) + [Z \times W_4 \times (L_4 + L_5)] + (2W_6 \times L_6)$$

式中：Z 为翅片数量；L_3 为翅片长度；W_3 为翅片宽度；W_4，W_6，L_4，L_5，L_6 如图 7-39 所示。

(2) 采光面积(Aa)

平板型集热器的采光面积是太阳辐射进入集热器的最大投影面积，如图 7-40 所示。

$$A_a = L_2 \times W_2$$

(3) 总面积(A_G)

平板型集热器的总面积是整个集热器的最大投影面积，如图 7-41 所示。

$$A_G = L_1 \times W_1$$

$A_G = L_1 \times W_1$

L_1 为最大长度(不包括固定支架和连接管道);

W_1 为最大宽度(不包括固定支架和连接管道)

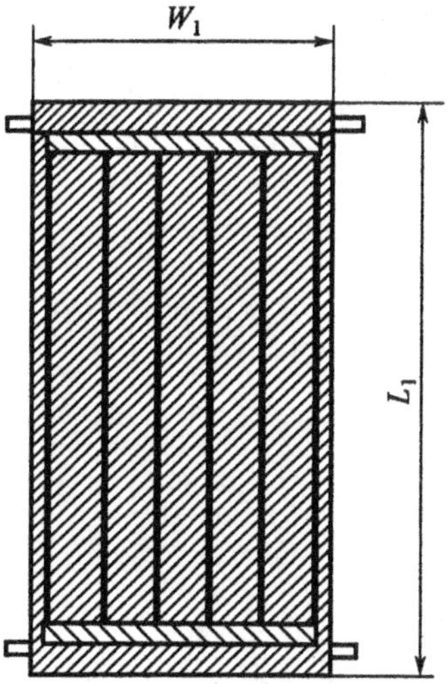

图 7-38　真空管集热器的总面积

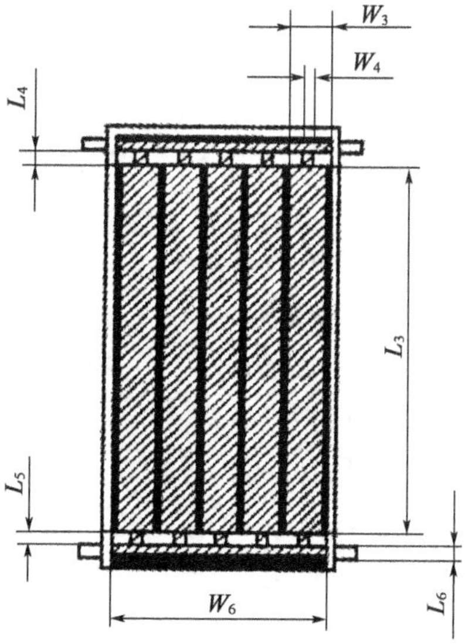

图 7-39　平板型集热器的吸热体面积

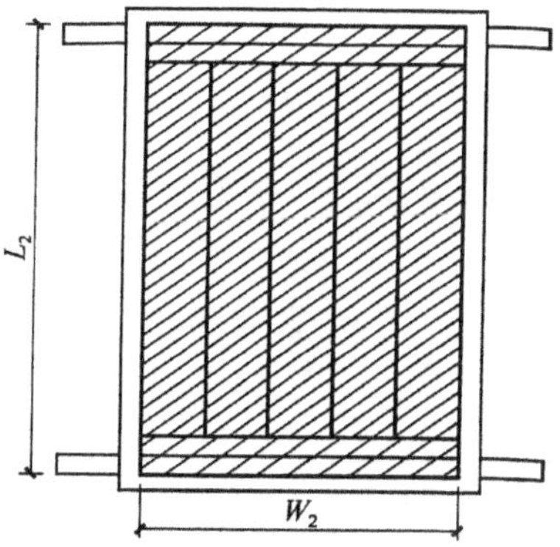

图 7-40　平板型集热器的采光面积

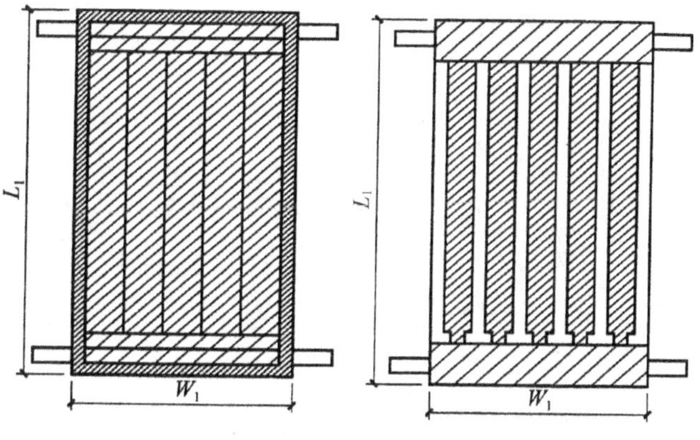

(a) 平板型集热器　　(b) 真空管集热器

图 7-41　太阳能集热器总面积

7.6.2　太阳能集热器的热性能

1. 太阳能集热器的热性能主要用集热器的瞬时效率方程和效率曲线表征

集热器的瞬时效率是指,在稳态(或准稳态)条件下,集热器传热工质在规定时段内从规定的集热器面积(总面积、采光面积或吸热体面积)上输出的能量与同一时段内入射在同一面积上的太阳辐射照量的比。

2. 太阳能的基本能量平衡方程

在稳态条件下,太阳能集热器的基本能量方程,作为集热器进口温度 t_i 和集热器总面积 A_G 的函数,可以用下列关系式加以描述:

$$\frac{\dot{Q}}{A_G}=F_R(\tau\alpha)_eG-F_GU_L(t_i-t_a)$$

式中：Q 为太阳能集热器获得的有用功率，W；A_G 为太阳能集热器总面积，m^2；F_R 为太阳能集热器热转移因子，无量纲；$(\tau\alpha)_e$为有效透射吸收积，无量纲；G 为总太阳辐射照度，W/m^2；U_L 为具有均匀吸热体温度 t_m 的太阳能集热器总热损系数，W/(m^2 · ℃)；t_i为太阳能集热器工质进口温度，℃；t_a为环境或周围空气温度，℃。

3. 太阳能集热器的热性能试验

太阳能集热器的瞬时效率方程和效率曲线根据国家标准《太阳能集热器热性能试验方法》(GB/T 4271—2007)的规定检测得出。

热性能检测试验应在规定天气条件下，在集热器的工作温度和流量范围内进行，至少进行 4 个试验工况的检测。

天气条件的要求：集热器采光面上的总太阳辐照度不小于 700 W/m^2，变化不大于 50 W/m^2，周围环境风速不高于 4 m/s。

集热器工作温度要求：在集热器的实际工作温度范围内至少取 4 个间隔均匀的工质进口温度，其中一个温度应使集热器工质平均温度与环境空气温度之差在±3℃之内，并根据集热器的最高工作温度确定最高工质进口温度。

通过每个试验工况检测得出从太阳能集热器获得的有用功率 Q，然后采用总面积或采光面积作为参考面积，用下式计算出该工况的集热器的瞬时效率：

$$\eta_G=\frac{\dot{Q}}{A_GG}$$

式中：η_G为集热器的瞬时效率；Q 为太阳能集热器获得的有用功率；A_G 为参考面积，集热器总面积或采光面积；G 为集热器参考面积上的总太阳辐照度。

将至少 1 个试验工况的检测、计算结果，利用最小二乘法进行拟合，即可得出集热器的瞬时效率方程和曲线。

7.6.3 太阳能集热器的热性能指标

1. 热性能

判定太阳能集热器热性能是否合格，依据的是采光面积拟合的效率方程。判定指标有两个：稳态、准稳态瞬时效率截距 η_0 和总热损系数 U。

(1) 稳态、准稳态瞬时效率截距 η_0

瞬时效率截距是在归-化温差 T 为零时的瞬时效率值，该值是太阳能集热器可以获得的最大效率，反映了该太阳能集热器在基本无热损失情况下的效率。

平板型太阳能集热器的瞬时效率截距应不低于 0.72；无反射器的真空管形太阳能集热器的瞬时效率截距应不低于 0.62；有反射器的真空管型太阳能集热器的瞬时效率截距应不低于 0.52。

(2) 总热损系数 U

太阳能集热器的总热损系数反映了集热器热损失的大小。总热损系数大，集热器的热损失大；总热损系数小，则集热器的热损失小。所以，总热损系数越小，集热器的热性能越好。

平板型太阳能集热器的总热损系数 U 应不大于 6.0 W/(m^2 · K)；无反射器的真空管型太阳能集热器的总热损系数 U 应不大于 3.0 W/(m^2 · K)；有反射器的真空管型太阳能集热器的总热损系数 U 应不大于 2.5 W/(m^2 · K)。

2. 太阳能集热器的光学性能

太阳能集热器的光学性能参数包括平板型太阳能集热器透明盖板和真空管型太阳能集热器玻璃管的太阳透射比 τ，以及集热器吸热体涂层的太阳吸收比 α 和半球发射比 ε。

(1) 太阳透射比 τ

透射是辐射在无波长或频率变化的条件下对介质(材料层)的穿透；透射比可用于单一波长或一定波长范围。太阳透射比是指面元透射的与入射的太阳辐射通量之比。

(2) 太阳吸收比 α

吸收是辐射能由于与物质的相互作用，转换为其他能量形式的过程。吸收比可用于单一波长或一定波长范围。太阳吸收比是指面元吸收的与入射的太阳辐射通量之比。

平板型太阳能集热器涂层的太阳吸收比应不低于 0.92；全玻璃真空太阳能集热管选择性吸收涂层的太阳吸收比，$\alpha \geqslant 0.86$ (AM1.5)。

(3) 半球发射比 ε

发射是物质辐射能的释放。发射比可用于单一波长或一定波长范围。半球发射比是指在 2π 立体角内，相同温度下辐射体的辐射出射度与全辐射体(黑体)的辐射出射度之比。

全玻璃真空太阳能集热管选择性吸收涂层的半球发射比，$\varepsilon_h \leqslant 0.08$(80℃ ± 5℃)。

3. 太阳能集热器的力学性能

(1) 时压性能

① 耐压：太阳能集热器的耐压指标表示太阳能集热器在工作条件下承受压力的能力。太阳能集热器应有足够的承压能力，其耐压性能应满足系统最高工作压力的要求。一般情况下，承压系统应达到的工作压力范围是 0.3～1.0 MPa。太阳能供热采暖系统的设计人员应对太阳能集热器的工作压力提出要求，符合要求的太阳能集热器全玻璃真空太阳能集热管内应能承受 0.6 MPa 的压力。

② 压力降落(压降)：太阳能集热器的压力降落(压降)特性表示工作介质流经太阳能集热器时，因集热器本身结构形成和引起的阻力而在太阳能集热器进、出口管段之间产生的压力差。太阳能集热器的压力降落(压降)特性是进行太阳能供热采暖系统水力计算时需要使用的重要参数。太阳能集热器的压力降落(压降)参数使用国家标准《太阳能集热器热性能试验方法》(GB/T 4271—2007)中规定的试验装置检测得出，试验结果是压力降落△P (kPa)随工质流量 m(kg/s)变化的特性曲线。

(2) 安全性

① 强度、刚度：太阳能集热器应通过国家标准规定的强度和刚度试验。试验后，太阳能集热器应无损坏和明显变形。

② 空晒：太阳能集热器应通过国家标准规定的空晒试验。试验后，太阳能集热器应无开裂、破损、变形和其他损坏。

③ 闷晒:太阳能集热器应通过国家标准规定的闷晒试验。试验后,太阳能集热器应无泄露、开裂、破损、变形或其他损坏。

④ 抗机械冲击:全玻璃真空太阳能集热管应能承受直径为 30 mm 的钢球,于高度 450 mm处自由落下,垂直撞击集热器中部而无损坏。平板型太阳能集热器在通过国家标准规定的防雹(耐冲击)试验后,应无划痕、翘曲、裂纹、破裂、断裂或穿孔。

⑤ 内热冲击:太阳能集热器应通过国家标准规定的内热冲击试验。试验后,太阳能集热器不允许损坏。

⑥ 外热冲击:太阳能集热器应通过国家标准规定的外热冲击试验。试验后,太阳能集热器不允许有裂纹、变形、水凝结或浸水。

⑦ 淋雨:太阳能集热器应通过国家标准规定的淋雨试验。试验后,太阳能集热器应无渗水和损坏。

(3) 耐久性

太阳能集热器的使用寿命应大于 15 年。

① 涂层附着力:平板型太阳能集热器吸热体和壳体涂层按国家标准规定的测定方法进行试验后,应无剥落,达到该标准规定的 1 级。

② 耐盐雾:平板型太阳能集热器吸热体和壳体涂层按国家标准 GB/T 1771—2007 规定的测定方法进行试验后,应无裂纹、起泡、剥落及生锈。

③ 耐热性:平板型太阳能集热器吸热体涂层按国家标准 GB/T 1735—2009 规定的测定方法进行试验后,吸收比 α 值的保持率应在原值的 95%以上。

④ 老化性:平板型太阳能集热器吸热体涂层按国家标准 GB/T 1865—2009 规定的测定方法进行试验后,吸收比值的保持率应在原值的 95%以上;壳体涂层应达到国家标准 GB/T 1766—2008 中 5.2 表 22 规定的 2 级。

渗透型空气集热器的吸热体一般由多孔板或网层结构组成,因而有较大的按热面积。冷空气从吸热板上部流入后,温度较高的空气从吸热板中穿过,自下部流出,故吸热板下热损失减小。这种集热器可增加对太阳辐射的吸收,对提高集热效率有一定帮助,其对太阳能的吸收效率取决于网孔的密度,因此,其性能优于非渗透型空气集热器。由于这种集热器通流截面较大,气流流速较低,对空气的流动阻力比非渗透型吸热板高,使得强化传热受到一定的限制。另外,这种集热器结构比较复杂,需要用双层玻璃盖板来减少通过盖板的热损失,使成本增加。

参 考 文 献

[1] 朱宁,李继民,王新红,等.太阳能供热采暖技术[M]. 北京:中国电力出版社,2017.
[2] 孙如军,卫江红.太阳能热利用技术[M]. 北京:冶金工业出版社,2017.
[3] 朱敦智,刘君.太阳能热利用基础[M].北京:中国电力出版社,2017.
[4] [美]Thomas E. Kissell.太阳能利用技术及工程应用[M].朱永强,译.北京:机械工业出版社,2014.
[5] 罗运俊,王玉华,陶桢.太阳能热水器及系统(第二版)[M].北京:化学工业出版社,2015.
[6] [美]陈成钧.太阳能物理[M].连晓峰,等译.北京:机械工业出版社,2012.
[7] 施钰川. 太阳能原理与技术[M].西安:西安交通大学出版社,2009.
[8] 邵理堂,李银轮.新能源转换原理与技术——太阳能[M].镇江:江苏大学出版社,2016.
[9] 邵理堂,刘学冬,孟春站.太阳能热利用技术[M].镇江:江苏大学出版社,2014.
[10] 熊绍珍,朱美芳.太阳能电池基础与应用[M].北京:科学出版社,2009.